江西中煤建设集团有限公司　企业标准

Shizheng Gongcheng Shigong Gongyi Biaozhun

市政工程施工工艺标准

谌润水　周锦中　主编
张明锋　刘中存　主审

人民交通出版社

内 容 提 要

标准化是企业科学管理的基石,江西中煤建设集团有限公司结合多年参与的市政工程建设施工项目,编写了其企业标准——《市政工程施工工艺标准》。该书涉及市政工程施工的各个方面,内容详尽,参考性强。

本书主要涉及城市道路工程、城市桥梁工程、城市管道工程、给水与排水构筑物工程、城市轨道交通工程等施工企业技术标准,并按分项(分部)工程为基本单位,划分施工工艺,从各工艺的适用范围、施工准备、操作工艺、质量标准、质量记录、成品保护、安全环保措施等 7 个方面内容进行编写。

本书可供市政工程建设技术人员借鉴使用。

图书在版编目(CIP)数据

市政工程施工工艺标准/谌润水,周锦中主编. --
北京:人民交通出版社,2012.11
ISBN 978-7-114-10231-8

Ⅰ.①市… Ⅱ.①谌…②周… Ⅲ.①市政工程－工程施工－规程 Ⅳ.①TU99-65

中国版本图书馆 CIP 数据核字(2012)第 285494 号

书　　名：市政工程施工工艺标准
著 作 者：谌润水　周锦中
责任编辑：岑　瑜　毛　鹏
出版发行：人民交通出版社
地　　址：(100011)北京市朝阳区安定门外外馆斜街 3 号
网　　址：http://www.ccpress.com.cn
销售电话：(010)59757973
总 经 销：人民交通出版社发行部
经　　销：各地新华书店
印　　刷：北京市密东印刷有限公司
开　　本：880×1230　1/16
印　　张：28
字　　数：813 千
版　　次：2012 年 11 月　第 1 版
印　　次：2013 年 4 月　第 2 次印刷
书　　号：ISBN 978-7-114-10231-8
定　　价：80.00 元

(有印刷、装订质量问题的图书,由本社负责调换)

江西中煤建设集团有限公司　企业标准

《市政工程施工工艺标准》
编委会名单

主编单位：江西中煤建设集团有限公司

主　　编：谌润水　周锦中

副 主 编：俞宽坤　张红芹　曾水泉

主　　审：张明锋　刘中存

副 主 审：邓东林　黄　晔　汤　兴

编　　委：（按姓氏笔画）

万　平	王小兵	王艮洲	邓招龙	刘红艳
刘国玉	刘　宙	朱小菊	吴晓辉	张纯安
祝　强	章亮亮	谌洁君	蒋新生	廖军云
熊国辉	蔡文宇			

前　言

标准化是企业进步的需要,是企业科学管理的基石。通过深入推行工程项目管理标准化,固化施工作业标准流程,制定施工工艺标准,对施工过程进行细化和量化,从而达到优化企业资源配置、提高资源利用率、确保施工安全和质量、降低施工成本的目的,并逐步实现工程施工作业程序化、项目管理标准化,进而持续推动企业标准化,提高施工技术水平,保证工程质量。

目前国内大型施工企业均先后建立了自己的企业标准,而企业技术标准又是施工企业标准的核心之一。编制江西中煤建设集团有限公司《市政工程施工工艺标准》(企业标准)的目的和意义在于:有利于规范企业施工管理,提高企业竞争能力,实现企业的可持续发展;有利于企业技术进步,保证和提高施工质量,增加企业经济效益;有利于企业间技术交流,促进行业内技术水平的整体提高。

根据市政工程施工项目划分的原则,结合江西中煤建设集团有限公司多年来经常性参与的市政建设施工项目,本工艺标准按道路工程、桥梁工程、管道工程、给水排水构筑物工程四篇编写。全书共计九十一个施工工艺标准,每个工艺标准为一章。各篇章均可独立成篇,又相互关联,形成一个整体。每章包含适用范围、施工准备、操作工艺、质量标准、质量记录、冬雨季施工措施、安全环保措施、主要应用技术标准和规范八个方面的内容。全书由谌润水、张红芹负责统稿,张红芹负责全书文字编排;谌润水、周锦中主编,张明锋、刘中存主审,编写人员分别列在各章之后。

企业标准应坚持"编用结合"的原则,并应根据新规范、新材料、新工艺、新方法的更新、出现,进行不断地补充、完善和创新。在使用时,如遇到与国家、行业或地方等标准相矛盾时,应以国家、行业或地方标准为准。为了系统、完整地阐述市政工程建设项目的施工工艺,使本工艺标准更具参考性和可读性,书中引用和借鉴了国内部分公开出版物上的资料,在此对有关研究人员和作者深表谢意。

本工艺标准在编写过程中,许多同行、专家和技术人员给予了积极帮助与支持,人民交通出版社为编写本书提出了具体指导性意见,付出了辛勤的劳动。在此,谨向所有关心、支持本书编写和出版的有关领导、专家、学者和编辑们表示衷心感谢。限于编者水平,本企业标准难免有疏漏和错误之处,恳请读者和同行批评指正,以便我们进一步修订完善。

江西中煤建设集团有限公司

企业标准编委会

2012 年 8 月 26 日于南昌

目　　录

第一篇　市政道路工程

第二篇　市政桥梁工程

第三篇　市政管道工程

第四篇　市政给水排水构筑物工程

第一篇　市政道路工程

101 一般填方路基

（Q/JZM－SZ101－2012）

1 适用范围

本施工工艺标准适用于市政道路工程中填方段路基的施工作业，其他道路可参照使用。

2 施工准备

2.1 技术准备

2.1.1 施工前应根据设计图纸及有关规定，对道路中线控制桩及高程进行复测，水准点及控制桩的核对和增设，并对横断面进行测量和绘制；放出填方边桩（间距：直线段20m，曲线段10m），并用石灰标注出边界线。

2.1.2 填料要求：符合设计及施工规范要求。施工前已完成拟用填料的各项土工试验，并得到监理工程师的批准。淤泥，沼泽土，泥炭土，冻土，有机土，含草皮、树根、垃圾的土和含腐朽物质的土均不得用于路基填筑。对液限大于50%、塑性指数大于26、可溶盐含量大于5%、700℃有机质烧失量大于8%的土，未经技术处理也均不得用作路基填料。填方材料的强度CBR值应符合设计要求，其最小强度值应符合有关施工规范的规定。

2.1.3 开工前通过试验路段的施工，确定压实所用的设备类型、数量及最佳组合方式，确定压实遍数、压实速度、压实厚度、松铺系数等。试验路段的位置由监理工程师现场选定，长度以不小于200m的全幅路基为宜，且不同的填方材料应单独做试验路段。

2.1.4 编制施工方案并经审批，已向施工队进行书面的技术交底和安全交底；施工前已对施工班组和操作人员进行全面的技术、操作、安全交底。

2.2 施工机具与设备

2.2.1 土方施工机械：推土机、铲运机、平地机、挖掘机、装载机等。

2.2.2 土方运输机械：自卸汽车。

2.2.3 压实机械：压路机、蛙式打夯机、自行式或拖式羊足碾等。

2.2.4 含水率调节机械：旋耕犁、圆盘耙、洒水车、五铧犁等。

2.2.5 测量和试验检测设备：全站仪或经纬仪、水准仪、灌砂筒、环刀、平整度检测仪、弯沉检测仪等。

2.3 作业条件

2.3.1 路基清表并已整平，施工现场、弃土场、暂存土场和妨碍施工的各类地上、地下构筑物均已拆改、加固完成。

2.3.2 填方如要破坏原有排水系统时，应在填方施工前做好新的排水系统。

2.3.3 做好土方运输便道，运输便道不得妨碍碾压施工，且符合车辆行驶安全要求。

2.3.4 原地面横向坡度大于1∶5的地段，应挖成台阶形，每级台阶宽度不得小于1.5m，台阶顶面应向内倾斜;在沙土地段可不做台阶,但应翻松表层土。

3 操作工艺

3.1 工艺流程

测量放线→路基基底处理及填筑前碾压→分层填筑→推平与翻晒→碾压→压实后检测。

3.2 操作方法

3.2.1 测量放线:施工前应对路中线现状地面高程进行校测,并与设计纵断面图进行核对。在道路中心桩测设后,依据设计图纸测设填方路基边线。根据道路设计横断面及现状地面高程,计算确定道路两侧边桩位置,在道路中线桩、边桩上标出设计高程位置(包括竖曲线)。

3.2.2 基底处理及填前碾压:填方前应将原地面积水排干,淤泥、杂物等挖除,将原地面坑洞填实并大致找平。场地清理与拆除完成后进行填前碾压,使基底达到规定的压实度标准。

3.2.3 分层填筑

(1)填土应分层进行。下层填土验收合格后,方可进行上层土方填筑。路基填土宽度每侧应比设计要求宽,且保留必要的工作宽度。

(2)填方宜尽量采用同类土填筑,如采用两种透水性不同的土填筑时,应将透水性较大的土层置于透水性较小的土层之下,边坡不得用透水性较小的土封闭,以免在填方内形成水囊。

(3)路基填筑中宜做成双向横坡,一般土质填筑横坡宜为 2% ~3%,透水性小的土类填筑,横坡宜为 4%。

(4)在路基宽度内,每层虚铺厚度应根据试验路段的成果确定。人工夯实虚铺厚度应小于20cm。

(5)高度大于 12m 的填土,应向监理报批专项施工方案,获得批准后按方案进行施工。

(6)在山坡上修筑路基时,应先把山坡整修成台阶形状,由最低一层开始分层填筑、压实,将所有台阶填完后,再分层填筑至设计高程。

(7)在已筑好路基段内修建涵管,或在填筑路基预留缺口区域内修筑涵管,其回填土应制定具体的措施,使涵管区域内填土的沉降与两侧相邻路基的填土沉降一致。

(8)推土机填土:推土机填土须自下而上分层铺填,一般每层虚铺厚度不宜大于 30cm。大坡度推填土,亦应分层推平,不得一次性不分层次推填。

(9)铲运机铺填土:铲运机铺土,铺填土区段的长度不宜小于 20m,宽度不宜小于 8m,每次铺土厚度不大于 30cm,每层铺土后,利用空车返回时将地表面刮平。填土程序一般尽量采取横向或纵向分层卸土,以利于行驶时初步压实。

(10)自卸汽车填土:用自卸汽车成堆卸土,需用推土机或平地机推开摊平,使其每层的铺土厚度不大于 30cm,利用汽车行驶作部分压实工作,亦可采取卸土推平和压实工作分段交叉进行。

(11)石方填筑路基应先码砌边部,然后逐层水平填筑石料,确保边坡稳定。路基范围内管线、构筑物四周的沟槽宜回填透水性材料。

3.2.4 压实

(1)压实应按先轻后重碾压。

(2)每层填土的压实遍数,应按压实度、压实工具、虚铺厚度和含水率,经现场试验确定,每层填土压实前均应找平。

(3)采用重型压实机械压实或有较重车辆在填土上行驶时,管道顶部以上应有一定厚度的压实回填土,其最小厚度一般不小于 50cm。

(4)碾压应自路基边缘向中央进行(无超高路段),如有超高的路段,碾压应从弯道内侧向外侧进行,压路机轮每次宜重叠 15~20cm,碾压 5~8 遍,至表面无明显轮迹,且达到要求压实度为止。

（5）应将路基填土向两侧各加宽必要的附加宽度，碾压成型后修整到设计宽度。路基边缘处不易碾压时，应用人工或振动夯实机等夯实。

（6）应在填土含水率接近最佳含水率时进行压实。碾压应均匀一致，施工过程中，应保持土壤的含水率，并经常检测土壤含水率，按规定检查压实度，做好试验记录。

3.2.5 检测

碾压后采用环刀法或灌砂法检测压实度，如不满足设计、施工规范要求，应继续碾压。

4 质量标准

4.0.1 主控项目

（1）填土路基（路床）质量检验应符合表4.0.1的规定。

表4.0.1 路基土方压实度要求

填挖类型	路床顶面以下深度（cm）	道路类别	压实度（%）（重型击实）	检查频率	检查方法
填方	0~80	快速路和主干路	≥95	1000m²，每层3点	环刀法、灌砂法
		次干路	≥93		
		支路和其他小路	≥90		
	80~150	快速路和主干路	≥93		
		次干路	≥90		
		支路和其他小路	≥90		
	>150	快速路和主干路	≥90		
		次干路	≥90		
		支路和其他小路	≥87		

（2）填方路基弯沉值不应大于设计规定。

检验数量：每车道、每20m检测1点。

检验方法：弯沉仪检测。

4.0.2 一般项目

（1）填土路基允许偏差符合表4.0.2的规定。

表4.0.2 路基土方允许偏差

序号	项 目	允许偏差	检查频率			检验方法
			范围	点数		
1	路床纵断面高程（mm）	-20，+10	20m	1		用水准仪测量
2	路床中线偏位（mm）	≤30	100m	2		用全站仪、钢尺量取最大值
3	路床平整度（mm）	≤15	20m	宽度（m）	<9 → 1；9~15 → 2；>15 → 3	用3m直尺和塞尺连续量两尺，取较大值
4	路床宽度（mm）	不小于设计值+B	40m	1		用钢尺量
5	路床横坡	±0.3%且不反坡	20m	宽度（m）	<9 → 2；9~15 → 4；>15 → 6	用水准仪测量
6	边坡	不大于设计要求	20m	2		用坡尺量测，每侧1点

注：B为施工时必要的附加宽度。

（2）填土路基路床应平整、坚实，无显著轮迹、翻浆、波浪、起皮等现象，路堤边坡应密实、稳定、平顺等。

　　检查数量:全数检查。

　　检验方法:观察。

5　质量记录

　　5.0.1　施工过程中的质量控制记录,包含中线测量、边坡放样、水准测量、标准击实、弯沉测定记录表,以及弯沉统计评定表、压实度记录、工序质量记录评定表等。

　　5.0.2　土的试验报告。

　　5.0.3　路基沉降观测记录。

　　5.0.4　中间交工的质量记录和质量自评报告。

6　冬、雨季施工措施

6.1　冬季施工

　　6.1.1　填方土层宜用未冻、易透水的土壤。填筑应按全宽平填,在气温低于 −5℃时,每层虚铺厚度较常温施工所规定的标准值小 20% ~25%,且最大松铺厚度不得超过 30cm,当天填土必须当天碾压密实。

　　6.1.2　使用黏性土填筑路基时,除应符合以上有关规定外,并应注意以下要求:

　　施工前应测定土壤含水率,合格方能使用;施工中有较长时间中断时,路基分段的结合部应留成阶梯形,每层宽度不小于 1m。

　　6.1.3　冬季施工中的冻土,堆放时要堆置稳定,严禁掏土。

6.2　雨季施工

　　6.2.1　雨季施工应加强防雨与排水工作,充分利用地形与排水设施,避免增大翻浆面积。

　　6.2.2　合理安排作业顺序,应集中人力、设备分段流水、快速施工,不得全线大面积挖填。

　　6.2.3　对易翻浆与低洼积水等不利地段应在雨季前施工;施工前或大雨后,应对施工地段进行调查,测出土壤含水率及地下水位,以预估翻浆面积,采取措施避免翻浆。

　　6.2.4　路基因下雨产生翻浆时,应立即进行处理,并符合下列要求:逐段逐块处理,不得全线开挖;每段"挖、填、压"应连续作业;翻浆部位土体应全部挖出;小面积翻浆相距较近应挖通处理;大面积翻浆应制订专项方案集中处理。

　　6.2.5　填土时宜筑成不小于 2% ~4%的横坡。每日停止作业前,应将填土碾压密实平整,避免路基内积水。

7　安全、环保措施

7.1　安全措施

　　7.1.1　填土作业前,安全负责人员必须对作业人员进行安全技术交底。

　　7.1.2　人机配合土方作业,必须设专人指挥。机械作业时,配合作业的人员严禁处在机械作业和走行范围内。配合人员在机械走行范围内作业时,机械必须停止作业。

　　7.1.3　填方如要破坏原排水系统时,应修筑新的排水系统,且保持通畅之后,才能进行填方。

　　7.1.4　路基下有承载能力较弱的管线时,应对其采取必要的加固措施后才能按照规范规定的压实标准进行施工。

7.1.5 填土路基为土边坡时，每侧填土宽度应在设计宽度的基础上留够机械安全作业宽度。碾压高填土方时，应自路基边缘向中央进行。

7.2 环境保护

7.2.1 各种临时施工设施和场地，一般宜远离居民区，而且应设于居民区主导风向的下方处。当无法避免时，应采取适当的防尘及消声等措施。

7.2.2 施工中，对路基边坡可采取分段施工，清除的地表土应及时清理出路基范围内；工程弃土完成后应及时进行环保处理，保证与周边环境的协调。

7.2.3 清洗机械的废水、废油等有害物，按规定收集，集中处理。严禁直接排放到河流、湖泊等水域中，也不得排放到饮用水源附近的土地上，以防污染水质和土壤。

7.2.4 在自然保护区及风景名胜区的路基填筑施工时，必须采取有效措施按规定保护景观、林木、植被、水体、地貌等不被污染和破坏。严格划定各种机械、人员的行走路线，保证周围地表、植被的生态环境不受破坏。

7.2.5 土方运输宜使用封闭式车辆，装土后应清除车辆外露面的遗土、杂物。对施工现场的扬尘应进行洒水控制，减少对周围环境的污染。

8 主要应用标准和规范

8.0.1 中华人民共和国行业标准《公路路基施工技术规范》（JTG F10—2006）
8.0.2 中华人民共和国行业标准《城镇道路工程施工与质量验收规范》（CJJ 1—2008）
8.0.3 中华人民共和国行业标准《公路土工试验规程》（JTG E40—2007）
8.0.4 中华人民共和国国家标准《环境空气质量标准》（GB 3095—2012）
8.0.5 中华人民共和国行业标准《公路工程施工安全技术规程》（JTJ 076—1995）

编、校：黄晔　万平

102 填石路基

（Q/JZM – SZ102 – 2012）

1 适用范围

本施工工艺标准适用于市政道路工程中填石路基的施工作业，其他道路可参照使用。

2 施工准备

2.1 技术准备

2.1.1 施工前应根据设计图纸及有关规定，对道路中线控制桩及高程进行复测，水准点及控制桩的核对和增设，并对横断面进行测量和绘制；放出填方边桩（间距：直线段 20m，曲线段 10m），并用石灰标注出边界线。

2.1.2 填料要求：膨胀岩石、易溶性岩石不宜直接用于填筑路堤，强风化石料、崩解性岩石和盐化岩石也不能直接用于路堤填筑。

2.1.3 开工前通过试验路段的施工，确定压实所用的设备类型、数量及最佳组合方式，确定压实遍数、压实速度、压实厚度、沉降差等，以指导以后大规模的路基施工，试验路段的位置由监理工程师现场选定，长度以不小于 200m 的全幅路基为宜。

2.1.4 编制施工方案并经审批，已向施工队进行书面的技术交底和安全交底；施工前已对施工班组和操作人员进行全面的技术、操作、安全交底。

2.2 施工机具与设备

2.2.1 碾压摊铺机械：推土机、平地机、挖掘机、装载机、18t 以上振动压路机等。

2.2.2 运输机械：自卸汽车。

2.2.3 含水率调节机械：洒水车。

2.2.4 测量和试验检测设备：全站仪、水准仪、平整度检测仪、弯沉检测仪等。

2.3 作业条件

2.3.1 路基清表并已整平，施工现场、弃土场、暂存土场和妨碍施工的各类地上、地下构筑物均已拆改、加固完成。

2.3.2 填方如要破坏原有排水系统时，应在填方施工前做好新的排水系统。

2.3.3 做好土方运输便道，运输便道不得妨碍碾压施工，且符合车辆行驶安全要求。

2.3.4 原地面横向坡度大于 1:5 的地段，应挖成台阶形，每级台阶宽度不得小于 1.5m，台阶顶面应向内倾斜；在沙土地段可不做台阶，但应翻松表层土。

3 操作工艺

3.1 工艺流程

测量放线→路基基底处理及填前碾压→分层填筑→推平→碾压→压实后检测。

3.2 操作方法

3.2.1 测量放线:施工前应对路中线现状地面高程进行校测,并与设计纵断面图进行核对。在道路中心桩测设后,依据设计图纸测设填方路基边线。根据道路设计横断面及现状地面高程,计算确定道路两侧边桩位置,在道路中线桩、边桩上标出设计高程位置(包括竖曲线)。

3.2.2 基底处理及填前碾压:填方前应将原地面积水排干,淤泥、杂物等挖除,将原地面坑洞填实并大致找平。场地清理与拆除完成后进行填前碾压,使基底达到规定的压实度标准。在非岩层地基上,应按设计要求设置过渡层。

3.2.3 分层填筑

(1)填石应分层进行。下层填石验收合格后,方可进行上层填筑。路基填筑宽度每侧应比设计要求宽,且保留必要的工作宽度。

(2)填方宜尽量采用岩性较近似的填筑,严禁将软质石料和硬质石料混合使用。如采用中硬、硬质石料填筑时,应进行边坡码砌。边坡码砌与路基填筑宜基本同步进行。

(3)路基填筑中宜做成双向横坡,一般填筑横坡宜为2%～3%。

(4)路堤填料最大粒径不应超过500mm,并且不大于层厚的2/3,不均匀系数为15～20,路床底面以下400mm,填料粒径应小于150mm。

(5)在山坡上修筑路基时,应先把山坡整修成台阶形状,由最低一层开始分层填筑、压实,将所有台阶填完后,再分层填筑至设计高程。

(6)推土机整平:推土机须自下而上分层铺填,一般每层虚铺厚度不宜大于30cm。大坡度推填,亦应分层推平,不得一次性不分层次推填。

3.2.4 压实

(1)填石路基应采用18t以上振动压路机碾压,应按先轻后重的原则碾压。

(2)每层填料压实前均应找平,每层填料的压实遍数,应经现场试验检测确定。

(3)采用重型压实机械压实或有较重车辆在填料上行驶时,管道顶部以上应有一定厚度的压实回填土,其最小厚度一般不小于50cm。

(4)碾压应自路基边缘向中央进行(无超高路段),如有超高路段碾压应从弯道内侧向外侧进行。压路机轮每次宜重叠15～20cm,碾压5～8遍,至表面无明显轮迹,且达到要求压实度为止。

(5)应将路基填料向两侧各加宽必要的附加宽度,碾压成型后修整到设计宽度。

3.2.5 检测

碾压后采用试验路段取得的沉降差指标参数来检查实际的压实效果,如不满足要求应继续碾压。

4 质量标准

4.0.1 主控项目

(1)填石路基压实度应符合试验路段确定的施工工艺,沉降差不应大于试验路段确定的沉降差。

检查数量:每1000m² 抽检3点。

检验方法:水准仪测量。

(2)填石路基弯沉值不应大于设计规定。

检验数量:每车道每20m检测1点。

检验方法:弯沉仪检测。

4.0.2 一般项目

(1)填石路基路床顶面应嵌缝牢固,表面均匀、平整、稳定,无推移、浮石。

检查数量:全数检查。

检验方法:观察。

(2)边坡应稳定、平顺,无松石。

检查数量:全数检查。

检验方法:观察。

(3)填石路基允许偏差符合表4.0.2的规定。

表4.0.2　填石路基允许偏差

序号	项　　目	允许偏差	检验频率			检验方法
			范围	点数		
1	路床纵断面高程(mm)	−20,+10	20m	1		用水准仪测量
2	路床中线偏位(mm)	≤30	100m	2		用经纬仪、钢尺量取最大值
3	路床平整度(mm)	≤20	20m	路宽(m)	<9	1	用3m直尺和塞尺连续量两尺,取较大值
					9~15	2	
					>15	3	
4	路床宽度(mm)	不小于设计值+B	40m	1		用钢尺量
5	路床横坡	±0.3%且不反坡	20m	路宽(m)	<9	2	用水准仪测量
					9~15	4	
					>15	6	
6	边坡	不大于设计要求	20m	2		用坡尺测量,每侧1点

注:B为施工时必要的附加宽度

5　质量记录

5.0.1　施工过程中的质量控制记录,包含中线测量、边坡放样、水准测量、弯沉测定记录表,以及弯沉统计评定表、压实度记录、工序质量记录评定表等。

5.0.2　路基沉降观测记录。

5.0.3　中间交工的质量记录和质量自评报告。

6　冬、雨季施工措施

6.1　冬季施工

6.1.1　冬季填筑应按全宽平填,在气温低于−5℃时,每层虚铺厚度较常温施工所规定的标准值小20%~25%,且最大松铺厚度不得超过30cm,当天填料必须当天碾压密实。

6.1.2　中途停止填筑时,应整平填层和边坡,并进行覆盖防冻,恢复施工时应把表面冰雪清除,并补充压实。

6.2　雨季施工

6.2.1　雨季施工应加强防雨与排水工作,充分利用地形与排水设施,避免增大翻浆面积。

6.2.2　合理安排作业顺序,应集中人力设备分段流水、快速施工,不得全线大面积挖填。

6.2.3　路基因雨产生翻浆时,应立即进行处理,并符合下列要求:逐段逐块处理,不得全线开挖;每段"挖、填、压"应连续作业;翻浆部位填料应全部挖出;小面积翻浆相距较近应挖通处理;大面积翻浆应制订专项方案集中处理。

6.2.4　填料时宜筑成不小于2%~4%的横坡。每日停止作业前,应将填料碾压密实平整,避免路基内积水。

7 安全、环保措施

7.1 安全措施

7.1.1 填筑作业前,安全负责人员必须对作业人员进行安全技术交底。

7.1.2 人机配合填方作业,必须设专人指挥。机械作业时,配合作业的人员严禁处在机械作业和走行范围内。配合人员在机械走行范围内作业时,机械必须停止作业。

7.1.3 填方如要破坏原排水系统时,应在填方前修筑新的排水系统并保持通畅。

7.1.4 路基下有承载能力较弱的管线时,应对其采取必要的加固措施后才能按照规范规定的压实标准进行施工。

7.1.5 每侧填料宽度应在设计宽度的基础上留够机械安全作业宽度。碾压高填方时,应自路基边缘向中央进行。

7.2 环境保护

7.2.1 各种临时施工设施和场地,一般宜远离居民区,且设于居民区主导风向的下方处。当无法避免时,应采取适当的防尘及消声等措施。

7.2.2 施工中,对路基边坡可采取分段施工,清除的地表土应及时清理出路基范围内;工程弃土完成后应及时进行环保处理,保证与周边环境的协调。

7.2.3 清洗机械的废水、废油等有害物,按规定收集,集中处理,严禁直接排放到河流、湖泊等水域中,也不准排放到饮用水源附近的土地上,以防污染水质和土壤。

7.2.4 在自然保护区及风景名胜区的路基填筑施工时,必须采取有效措施按规定保护景观、林木、植被、水体、地貌等不被污染和破坏。严格划定各种机械、人员的行走路线,保证周围地表、植被的生态环境不受破坏。

7.2.5 石方运输宜使用封闭式车辆,装车后应清除车辆外露面的遗土、杂物。对施工现场的扬尘应进行洒水控制,减少对周围环境的污染。

8 主要应用标准和规范

8.0.1 中华人民共和国行业标准《公路路基施工技术规范》(JTG F10—2006)

8.0.2 中华人民共和国行业标准《城镇道路工程施工与质量验收规范》(CJJ 1—2008)

8.0.3 中华人民共和国行业标准《公路土工试验规程》(JTG E40—2007)

8.0.4 中华人民共和国国家标准《环境空气质量标准》(GB 3095—2012)

8.0.5 中华人民共和国行业标准《公路工程施工安全技术规程》(JTJ 076—1995)

编、校:王小兵　邓招龙

103 填砂路基

(Q/JZM-SZ103-2012)

1 适用范围

本施工工艺标准适用于市政道路工程中填砂路基的施工,其他道路可参照使用。

2 施工准备

2.1 技术准备

2.1.1 施工前应根据设计图纸及有关规定,对道路中线控制桩及高程进行复测,水准点及控制桩的核对和增设,并对横断面进行测量和绘制;放出填方边桩(间距:直线段20m,曲线段10m),并用石灰标注出边界线。

2.1.2 填料要求:砂的液限小于25%,塑性指数小于12;砂源最大干密度大于1.60m³/kg,有机物质含量应控制在5%以内;宜选择偏细或偏粗颗粒不均匀的砂,这样的砂易结板,有利于提高填砂路基的压实度与稳定性。

2.1.3 开工前通过试验路段的施工,确定压实所用的设备类型、数量及最佳组合方式,确定压实遍数、压实速度、压实厚度、松铺系数等。试验路段的位置由监理工程师现场选定,长度以不小于200m的全幅路基为宜,且不同的填方材料应单独做试验路段。

2.1.4 编制施工方案并经审批,已向施工队进行书面的技术交底和安全交底;施工前已对施工班组和操作人员进行全面的技术、操作、安全交底。

2.2 施工机具与设备

2.2.1 摊铺和压实机械:推土机、平地机、挖掘机、装载机、压路机、蛙式打夯机等。

2.2.2 运输机械:自卸汽车。

2.2.3 含水率调节机械:水泵、水管、洒水车、五铧犁等。

2.2.4 测量和试验检测设备:全站仪或经纬仪、水准仪、灌砂桶、环刀、平整度检测仪、弯沉检测仪等。

2.3 作业条件

2.3.1 路基清表并已整平,施工现场、弃土场、暂存土场和妨碍施工的各类地上、地下构筑物均已拆改、加固完成。

2.3.2 填方如要破坏原有排水系统时,应在填方施工前做好新的排水系统。

2.3.3 做好土方运输便道,运输便道不得妨碍碾压施工,且符合车辆行驶安全要求。

2.3.4 原地面横向坡度大于1:5的地段,应挖成台阶形,每级台阶宽度不得小于1.5m,台阶顶面应向内倾斜;在沙土地段可不做台阶,但应翻松表层土。

3 操作工艺

3.1 工艺流程

测量放线→路基基底处理及填前碾压→分层填筑→推平与洒水→碾压与包边土→压实后检测。

3.2 操作方法

3.2.1 测量放线:施工前应对路中线现状地面高程进行校测,并与设计纵断面图进行核对。在道路中心桩测设后,依据设计图纸测设填方路基边线。根据道路设计横断面及现状地面高程,计算确定道路两侧边桩位置,在道路中线桩、边桩上标出设计高程位置(包括竖曲线)。

3.2.2 基底处理及填前碾压:填方前应将原地面积水排干,淤泥、杂物等挖除,将原地面坑洞填实并大致找平。场地清理与拆除完成后进行填前碾压,使基底达到规定的压实度标准。

3.2.3 分层填筑

(1)各项准备就绪后,按要求铺设一层土工布。土工布的各项技术指标及铺设、搭接要求应满足设计。

(2)在摊铺前应先准确地划出路堤边线和砂与包边土的分界线。砂与包边土均采用水平分层摊铺,严格控制松铺厚度。包边土的摊铺宽度应比设计宽20cm,以保证路基成形,削坡后净宽度满足设计要求。摊铺主要由推土机及平地机完成,并结合人工整理土砂交界处,形成整齐的交界线。

①砂的运输

在已经验收合格的填砂路堤表面继续填筑时,必须洒水,保持已填筑砂层的表面(不小于20cm厚)砂的含水率不小于15%。当出现较深车辙时,要用推土机和压路机及时整平碾压。

②砂的摊铺和整平

采用履带式推土机按路中心低、路侧高,横坡控制在1.5%~2%摊铺粗平,即成"锅底形"。摊铺粗平厚度不超过30cm,洒水至砂的表层含水率不小于10%,再用平地机整平,整平结束后立即采用压路机碾压,对局部含水率偏低的部位(主要是路侧),在压实前或压实过程中可采用水车或水泵补充洒水至最佳含水率。

③宽度控制

宽度采用层层放样控制,根据路侧高程计算填层宽度,撒石灰线控制,采用推土机按宽度线将砂摊铺至边线,并用履带进一步压实。

④厚度控制

总量控制本层填砂的松铺厚度:施工时按填层段落长度、填筑宽度和厚度,计算本层填筑量,乘以1.2的车载松方系数控制本层卸砂车数。推土机粗平后,测量复核断面高程控制本层松铺厚度,复测的层厚按30cm控制,满足要求后采用平地机整平后压实。

3.2.4 填砂路堤的压实

填筑面采用平地机仔细整平后,在砂的最佳压实含水率范围,压路机从路中心(低侧)向路缘(高侧)碾压,碾压速度控制在2~4km/h,用高频率、低振幅、直线进退法进行碾压。碾压时压路机往返轮迹重叠不小于1/3钢轮宽,压完全路宽为一遍;采用18t压路机,振动碾压6~10遍。碾压完毕检查压实度、平整度、高程、宽度、横坡度等,各项指标合格后及时进行下一层的填筑施工。尽可能减少成型的填砂路基失水,当不能及时填筑下一层砂时,应及时洒水,保持足够的水分。

3.2.5 填砂路堤洒水

填砂路堤的施工,控制填料处于最佳含水率是关键,可采用洒水车洒水来实现。洒水量的控制应视天气情况和碾压前检测的砂的含水率确定。现场洒水时,先路侧后路中心,碾压前表面应无积水,碾压过程中表层砂不液化、不松散。洒水时不可将水洒到未经碾压的包边土上。

3.2.6 包边土的施工

为保证路基稳定,防止砂料流失,在填砂路堤边坡处常设计采用针刺无纺土工布包裹填砂层1m宽,土工布搭接宽度不小于25cm。填砂层两侧多采用2m宽黏土包边。先施工包边土,碾压合格后紧跟分层填筑细砂;当一层填砂层压实后,将土工布折回已压实层面上,展平后用U形钉钉牢,包边土碾压时将该部分与包边土一并压实。严禁将包边土与路基填料交互填筑;施工中应严格控制包边土宽度,以保证路基稳定。碾压时应严格控制砂的含水率,在碾压过程中包边土与砂的结合部位应充分压实。

3.2.7 检测

填砂路基每层填筑施工结束后,对每层填砂的含水率、松铺厚度、压实度等由试验工程师根据检测频率检测;对每层的纵断面高程、宽度、边坡及中线偏差等由测量工程师检测控制。

4 质量标准

4.0.1 主控项目

(1)填砂路基(路床)质量检验应符合表4.0.1的规定。

表4.0.1 填砂路基压实度标准

填挖类型	路床顶面以下深度(cm)	道 路 类 别	压实度(%)(重型击实)	检 查 频 率	检 查 方 法
填砂	0~80	快速路和主干路	≥95	1000m,每层3点	环刀法、灌砂法
		次干路	≥93		
		支路和其他小路	≥90		
	>80~150	快速路和主干路	≥93		
		次干路	≥90		
		支路和其他小路	≥90		
	>150	快速路和主干路	≥90		
		次干路	≥90		
		支路和其他小路	≥87		

(2)填砂路基的弯沉值不应大于设计规定。

检验数量:每车道每20m检测1点。

检验方法:弯沉仪检测。

4.0.2 一般项目

(1)填砂路基允许偏差应符合表4.0.2的规定。

表4.0.2 填砂路基允许偏差

序号	项 目	允 许 偏 差	检 查 频 率		检 验 方 法
			范围	点数	
1	路床纵断面高程(mm)	-20,+10	20m	1	用水准仪测量
2	路床中线偏位(mm)	≤30	100m	2	用全站仪、钢尺量取最大值
3	路床平整度(mm)	≤15	20m	宽度(m) <9 : 1 9~15 : 2 >15 : 3	用3m直尺和塞尺连续量两尺,取较大值
4	路床宽度(mm)	不小于设计值+B	40m	1	用钢尺量
5	路床横坡	±0.3%且不反坡	20m	宽度(m) <9 : 2 9~15 : 4 >15 : 6	用水准仪测量
6	边坡	不大于设计要求	20m	2	用坡尺测量,每侧1点

注:B为施工时必要的附加宽度。

(2)填砂路基路床应平整、坚实,无明显轮迹、翻浆、波浪、起皮等现象,路堤边坡应密实、稳定、平顺。

检查数量:全数检查。

检验方法:观察。

5　质量记录

5.0.1　施工过程中的质量控制记录,包含中线测量、边坡放样、水准测量、标准击实、弯沉测定记录表,以及弯沉统计评定表、压实度记录、工序质量记录评定表等。

5.0.2　砂的实验报告。

5.0.3　路基沉降观测记录。

5.0.4　完工的质量记录和质量自评报告。

6　冬、雨季施工措施

6.1　冬季施工

6.1.1　填砂层不能有结冰现象,填筑应按全宽平填。在气温低于-5℃时,每层虚铺厚度较常温施工所规定的标准值小20%~25%,且最大松铺厚度不得超过30cm;当天填砂必须当天碾压密实。

6.1.2　冬季施工填砂路基时,除应符合以上有关规定外,并应注意以下要求:

施工前应测定砂的含水率,合格后才能使用;施工中将有较长时间中断时,路基分段的结合部应留成阶梯形,每层宽度不小于1m。

6.2　雨季施工

6.2.1　雨季施工应加强防雨与排水工作,充分利用地形与排水设施。

6.2.2　合理安排作业顺序,应集中人力、设备分段流水、快速施工。

6.2.3　对低洼积水等不利地段应在雨季前施工;施工前或大雨后,应对施工地段进行调查,测出土壤含水率及地下水位。

6.2.4　每日停止作业前,应将填砂层碾压密实平整。

7　安全、环保措施

7.1　安全措施

7.1.1　填筑作业前,安全负责人员必须对作业人员进行安全技术交底。

7.1.2　人机配合填方作业,必须设专人指挥。机械作业时,配合作业的人员严禁处在机械作业和走行范围内。配合人员在机械走行范围内作业时,机械必须停止作业。

7.1.3　填方如要破坏原排水系统时,应在填方前修筑新的排水系统并保持通畅。

7.1.4　路基下有承载能力较弱的管线时,应对其采取必要的加固措施后才能按照规范规定的压实标准进行施工。

7.2　环境保护

7.2.1　各种临时施工设施和场地,一般宜远离居民区,且设于居民区主导风向的下方处。当无法避免时,应采取适当的防尘及消声等措施。

7.2.2　施工中清除的地表土应及时清理出路基范围内;工程弃土完成后应及时进行环保处理,保证与周边环境的协调。

7.2.3　清洗机械的废水、废油等有害物,按规定收集,集中处理,严禁直接排放到河流、湖泊等水域中,也不准排放到饮用水源附近的土地上,以防污染水质和土壤。

7.2.4　在自然保护区及风景名胜区的路基填筑施工时,必须采取有效措施按规定保护景观、林木、植被、水体、地貌不被污染和破坏。严格划定各种机械、人员的行走路线,保证周围地表、植被的生态环境不受破坏。

  7.2.5 砂方运输宜使用封闭式车辆,装车后应清除车辆外露面的遗土、杂物。对施工现场的扬尘应进行洒水控制,减少对周围环境的污染。

8 主要应用标准和规范

  8.0.1 中华人民共和国行业标准《公路路基施工技术规范》(JTG F10—2006)

  8.0.2 中华人民共和国行业标准《城镇道路工程施工与质量验收规范》(CJJ 1—2008)

  8.0.3 中华人民共和国行业标准《公路土工试验规程》(JTG E40—2007)

  8.0.4 中华人民共和国国家标准《环境空气质量标准》(GB 3095—2012)

  8.0.5 中华人民共和国行业标准《公路工程施工安全技术规程》(JTJ 076—1995)

编、校:万平 王小兵

104　挖土方路基

（Q/JZM – SZ104 – 2012）

1　适用范围

本施工工艺标准适用于新建和改建市政道路工程中挖土方路基施工，其他道路挖土方路基施工可参照使用。

2　施工准备

2.1　技术准备

2.1.1　路基挖方前，应进行详细施工控制测量，增设临时水准点。

2.1.2　检查、核对纵横断面图，核实现有地面高程，发现问题必须进行复测。若设计单位提供的断面图不完善，应全部补测。

2.1.3　施工方案已获审批，并已对施工人员进行施工技术、安全交底。

2.2　施工机具与设备

2.2.1　挖土机械：挖掘机、推土机、装载机、平地机、铲运机、自卸汽车、压路机等。

2.2.2　一般工具：铁锹、手推车、坡度尺、钢卷尺或皮尺、放样线绳等。

2.3　作业条件

2.3.1　所有施工人员已接受培训，并进行了技术、安全、质量、环保等内容交底。

2.3.2　拆迁障碍物。已对影响施工的地上地下建（构）筑物、各种管线等进行详细调查；如遇有重要地下设施不明，宜进行雷达探测，并应在主管单位人员到现场的情况下进行探测。在取得主管单位同意的情况下，将施工区域内障碍物拆除或搬迁。

2.3.3　正式开挖前，应在路堑坡顶开挖临时截水沟，将地表雨水引出路堑外；临时截水沟尽量与永久性的排水、截水系统结合起来效果更好。开挖有地下水的路堑时，应根据当地工程地质资料，采取有效的措施降低地下水位，一般降至开挖面以下50cm。

3　操作工艺

3.1　工艺流程

测量放线→路堑土方开挖→弃土或土方利用→修整边坡、边沟→路床碾压→土工试验→压实检验。

3.2　操作方法

3.2.1　测量放线

施工前对路中线现状地面高程进行校测，并与设计纵断面图进行核对。在道路中心桩测设后，测量横断面方向，根据道路设计横断面及现状地面高程，放出路堑上、下坡角线及高程控制桩。

3.2.2　路堑土方开挖

土方开挖不论开挖工程量和开挖深度大小,均应自上而下进行,禁止乱挖、超挖,不得掏洞取土。开挖路基时,不应直接挖至设计高程,应预留找平压实厚度。

（1）路堑开挖主要方法

①横挖法:以路堑整个横断面的宽度和深度,从一端或两端逐渐向前开挖的方式称为横挖法。该方法适用于短而深的路堑。

人工按横挖法挖路堑时,可在不同高度处分多个台阶挖掘,其挖掘深度视工作和安全而定,一般为 1.5～2.0m。不论自两端一次横挖到路基高程或分台阶横挖,均应有单独的运土通道及临时排水设施。

机械按横挖法挖路堑且弃土(或以挖作填)运距较远时,宜用挖掘机配合自卸汽车进行。每层台阶高度可增加至 3～4m,其余要求同人工挖路堑。

路堑横挖法也可用推土机进行。若弃土或以挖作填运距超过推土机的经济运距时,可用推土机推土堆积,再用装载机配合自卸汽车运土。

②纵挖法:又分为分层纵挖法、通道纵挖法和分段纵挖法。

a.分层纵挖法:沿路堑全宽以深度不大的纵向分层挖掘前进时称为分层纵挖法。本法适用于较长的路堑开挖。沿路堑分为宽度和深度不大的纵向层次挖掘。在短距离及大坡度时,用推土机作业;在较长较宽的路堑,且工作面较大时,可用铲运机、推土机、装载机、自卸汽车等运土机具联合作业。

b.通道纵挖法:先沿路堑纵向挖一通道,然后将通道向两侧拓宽,上层通道拓宽至路堑边坡后,再开挖下层通道,如此开挖至路基高程称为通道纵挖法。本法适用于路堑较长、较深,两端地面纵坡较小的路堑开挖。这种挖掘方法必须注意作业进度、运土路线、临时排水、机械调度配套等周密组织管理。

c.分段纵挖法:沿路堑纵向选择一个或几个适宜处,将较薄一侧堑壁横向挖穿,使路堑分成两段或数段,各段再纵向开挖称为分段纵挖法。本法适用于路堑过长、弃土运距过远的傍山路堑,其一侧堑壁不厚的路堑开挖。

③混合式开挖法:将横挖法、通道纵挖法混合使用,即先顺路堑挖通道,然后沿横向坡面挖掘,以增加开挖坡面。每开挖坡面应容纳一个施工小组,或一台机械,即创造空间工作面。在较大的挖土地段,还可横向再挖沟,以装置传动设备或布置运输车辆。本法适用于路堑纵向长度和挖深都很大的路堑。

（2）路堑施工常用机械作业方法

①推土机施工土方路堑常用作业方法

a.下坡推土法:适宜坡度为 10%～18%,否则回空时爬坡困难。

b.槽形推土法:适宜于运距较远、土层较厚时,形成一条推土线槽,可减少土的漏失,提高工效,但应注意防止槽壁坍方埋掩机械事故。

c.并列推土法:当路堑较宽时,采用 2～3 台推土机同速并列推土,可减少土的损失。该法要求驾驶员有较高的技术,得心应手并驾齐驱,相邻两铲刀间距为 30m 左右,平均运距 50～70m 为宜。

d.接力推土法:土质较硬,一次推土不深,可由近及远分段将土推运成堆,然后由远及近将土一次推送到卸土点。

e.波浪式推土法:在推土机初切土时,应将铲刀最大可能地切入土中,当发动机稍超负荷时,铲刀会缓缓提起,直到发动机恢复正常运转,再将铲刀降下切土。起刀时不应离开地面,这样多次起伏,直至铲刀前堆满土为止。

②正铲挖掘机开挖土质路堑作业方法

a.侧向开挖:铲斗向前进方向挖土,运土汽车位于铲斗侧面装车,与开挖路线平行,其特点是铲斗卸土时平均转角小于 90°,车辆可以直线进出,不需调头和倒驶,工作效率高。

b.正向开挖:铲斗向前挖土,运输车辆停在挖土机后面装土,其特点是开挖面较宽,可以两侧装土,但装车回转角度较大,通常大于 180°左右,增加了循环时间。另外由于汽车不能直接开进挖掘通道,需要调头和倒驶,使施工场地拥挤,挖掘机不能连续作业,效率低。这种开挖方法只适宜于施工区域的进口处。

③装载机与运输车辆配合的作业方法

a.I 字形作业:运输车辆平行于开挖作业面,装载机垂直于开挖面,前进铲土后,直线后退一定距离,并提升铲斗。此时运输车辆进到装载机铲斗卸土位置,装满后汽车驶离。这种联合方式特点是装载机不调头,但运输车辆需多次倒驶。

b.V 字形作业:运输车辆与开挖面约 60°交角,装载机垂直于开挖面,前进铲土后,再倒车驶离开挖面过程中调头 60°与运输车辆垂直,然后驶向运输车辆卸土。这种方式循环时间较短。

c.L 字形作业:运输车辆垂直于开挖面,装载机前进铲土后,倒退并调转 90°,然后驶向运输车辆卸土。这种开挖方式在较宽敞的工地经常使用。

④平地机在土质路堑开挖中的作业方法

a.平整路床:平地机以较大切土深度进行粗平,切除高处,补平低处,行驶到路段终端时,常以倒退行驶返回另一端。然后再以较小的切土深度进行精平,用刮刀将松土压实,通过调整角度在整平时刮出路拱横坡。

b.修刮边坡:用平地机修刮边坡的高度以 1.5m 为宜。修刮时将刮刀转到机身外侧,与机身纵轴保持较小的锐角,旋转刀片使刮刀斜度与边坡相同,进行试铲后再调整到需要角度。一般从填挖交界处开始向路堑内往返铲刮边坡,逐段完成。

c.开挖边沟:路堑开挖边沟采用机身外刮土,需人工配合。先由平地机沿边沟中心线开挖一槽,挖出的土翻倒在路肩上,反复若干行程,逐渐扩大槽深到设计深度,并将槽壁铲切到接近设计坡度,直到平地机挖出最大深度。然后用少量人工按设计断面开挖整修路肩上的积土,并及时运出路堑外。

（3）路堑边坡的形式

路堑边坡在开挖土方过程中自上而下分层,严格按设计边坡和坡面形状施工。深路堑边坡宜按一定高度设计平台组合成综合边坡,不宜做成单一的坡度。

a.细粒土层边坡:宜在边坡上每隔 6～10m 高度设置平台形成阶梯式边坡,平台宽度对机械施工不宜小于 3m,对于人工施工不宜小于 2m。平台位置应设在土层分界处,平台表面做成向内倾横坡 0.5%～1%。纵向坡度宜与路线坡度一致,或做成 0.3% 的排水纵坡,并将平台上的排水与路基排水设施相连通。折线边坡极易被雨水冲刷破坏,除非采用砌石保护,一般不宜采用。

b.砂类土层边坡:宜用台阶式边坡,但边坡上的松散夹层要采取砌石等保护,在坡脚处必须设置碎落台,以免堵塞边沟。

c.碎、砾石土和巨粒土层边坡:其边坡形式宜做成阶梯式,平台宜设在土层分界处,边坡上的松散夹层应妥善保护,如果土层比较松散,宜将整个边坡或下部的大部分予以砌石等保护。

（4）路堑路床要求

当路堑开挖至零填时,应尽快进行施工。如不能连续进行,应在路床底面以上预留 30cm 厚的保护层,在路床基底压实前迅速挖除。

路床的厚度按设计规定施工,并按设计或有关规范要求的压实度标准执行。

路床施工前应先开挖排水边沟,防止边坡雨水漫流到路床部分。

当路床顶部以下为含水层时,先按设计要求施工排水渗沟将地下水引出路基外,填料应选用水稳性好的透水材料施工路床。土质路床顶面还要做弯沉值试验;土质路床材料要满足 CBR 值、最大粒径控制等要求。

路床的表层以下为有机土,不能满足 CBR 值时,应换填符合路基强度的土,换填深度应满足设计要求,一般为 80～100cm,并分层回填压实。

填挖结合部应在路堑端挖台阶与填方路堤相衔接,台阶宽度不宜小于压路机碾压宽度,路床顶面衔接长度不宜小于 5m。

（5）弃土及土方利用

弃土应及时清运，不得乱堆乱放。在地面横坡缓于1∶1.5的地段，弃土可设于路堑两侧。弃土堆内侧坡脚与堑顶间距离对于干燥土不应小于3m；对于软湿土不应小于路堑深度加5m。弃土堆边坡不陡于1∶1.5，顶面向外设不小于2%的横坡，弃土堆高度不宜大于3m。

在地面横坡陡于1∶5的路段，弃土堆不应设置在路堑顶面的山坡上方，但截水沟的弃土可用于路堑与截水沟间筑路台，并拍打密实，台顶设2%的倾向截水沟的横坡。

在山坡上侧的弃土应连续，并在弃土堆上侧设置截水沟；山坡下侧的弃土每隔50～100m设不小于1m宽的缺口排水，弃土堆坡脚应进行防护加固。

土方利用应按下列规定执行：表层有机质土应先清除干净，不得利用。土方必须根据规范要求进行土工试验，符合要求后才能利用。

（6）土工试验

挖方路堑施工完成后，对路基表层土进行土工试验。若发现试验段在0～300mm厚度范围内进行碾压无法满足路床压实度要求时，经监理批准后应下挖1～2层，对底层碾压密实后再分层回填压实。

挖方路基施工高程应考虑压实后的下沉量，其预留值由试验确定。

4　质量标准

4.0.1　主控项目

（1）挖方路基土方质量检验应符合规范规定；其中路基压实度应符合表4.0.1的规定。

表4.0.1　路基土方压实度标准

挖方类型	路床顶面以下深度（cm）	道 路 类 别	压实度（%）（重型击实）	检 查 频 率	检 查 方 法
土方	0～30	快速路和主干路	≥95	1000m²，每层3点	环刀法、灌砂法
		次干路	≥93		
		支路和其他小路	≥90		

（2）挖方路基弯沉值不应大于设计规定。

检验数量：每车道每20m检测1点。

检验方法：弯沉仪检测。

4.0.2　一般项目

（1）路基土方允许偏差应符合表4.0.2的规定。

表4.0.2　路基土方允许偏差

序号	项　目	允许偏差	检查频率			检验方法
			范围	点数		
1	路床纵断面高程（mm）	−20，+10	20m	1		用水准仪测量
2	路床中线偏位（mm）	≤30	100m	2		用全站仪、钢尺量取最大值
3	路床平整度（mm）	≤15	20m	宽度（m）	<9	1	用3m直尺和塞尺连续量两尺，取较大值
					9～15	2	
					>15	3	
4	路床宽度（mm）	不小于设计值+B	40m	1		用钢尺量
5	路床横坡	±0.3%且不反坡	20m	宽度（m）	<9	2	用水准仪测量
					9～15	4	
					>15	6	
6	边坡	不大于设计要求	20m	2		用坡尺测量，每侧1点

注：B为施工时必要的附加宽度。

（2）外观检查：路床应平整、坚实，无显著轮迹、翻浆、波浪、起皮等现象，路堑边坡应密实、稳定、平顺。

（3）检查数量：全数检查。

（4）检验方法：观察。

5　质量记录

5.0.1　施工过程中的质量控制记录，包含中线测量、边坡放样、水准测量、标准击实、弯沉测定记录表，以及弯沉统计评定表、压实度记录、工序质量记录评定表等。

5.0.2　土的实验报告。

5.0.3　完工的质量记录和质量自评报告。

6　冬、雨季施工措施

6.1　冬季施工

土方开挖不宜在冬季施工；如确需在冬季施工时，其施工方法应按冬季施工方案进行。

6.1.1　采用防止冻结法开挖土方时，可在冻结前用保温材料覆盖或将表层土耙松，其翻耙深度应根据当地气候条件确定，一般不小于0.3m。

6.1.2　冬季开挖路堑土方必须从上往下挖，严禁从下往上掏空挖土。

6.2　雨季施工

6.2.1　应根据地形和土质，选择合适的施工地段，一般应选在丘陵和山岭地区的砂类土、碎砾土地段的路堑土方施工。平原地区排水困难，不宜安排雨季施工。

6.2.2　路堑开挖应保持排水系统通畅，加强临时排水，保证作业场地不被洪水淹没，并能及时排除地表水。路堑开挖前应先在路堑边坡坡顶2m以外开挖截水沟并接通出水口。

6.2.3　挖方边坡不应一次开挖到位，应预留20～30cm厚，待雨季过后再修整到设计边坡。

6.2.4　路堑应分层开挖，每层均应设置排水横坡。开挖路堑至路床顶面设计高程50cm时应停止开挖，并在两侧挖排水沟，待雨季过后再挖到设计高程后压实。若土的强度达不到设计要求应超挖50cm，经监理工程师批准后用粒料分层回填并按路床要求压实。

6.2.5　路基因雨产生翻浆时，应立即进行处理，并符合下列要求：逐段处理，不得全线开挖；每段"挖、填、压"应连续施工成型；翻浆部位土体应全部挖出；小面积翻浆相距较近，应予以挖通进行处理；大面积翻浆应制订专项方案，集中处理。

7　安全、环保措施

7.1　安全措施

7.1.1　各协作施工作业队必须贯彻"安全第一、预防为主"，坚持"安全生产必须以人为本"的原则，根据《集团公司安全管理办法》的有关规定，从项目经理部到施工现场均应设置专职安全员，落实安全责任制，健全安全预防、预警、检查、报告、事故处理等保障系列。

7.1.2　结合工程实际情况做好各种安全预案，并定期组织演练，做到生产与安全工作同步计划、布置、交底、落实、检查、评比、总结。

7.1.3　机械施工中的安全包括机械本身的安全、施工操作的安全。施工机械设备应设专人负责保养、维修和看管。各种机械操作手、电工等特种作业人员必须经培训、考核后持有上岗证,同时经常定期对驾驶员、电工及施工人员加强安全教育。

7.1.4 施工现场必须做好交通安全工作。交通繁忙时,应有专人负责指挥、维护交通,现场应设立明显警示标志牌。夜间施工时,路口、边坡顶必须设置警示灯或反光标志,并设专人管理灯光照明。

7.1.5 现场操作人员必须按规定佩戴安全防护用具,机械燃料库必须按要求设消防设备。对现场易燃品必须分开放置,保证一定的安全距离。

7.1.6 挖土中遇文物、爆炸物、不明物或设计图纸中未标注的地下管线、构筑物时,必须立即停止施工,保护现场,向上级报告。同时与有关管理单位联系,研究处理措施。经妥善处理、确认安全并形成文件后,方可恢复施工。

7.1.7 对于受附近建(构)筑物等条件所限,路堑坡度无法满足设计要求挖掘时,应根据建(构)筑物、工程地质、水文地质、开挖深度等情况,向相关单位提出对建(构)筑物采取加固措施的建议,并办理有关手续,保障建(构)筑物和施工的安全。

7.2　环境保护

7.2.1 各种临时施工设施和场地,一般宜远离居民区,且设于居民区主导风向的下方处。当无法避免时,应采取适当的防尘及消声等措施。

7.2.2 施工中,对路基边坡可采取分段施工,清除的种植土及时清理出路堑范围;工程弃土完成后应及时进行环保处理,保证与周边环境的协调。

7.2.3 清洗机械的废水、废油等有害物,按规定收集,集中处理,严禁直接排放到河流、湖泊等水域中,也不准排放到饮用水源附近的土地上,以防污染水质和土壤。

7.2.4 开挖中发现文物、古化石时,应暂停施工,保护好现场,并立即报告建设单位和当地文物管理部门研究处理,不得瞒报和私自处置。

7.2.5 在自然保护区及风景名胜区进行路基开挖施工时,必须采取有效措施按规定保护景观、林木、植被、水体、地貌等不被污染和破坏。严格划定各种机械、人员的行走路线,保证周围地表、植被的生态环境不受破坏。

8　主要应用标准和规范

8.0.1 中华人民共和国行业标准《城镇道路工程施工与质量验收规范》(CJJ 1—2008)
8.0.2 中华人民共和国行业标准《公路土工试验规程》(JTG E40—2007)
8.0.3 中华人民共和国国家标准《环境空气质量标准》(GB 3095—2012)
8.0.4 中华人民共和国行业标准《公路工程施工安全技术规程》(JTJ 076—1995)

编、校:张明锋　黄晔

105　挖石方路基

（Q/JZM－SZ105－2012）

1　适用范围

本施工工艺标准适用于市政道路工程中各种石方开挖深度为 10m 以内、建筑物在爆源处 150m 以外的路堑施工。

2　施工准备

2.1　技术准备

2.1.1　路基挖方前，应进行详细施工控制测量，增设临时水准点；检查、核对纵横断面图，核实现有地面高程，发现问题必须进行复测。若设计单位提供的断面图不完善，应全部补测。

2.1.2　编制爆破专项施工方案，向施工队进行书面的技术交底和安全交底；施工前对施工班组和操作人员进行全面的技术、操作、安全交底。

2.1.3　在全面施工前进行 2～3 次试爆，确定爆破方法、炮孔布置、间距、排距、起爆方式、炸药单耗等情况。根据试爆情况，检验是否符合相关质量、安全要求，必要时进行爆破参数修正。

2.2　材料准备

开炸石方用的雷管、炸药质量合格，数量满足施工进度需要，并设有符合要求的储放场所，专人负责管理。

2.3　施工机械设备

2.3.1　钻孔设备：潜孔钻机、空压机、凿岩机、手提钻机。

2.3.2　清运设备：挖掘机、装载机、运输车辆、手推车。

2.3.3　安全设备：安全帽、警戒线、警戒设置牌、汽笛。

2.4　作业条件

2.4.1　施工前完成通路、通电（用柴油空压机除外）、通水、清表（尽量保留表土或风化砂砾 10～50cm）等工作。

2.4.2　对所有的施工人员已进行爆破施工前的技术、安全知识培训和交底。

2.4.3　设置排水沟、集水坑，及时将路基里的积水或地下水排走，确保路基上无积水。

3　操作工艺

3.1　工艺流程

施工测量→标定炮孔位置→钻孔→炮孔检查→布设警戒→装药→炮孔堵塞、爆破覆盖→连接爆破网络→起爆信号→起爆→消除哑炮，处理危石→解除警戒→装运石方。

3.2 操作方法

3.2.1 测量放样

根据设计资料,复核路基中桩,根据实际的地面高程确定开口线的位置,用白灰撒开口线。

3.2.2 布设炮孔

根据山体及线路走向,选用深孔或浅孔爆破进行开挖。深路堑按 3~5m 为一梯段,以潜孔钻机钻孔,人工装药堵塞,微差毫秒、非电雷管、塑料导爆管引爆。边坡采用预裂爆破法控制。炮孔标定必须按照设计好的爆破参数准确地在爆破体上进行标识,不能随意变动设计位置及参数。布孔完成后,认真进行校核,实际的最小抵抗线应与设计的最小抵抗线基本相符。

3.2.3 钻孔

在钻孔过程中,应严格控制钻孔的方向、角度和深度。孔眼钻进时应注意地质的变化情况,并做好记录,遇到夹层或与表面石质有明显差异时,应及时同技术人员进行研究处理,调整孔位及孔网参数。钻孔完成后,及时清理孔口的浮渣,清孔可直接采用胶管向孔内吹气;吹净后,检查炮孔有无堵孔、卡孔现象,以及炮孔的间距、眼深、倾斜度是否与设计相符。若和设计相差较多,应对参数适当调整,如果可能影响到爆破效果或危及安全生产,应重新钻孔。先行钻好的炮孔用编织袋将孔口塞紧,防止杂物堵塞炮孔。

3.2.4 装药

装药前清除孔内积水、杂物;装药过程中严格控制药量,先把炸药按每孔的设计药量分好,边装药边测量,以确保装药密度符合要求。

3.2.5 堵塞

堵塞物用黏土和细砂拌和,其粒度不大于 30mm,含水率 15%~20%(一般以手握紧能使之成型,松手后不散开,且手上不沾水迹为准)。药卷安放后立即进行堵塞,首先塞入纸团或塑料泡沫,以控制堵塞段长度(光爆孔口预留 1~1.5m,主爆孔口预留 2~2.5m),然后用木炮棍分层压紧捣实,每层以 10m 左右为宜,堵塞中应注意保护好导爆索。

3.2.6 爆破覆盖

施工中采用两层草袋覆盖,它是控制飞石的重要手段。先在草袋内装入沙土,覆盖后将排间的草袋用绳子连成一片。草袋覆盖时要注意保护好起爆网络。爆破石方表面是土或风化沙砾时,必须保留表土或风化沙砾 10~50cm,以减少草袋覆盖。

3.2.7 连接起爆网络

根据设计的起爆网络图进行起爆电雷管、火雷管的起爆网络连接。连接好后,进行网络的检查,检查完全无问题后进入起爆程序。

3.2.8 起爆

整个起爆过程中由专人统一指挥,起爆前对整个警戒区内进行全面的安全检查,确保无安全隐患后,由指挥人发出三次预警,在第三次预警哨声发出时,爆破员立即进行起爆工作。对于火雷管要由专人清点爆破雷管的数量,以便检查雷管是否全部起爆。

3.2.9 检查和解出警戒

起爆完成 15min 后,由专业技术人员进入爆破现场进行检查,主要检查雷管和炸药是否全部爆炸。如果出现哑炮、拒爆、盲爆等情况,要采取相应措施进行处理。在确定完全无安全隐患后,报告指挥人员发出指令解除警戒。

3.2.10 爆破石方的清运

每次爆破完毕后,组织人员和机械进行爆破石方的清运工作,以推土机配合装载机或挖掘机装车,用自卸汽车运输至弃土场或填筑路堤。用于填方的大石块要经改炮后再装车。

石方清除后,高出设计高程的部分要进行挖除,低于设计高程的要进行回填碾压,压实度达到施工规范为止。应对边坡表面进行修整,破碎岩石要全部清除掉,并按设计要求进行刷坡。

4 质量标准

4.0.1 主控项目
(1)路基上边坡必须稳定,严禁有松石、险石。
(2)检查数量:全数检查。
(3)检查方法:观察。
4.0.2 一般项目(见表4.0.2)

表4.0.2 挖石方路基允许偏差

序号	项目	允许偏差	检查频率		检验方法
			范围(m)	点数	
1	路床纵断面高程(mm)	+50、-100	20	1	用水准仪测量
2	路床中桩偏位(mm)	≤30	100	2	用全站仪、钢尺量取最大值
3	路床宽(mm)	不小于设计规定 + B	40	1	用钢尺量
4	边坡(%)	不大于设计规定	20	2	用坡度尺量,每侧1点

注:B为施工时必要的附加宽度。

5 质量记录

5.0.1 爆破材料(炸药、雷管、施工机械)进场复验报告。
5.0.2 桩位测量放样、横断面高程及复核记录。
5.0.3 钻孔深度,孔距、排距、地质情况记录。
5.0.4 炮孔装药量和爆破网络的连接记录。
5.0.5 爆破后的情况记录。

6 冬、雨季施工措施

挖石方路基冬、雨季施工一般不受影响,应加强雨季施工排水,注意雷管、炸药防潮,避免影响爆破施工。

7 安全、环保措施

7.0.1 爆破器材必须存放在专用仓库、专人管理;必须建立严格的领取、清退制度,领取数量不得超过当班使用量,剩余的要在当天规定时间内退回仓库。
7.0.2 领取爆破器材后,应直接送到爆破地点,不得携带爆破器材在人群集聚或易燃、易爆品堆积的地方停留,禁止乱丢乱放。炸药、雷管应分别放在两个专用背包(木箱)内,禁止装在衣袋内。严禁雷管和炸药混放。
7.0.3 爆破作业必须由持有爆破证的爆破操作员操作,禁止非爆破人员进行爆破作业。
7.0.4 按照计算出的安全距离外50m设置警戒线,危险区半径内必须实行警戒,起爆前必须清场。在道路旁施爆提前10min由当地交警部门封闭交通,实行交通管制。点火前应从下风向开始敷设导火索和引爆物;只有在一切准备工作和全体人员均撤离到安全区后才准点火起爆。
个别飞石对人员的安全距离不得小于表7.1.4的规定。对设备或建筑物安全距离应由设计确定。

表7.1.4　爆破时个别飞石对人员的安全距离

序　次	爆破类型和方法	个别飞石的最小安全距离(m)
1	浅眼眼底、深孔孔底扩壶	50
2	蛇穴爆破、浅眼药壶爆破	按设计,但不小于300
3	深孔爆破、深孔药壶爆破	按设计,但不小于200
4	浅眼爆破	200～300
5	破碎大块岩石	400
6	裸露药包爆破法	400

8　主要应用标准和规范

8.0.1 中华人民共和国国家标准《爆破安全规程》(GB 6722—2003)

8.0.2 中华人民共和国行业标准《城镇道路工程施工与质量验收规范》(CJJ 1—2008)

8.0.3 中华人民共和国国家标准《环境空气质量标准》(GB 3095—2012)

8.0.4 中华人民共和国行业标准《公路工程施工安全技术规程》(JTJ 076—1995)

编、校:蔡文宇　俞一尘

106　注浆加固路基

（Q/JZM – SZ106 – 2012）

1　适用范围

本施工工艺标准适用于市政道路工程中砂土、粉土、黏性土或人工填筑土等有软弱土层的路基采取注浆加固处理的施工作业,其他道路可参照使用。

2　施工准备

2.1　技术准备

2.1.1　应根据详细的岩土工程勘测资料、注浆加固设计方案,进行注浆加固施工组织设计,绘制现场平面图,标注控制桩号及其他测量资料。

2.1.2　编制注浆加固路基施工专项方案,主要包括注浆材料、设备、施工工艺及参数、注浆效果及质量指标、检测手段及评估方法等。

2.1.3　材料要求

(1)水泥:宜采用普通硅酸盐水泥,强度等级为32.5或42.5。常用的水泥颗粒一般只能灌注直径大于0.2mm的孔隙,选择水泥材料时要求可灌比值大于15。水泥浆强度、安定性及其他性能指标满足设计要求,已进行了室内配合比试验与现场注浆试验。

(2)砂:粒径小于2.5mm,细粒模数小于2.0,含泥量及有机物含量小于3%。

(3)黏土:塑性指数大于14,黏料含量大于25%,其含砂量小于5%,有机物含量小于3%。

(4)粉煤灰:应进行磨细或分选,细度应与使用的水泥相同,烧失量小于3%。

(5)水玻璃:模数值为2.5~3.3,波美度为30~45。

(6)水:饮用水。不得采用pH值小于4的酸性水、工业水或海水。

(7)其他化学浆液:应有产品合格证书,符合设计要求。

2.1.4　编制施工专项方案并经审批,已向施工队进行书面的技术交底和安全交底;施工前已对施工班组和操作人员进行全面的技术、操作、安全交底。

2.2　机具设备

2.2.1　主要注浆设备包括:钻机、注浆机、搅拌机、化学浆液混合器、止浆塞、筛网、注浆管、闷盖、密封套及各种配套仪表等。

2.2.2　辅助机具及测量仪器

辅助机具:机动小翻斗车、手推车、铁锹等。

测量仪器:水准仪、经纬仪、倾斜尺、水平尺、测绳等检测工具。

2.3　作业条件

2.3.1　施工场地已平整、沿钻孔位置已挖好沟槽和集水坑等。

2.3.2　已迁移场地内障碍物。施工用水、电、道路、生活办公房屋等就绪。

2.3.3 施工放样完成初测工作,设备调试完毕,保持良好使用状态。

3 操作工艺

3.1 工艺流程

定孔位→钻机及注浆设备就位→钻孔→压水试验→插管、封填、提升套管→安装注浆管→浆液配制与注浆→拔管、回填。

3.2 操作方法

3.2.1 定孔位:根据设计要求标出注浆孔位置,钻机与注浆设备就位,用倾斜尺、水平尺等工具调整钻机角度,安装牢固,定位稳妥。

3.2.2 钻孔:将钻杆对准所标定孔位,按设计要求的钻头开孔钻进至设计深度,钻进过程中应注意观察地层变化。利用双层管双栓塞注浆施工时,钻孔过程中要用优质泥浆护壁或用套管护壁。为防止钻孔过程中大量泥沙涌出,钻孔应严格按操作工艺进行。

3.2.3 压水试验:对于钻杆注浆法,注浆前为检验土层的密实程度及钻孔之间连通性,可用压力小于注浆压力的清水做压水试验。

3.2.4 插管、封填、提升套管

(1)对于单过滤管(花管)注浆施工,成孔后要先把过滤管设置在钻好的土层中,再向管内填砂。对于管与地层之间所产生的间隙(从地表到注浆位置)用黏性土或注浆材料等封闭,以防注浆时浆液溢出地表。

(2)对于双层管双栓塞注浆施工,成孔后要插入套管,在套管中再插入外管,在套管与外管之间注入封填材料,然后将套管拔出。

3.2.5 安装注浆管

在确定注浆管内无阻塞物后,可进行注浆管安装,为减少拔管的阻力,在注浆管上可装防水板。注浆管安装好后,应在其管口加装闷盖,以防止杂物进入。用顶杆将注浆管顶紧,慢慢地将套管拔出。

3.2.6 浆液配制

(1)按设计要求的水灰比用高速拌浆机拌和成水泥浆液。水灰比可按 0.6~2.0 进行试验确定,常用的水灰比为 1.0,浆液水温不得超过 45℃。

(2)当注浆液需要用水玻璃时,要在浓水玻璃中加水稀释,边加水边搅拌,并用波美计测试其浓度。施工中采用的水玻璃波美度为 30~45。水泥浆的水灰质量比为 0.8:1.1;水泥浆与水玻璃的体积比1:0.6~1:0.8。

(3)将拌制好的化学浆液和水泥浆液各送入搅拌式储浆桶内备用。

3.2.7 注浆

(1)注浆时启动注浆泵,通过注浆管路将浆液注入被加固部位的土体中。

(2)自下而上孔口封闭注浆法。这种工艺采用一次成孔,孔口用三角楔止浆塞封口,分段自下而上注浆,注浆高度一般在 1.5~2.0m 之间。它适用于黏性土层较多或地层下部具有中粗粒砂土层的软弱上层。

(3)自上而下孔口封闭注浆法。这种方法一次只钻成一段注浆孔,孔口用止浆塞封口,分段自上而下注浆,注浆段高度在 1.5~2.0m。它适用于地层中上部中粗砂或砾砂土层较多的软弱土层。

(4)当采用单过滤管(花管)注浆施工时,应从钻杆内注入封闭泥浆,并在注浆孔上部先灌入封顶浆,以封堵地面裂缝,防止冒浆、串浆,然后插入金属花管注浆。封闭泥浆 7d 的抗压强度应为 0.3~0.5MPa,浆液黏度应为 80~90s。

(5)双层管双栓塞注浆法注浆时,将带有花管和止浆塞的注浆芯管先插入注浆管孔底,接上注浆管路后,根据每次注浆段的长度进行第一次注浆。第一段注浆完成后,将芯管后退,进行第二段注浆。如

此下去,直至整个注浆段完成。

(6)注浆用的浆液应经过搅拌机充分搅拌均匀后才能开始注浆,并应在注浆过程中不停地缓慢搅拌,搅拌时间应小于初凝时间。浆液在泵送前应过筛网过滤。

(7)注浆施工时,应使用自动流量和压力记录表,并及时对资料进行整理分析。

(8)开启或关闭注浆泵时必须先开启或关闭化学注浆泵,以免堵塞管路。注浆过程中应尽可能控制流量和压力,防止浆液流失。注浆顺序应按跳孔间隔方式进行,并应按先外围后内部的注浆施工顺序进行。

3.2.8　拔管、回填

注浆完成后应立即拔管,若不及时,浆液会把注浆管凝固住而造成拔管困难。拔管时应使用拔管机。

用塑料管注浆时,注浆芯管每次上拔高度应为300mm;花管注浆时,花管每次上拔高度为500mm。拔出管后,应及时洗刷注浆管,以保持重复使用效果。拔出管后在土中留下的孔洞,应采用水泥砂浆或土料填塞。

4　质量标准

4.0.1　注浆点位置、浆液配合比、注浆技术参数、检验方法等均应符合设计要求。浆液组成材料的性能应符合设计规定。

4.0.2　应经常抽查浆液的配合比及主要性能指标、注浆顺序、注浆压力等。

4.0.3　施工结束后,应检查注浆体强度、复合地基承载力。检查注浆孔数应为总量的2%,不合格率大于或等于20%的应进行二次注浆。检查时间应在注浆后15d(砂土、黄土)或60d(黏性土)进行。

4.0.4　质量验收标准应符合表4.0.4的规定。

表4.0.4　注浆加固路基质量验收标准

序号	项　目		允许偏差或允许值	检　验　方　法
1	水泥		符合设计要求	查产品合格证、抽样检查
2	注浆用砂	粒径(mm)	<2.5	试验室试验报告
		细度模数	<2.0	
		含泥量及有机物(%)	<3	
3	注浆用黏土	塑性指数(%)	>14	试验室试验报告
		黏粒含量(%)	>25	
		含砂量(%)	<5	
4	粉煤灰	有机物含量(%)	不粗于同时使用的水泥	试验室试验报告
		烧失量(%)	<3	
5	水玻璃模数		2.5~3.3	抽样送检
6	其他化学浆液		符合设计	查产品证书、送样抽检
7	注浆体强度		符合设计	取样检验
8	复合地基承载力		符合设计	按规定方法
9	各注浆材料称量误差(%)		<3	抽样
10	注浆孔位(mm)		±20	用钢尺量
11	注浆孔深(mm)		±100	量测注浆管长度
12	注浆压力(与设计比)(%)		±10	查压力表

5　质量记录

5.0.1　水泥、砂、黏土等材料的试验记录。

5.0.2 浆液配比试验记录。

5.0.3 现场试注浆试验报告。

5.0.4 注浆施工过程记录。

5.0.5 注浆结束后现场检测试验报告。

5.0.6 注浆施工质量问题的记录及处治措施。

6 冬、雨季施工措施

6.0.1 冬季施工,应对注浆管路、注浆泵和注浆桶采取保暖措施,防止浆液冻结。

6.0.2 雨季施工,在注浆液静止时不得将盛浆桶和注浆管路暴露于阳光下,以防浆液凝固。

7 安全、环保措施

7.1 安全措施

7.1.1 操作人员必须持证上岗。主要设备操作人员应具有熟练的操作技能并了解施工全过程。

7.1.2 机械、电器设备必须达到国家安全防护标准的各项要求;施工中如出现设备异常运转,应立即关闭电源进行检修。

7.1.3 注浆过程中应避免高压喷嘴接头断开或软管破裂等导致浆液喷射、软管甩出而引发人身安全事故。

7.1.4 施工中钻机应安置在平整坚实的地面上,钻机移位时应平稳并保持钻杆垂直,防止倾斜倒塌。

7.1.5 在注浆过程中,当出现地面隆起或地面有跑浆现象时,应停止注浆,分析其原因。对下一个注浆段宜减量注浆,并检查封孔装置、注浆设备等。如仍然有地面隆起或地面跑浆现象,则应进一步分析原因,并采取相应的处理措施。

7.1.6 夜间施工的照明应满足规定要求。

7.2 环保措施

7.2.1 水泥和其他细颗粒散体材料应遮盖存放,运输时应防止遗散、飞扬。

7.2.2 化学注浆时应避免浆液对地下水源及周围环境的污染。

7.2.3 注浆过程中应加强周围建筑物的监测,以免注浆引起周围环境的破坏。施工机具应控制噪声,减少扰民。

7.2.4 废弃的砂料及生产、生活垃圾应及时清理,不得随处抛撒。

8 主要应用标准和规范

8.0.1 中华人民共和国国家标准《通用硅酸盐水泥》(GB 175—2007)

8.0.2 中华人民共和国行业标准《公路土工试验规程》(JTG E40—2007)

8.0.3 中华人民共和国行业标准《公路路基施工技术规范》(JTG F10—2006)

8.0.4 中华人民共和国行业标准《建筑地基处理技术规范》(JGJ 79—2002)

8.0.5 中华人民共和国行业标准《城镇道路工程施工与质量验收规范》(CJJ 1—2008)

8.0.6 中华人民共和国国家标准《建筑地基基础工程施工质量验收规范》(GB 50202—2002)

编、校:汤兴 蔡文宇

107 强夯处理路基

（Q/JZM－SZ107－2012）

1 适用范围

本施工工艺标准适用于市政道路工程中采用强夯处理碎石土、砂土、低饱和度的粉土与黏性土、湿陷性黄土、素填土和杂填土等路基的施工作业。

2 施工准备

2.1 技术准备

2.1.1 应具备详细的岩土工程地质及水文地质勘察资料,查明场地范围内的地下构筑物和各种地下管线的位置及高程等,并采取必要的措施,以免因施工造成损坏。

2.1.2 强夯施工前,应在施工现场有代表性的场地上选取一个或几个试验区,进行试夯或试验性施工。试验区数量应根据施工场地复杂程度、规模及类型确定。

2.1.3 根据初步确定的强夯参数,制定强夯试验方案,进行现场试夯。应根据不同土质条件待试夯结束一至数周后,对试夯场地进行检测,并与夯前测试数据进行对比,检验强夯效果,确定工程采用的各项强夯参数。

2.1.4 编制施工方案并经审批,已向施工队进行书面的技术交底和安全交底;施工前已对施工班组和操作人员进行全面的技术、操作、安全交底。

2.2 施工机械设备

2.2.1 自行设备:施工机械宜采用带有自动脱钩装置的履带式起重机或其他专用设备。采用履带式起重机时,可在臂杆端部设置辅助门架,或采取其他安全措施,防止落锤时机架倾覆。

2.2.2 夯锤:强夯锤质量可取 10～40t,其底面形式宜采用圆形或多边形,锤底面积宜按土的性质确定。锤底静接地压力值可取 25～40kPa,对于细颗粒土锤底静接地压力宜取较小值。锤的底面宜对称设置若干个与其顶面贯通的排气孔,孔径可取 250～300mm。

2.2.3 辅助设备:推土机、抽水泵、人工排水用具等。

2.2.4 检测仪器:水准仪、钢卷尺等。

2.3 作业条件

2.3.1 设备安装及调试:起吊设备进场后应及时安装及调试,保证吊车行走运转正常;起吊滑轮组与钢丝绳连接紧固,安全可靠;起吊挂钩锁定装置应牢固可靠,脱钩自由灵敏,与钢丝绳连接牢固;夯锤质量、直径、高度应满足设计要求,夯锤挂钩与夯锤整体应连接牢固。

3 操作工艺

3.1 工艺流程

清整场地、排水→标注夯点位置→机械就位→第一遍点夯、平坑→重复点夯、平坑→满夯→检测。

3.2　操作方法

3.2.1　清整场地,排水:清理平整场地,当场地表土软弱或地下水位较高、夯坑底积水影响施工时,宜采用人工降低地下水位或铺填一定厚度的松散性材料,使地下水位低于坑底面以下 2m。坑内或场地积水应及时排除。

3.2.2　标注夯点位置

标出第一遍夯点位置,并测量场地高程。强夯处理范围应大于路基范围,每边超出路基外缘的宽度宜为基底下设计处理深度的 1/2~2/3,并不宜小于 3m。

夯击点位置可根据基底平面形状,采用等边三角形、等腰三角形或正方形布置。第一遍夯击点间距可取夯锤直径的 2.5~3.5 倍,第二遍夯击点位于第一遍夯击点之间,以后各遍夯击点间距可适当减小。对处理深度较深或单击夯击能量较大的工程,第一遍夯击点间距宜适当增大。

3.2.3　机械就位

起重机就位,夯锤置于夯点位置,并测量夯前锤顶高度,以确保单击夯击能量符合设计要求。

3.2.4　第一遍点夯、平坑

将夯锤起吊到预定高度,开启脱钩装置,待夯锤脱钩自由下落后,放下吊钩,测量锤顶高程。若发现因坑底倾斜而造成夯锤歪斜时,应及时将坑底整平。重复夯击,按设计要求的夯击次数及控制标准,完成一个夯点的夯击。

在每一遍夯击前,应对夯点放线进行复核,夯完后检查夯坑位置,发现偏差或漏夯应及时纠正。按设计要求检查每个夯点的夯击次数和每击的夯沉量。

换夯点,直至完成第一遍全部夯点的夯击,用推土机将夯坑填平,并测量场地高程。施工过程中应对各项参数及情况进行详细记录。

检查施工过程中的各项测试数据和施工记录,不符合设计要求时应补夯或采取其他有效措施。

3.2.5　重复点夯、平坑

夯击遍数应根据地基土的性质确定,可采用点夯 2~3 遍,对于渗透性较差的细颗粒土,必要时夯击遍数可适当增加。最后再以低能量满夯 2 遍,满夯可采用轻锤或低落距锤。多次夯击,锤印应搭接。

两遍夯击之间应有一定的时间间隔,间隔时间取决于土中超静孔隙水压力的消散时间。当缺少实测资料时,可根据地基土的渗透性确定。对于渗透性较差的黏性土地基,间隔时间不应少于 3~4 周;对于渗透性好的地基可连续夯击。

3.2.6　满夯

在规定的间隔时间后,按上述步骤逐次完成全部夯击遍数,最后用低能量满夯,将场地表层松土夯实,并测量夯后场地高程。

3.2.7　检测

强夯处理后的地基承载力检验,应在施工结束后间隔一定时间方能进行。对于碎石土和砂土地基,其间隔时间可取 7~14d;粉土和黏性土地基可取 14~28d;强夯置换地基间隔时间可取 28d。

强夯处理后的地基验收时,承载力检验应采用原位测试和室内土工试验。

地基承载力检验的数量,应根据场地复杂程度和道路的重要性确定,对于简单场地上的一般道路,检验点不应少于 3 点;对于复杂场地或重要道路地基应增加检验点数。

4　质量标准

4.0.1　主控项目

强夯地基主控项目质量检验标准见表 4.0.1。

表4.0.1 强夯地基主控项目质量检验标准

序 号	检查项目	允许偏差或允许值		检验方法
		单位	数值	
1	地基承载力	kPa	设计要求	按规定方法
2	沉降量	mm	设计要求	用水准仪

4.0.2 一般项目

强夯地基一般项目质量检验标准见表4.0.2。

表4.0.2 强夯地基一般项目质量检验标准

序 号	检查项目	允许偏差或允许值		检验方法
		单位	数值	
1	夯锤落距	mm	±300	钢索设标志
2	锤重	kg	±100*	称重
3	夯击遍数及顺序	设计要求		计数法
4	夯点间距	mm	±500	用钢尺量
5	夯击范围(超出基础范围距离)	设计要求		用钢尺量
6	前后两遍间歇时间	设计要求		

5 质量记录

5.0.1 工程定位测量记录。

5.0.2 测量复核记录。

5.0.3 沉降观测记录。

5.0.4 地基处理记录。

5.0.5 地基钎探记录。

5.0.6 压实度试验记录(环刀法或灌砂法)。

5.0.7 路基弯沉记录。

5.0.8 工程质量评定记录。

6 冬、雨季施工措施

6.1 冬季施工

冬季施工应清除地表的冻土层再强夯,夯击次数根据试验适量增加。冬季施工,表层冻土较薄时,施工可不予考虑;当冻土较厚时首先应将冻土击碎或将冻层挖除,然后再按各点规定的夯击数施工。在第一遍及第二遍夯完整平后宜在5d后进行下一遍施工。

6.2 雨季施工

6.2.1 雨季填土区强夯,应在场地四周设排水沟、截水沟,防止雨水流入场内。夯坑内一旦积水,应及时排出;场地因降水浸泡,应增加消散期;严重时,采用换土再夯等措施。

6.2.2 路堤边坡应整平夯实,并应采取防止路面水冲刷等措施。

7 安全、环保措施

7.1 安全措施

7.1.1 当强夯机械施工所产生的振动,对邻近地上建(构)筑物或设备、地下管线等产生有害影响时,应采取防振或隔振措施,并设置监测点进行观测,确认安全。

7.1.2 施工现场划定作业区,非作业人员严禁入内。

7.1.3 夯机作业必须由信号工指挥。在起夯时,吊车正前方、吊臂和夯锤下严禁站人。需要整平夯坑内土方时,要先将夯锤吊离并放在坑外地面后方可下人。

7.1.4 六级以上大风天气,雨、雾、雪、风沙扬尘等能见度低时应暂停施工。

7.1.5 施工时应根据地下水径流排泄方向,从上水头向下水头方向施工,以利于地下水和土层中水分的排出。

7.1.6 严格按强夯施工程序及要求施工,做到夯锤升降平衡,对准夯坑,避免歪夯。禁止错位夯击施工,发现歪夯,应立即采取措施纠正。

7.1.7 夯锤的通气孔在施工时应保持畅通,如被堵塞,应立即疏通,以防产生"气垫"效应,影响强夯施工质量。

7.1.8 加强对夯锤、脱钩器、吊车臂杆和起重索具的检查。

7.1.9 夯坑内有积水或因黏土产生的锤底吸附力增大时,应采取措施排除,不得强行提锤。

7.2 环保措施

7.2.1 将施工和生活中产生的废物集中堆放,并及时处理或运至当地环保部门同意的地点弃置,在处理之前加以覆盖,以防流失污染环境。

7.2.2 现场机械、材料应分类整齐堆放,严禁随处乱弃乱堆。

7.2.3 工程竣工验收后,拆除所有临时设施,做到工完场清。

8 主要应用标准和规范

8.0.1 中华人民共和国行业标准《公路路基施工技术规范》(JTG F10—2006)

8.0.2 中华人民共和国行业标准《城镇道路工程施工与质量验收规范》(CJJ 1—2008)

8.0.3 中华人民共和国行业标准《公路土工试验规程》(JTG E40—2007)

8.0.4 中华人民共和国国家标准《环境空气质量标准》(GB 3095—2012)

8.0.5 中华人民共和国行业标准《公路工程施工安全技术规程》(JTJ 076—1995)

8.0.6 中华人民共和国国家标准《建筑地基基础工程施工质量验收规范》(GB 50202—2002)

编、校:汤兴 刘锟

108　袋装砂井加固地基

（Q/JZM - SZ108 - 2012）

1　适用范围

本施工工艺标准适用于市政道路工程中软土地基路基采用袋装砂井加固的施工作业；水池、水工结构、码头岸坡等工程地基处理可参照使用，但不适用于泥炭等有机沉积地基的处理。

2　施工准备

2.1　技术准备

2.1.1　熟悉和分析施工现场的地质、水文资料，编制袋装砂井单项施工组织设计，向技术人员、班组长等进行书面的技术、安全和环保交底。

2.1.2　施工放样。施工袋装砂井前，应做好基准测量，并准确测放线路中线、桩位。放样完成后，均应申报驻地工程师且办理签认手续。

2.1.3　开工前，对具体施工人员（技术、操作、安全人员）进行交底，确保施工过程中的技术、质量和安全满足规定要求。

2.2　材料准备

2.2.1　砂料：采用中粗砂。砂经试验检测后，符合规定要求方可采用，其含泥量不应大于3%，渗透系数不应小于 5×10^{-4} mm/s。

2.2.2　砂袋：袋材（聚丙烯或其他编织物）各项技术指标应满足标准要求。抗拉强度应能保证承受砂袋自重，装砂后砂袋的渗透系数应不小于砂的渗透系数。施工时应避免太阳光长时间直接照射，以免砂袋老化。

2.3　机具设备

2.3.1　机械：插管机、平地机、推土机、装载机、发电机、运输车辆等。

2.3.2　测量设备：全站仪、水平仪、钢尺、皮尺等。

2.4　作业条件

2.4.1　正式施工前，施工场地应完成"三通一平"。

2.4.2　清除路基加固范围内表面杂物并初步整平；做好临时排水系统。

2.4.3　架设临时供电线路、安装安全设施、警示标志等，各项准备工作均应就绪。

2.4.4　机械设备及时进行维修保养，确保使用状态完好，满足施工需要，保证使用安全。

2.4.5　对操作工人应进行培训、技术安全交底，特殊工种要持证上岗。

3　操作工艺

3.1　工艺流程

清整场地→铺设下层砂垫层→机具定位→安设套管和桩尖→打入套管→沉入砂袋→拔管装砂→铺

设上层砂垫层。

3.2　操作方法

3.2.1　清整场地

测放线路中线、边线，并按要求清理施工场地，除去杂物废土，进行整平。同时根据施工现场情况，施作临时排截水设施。

3.2.2　铺设下层砂垫层

根据设计厚度及要求铺设砂垫层。铺设时采用机械分堆摊铺法，即先堆成若干砂堆，然后用机械摊平。施工时避免对软土表层的过大扰动，以免造成砂和淤泥混合，影响垫层的排水效果。

3.2.3　机具定位

根据设计的行列间距用小木桩或竹板桩准确定出每个井位，在套管入土时拔除。根据从低往高处打设的原则安放机械。机具定位时要保证锤中心与地面定位在同一点上，并控制导向架的垂直度。

3.2.4　安设套管和桩尖

根据砂井直径选定套管直径，在套管上划出控制高程的刻划线。套管接长时要试接，连接处要平顺密闭。活瓣式桩尖固定在套管下端部，并检查管内有无杂物，桩尖活门开启是否灵活，封闭是否良好。

3.2.5　打入套管

机具就位后，按测放的桩位将钢套管打入土中，至设计要求深度。套管打入前将活瓣桩尖与套管口封闭。砂井可用锤击法或振动法施工，导轨应垂直，钢套管不得弯曲。沉桩时应控制垂直度，且套管压入时只准往下，不得起管后再往下。

3.2.6　沉入砂袋

打入套管后，将预先准备好的编织袋底部扎紧，装入大约20cm的砂，袋长宜比砂井长2m，然后放入孔内。砂井的灌砂量应按井孔的体积和砂在中密状态时的干密度计算，其实际灌砂量不得小于计算值的95%。灌入砂袋中的砂宜用干砂，并应灌制密实。

3.2.7　拔管装砂

将袋的上端固定在装砂漏斗上，从漏斗口将干砂边振动边流入砂袋，装实装满为止。然后从漏斗上卸下砂袋，拧紧套管上盖，而后一边把压缩空气送进套管，一边提升套管直至地面。拔出套管时，应连续缓慢进行，中途不得放松吊绳，防止因套管下坠损坏砂袋。如将砂袋带出或损坏，应在原孔边缘重打；连续两次将砂袋带出时，应停止施工，查明原因并处理后方可施工。

3.2.8　铺设上层砂垫层

机具移位，埋砂袋头，并摊铺砂垫层，砂袋留出孔口长度应保证伸入砂垫层至少30cm，并且不能卧倒。

4　质量标准

4.0.1　主控项目

（1）砂的规格和质量、砂袋织物质量必须符合设计要求。

检查数量：按不同材料进场批次，每批检查1次。

检验方法：查检验报告。

（2）砂袋下沉时不得出现扭结、断裂等现象。

检查数量：全数检查。

检验方法：观察并记录。

（3）井深不小于设计要求，砂袋在井口外应伸入砂垫层30cm以上。

检查数量：全数检查。

检验方法：钢尺量测。

4.0.2 一般项目

砂袋井允许偏差应符合表4.0.2的规定。

表4.0.2　袋装砂井允许偏差

序号	项　目	允许偏差	检查频率		检查方法
			范围	点数	
1	井间距（mm）	±150	全部	抽查且不少于5处	两井间，用钢尺量
2	砂井直径（mm）	+10、0			查施工记录
3	井竖直度（%）	≤1.5			查施工记录
4	砂井灌砂量（%）	+5			查施工记录

5　质量记录

5.0.1 打入套管前、过程中工序照片及施工记录。

5.0.2 原材料质量检验记录。

5.0.3 沉降观测记录。

5.0.4 隐蔽工程验收记录。

5.0.5 工程质量评定记录。

6　冬雨季施工措施

6.1　冬季施工

砂垫层铺设时，尽量做到当日需施工的范围及时整理碾压成型，成型面采取防冻措施。应预先掌握气象变化资料，及时做好防冻工作。现场及其周围采取有效的防冻、防滑措施。冬季施工时，机械器具应做好保养，防止机械器具降效工作。

6.2　雨季施工

雨季施工应加强防雨与排水工作，充分利用地形与排水设施。应集中人力、设备，分段流水、快速施工，不得全线大面积施工。

7　安全、环保措施

7.0.1 施工前须查明施工范围内的地下管线情况，确保施工过程中地下管线的安全。

7.0.2 砂袋井排水施工机具需运行正常，并有相关安全防护设施。

7.0.3 插管机定位后必须垫实、安放平稳，防止机具倾倒或钻具下落。

7.0.4 机具施工时，设置专人指挥，划定作业范围，非作业人员严禁入内。

7.0.5 施工现场清理的废料、垃圾等杂物，应按图纸规定或监理工程师指定的地点弃放，防止污染环境。

8　主要应用标准和规范

8.0.1 中华人民共和国行业标准（JTG O30—2004 和 JTG F10—2006）

8.0.2 中华人民共和国行业标准《公路工程质量检验评定标准》（土建工程）（JTG F80/1—2004）

8.0.3 中华人民共和国行业标准《建筑地基处理技术规范》（JGJ 79—2002）

编、校：俞一尘　汤兴

109　振动碎石桩加固地基

（Q/JZM－SZ109－2012）

1　适用范围

本施工工艺标准适用于市政道路工程中松散砂土、素填土和杂填土等地基采用振动碎石桩加固处理的施工作业,路基下沉、台背回填等的处理可参照使用。还可用于加固河堤、工民建构筑物、港湾构筑物、土工构筑物、材料堆场等的地基。地基加固深度一般为 7～8m。

2　施工准备

2.1　技术准备

2.1.1　熟悉图纸,摸清地质情况和现场条件。

2.1.2　编制施工组织设计,确定碎石桩施工顺序,安排好施工进度和劳动组织。

2.1.3　已向施工技术人员、班组和操作人员进行技术、安全交底。

2.2　材料准备

碎石:碎石级配以未筛分碎石为宜,最大粒径不宜超过成孔直径的 1/12～1/10,且不超过8cm,含泥量不大于5%。

2.3　机具设备及仪器

2.3.1　机具设备:振动打桩机、装石料斗、装载机、空压机、起重机、备用钢管等。

2.3.2　测量仪器:全站仪、水准仪、钢卷尺等。

2.4　作业条件

2.4.1　场地做到"三通一平",进行桩位放样。做好场地临时排水系统,施工便道畅通。

2.4.2　施工人员经过培训,操作人员均持证上岗。

3　操作工艺及方法

3.1　工艺流程

①场地准备→②桩位放样→③打桩机就位→④沉桩→⑤至设计要求深度→⑥上料→⑦注料提管斗→⑧反插桩管→⑨重复⑥至⑧步骤至桩顶出地面→⑩清理导管外壁带出的土→⑪移机至下一桩位。

3.2　操作方法

3.2.1　场地准备

清理平整场地,清除影响施工范围内的高空和地面障碍物。

3.2.2　桩位放样

根据设计要求,用小木桩或竹桩插出成桩的孔位。

3.2.3　振动打桩机就位

碎石桩的施工顺序应从外围或两侧向中间进行，碎石桩间距较大可以逐排、间隔施打，当临近有构造物时宜先从毗邻构造物的一侧开始施打。桩管中心对准桩中心，校正桩管垂直度，偏差应不大于1.5%，校正桩管长度并符合设计桩长。

3.2.4　沉桩

开动振动机把套管沉入土中，边振动边下沉至设计深度，如遇到坚硬难沉的土层可以辅以喷气或射水沉入。

3.2.5　上料

把装好碎石的料斗吊起插入桩管上口，向管内注入一定量的碎石。

3.2.6　注料提管

将注满碎石的导管边振边缓慢提起，桩管底要低于沉入的碎石顶面，套管内的碎石振动沉入或被压缩空气从套管内压出形成桩体。桩管应徐徐拔出，拔管速度应控制在1.0～1.5m/min，使碎石借助振动留在桩孔中形成密实的碎石桩。

3.2.7　反插桩管

在注入一定碎石后，将套管沉入到规定的深度，并加以振动使排出的碎石振密，同时使碎石再一次挤压周围的土体。

3.2.8　单位填料量应不少于理论填料量，扩散系数一般按1.2计，也可根据试验确定。启动反插并及时进行孔口补料至该桩设计碎石用量全部投完为止；孔口加压至前机架抬起，完成一根桩施工；提升和反插速度必须均匀；反插深度由深到浅，每根桩反插次数视情况而定，一般不得少于12次。

3.2.9　将以上工序3.2.6～3.2.8重复多次，一直将碎石灌到规定的高程（地面）成为碎石桩。

4　质量标准

4.0.1　质量检验应在施工结束后间隔一定时间进行，对饱和黏性土应待孔隙水压力基本消散后进行，间隔时间一般为3～4周；对粉性土可取1～2周；对砂土地基可在施工结束后3～5天进行。

4.0.2　检测一般采用两种以上方法，可采用标准贯入、动力触探试验或静力触探试验以及土工试验等方法检测桩及桩间土的挤密质量，以不少于设计要求的值为合格。通常检测数量不少于总桩数的2%，且每段落不少于3根。检测结果如有10%的桩未达到设计要求时，应采取加桩或其他措施进行处理。

4.0.3　对大型的、重要的或场地复杂的碎石桩工程应进行复合地基的处理效果检验。检验方法可采用单桩或多桩复合地基荷载试验。检验点应选择在有代表性的或土质较差的地点，检验点数量可按面积大小取2～4组。

4.0.4　碎石桩身应保持连续、不断桩、不缩径。施工结束后应将桩顶高程下的土层夯实。碎石桩的允许偏差和检验方法见表4.0.4。

表4.0.4　碎石桩的允许偏差表

项　次	检查项目	规定值或允许偏差	检验方法和频率
1	桩距（mm）	±150	抽查2%
2	桩径（mm）	不小于设计值	抽查2%
3	桩长（m）	不小于设计值	查施工记录
4	垂直度（%）	±1.5	查施工记录
5	灌石量（m³）	不小于设计值	查施工记录

4.0.5　碎石桩施工完毕后，要埋设沉降观测桩和测斜管，进行沉降和位移观测。在碎石桩上进行路基填筑时，应根据观测结果对路基填筑速率作必要的调整。观测时间一般为一年，观测数据趋势图表

明收敛后可停止观测。早期观测时间间隔一般为 3d,根据观测数据的大小逐渐加大时间间隔直至每半月观测一次。

5　质量记录

5.0.1　碎石桩属隐蔽工程,每一道工序都要严格检查,形成检查记录。

5.0.2　原材料碎石进场检验报告。

5.0.3　桩位放样及复核记录。

5.0.4　施工中记录各项施工参数。

5.0.5　沉降和稳定观测数据记录,并绘成趋势图。

5.0.6　地基承载力试验记录。

6　冬、雨季施工措施

雨季施工时,应采取有效的防洪排涝措施,确保驻地及施工现场人员和设备安全。

7　安全、环保措施

7.0.1　当临近有构造物、特别是对抗震有较高要求的构造物时,应注意碎石桩施工对构造物的影响,可采取在临近构造物间挖抗震减压沟等措施,先从临近构造物的一侧向远离方向施打碎石桩,必要时要进行相关论证。

7.0.2　施工时注意减小噪声和控制扬尘,尽量选择性能优良、噪声小的施工机械。

7.0.3　如果采用了水压冲击辅助成孔,要回收处理污水,避免污染环境。

7.0.4　尽量避免夜间施工碎石桩,如确实需要进行夜间施工时,现场必须有符合操作要求的照明设备,如满足桩管对中、桩管倾斜检测、上料、机械操作等照明设施,施工现场还应设置路灯。操作人员应是经过培训并取得上岗证的电工。

7.0.5　电缆线路采用"三相五线"接线方式,电气设备、电气线路必须绝缘良好,场内架设的电力线路其悬挂高度及线距符合安全规定。

8　主要应用标准和规范

8.0.1　中华人民共和国行业标准《公路工程质量检验评定标准》(土建工程)(JTC F80/1—2004)

8.0.2　中华人民共和国行业标准《公路路基施工技术规范》(JTG F10—2006)

8.0.3　中华人民共和国行业标准《建筑地基处理技术规范》(JGJ 79—2002)

8.0.4　中华人民共和国行业标准《公路路基设计规范》(JTG D30—2004)

编、校:蔡文宇　俞宽坤

110 土工格栅补强

（Q/JZM－SZ110－2012）

1 适用范围

本施工工艺标准适用于市政道路工程中各种路基、边坡防护等采用土工格栅补强的施工作业。

2 施工准备

2.1 技术准备

已对施工人员进行技术和安全交底,明确设计意图、施工方法、质量标准、环境保护、安全操作规程等。

2.2 材料准备

2.2.1 土工格栅的极限抗拉强度和拉伸模量应符合表2.2.1规定,顶破强度、负荷延伸率、弹性模量等均应符合设计及有关产品质量标准要求。

表2.2.1 土工格栅材料要求

纵向抗拉强度（kN/m）	横向抗拉强度（kN/m）	拉伸模量（kN/m）
﹥6	﹥5	﹥100

2.2.2 土工格栅幅宽和网格尺寸符合设计要求。

2.2.3 土工格栅的耐温性、耐腐蚀性、抗老化性等符合设计要求。

2.2.4 填料应按设计要求选取,宜优先选用砾类土和砂类土,不得选用冻结土、沼泽土、生活垃圾、白垩土、硅藻土等。填料粒径不得大于15cm,并注意控制填料级配,以保证压实质量。

2.3 施工机具与设备

2.3.1 施工机械:6～8t轮胎压路机、12～16t双钢轮压路机和夯实机具、专业土工格栅铺装机、轻型装载机或前置式装载机、施工电源、电源闸箱等。

2.3.2 测量检测仪器:全站仪、水准仪、3m直尺、钢卷尺等。

2.4 作业条件

2.4.1 施工现场用水、用电接通,用电负荷应满足施工作业需求,应准备好夜间照明设施。

2.4.2 根据施工图和现场条件,确定施工顺序和最佳的施工方法。

2.4.3 现场道路畅通,施工场地应洁净、平整、坚实,满足施工机械作业要求。

2.4.4 选择施工材料存放场地,对施工材料在进场前验收合格,运至现场。

2.4.5 铺设环境:室外气温5℃以上,无雨、雪。遇有影响结构质量的天气时,应暂停施工或采取必要的防范措施,制定施工方案。

2.4.6 土工材料施工前,应对基面压实整平。首先对下层进行整平、碾压,要求平整度不大于15mm,压实度达到设计要求,表面严禁有碎石、块石等坚硬凸出物。

3 操作工艺

3.1 工艺流程

下承层整平→铺设土工格栅→摊铺填料→填料碾压。

3.2 操作方法

3.2.1 下承层整平

土工格栅铺设前,应对下承层压实整平,局部松散、坑洞应事先修补填充;表面严禁有碎、块石等坚硬凸出物。然后在原地面上铺设一层 30～50cm 厚砂垫层或其他透水性较好的均质土,再铺设土工格栅。在距格栅层 8cm 以内的填料最大粒径不得大于 6cm。

3.2.2 铺设土工格栅

为防止纵向歪斜现象,先按幅宽在铺筑层画出白线或挂线,即可开始铺筑。使用人工或专业铺装机将格栅缓缓向前拉铺,每铺 10m 长进行人工拉紧和调直一次,直至一卷格栅铺完。铺完一卷后用 6t 的压路机从起始点开始,向前进方向碾压一遍,即可用铁钉或木楔固定后继续向前进方向铺设下一卷。以卷长为单位作为铺设的段长,在应铺格栅的段长内铺满以后,再整体检查一次铺筑质量。安装铺设的格栅其主要受力方向(纵向)应垂直于路堤轴线方向,铺设要平整,无皱折,尽量张紧。用插钉及土石压重固定,钉子固定土工格栅时,将一端用固定垫片和钉子将土工格栅固定在下承层上。固定土工格栅时,不能将钉子钉在土工格栅上,也不能用锤子直接敲击土工格栅;固定后如发现钉子断裂或铁皮松动,则需重新固定。

3.2.3 土工格栅搭接

铺设的格栅主要受力方向最好是通长无接头,应保持铺设平顺、拉紧。格栅纵向和横向搭接尺寸应严格控制,一般规定:纵、横向搭接宽度为 30cm,锚固搭接宽度为 15cm,胶接搭接宽度为 5cm。如设置的格栅在两层以上,层与层之间应错缝,接缝错缝距离不小于 50cm。土工格栅最小铺设长度不宜小于2m。大面积铺设后,要整体调整其平直度。

3.2.4 摊铺填料

土工材料铺设完后,应立即铺筑上层填料,间隔时间不超过 48h。第一层填料摊铺宜用轻型装载机或前置式装载机,车辆、机械只允许沿路基纵向轴线方向行驶。当填盖一层填料后、未碾压前,应再次用人工或机具张紧格栅,力度要均匀,使格栅在填料中为绷直受力状态。

3.2.5 填料碾压

碾压的顺序是从中线位置开始向两侧对称施工。碾压时压轮不能直接与格栅接触,未压实的格栅一般不允许车辆在上面行驶,以免筋材错位。分层压实度为 20～30cm,压实度必须达到设计要求后方可停止碾压。多层土工格栅之间的间距不宜小于一层填土最小压实厚度,且不宜大于 60cm。

4 质量标准

4.0.1 主控项目

土工格栅材料质量符合设计要求:

检查数量:每批 1 次;

检查方法:检查试验报告。

4.0.2 一般项目

(1)材料外观无破损,无污染。

(2)土工格栅质量要求见表 4.0.2。

表4.0.2　土工格栅质量要求及允许偏差表

项　次	检　查　项　目	规定值或允许偏差	检查方法和频率
1	下承层平整度	符合设计要求	每200m检查4处
2	搭接宽度(mm)	+50，−0	抽查2%
3	接缝错开距离(mm)	符合设计要求	抽查2%
4	锚固长度(mm)	符合设计要求	抽查2%

5　质量记录

5.0.1　土工格栅的抗拉强度、断裂强度、延伸率等试验报告。

5.0.2　材料试验报告(通用)。

5.0.3　隐蔽工程检查记录。

5.0.4　施工通用记录。

5.0.5　地基处理记录。

5.0.6　技术交底记录。

5.0.7　中间检查交接记录。

5.0.8　部位验收记录(通用)。

5.0.9　工序(分项)质量评定表。

5.0.10　工程部位(分部)质量评定表。

6　冬、雨季施工措施

6.1　冬季施工

室外气温5℃以上才宜施工,雪天不得施工。

6.2　雨季施工

6.2.1　雨季施工应及时与气象部门联系,随时掌握中期及短期天气预报,减少雨季带来的不利影响。

6.2.2　若天气突然变化,造成降水,使得施工不能继续,必须立即停止施工,采取覆盖等措施。雨天或路面存在潮湿现象时,不得进行施工,把下承层积水清理后方可进行施工。

6.2.3　在施工过程中,一定要做好路堤排水处理;要做好护脚,防冲刷;在土体内要设置滤、排水措施。必要时,应设置土工布、透水管(或盲沟),采取疏导的方式排水。

7　安全、环保措施

7.1　安全措施

寒冷季节施工时,土工格栅变硬,易割手,铺装时应佩戴手套,防止割伤。

7.2　环境保护

搭接后的残余废料及时清理。

8 主要应用标准和规范

8.0.1 中华人民共和国行业标准《公路路基施工技术规范》(JTG F10—2006)

8.0.2 中华人民共和国行业标准《城镇道路工程施工与质量验收规范》(CJJ 1—2008)

8.0.3 中华人民共和国行业标准《公路土工试验规程》(JTG E40—2007)

8.0.4 中华人民共和国国家标准《土工合成材料 塑料土工格栅》(GB/T 17689—2008)

编、校:王小兵 祝强

111 砂 砾 垫 层

（Q/JZM－SZ110－2012）

1 适用范围

本施工工艺标准适用于市政道路工程中砂砾垫层施工作业,其他道路可参照使用。

2 施工准备

2.1 技术准备

2.1.1 编制施工组织设计,已向施工技术人员、班组和操作人员进行技术、安全交底。

2.1.2 施工路段路床已按照验收技术规范进行交验且合格。

2.1.3 在正式施工前要拟定试验段方案报监理工程师签批,通过试验段确定施工工艺、松铺系数、机械配备、人员组织、压实遍数等。

2.2 材料准备

2.2.1 原材料;各种天然级配砂砾料、水等应由持证材料员和试验员按规定进行检验,确定材料质量符合相应标准。砂砾料最大粒径应不大于技术规范要求,颗粒组成和塑性指数应满足技术规范要求的级配范围规定。

2.2.2 标准干密度试验:砂砾料按设计要求和施工技术规范要求进行试验,并确定砂砾垫层的标准干密度值。

2.3 施工机具与设备

2.3.1 施工机械:装载机、推土机、平地机、自卸运输车、振动压路机等。

2.3.2 检测仪器:全站仪、水准仪、钢卷尺、灌砂筒、弯沉仪、3m 直尺等。

2.4 作业条件

2.4.1 开工前作业现场应完成"三通一平",现场便道要保持湿润,施工现场安全设施准备就绪,挂牌明示施工段落桩号。

2.4.2 作业人员要求:工长或技术人员已对操作人员进行培训和技术、安全交底,做到熟练掌握砂砾料施工的均匀性,以及如何控制含水率、拌和、控制碾压等技术和施工安全技术操作规程。

3 操作工艺

3.1 工艺流程

路床验收→测量放样→按设计厚度摊铺砂砾料→推土机整平→洒水并检测含水率→挂线、平地机整平→碾压成型→压实度检测→检测验收。

3.2 操作方法

3.2.1 路床验收

检查路床的压实度、平整度、横坡度、高程、宽度等,如有表面松散、弹簧等现象必须进行处理。

3.2.2 施工放样

恢复路中线,每10m设一中桩,并放出边线外0.3~0.5m处指示桩,进行水平测量,按松铺系数准确标出砂砾料的高程。

3.2.3 摊铺砂砾料

将砂砾料用自卸车按设计用量运到施工段落;用推土机按松铺控制高程初平;洒水车洒水湿润。

3.2.4 洒水调节含水率

洒水加湿前后,试验员应分别检测砂砾料的含水率,以保证砂砾料的含水率超过最佳含水率约2%~3%。

3.2.5 整平

用平地机进行整平。整平时紧跟拉线检查高程、横坡,并应注意消除粗细集料离析现象。高程控制要考虑压实系数的预留量。尽量避开高温时间段整平成型,一般成型时间为早上6:00~8:00、下午16:00~20:00。

3.2.6 碾压

(1)直线和不设超高的平曲线段,由两侧路肩开始向路中心碾压。在设超高的平曲线段,由内侧路幅向外侧路幅进行碾压。

(2)第一遍碾压要用振动压路机静压,然后用振动压路机微振一遍,再用振动压路机重振两遍,最后再用18~21t三轮压路机碾压两遍。经检测,如达到要求的密实度,且没有明显的轮迹,则结束碾压工作;否则应继续碾压。

(3)严禁压路机在作业路段上掉头和紧急制动。

3.2.7 保护

路段成型后要及时保护,未作上承层之前严禁开放交通;自检验收符合要求后,方能进行上承层施工。

4 质量标准

4.0.1 主控项目

(1)砂砾料质量及级配应符合设计和施工技术规范的有关规定。

检查数量:按不同材料进场批次,每批抽检不应少于1次。

检验方法:查检验报告。

(2)砂砾垫层压实度:不小于96%。

检查数量:每一压实层、每1000㎡抽检1点。

检验方法:灌砂法或灌水法。

(3)弯沉值不应大于设计要求。

检查数量:设计有要求时每车道、每20m,测1点。

检验方法:弯沉仪检测。

4.0.2 一般项目

(1)垫层表面应平整、坚实,无松散和粗、细集料集中现象。

检查数量:全数检查。

检验方法:观察。

（2）砂砾垫层允许偏差应符合表4.0.2的有关规定。

表4.0.2　砂砾垫层允许偏差表

序　号	项　目	允许偏差	检验频率			检验方法
			范围	点数		
1	厚度（mm）	砂石　$\begin{array}{l}+20\\-10\end{array}$	$1000m^2$	1		用钢尺量
2	平整度（mm）	≤15	20m	路宽（m）	<9	1	用3m直尺和塞尺连续量两尺，取较大值
					9～15	2	
					>15	3	
3	宽度	不小于设计要求＋B	40m	1		用钢尺量
4	中线偏位（mm）	≤20	100m	1		用经纬仪量
5	纵段高程	±20	20m	1		用水准仪测量
6	横坡	±0.3%且不反坡	20m	路宽（m）	<9	2	用水准仪测量
					9～15	4	
					>15	6	

注：B为施工必要附加宽度。

5　质量记录

5.0.1　砂砾垫层原材料质量进场检验及复检记录。
5.0.2　击实报告及灌砂法或灌水法压实度试验记录。
5.0.3　垫层弯沉试验记录。
5.0.4　分项工程质量检验记录。

6　冬、雨季施工措施

6.1　冬季施工

砂砾垫层冬季不宜施工。当不能避免在冬季施工时，应根据施工环境的最低温度泼洒防冻剂，其掺量与浓度应经试验确定。

6.2　雨季施工

（1）雨季施工时注意及时收听天气预报，并采取相应的排水措施，以防止雨水进入路基，冲走路基表面的细粒土，降低路基强度。

（2）雨季施工期间应边摊铺边碾压，并当天碾压成型。

7　安全、环保措施

7.1　安全措施

7.1.1　应根据施工特点做好技术安全交底工作，非施工人员严禁进入施工现场。
7.1.2　现场应设置专职安全员，负责现场安全管理与监督检查工作。
7.1.3　机械设备应做好日常维修保养，确保设备的安全使用性能。
7.1.4　机械操作手应经培训持证上岗，不得疲劳作业。

7.1.5 砂砾垫层施工中,各种现状地下管线的检查井(室)应随垫层施工相应升高或降低,严禁掩埋。

7.1.6 卸料、摊铺、碾压作业中,由作业组长统一指挥,作业人员应协调一致;现场配合机械施工的人员应集中注意力,面向施工机械作业。

7.1.7 遇有四级以上大风天气,不得进行可能产生扬尘污染的施工。

7.2 环境保护

7.2.1 施工垃圾应及时运至合格的垃圾消纳地点,施工污水应沉淀后排入市政污水管网。

7.2.2 应对施工现场进行围挡,采用低噪声机械设备;对噪声较大的设备(如发电机)进行专项隔离,减少噪声扰民。

7.2.3 采用有封闭设施的运输车辆进行材料运输,减少遗撒及扬尘污染。

7.2.4 对施工便道应采取硬化措施并进行日常养护,洒水保湿抑制灰尘;在施工现场的出入口设清洁池或车轮清洗设备。对现场的存土场、裸露地表采用防尘网覆盖、喷洒抑尘剂或进行临时绿化处理。

8 主要应用标准和规范

8.0.1 中华人民共和国行业标准《公路路面基层施工技术规范》(JTJ 034—2000)

8.0.2 中华人民共和国行业标准《城镇道路工程施工与质量验收规范》(CJJ 1—2008)

8.0.3 中华人民共和国行业标准《公路土工试验规程》(JTG E40—2007)

8.0.4 中华人民共和国行业标准《公路工程施工安全技术规程》(JTJ 076—1995)

8.0.5 中华人民共和国国家标准《环境空气质量标准》(GB 3095—2012)

编、校:万平 吴晓辉

112　未筛分碎石底基层

（Q/JZM－SZ112－2012）

1　适用范围

本施工工艺标准适用于市政道路工程中未筛分碎石底基层施工作业，其他道路可参照使用。

2　施工准备

2.1　技术准备

2.1.1　编制施工组织设计，已向施工技术人员、班组和操作人员进行技术、安全交底。

2.1.2　施工路段下承层已按照验收技术规范进行了交验合格。

2.1.3　在正式施工前要拟定试验段方案报监理工程师签批，通过试验段以确定施工工艺、松铺系数、机械配备、人员组织、压实遍数等。

2.2　材料准备

2.2.1　未筛分碎石最大粒径应不大于技术规范要求，材料级配组成和塑性指数应满足技术规范要求。

2.2.2　未筛分碎石做次干路及其以下道路基层时，最大粒径不应超过37.5mm；用做底基层时，最大粒径不应超过53mm。

2.2.3　未筛分碎石的颗粒范围及技术指标应满足《城镇道路工程施工与质量验收规范》（CJJ 1—2008）规定。

2.3　施工机具与设备

2.3.1　施工设备：装载机、自卸车、推土机、平地机、三轮压路机、振动压路机、稳定土路拌机、洒水车、抽水泵、小型发电机。

2.3.2　测量检测仪器：全站仪、水准仪、3m直尺、钢卷尺、弯沉仪、灌砂筒等。

2.4　作业条件

2.4.1　开工前作业现场应完成"三通一平"，现场便道要保持湿润，施工现场安全设施准备就绪，挂牌明示施工段落桩号。

2.4.2　作业人员要求：工长或技术人员已对操作人员进行培训和技术、安全交底，做到熟练掌握未筛分碎石施工的均匀性，以及如何控制含水率、拌和、控制碾压等技术和施工安全技术操作规程。

3　操作工艺

3.1　工艺流程

下承层验收→测量放样→按设计厚度摊铺布料→推土机整平→人工修整→洒水并检测含水率→稳

定土拌和机拌和→挂线、平地机整平→碾压成型→压实度检测→检测验收。

3.2　操作方法

3.2.1　下承层验收

根据路基交验结果对局部弯沉不合格路段采取换填土的方式处理,并确保换填点的压实度达到要求。修补路基上局部坑洞;检测路基的高程、平整度,对不合格处进行处理直至合格。清除路基上的浮土、杂物,并洒水湿润。

3.2.2　测量放样

恢复路中线,每10m设一中桩;放出边线外0.3～0.5m处指示桩,并进行水平测量;按松铺系数准确标出未筛分碎石的摊铺高程。

3.2.3　摊铺

将料场的未筛分碎石用自卸车按设计用量运到施工段落,倾倒速度应缓慢,以消除离析。用推土机按松铺控制高程初平,洒水车洒水湿润。

3.2.4　撒布石屑

用石灰线画出装载机一斗所能撒布石屑的面积方格,人工配合装载机撒布石屑,撒布石屑一定要均匀,并设专人检查。

3.2.5　洒水调节含水率

洒水加湿前后,试验员应分别检测含水率,保证混合料的含水率超过最佳含水率约2%～3%。

3.2.6　拌和

用路拌机拌和并设专人检查是否拌到底,拌和过程中紧跟压路机排压以防含水率损失。在拌和过程中应随时检测含水率,如含水率不足应补充洒水和补拌,以大于最佳含水率1%～2%为好。每个断面至少要路拌两遍。

3.2.7　整平

用平地机进行整平时紧跟拉线检查高程、横坡,并应注意消除粗细集料离析现象。高程控制要考虑压实系数的预留量。尽量避开高温时间段整平成型,一般成型时间为早上6:00～8:00、下午16:00～20:00。

3.2.8　碾压

(1)直线段由两侧路肩开始向路中心碾压;在有超高的路段上,由内侧路肩开始向外侧路肩碾压。碾压时后轮重叠1/2轮宽,并且后轮超过两段的接缝处。后轮压完路面全宽时即为一遍。碾压采取先轻后重、先静压后振动、先慢后快的方法。

(2)压路机碾压速度,前两遍采用1.5～1.7km/h,以后采用2.0～2.5km/h。第一遍稳压要用振动压路机静压,然后用振动压路机微振一遍,再用振动压路机重振四遍,最后用三轮压路机碾压两遍。经检测,如达到要求的密实度,同时没有明显的轮迹,则结束碾压工作;否则应继续碾压。

(3)严禁压路机在作业路段上掉头和紧急制动。

3.2.9　保护

对已成型底基层应每日进行洒水养生,保持其湿润。在未成型前严禁通车,必要时进行交通管制,控制行车数量,严禁任何履带机械在其上行走,防止底基层松散。自检验收符合要求后,方能进行上承层施工。

3.2.10　接缝处理

(1)横缝的处理:两作业段的衔接处应搭接拌和;第一段拌和后,留5～8m不进行碾压;第二段施工时,前段留下未压部分与第二段一起拌和整平后进行碾压。

(2)纵缝的处理:应避免纵向接缝。在必须分两幅铺筑时,纵缝应搭接拌和。前一幅全宽碾压密实;在后一幅拌和时,应将相邻的前幅边部约300mm宽度搭接拌和,整平后一起碾压密实。

4　质量标准

4.0.1　主控项目

（1）未筛分碎石材料质量应符合设计和施工技术规范的有关规定。

检查数量：按不同材料进场批次，每批抽检不应少于1次。

检验方法：查检验报告。

（2）未筛分碎石基层压实度不小于98%，底基层压实度不小于96%。

检查数量：每压实层，每1000㎡抽检1点。

检验方法：灌砂法。

（3）弯沉值不应大于设计要求。

检查数量：设计有要求时每车道、每20m，测1点。

检验方法：弯沉仪检测。

4.0.2　一般项目

（1）底基层表面应平整、坚实，无松散和粗、细集料集中现象。

检查数量：全数检查。

检验方法：观察。

（2）未筛分碎石底基层允许偏差见表4.0.2。

表4.0.2　未筛分碎石底基层允许偏差

序号	项目	允许偏差	检验频率			检验方法
			范围	点数		
1	厚度（mm）	+20，-10	1000m²	1		用钢尺量
2	平整度（mm）	≤15	20m	路宽（m）	<9	1	用3m直尺和塞尺连续量两尺，取较大值
					9～15	2	
					>15	3	
3	宽度	不小于设计要求+B	40m	1		用钢尺量
4	中线偏位（mm）	≤20	100m	1		用经纬仪测量
5	纵段高程	±20	20m	1		用水准仪测量
6	横坡	±0.3%且不反坡	20m	路宽（m）	<9	2	用水准仪测量
					9～15	4	
					>15	6	

注：B为施工必要附加宽度。

5　质量记录

5.0.1　未筛分碎石原材料质量进场检验及复检记录。

5.0.2　击实报告及灌砂法或灌水法压实度试验记录。

5.0.3　底基层弯沉试验记录。

5.0.4　分项工程质量检验记录。

6　冬、雨季施工措施

6.1　冬季施工

未筛分碎石基层和底基层冬季不宜施工。当不能避免在冬季施工时，应根据施工环境的最低温度泼洒防冻剂,其掺量与浓度应经试验确定。

6.2　雨季施工

6.2.1　雨季施工时注意及时收听天气预报,并采取相应的排水措施,以防止雨水进入路基和底基层,冲走底基层表面的细粒料,降低路基和底基层强度。

6.2.2　雨季施工期间应边摊铺边碾压,并于当天碾压成型。

7　安全、环保措施

7.1　安全措施

7.1.1　应根据施工特点做好技术安全交底工作,封闭施工现场,悬挂醒目的禁行标志,设专人引导交通。非施工人员严禁进入施工现场。

7.1.2　现场应设置专职安全员,负责现场安全管理与监督检查工作。

7.1.3　机械设备应做好日常维修保养,确保设备的安全使用性能。

7.1.4　机械操作手应经培训持证上岗,不得疲劳作业。

7.1.5　未筛分碎石基层和底基层施工中,各种现状地下管线的检查井(室)应随基层施工相应升高或降低,严禁掩埋。

7.1.6　卸料、摊铺、碾压作业中,应由作业组长统一指挥,作业人员应协调一致;现场配合机械施工的人员应集中注意力,面向施工机械作业。

7.1.7　遇有四级以上大风天气,不得进行可能产生扬尘污染的施工

7.2　环境保护

7.2.1　施工垃圾应及时运至合格的垃圾消纳地点,施工污水应沉淀后排入市政污水管网。

7.2.2　应对施工现场进行围挡,采用低噪声机械设备;对噪声较大的设备(如发电机)进行专项隔离,减少噪声扰民。

7.2.3　采用有封闭设施的运输车辆进行材料运输,减少遗撒及扬尘污染。

7.2.4　对施工便道应采取硬化措施并进行日常养护,洒水保湿抑制灰尘;在施工现场的出入口设清洁池或车轮清洗设备。对现场的存土场、裸露地表采用防尘网覆盖、喷洒抑尘剂或进行临时绿化处理。

8　主要应用标准和规范

8.0.1　中华人民共和国行业标准《公路路面基层施工技术规范》(JTJ 034—2000)

8.0.2　中华人民共和国行业标准《城镇道路工程施工与质量验收规范》(CJJ 1—2008)

8.0.3　中华人民共和国行业标准《公路土工试验规程》(JTG E40—2007)

8.0.4　中华人民共和国行业标准《公路工程施工安全技术规程》(JTJ 076—1995)

8.0.5　中华人民共和国国家标准《环境空气质量标准》(GB 3095—2012)

编、校:黄晔　张纯安

113 级配碎（砾）石底基层

（Q/JZM－SZ113－2012）

1 适用范围

本施工工艺标准适用于市政道路工程中级配碎石（砾石）基层和底基层的路拌法施工作业，其他道路可参照使用。

2 施工准备

2.1 技术准备

2.1.1 编制施工组织设计，已向施工技术人员、班组和操作人员进行技术、安全交底。

2.1.2 施工路段下承层已按照验收技术规范进行了交验且合格。

2.1.3 在正式施工前要拟定试验段方案报监理工程师签批，通过试验段以确定施工工艺、松铺系数、机械配备、人员组织、压实遍数等。

2.2 材料准备

2.2.1 材料准备

级配碎（砾）石最大粒径不大于技术规范要求，级配碎（砾）石颗粒组成和塑性指数满足技术规范要求的规定。

2.2.2 级配碎（砾）石做次干路及其以下道路基层时，最大粒径不应超过37.5mm；用做底基层时，最大粒径不应超过53mm。

2.2.3 级配碎（砾）石的颗粒范围及技术指标应满足《城镇道路工程施工与质量验收规范》（CJJ 1—2008）规定，同时级配曲线应为圆滑曲线。

2.2.4 配合比设计：做好混合料的配合比试验工作，以确定不同规格碎石及石屑的掺配比例，确定混合料的最佳含水率和标准干密度，并于开工前15d报监理工程师签批。

2.3 施工机具与设备

2.3.1 施工设备：装载机、自卸车、推土机、平地机、三轮压路机、振动压路机、稳定土路拌机、洒水车、抽水泵、小型发电机。

2.3.2 测量检测仪器：全站仪、水准仪、3m 直尺、钢卷尺、弯沉仪、灌砂筒等。

2.4 作业条件

2.4.1 开工前作业现场应完成"三通一平"，现场便道要保持湿润，施工现场安全设施准备就绪，挂牌明示施工段落桩号。

2.4.2 作业人员要求：工长或技术人员已对操作人员进行培训和技术、安全交底，做到熟练掌握级配碎（砾）石施工的均匀性，以及如何控制含水率、拌和、控制碾压等技术和施工安全技术操作规程。

3 操作工艺

3.1 工艺流程

下承层验收→测量放样→按设计厚度摊铺布料→推土机整平→人工整平石屑→洒水检测含水率→稳定土拌和机拌和→挂线、平地机整平→碾压成型→压实度检测→检测验收。

3.2 操作方法

3.2.1 下承层验收

检查下承层的压实度、平整度、横坡度、高程、宽度等是否符合要求,如有表面松散、弹簧等现象必须进行处理。

3.2.2 测量放样

恢复路中线,每 10m 设一中桩;放出边线外 0.3 ~ 0.5m 处指示桩,并进行水平测量;按松铺系数准确标出级配碎石的摊铺高程。

3.2.3 集料运输和掺拌

不同规格的碎(砾)石按施工段落长度和配合比分别计算数量,并分别进行堆放,然后用装载机按比例进行掺拌(石屑除外)。

3.2.4 摊铺级配碎(砾)石

将掺拌好的级配碎(砾)石用自卸车按设计用量运到施工段落,倾倒速度要缓慢,以消除离析。用推土机按松铺控制高程初平,洒水车洒水湿润。

3.2.5 撒布石屑

画出装载机一斗所能撒布石屑的面积方格,人工配合装载机撒布石屑。撒布石屑一定要均匀,并设专人检查。

3.2.6 洒水调节含水率

洒水加湿前后,试验员应分别检测含水率,保证混合料的含水率超过最佳含水率 2% ~ 3%。

3.2.7 级配碎(砾)石拌和

用路拌机拌和并设专人检查是否拌到底,拌和过程中紧跟压路机排压以防含水率损失。在拌和过程中应随时检测含水率,如含水率不足应补充洒水和补拌,以大于最佳含水率 1% ~ 2% 为宜。每个断面至少要路拌两遍。

3.2.8 整平

用平地机进行整平时紧跟拉线检查高程、横坡,并应注意消除粗细集料离析现象。高程控制要考虑压实系数的预留量。尽量避开高温时间段整平成型,一般成型时间为早上 6:00 ~ 8:00、下午 16:00 ~ 20:00。

3.2.9 碾压

(1)直线段由两侧路肩开始向路中心碾压;在有超高的路段上,由内侧路肩开始向外侧路肩碾压。

(2)第一遍稳压要用振动压路机静压,然后用振动压路机微振一遍,再用振动压路机重振四遍,最后用三轮压路机碾压两遍。经检测,如达到要求的密实度,同时没有明显的轮迹,则结束碾压工作;否则应继续碾压。

(3)严禁压路机在作业路段上掉头和紧急制动。

3.2.10 养护

路段成型后要及时养护,未作上承层之前严禁开放交通。自检验收符合要求后,方能进行上承层施工。

3.2.11 接缝处理

(1)横缝的处理:两作业段的衔接处应搭接拌和;第一段拌和后,留 5 ~ 8m 不进行碾压;第二段施工时,前段留下未压部分与第二段一起拌和整平后进行碾压。

（2）纵缝的处理:应避免纵向接缝。在必须分两幅铺筑时,纵缝应搭接拌和。前一幅全宽碾压密实;在后一幅拌和时,应将相邻的前幅边部约300mm宽度搭接拌和,整平后一起碾压密实。

4 质量标准

4.0.1 主控项目

（1）级配碎(砾)材料质量及级配应符合设计和施工技术规范的有关规定。

检查数量:按不同材料进场批次,每批抽检不应少于1次。

检验方法:查检验报告。

（2）级配碎(砾)石基层压实度不小于98%,底基层压实度不小于96%。

检查数量:每压实层,每1000㎡抽检1点。

检验方法:灌砂法。

（3）弯沉值不应大于设计要求。

检查数量:设计有要求时每车道、每20m,测1点。

检验方法:弯沉仪检测。

4.0.2 一般项目

（1）底基层表面应平整、坚实,无松散和粗、细集料集中现象。

检查数量:全数检查。

检验方法:观察。

（2）级配碎(砾)石底基层允许偏差见表4.0.2。

表4.0.2 级配碎(砾)石底基层允许偏差

序号	项 目	允许偏差		检验频率			检验方法
				范围	点数		
1	厚度（mm）	级配碎(砾)石	+20 −10	1000m²	1		用钢尺量
2	平整度（mm）	≤15		20m	路宽(m)	<9	1	用3m直尺和塞尺连续量两尺,取较大值
						9~15	2	
						>15	3	
3	宽度	不小于设计要求＋B		40m	1		用钢尺量
4	中线偏位（mm）	≤20		100m	1		用经纬仪量
5	纵段高程	±20		20m	1		用水准仪测量
6	横坡	±0.3%且不反坡		20m	路宽(m)	<9	2	用水准仪测量
						9~15	4	
						>15	6	

注:B为施工必要附加宽度。

5 质量记录

5.0.1 级配碎(砾)石原材料质量进场检验及复检记录。

5.0.2 击实报告及灌砂法或灌水法压实度试验记录。

5.0.3 底基层弯沉试验记录。

5.0.4 分项工程质量检验记录。

6　冬、雨季施工措施

6.1　冬季施工

级配碎(砾)石基层和底基层冬季不宜施工。当不能避免在冬季施工时,应根据施工环境的最低温度泼洒防冻剂,其掺量与浓度应经试验确定。

6.2　雨季施工

6.2.1　雨季施工时注意及时收听天气预报,并采取相应的排水措施,以防止雨水进入路基和基层,冲走基层表面的细粒料,降低路基和基层强度。

6.2.2　雨季施工期间应边摊铺边碾压,并当天碾压成型。

7　安全、环保措施

7.1　安全措施

7.1.1　应根据施工特点做好技术安全交底工作,封闭施工现场,悬挂醒目的禁行标志,设专人引导交通。非施工人员严禁进入施工现场。

7.1.2　现场应设置专职安全员,负责现场安全管理与监督检查工作。

7.1.3　机械设备应做好日常维修保养,确保设备的安全使用。

7.1.4　机械操作手应经培训持证上岗,不得疲劳作业。

7.1.5　级配碎(砾)石基层和底基层施工中,各种现状地下管线的检查井(室)应随基层施工相应升高或降低,严禁掩埋。

7.1.6　卸料、摊铺、碾压作业中,应由作业组长统一指挥,作业人员应协调一致;现场配合机械施工的人员应集中注意力,面向施工机械作业。

7.1.7　遇有四级以上大风天气,不得进行可能产生扬尘污染的施工。

7.2　环境保护

7.2.1　施工垃圾应及时运至合格的垃圾消纳地点,施工污水应沉淀后排入市政污水管网。

7.2.2　应对施工现场进行围挡,采用低噪声机械设备;对噪声较大的设备(如发电机)进行专项隔离,减少噪声扰民。

7.2.3　采用有封闭设施的运输车辆进行材料运输,减少遗撒及扬尘污染。

7.2.4　对施工便道应采取硬化措施并进行日常养护,洒水保湿抑制灰尘;在施工现场的出入口设清洁池或车轮清洗设备。对现场的存土场、裸露地表采用防尘网覆盖、喷洒抑尘剂或进行临时绿化处理。

8　主要应用标准和规范

8.0.1　中华人民共和国行业标准《公路路面基层施工技术规范》(JTJ 034—2000)

8.0.2　中华人民共和国行业标准《城镇道路工程施工与质量验收规范》(CJJ 1—2008)

8.0.3　中华人民共和国行业标准《公路土工试验规程》(JTG E40—2007)

8.0.4　中华人民共和国行业标准《公路工程施工安全技术规程》(JTJ 076—1995)

8.0.5　中华人民共和国国家标准《环境空气质量标准》(GB 3095—2012)

编、校:吴晓辉　熊国辉

114 水泥稳定碎(砾)石基层

(Q/JZM - SZ114 - 2012)

1 适用范围

本施工工艺标准适用于各等级市政道路工程中的水泥稳定碎(砾)石底基层和基层施工作业,其他道路可参照使用。

2 施工准备

2.1 技术准备

2.1.1 编制施工组织设计,已向施工技术人员、班组和操作人员进行技术、安全交底。

2.1.2 施工路段下承层已按照验收技术规范进行了交验且合格。

2.2 材料准备

2.2.1 水泥、碎(砾)石等按规定进行了检验。

2.2.2 水泥稳定碎(砾)石配合比设计与试验:按设计强度要求,分别做最大干密度和无侧限抗压强度试验。

2.3 施工机具与设备

2.3.1 施工机械:稳定土拌和站、摊铺机、振动压路机、装载机、水车、自卸汽车等。

2.3.2 测量检验仪器:水准仪、全站仪、3m 直尺、平整度仪、变沉仪、灌砂筒等。

2.4 作业条件

2.4.1 完成下承层处理与验收。检测项目包括纵断面高程、中线偏差、横坡、边坡、压实度、弯沉、平整度等,并经监理工程师签认批准。

2.4.2 在槽式端面路段的两侧路肩上每隔一定距离(5~20m)交错开挖泄水沟或做盲沟。

2.4.3 在试验路段施工中,选用不同的配合比、不同机械组合的方案进行试验比选,从中确定最佳方案报监理工程师审批。

3 操作工艺

3.1 工艺流程

施工准备→水稳碎(砾)石混合料拌制→混合料运输→摊铺机摊铺、压路机碾压→试验室检测压实度→设置横缝→养生→成品检测。

3.2 操作方法

3.2.1 施工准备

在下承层上恢复中线,在两侧路肩边缘外设指示桩,并在指示桩上明显标记出基层边缘的设计高程。中线、边线、高程的标记应明显,便于在摊铺过程中进行校核。

3.2.2 水稳碎(砾)石混合料拌制

(1)拌和站应采用具有自动计量系统的设备,计量精度满足设计要求。拌和能力根据工程需要配备,满足工期要求。

(2)拌和前应对计量称量系统仔细进行标定,使其精度满足要求,确保按配合比供料。

(3)为防止各料斗间发生窜料现象,料斗间用隔板分隔,同时装载机上料时应注意不应上得太满,避免发生窜料现象。

(4)试验室设专人对水泥剂量进行滴定试验,指导拌和站拌和。水泥剂量应按配合比计算值控制,不宜强制规定加大水泥剂量。

(5)拌和站设专人对混合料含水率进行实时监控,试验室配合拌和站操作人员进行含水率控制,并根据天气情况适当增减,确保混合料含水率达到施工和规范要求。

(6)设专人对各料仓进行监控,避免因缺料或下料口堵塞发生断料现象,影响混合料级配。

3.2.3 混合料运输

(1)拌和完成后,立即用18t以上载重汽车将拌成的混合料送到摊铺现场。

(2)车上的混合料用帆布覆盖,以防水分过分损失。

(3)装车时应控制出料口与车厢的高度尽量小些。卸料时运输车应前后中移动,分三次装料,以减少卸料时离析现象。

(4)运输车辆数量根据拌和设备生产能力、运载能力、运送距离、交通状况来确定,以在摊铺机前有3辆以上车等候卸料为宜。卸料时应设专人指挥,自卸车应在摊铺机前0.2~0.3m前停住,严禁撞击摊铺机。

3.2.4 摊铺

(1)应尽快将拌成的混合料运到铺筑现场。运输途中应对混合料进行覆盖,减少水分损失。

(2)松铺系数通过试验段获得,一般取1.3~1.5。

(3)拌和机和摊铺机的生产能力应互相匹配。如拌和机生产能力较小,摊铺机应采用较低速度进行摊铺,以减少摊铺机停机待料的情况。

(4)在摊铺机后设专人消除粗细集料离析现象。

(5)水泥稳定类材料自搅拌至摊铺完成不应超过3h。应按当班施工长度计算用料量。

3.2.5 碾压

(1)水泥稳定碎(砾)石压实厚度一般不超过20cm,当采用能量较大的振动压路机碾压时,压实厚度应根据试验适当增加。当压实厚度超过上述规定时,应分层铺筑。每层最小压实厚度不小于10cm,下层宜稍厚。

(2)每台摊铺机后面应配有振动压路机和轮胎压路机进行碾压,一次碾压段长度为30~50m。碾压段落必须层次分明,设置明显的分界标志。

(3)振动压路机碾压时先轻后重,由低向高。碾压时压路机不得在未成形的路段上急转、急停和掉头,起步要慢,返回要缓。在未碾压的一端倒车时位置应错开,要成齿状,出现个别壅包时,应专门安排有经验的技术工人进行挖除,重新布料整平处理。

(4)碾压速度、遍数、压实方式将按试验段总结确定的施工工艺进行。要特别注意桥头搭板前水泥稳定碎(砾)石的碾压。对压路机不能碾压到的位置要用平板夯实。

(5)在检查井、雨水口等难以使用压路机碾压的部位,应采用小型压实机具或人力夯加强压实。

3.2.6 横缝处理

(1)横缝位置

①混合料摊铺时,必须连续作业不中断,如因故中断时间超过2h,则应设横缝。

②每天收工之后,第二天开工的接头断面也要设置横缝。

③每当通过桥涵,在其两边需要设置横缝。

(2)横缝设置方法

①基层的横缝宜与桥头搭板尾端吻合,横缝应与路面车道中心线垂直设置。

②人工将含水率合适的混合料末端整理整齐,紧靠混合料放两根高度与混合料的压实厚度相同的方木,方木的另一侧用碎(砾)石回填约 3m 长,其高度应略高出方木。

③在重新开始摊铺混合料之前,将砂砾或碎石和方木撤除,并将作业面顶面清扫干净,摊铺机返回到已压实层的末端,开始摊铺混合料。

3.2.7　养生

(1)水泥稳定碎(砾)石底基层分层施工时,下层水泥稳定层碾压完成后,在采用重型振动压路机碾压时,宜养护 7d 后铺筑上层水泥稳定层。在铺筑上层稳定层之前,应始终保持下层表面湿润。铺筑上层稳定层时,宜在下层表面撒少量水泥或水泥浆。底基层养护 7d 后,方可铺筑基层。

(2)每一段碾压完成并经压实度检验合格后,应立即开始覆盖土工布进行养护。

(3)应保湿养护,养护结束后,须将覆盖物清除干净。

(4)基层养护按设计要求进行,一般可采用沥青乳液养护。沥青乳液的用量按 0.8 ~ 1.0kg/㎡ 选用,宜分两次喷洒。第一次喷洒沥青含量为 35% 的慢裂沥青乳液,第二次喷洒浓度较大的沥青乳液。养护期间应封闭交通。

4　质量标准

4.0.1　主控项目

(1)原材料质量检验应符合设计和施工规范要求:

检查数量:按不同材料进厂批次,每批次抽查 1 次。

检查方法:查检验报告、复验:

(2)基层、底基层的压实度应符合下列要求:

①城镇快速路、主干路基层不小于 97%;底基层不小于 95%。

②其他等级道路基层不小于 95%;底基层不小于 93%。

检查数量:每 1000 ㎡,每压实层抽检 1 点。

检查方法:灌砂法或灌水法。

(3)基层、底基层的 7d 无侧限抗压强度应符合设计要求。

检查数量:每 2000 ㎡抽检 1 组。

检查方法:现场取样试验。

4.0.2　一般项目

(1)基层表面应平整、坚实、接缝平顺,无明显粗、细骨料集中现象;无推移、裂缝、起皮、松散、浮料等病害。

(2)基层及底基层的偏差应符合本工艺标准"级配碎(砾)石底基层允许偏差"。

5　质量记录

5.0.1　水泥稳定碎(砾)石基层原材料质量进场检验及复检记录。

5.0.2　灌砂法或灌水法压实度试验记录及击实报告。

5.0.3　7d 无侧限抗压强度试验记录。

5.0.4　分项工程质量检验记录。

6 冬、雨季施工措施

6.1 冬季施工

水泥稳定碎(砾)石基层施工期的最低气温为5℃,并在第一次冰冻到来之前半个月到一个月完成水稳基层施工,否则应有妥善的保温措施。

6.2 雨季施工

6.2.1 雨季施工要控制好混合料含水率,碾压及时,对遭雨淋的混合料禁止使用。

6.2.2 对所有场内机电设备进行检查,检查其防潮及绝缘设施,防止设备故障影响施工,在下雨前及下雨时对机电设备施加覆盖及防潮篷布。

6.2.3 雨季来临前做好地材的备料,以免因料不足影响施工。

7 安全、环保措施

7.1 安全措施

7.1.1 在项目驻地、拌和站和施工现场设置专职安全员。

7.1.2 电工、机械操作人员培训合格持证上岗。

7.1.3 封闭施工现场,悬挂醒目的禁行标志,施工现场有明显标志牌;应避免施工机械车辆与市政交通车辆互相影响。

7.1.4 施工便道应平整,无洒落石子。

7.1.5 施工用电设施经常检查,杜绝安全隐患。

7.2 环境保护

7.2.1 应对施工现场进行围挡,采用低噪声机械设备;对噪声较大的设备(如发电机)进行专项隔离,减少噪声扰民。

7.2.2 采用有封闭设施的运输车辆进行材料运输,减少遗撒及扬尘污染。

7.2.3 对施工便道应采取硬化措施并进行日常养护,洒水保湿抑制灰尘;在施工现场的出入口设清洁池或车轮清洗设备。对现场的存土场、裸露地表采用防尘网覆盖、喷洒抑尘剂或进行临时绿化处理。

8 主要应用标准和规范

8.0.1 中华人民共和国国家标准《环境空气质量标准》(GB 3095—2012)

8.0.2 中华人民共和国行业标准《公路路面基层施工技术规范》(JTJ 034—2000)

8.0.3 中华人民共和国行业标准《城镇道路工程施工与质量验收规范》(CJJ 1—2008)

8.0.4 中华人民共和国行业标准《公路工程施工安全技术规程》(JTJ 076—1995)

8.0.5 中华人民共和国行业标准《公路工程无机结合料稳定材料试验规程》(JTG E51—2009)

编、校:邓招龙 朱小菊

115　热拌 ATB 沥青稳定碎石基层

（Q/JZM – SZ115 – 2012）

1　适用范围

本施工工艺标准适用于市政道路工程中热拌 ATB 沥青稳定碎石基层的施工作业,其他道路相关 ATB 沥青稳定碎石基层施工可参照使用。

2　施工准备

2.1　技术准备

2.1.1　施工人员要熟悉施工图纸和施工现场情况,对下承层按设计要求进行验收。

2.1.2　技术负责人要向施工技术人员进行书面的技术交底和安全交底。开始施工前应对施工人员进行全面的技术、操作、质量、安全交底,确保施工过程的工程质量、人身安全。

2.1.3　施工放样:根据坐标控制点和水准控制点进行中桩和高程放样。

2.1.4　配合比设计

（1）目标配合比设计:采用马歇尔法;对于公称粒径大于 26.5mm 的粗集料,可用粒径 26.5～13.2mm 的集料等量取代其用量;马歇尔试件成型采用标准击实筒。确定目标配合比可采用规范规定的方法,按油石比分别为 2.5%、3%、3.5%、4.0% 进行试验,依照稳定度、空隙率、流值、饱和度指标等确定共同范围,最后确定最佳油石比、矿料级配组成:25～35mm 碎石、15～25mm 碎石、5～15mm 碎石、石屑、石粉、矿粉的比例,以及对应试件的马歇尔密度。

（2）生产配合比的确定和验证:对二次筛分后的各热料仓分别取样进行筛分试验,以确定各热料仓的材料比例,同时根据各冷料的含水率反复调整冷料仓进料比例以达到供料均衡;取目标配合比设计的最佳沥青用量和其 ±0.3% 等进行马歇尔试验,确定出生产配合比的最佳油石比;依此进行沥青混合料的拌和、摊铺试验,对生产配合比进行调整,最终确定实际配合比。

2.2　材料准备

2.2.1　集料的要求

（1）粗集料:宜采用锤式反击破碎机加工的石灰岩碎石,不允许采用颗式破碎机加工的碎石。碎石规格为 25～5mm、15～25mm、5～15mm 三种。要求碎石具有良好的棱角性、扁平及细长颗粒含量、黏土含量、密度、坚固性、安定性及有害物质含量均应符合规范要求。

（2）细集料:宜采用石屑、石粉两种料,不宜采用屑粉混合料。

2.2.2　填料:沥青稳定碎石用矿粉宜采用磨细的石灰岩石粉。拌和机回收粉在细度、塑性指数、亲水系数均符合要求的情况下可以使用一部分,但不能超过矿粉总数的 50%。

2.2.3　结合料:沥青一般采用 AH-70 或 AH-90。现场要储备足够的能具有加温和搅拌功能的沥青存储罐,应储备充足的沥青,以保证施工的连续供应。

2.3　施工机具与设备

2.3.1　施工机械

（1）拌和设备：间歇式沥青混合料拌和站。

（2）运输设备：大吨位自卸汽车。

（3）摊铺设备：配备自动找平装置的摊铺机（有条件可配备沥青混合料转运车）。

（4）碾压设备：双钢轮振动压路机、轮胎压路机（吨位宜大）。

（5）其他设备：装载机、空压机、水车、加油车、发电机、切割机、平板载重车等。

2.3.2 现场测量检测仪器：全站仪、水准仪、3m 直尺、钻孔取芯机、钢卷尺、弯沉仪、连续式平整度仪、红外线温度计等。

2.4　作业条件

2.4.1 进出场道路必须硬化处理，以防止机械车辆行驶对材料的污染；堆放材料的场地要硬化，场内布置要考虑具有石料冲洗和排水的功能。不同料堆之间要砌墙隔离，防止混料现象；对于细集料必须采取覆盖的措施。

2.4.2 对下承层的高程、平整度、宽度、弯沉等指标要严格检查，特别是高程的检测尤其要重视，避免用上层来找补下层的现象发生。仔细检查下承层边部质量，对于局部软弱部位要进行换填处理，整平压实。

2.4.3 混合料摊铺前要对做好的封层路面进行彻底清扫、冲洗，清除表面污染，特别是砂浆及油污染，然后撒布乳化沥青黏层油，在乳化沥青破乳后进行摊铺。

2.4.4 试验段已铺筑成功，监理工程师已批准正式开工。

3　操作工艺

3.1　工艺流程

施工准备→测量放样→沥青混合料的拌和→沥青混合料的运输→沥青混合料的摊铺→沥青混合料的碾压→交通管制→现场检查验收。

3.2　操作方法

3.2.1 测量放样

依据设计资料，恢复中桩位置和结构层边线。下面层施工应采用钢丝引导控制高程的方法，10m 设置一个控制桩，施工前准确布设。

3.2.2 拌和

沥青混合料拌和的均匀性要随时进行检查，如果出现花白石子，原因有以下的一种或几种：搅拌时间不够；细颗粒矿粉比例增大，特别是加入矿粉增多、沥青用量不够；矿料或沥青加热温度不够等。如果混合料颜色枯黄灰暗，可能原因有：拌和温度过高；沥青用量不够、矿粉过多；石料不干、柴油燃烧不透等。ATB 沥青混合料的优点是具有良好的高温性能；缺点是散热快，难于压实。为了确保基层的压实，混合料拌和时各温度宜选择中偏上的温度。具体温度见表 3.2.2。

表 3.2.2　ATB 拌和出料温度

沥青加热温度（℃）	150~170
矿料加热温度（℃）	165~190
混合料出站温度（℃）	150~170
混合料运输到现场温度（℃）	不低于 150

3.2.3 运输

沥青混合料运输宜采用载质量 20t 以上的大型自卸车，要求车况良好。混合料的运输能力应较拌和能力和摊铺速度有富余，要至少保证摊铺机前有 4~5 辆运料车等候。为防止混合料粘附车厢，装料前车厢涂一层洗涤水。为防止运输过程中尘土污染及温度下降,运输车必须覆盖帆布或防雨布。温度低时应加盖双层保温布。

3.2.4　摊铺

采用两台摊铺机同时作业的方式,第一台(前行)摊铺机的行走方式为边缘钢丝绳拉线,中间采用铝合金梁;第二台(后行)摊铺机的行走方式则为边缘采用钢丝绳拉线,中间采用滑撬。两台摊铺机间距 5m 左右(以不影响作业);摊铺搭接 50mm 为宜。

卸料过程中要有专人指挥,保证上一车卸完料后,下一车能及时供料,不得中途停机待料,以减少离析造成混合料的不密实。

因 ATB 基层一般厚度较大,要适当增大摊铺机的夯锤振实系数,控制在 4～5 比较合适,使初始密度增大,减少摊铺后混合料热量的急剧散失,能有效地提高压实度。

3.2.5　碾压

碾压是 ATB 基层施工中的重要一环,碾压必须采用追随、紧跟的碾压组合方式,遵循初压、复压、终压的原则。由于 ATB 基层集料粒径较大,宜优先采用振动压路机进行初压,其振动频率为 30～50Hz,振幅为 0.3～0.8mm;且要求采用大吨位的压路机进行复压;终压宜采用吨位大于 26t 的轮胎压路机,充气压力不小于 0.5MPa。

表 3.2.5　ATB 基层摊铺和碾压温度

摊铺温度(℃)	正常施工	140～145
	低温施工	145～150
初压温度(℃)	正常施工	135～145
	低温施工	145～155
复压温度(℃)	正常施工	130～140

3.2.6　接缝处理

纵缝应为热接缝,施工时将新铺混合料部分留下 100～200mm 宽暂不碾压,作为后摊铺部分的调整基准面,最后再作跨缝碾压以消除缝迹。横向接缝处理:在施工结束时,在预定的摊铺段末端铺一层彩条布,再摊铺混合料。待压实混合料稍冷后,用切割机将撒砂部分或铺彩条布部分切割清除整齐,用 3m 直尺检查平整度;不符合要求时,予以清除。

3.2.7　养护

在碾压完毕后,一定要安排专人负责交通的管制;在沥青混合料温度未降低至正常气温以前,不得开放交通。

4　质量标准

4.0.1　主控项目

(1)沥青混合料基层压实度,对城市快速路、主干路不应小于 96%;对次干路及以下道路不应小于 95%。

检查数量:每 1000m² 测 1 点。

检验方法:查试验记录(马歇尔击实试件密度,试验室标准密度)。

(2)面层厚度应符合设计规定,允许偏差为 +10～－5mm。

检查数量:每 1000m² 测 1 点。

检验方法:钻孔或刨挖,用钢尺量。

(3)弯沉值不应大于设计规定。

检查数量:每车道、每 20m,测 1 点。

检查方法:弯沉仪检测。

4.0.2 一般项目

基层表面应平整、坚实,接缝紧密,无枯焦;不应有明显轮迹、推挤裂缝、脱落、烂边、油斑、掉渣等现象,不得污染其他构筑物。

检查数量:全数检查。

检验方法:观察。

5 质量记录

5.0.1 测量复核记录。

5.0.2 热拌沥青混合料进场、摊铺测温记录。

5.0.3 碾压热拌沥青混合料测温记录。

5.0.4 热拌沥青混合料压实度试验报告(蜡封法)。

5.0.5 热拌沥青混合料路基厚度检验记录。

5.0.6 弯沉值检验记录。

5.0.7 平整度检查记录。

5.0.8 分项质量评定表。

6 冬、雨季施工措施

6.1 冬季施工

6.1.1 快速路、主干路热拌 ATB 沥青混合料摊铺施工环境温度不宜低于 10℃。

6.1.2 外界环境温度较低时,运输热拌 SMA 沥青混合料的运输车应采取保温措施,各运输车辆须备有较厚且大的苫布。苫布须完好无损并包裹至侧、后厢板,其车厢内侧要覆盖岩棉被,两侧及后侧厢板须加装完好、有效的保温材料。

6.1.3 热拌 ATB 沥青混合料摊铺时,下承层表面应干燥、清洁,无冰、雪、霜等。环境温度较低时,应准备好挡风、加热、保温工具和设备等。

6.1.4 外界环境温度较低时,施工现场应配备足够的压路机进行碾压。压路机振动碾压时由常温时的低频高压改为高频低压,保证基层压实度符合要求。

6.2 雨季施工

6.2.1 注意气象预报,加强工地现场、沥青拌和站及气象台站之间的联系,控制施工长度,各项工序紧密衔接。

6.2.2 运料车和工地应备有防雨设施,并做好基层及路肩排水。降雨或下承层潮湿时,不得铺筑热拌 ATB 沥青混合料。

6.2.3 未压实成型即遭雨淋的热拌 ATB 沥青混合料,应全部刨除更换新料。

7 安全、环保措施

7.1 安全措施

7.1.1 拌和现场的布置应符合防火、防爆、防洪、防雷电等安全规定。

7.1.2 拌和站的启动和停机必须严格按照说明书的操作进行。

7.1.3 在沥青存储罐、柴油存储罐附近设置必要的防火警示标志和安放防火设施。

7.1.4　各种机械操作人员和车辆加强动态管理,必须持有操作合格证,不准操作与操作证不相符的机械;不准将机械设备交给无操作证的人员操作,对机械操作人员要建立档案,专人管理。

7.1.5　现场施工便道应平整、坚实、保持畅通,在车辆出入口设专人指挥过往车辆的交通,防止意外发生。

7.2　环境保护

7.2.1　每辆车上配备有帆布,运输沥青混合料的车辆要加盖帆布。

7.2.2　对沥青拌和站产生的废弃物采取集中存放、集中处理的方式,加强对回收粉尘的利用,控制原材料的进场质量,确保回收粉尘合格,减少粉尘对环境的污染。

7.2.3　定时在便道等产生扬尘的地方洒水,保持便道湿润,使产生的扬尘、空气污染减至最低程度。

7.2.4　对使用的工程机械和运输车辆安装消声器并加强维修保养,降低噪声。

8　主要应用标准和规范

8.0.1　中华人民共和国行业标准《公路沥青路面施工技术规范》(JTG F40—2004)

8.0.2　中华人民共和国行业标准《公路工程集料试验规程》(JTG E42—2005)

8.0.3　中华人民共和国行业标准《公路工程沥青及沥青混合料试验规程》(JTG E20—2011)

8.0.4　中华人民共和国行业标准《城镇道路工程施工与质量验收规范》(CJJ 1—2008)

8.0.5　中华人民共和国国家标准《环境空气质量标准》(GB 3095—2012)

编、校:俞宽坤　汤兴

116   透层、黏层

（Q/JZM - SZ116 - 2012）

1   适用范围

本施工工艺标准适用于市政道路工程中路面透层、黏层施工作业，其他道路可参照使用。

2   施工准备

2.1   技术准备

2.1.1   在正式施工前，需要与监理工程师等有关人员根据有关设计文件，共同商定洒布方案。喷洒透层油前应清扫路面，使之无浮灰等杂物，并应有效遮盖路缘石及人工构造物等，以避免其被污染。

2.1.2   在正式洒布前，要进行试洒布，以保证大面积施工顺利进行。

2.1.3   对技术人员、施工班组和操作人员进行技术、安全交底。

2.2   施工机具与设备

沥青洒布车、人工洒布机、运输车、装载机、压路机等机械设备。

2.3   材料准备

透层油宜采用快裂或中裂乳化沥青、改性乳化沥青，也可采用快、中凝液体石油沥青制备成为快破乳型黏层材料。生产过程中应通过调节沥青含量、稀释剂、乳化剂比例等方式得到适宜的黏度，其规格和质量应符合规范的要求，所使用的基质沥青标号宜与主层沥青混合料相同。

黏层油品种和用量应根据下卧层的类型通过试洒确定，并符合表2.3的要求。当黏层油上铺筑薄层大空隙排水路面时，黏层油的用量宜增加到 $0.6 \sim 1.0 L/m^2$。在沥青层之间兼作封层而喷洒的黏层油宜采用改性沥青或改性乳化沥青，其用量宜不少于 $1.0 L/m^2$。

表2.3   沥青路面黏层材料的规格和用量表

序号	下卧层类型	液 体 沥 青		乳 化 沥 青	
		规格	用量(L/m^2)	规格	用量(L/m^2)
1	新建沥青层或旧沥青路面	AL(R)-3 ~ AL(R)-6 AL(M)-3 ~ AL(M)-6	0.3 ~ 0.5	PC—3 PA—3	0.3 ~ 0.6
2	水泥混凝土	AL(M)-3 ~ AL(M)-6 AL(S)-3 ~ AL(S)-6	0.2 ~ 0.4	PC—3 PA—3	0.3 ~ 0.5

注：表中用量是指包括稀释剂和水分等在内的液体沥青、乳化沥青的总量。乳化沥青中的残留物含量以50%为基准。

2.4   作业条件

2.4.1   透层

（1）施工应在基层铺筑完成后、沥青混合料底面层摊铺施工前进行。

（2）透层油在洒布前需要对基层进行各项验收，合格后方可进行洒布。

（3）用于半刚性基层的透层油宜紧接在基层碾压成型后表面稍变干燥、但尚未硬化的情况下喷洒。

2.4.2　黏层

（1）黏层施工应在沥青混合料摊铺施工当天进行。

（2）正式洒布前需要对基面进行清扫，可采用人工配合机械方式进行，必要时也可采用水车清洗的方式，保证清扫后的基面洁净、无浮尘、无松散、无杂物等现象。

3　操作工艺

3.1　工艺流程

3.1.1　透层：洒布车洒布→人工补洒→撒布石屑→碾压→养护。

3.1.2　黏层：洒布车洒布→人工补洒→养护。

3.2　操作方法

3.2.1　透层

（1）洒布车洒布

基层表面过分干燥时，需要在基层表面适量洒水，达到轻微湿润效果，待表面干燥后立即进行透层沥青喷洒工作，以保证透层沥青顺利下渗。

洒布施工段应大于拟进行沥青混合料摊铺段10m。透层油宜采用沥青洒布车一次喷洒均匀，使用的喷嘴宜根据透层油的种类和黏度选择并保证均匀喷洒。喷洒过量应立即撒布石屑或砂吸油，必要时作适当碾压。透层油洒布后不得在表面形成能被运料车和摊铺机粘起的油皮。透层油达不到渗透深度要求时，应查明原因再施工。

（2）人工补洒

透层油必须洒布均匀，有花白遗漏现象应人工补洒；沥青洒布车喷洒不均匀时宜改用手工沥青洒布机喷洒。在铺筑沥青混合料面层前，对于局部多余沥青需要进行清理。

（3）撒布石屑

对于要求撒布石屑的施工部位，应在洒布透层油后及时进行。石屑撒布要求均匀，使用量控制在 $2.0 \sim 3.0 \mathrm{m}^3/1000\mathrm{m}^2$，粒径控制在 $5 \sim 10\mathrm{mm}$，或按设计要求进行。石屑撒布后，使用 $8 \sim 10\mathrm{t}$ 压路机碾压 $2 \sim 3$ 遍。

（4）养护

透层油施工完成后，立即由专人封闭并看守洒布路段，严禁各种车辆及非施工人员进入。透层油撒布后的养护时间随透层油的品种和气候条件由试验确定，确保液体沥青中的稀释剂全部挥发，乳化沥青渗透且水分蒸发。养护后应尽早铺筑沥青面层，以防止工程车辆损坏透层。

3.2.2　黏层

（1）洒布车洒布

进行乳化沥青洒布前，喷洒车辆应根据实际要求事先做好喷洒量调整，确定行驶速度与流速之间的相应关系。洒布作业需有专人进行指挥，并在洒布施工段的起点和终点设置明显标志，以便于控制喷洒车辆。使用机械进行均匀喷洒，喷洒的黏层油必须成均匀雾状，在路面全宽度内均匀分布成一薄层，不得有洒花漏空或成条状，也不得有堆积。喷洒不足的要补洒，喷洒过量处应予刮除。在使用机械进行喷洒时，在起步和停止阶段易于产生喷洒过量情况，可采用在起步和停止位置铺设不透水塑料布的方式予以解决。

（2）人工补洒

黏层油必须洒布均匀，有花白遗漏处应人工补洒。对于机械喷洒不到的部位，如路缘石侧面、检查井周边等均需要人工进行涂刷。

（3）养护

喷洒黏层油后,立即由专人封闭并看守洒布路段,严禁各种车辆及非施工人员进入。待乳化沥青破乳、水分蒸发完成,或稀释沥青中的稀释剂基本挥发完成后,紧跟着铺筑沥青面层,确保黏层不受污染。

4　质量标准

4.0.1　主控项目

透层、黏层所采用沥青的品种、标号应符合设计要求。

检查数量:按进场品种、批次,同品种、同批次检查不应少于1次。

检验方法:查产品出厂合格证、出厂检验报告和进场复检报告。

4.0.2　一般项目

(1)透层、黏层的宽度不应小于设计规定值。

检查数量:每40m抽检一处。

检验方法:用尺量。

(2)透层、黏层油层与粒料洒布应均匀,不应有花白、漏洒、堆积、污染其他构筑物等现象。

检查数量:全数检查。

检查方法:观察。

5　质量记录

分项工程质量评定表。

6　冬、雨季施工措施

6.1　冬季施工

气温低于10℃或风力大于5级时不得喷洒透层油、黏层油;确需在气温较低情况下喷洒时可以分成两次喷洒。

6.2　雨季施工

路面潮湿时不得喷洒黏层油。用水洗刷后需待表面干燥后喷洒。即将降雨不得喷洒黏层油。

7　安全、环保措施

7.1　安全措施

7.1.1　施工前必须对操作人员进行安全、技术交底,施工操作人员必须穿戴好防护手套、口罩、眼罩、工作鞋等劳动保护品才能施工。操作人员均需培训合格,持证上岗。

7.1.2　在道路上洒布透层油、黏层油应使用专业洒布机具作业。

7.1.3　施工区域应封闭交通、设专人值守,非施工人员严禁入内。

7.1.4　洒布机作业必须有专人指挥。作业前指挥人员应检查现场作业路段,确认检查井盖盖牢、人员和其他施工机械撤出作业路段后,方可向洒布机操作人员发出作业指令。

7.2　环境保护

7.2.1　沥青洒布前应进行试喷,确认合格。试喷时,油嘴前方3m内不得有人。沥青喷洒前,必须对检查井、闸井、雨水口采取覆盖等安全防护措施。

7.2.2 沥青洒布时,施工人员应位于沥青洒布机的上风向,并宜距喷洒边缘2m以外。

7.2.3 五级(含)以上风力时,不得进行沥青洒布作业。

7.2.4 沥青洒布后,多余的沥青应及时用专用器皿盛接,不能污染其他建筑物和周边环境。

8　主要应用标准和规范

8.0.1 中华人民共和国行业标准《公路沥青路面施工技术规范》(JTG F40—2004)

8.0.2 中华人民共和国行业标准《城镇道路工程施工与质量验收规范》(CJJ 1—2008)

8.0.3 中华人民共和国行业标准《公路工程施工安全技术规程》(JTJ 076—1995)

编、校:吴晓辉　朱小菊

117　稀　浆　封　层

（Q/JZM-SZ117-2012）

1　适用范围

本施工工艺标准适用于市政道路工程中路面稀浆封层施工作业,其他道路路面可参照使用。

2　施工准备

2.1　技术准备

2.1.1　熟悉稀浆封层的施工工艺,对施工人员进行技术培训,提出施工要求和质量标准并进行技术交底,使施工人员自觉地按照规范施工,按标准控制质量。

2.1.2　正式施工前应进行试验段的试铺,达到技术要求并经认可后方可进行施工。

2.1.3　设置好正确引导和控制稀浆封层机定向前进的基准标志。

2.2　材料准备

2.2.1　乳化沥青、矿料、填料、水、添加剂应符合《公路沥青路面施工技术规范》（JTG F40—2004）中的有关规定,并经检验合格。

2.2.2　根据室内试验,确定矿料配合比、混合料的稠度和加水量,混合料破乳时间、初凝时间以及最佳沥青含量等参数。

2.3　施工机具与设备

稀浆封层摊铺车、压路机、空压机、水车、废料收集车、铁锹、橡胶拖把等。

2.4　作业条件

2.4.1　施工路段交通已封闭。

2.4.2　施工前已将基层表面清洗干净。基层上不得有积水,雨天禁止施工。

2.4.3　工人应当熟悉稀浆封层施工的各项工序,操作熟练。

2.4.4　已做好试铺路段,质量检查合格。

3　操作工艺

3.1　工艺流程

施工准备→封闭施工段清洁原路面→施工放样→摊铺施工→养护→开放交通。

3.2　操作方法

3.2.1　施工准备

将基层表面清扫干净,使表层集料颗粒部分外露。修补坑槽,较宽的裂缝宜先灌缝。根据路幅宽度、摊铺槽宽度确定摊铺行走路线和宽度,并沿摊铺方向画出控制线。

3.2.2　摊铺

（1）将摊铺车开至施工起点处，调整好摊铺槽的宽度、摊铺厚度和拱度。

（2）再次确认各种材料的设定准确无误。

（3）启动发动机，使拌和器和摊铺槽的螺旋分料器首先转动起来。

（4）打开各个材料的控制开关，使各组成材料几乎同时进入到拌和器中。应安排一名施工人员用铁锹将最初排出的材料接走，倒入旁边的废料车中。

（5）调节螺旋分料器的转动方向，使稀浆混合料均匀地分布到摊铺槽中，当材料充满摊铺槽1/2左右深度时，操作手示意驾驶员开动摊铺车，以1.5～3.0km/h的速度前进；摊铺的速度应保证摊铺槽内混合料体积占摊铺槽体积的1/2左右，保证分料器能搅拌到混合料。

（6）摊铺作业时应控制好速度，摊铺厚度要均匀，横向接缝平整，禁止出现漏铺和过厚现象。

（7）对于摊铺后路面的局部缺陷，应及时人工找补。手工作业可以使用橡胶拖把或者铁锹等工具。

（8）应时刻注意各组成材料的使用情况，当任何一种材料接近用完时，应立即关闭各种材料的输出，待摊铺槽中的混合料全部摊出到路面上后，摊铺车停止前进。

（9）施工人员应立即将施工末段2～4m范围内的材料立即清除，倒入废料车中。摊铺车开到路旁，用高压水枪清洗摊铺槽，然后卸下摊铺槽，摊铺车开至料场装料。

3.2.3　早期养护

（1）稀浆封层铺筑后，没有固化成型之前，必须封闭交通，禁止一切车辆和行人通行。设专人负责早期养护，以免路面遭受破坏。

（2）如果交通封闭不严或原路面清理不彻底，造成局部病害时，应立即用稀浆进行修补，防止病害扩大。

3.2.4　接缝处理

稀浆封层的横向接缝应作成对接接缝，施工步骤为：

（1）用油毡将前一施工段末端1～3m覆盖，保证油毡末端与稀浆封层材料边缘平齐。

（2）摊铺车后退，使摊铺槽后缘落在油毡上。

（3）起动摊铺车开始摊铺。

（4）将油毡连同上面的稀浆封层混合料取走，倒入废料车中；清洗油毡，以备下次使用。

稀浆封层的纵向接缝应作成搭接接缝，为了保证接缝的平整，搭接宽度不宜过大，一般控制在30～70m较为合适。

4　质量标准

4.0.1　主控项目

施工前应对原材料进行检查，并有合格签证记录。对施工程序、工艺流程、检测手段进行检查。在施工过程中工程质量检查的内容、频率、标准，应符合有关规定。当检查结果达不到规定要求时，应追加检测数量，查找原因，并作出处理。质量控制标准见表4.0.1。

表4.0.1　稀浆封层施工质量控制标准

序号	项　目	单位	稀　浆　封　层	试 验 方 法
1	沥青乳液用量		符合设计	每天抽查3次
2	可拌和时间	s	>120	手工拌和
3	稠度	cm	2～3	T 0751
4	黏聚力试验 30min（初凝时间） 60min（开放交通时间）	 N·m N·m	（仅适用于快开放交通的稀浆封层） ≥1.2 ≥2.0	T 0754

序号	项　目	单位	稀浆封层	试验方法
5	负荷轮碾压试验(LWT) 粘附砂量	g/m²	(仅适用于重交通道路表层时) <450	T 0755
6	湿轮磨耗试验的磨耗值(WTAT) 浸水6d 浸水1h	g/m²	<800 <540	T 0752
7	油石比 集料用量 填料用量		符合设计用量±0.5% 符合设计用量 符合设计用量	每天抽查1次 每天抽查1次 每天抽查1次
8	施工气温	℃	不低于5	温度计,随时抽查
9	厚度 宽度 接缝 平整度 渗水试验		±2mm 不小于设计规定且不大于10cm 接缝平整 不大于4.5mm 不大于10ml/min	每车测定1次 每100m 1处 随时 每公里2处 每2000m² 1处

注:表中试验方法 T 0751、T 0752、T0754、T 0755 参见《公路工程沥青及沥青混合料试验规程》(JTJ 052—2000)(现更新为 JTG E20—2011)。

4.0.2 一般项目

(1)稀浆封层表面应平整、顺直、密实、坚固粗糙、无光滑现象,不得松散,无划痕、轮迹、裂缝和局部过多过少现象。

(2)纵向、横向接缝平顺紧密,颜色均匀一致。

(3)检查方法:全数检查观察。

5 质量记录

5.0.1 原材料进场后复检报告。

5.0.2 稀浆封层混合料配合比设计资料。

5.0.3 稀浆封层施工中温度记录以及分项工程评定质量实测记录。

6 冬、雨季施工措施

稀浆封层应保持原路面清洁干燥,在室外气温不低于10℃即可施工。严禁在雨天施工,施工中遇雨或者施工后混合料尚未成型就遇雨时,应在雨后将无法成型的材料铲除后重新摊铺。

7 安全、环保措施

7.1 安全措施

7.1.1 施工前应对将要施工的路段进行交通管制,一方面是为了保证施工人员和机具安全,另一方面也可以防止车辆驶入未成型的稀浆封层,对稀浆封层造成损坏。现场施工人员必须配备劳动保护用品,操作人员定期进行体检。

7.1.2 运输车辆进入施工现场应严格控制车速和安全行驶。

7.2　环境保护

稀浆封层混合料不得流到路面以外,弃料要收集装进废料车集中处理,保证道路清洁,防止污染建筑物及周边环境,做到文明施工。严格执行作业时间,尽量避免夜间施工,防止噪声扰民,应控制强噪声机械作业。

8　主要应用标准和规范

8.0.1　中华人民共和国行业标准《公路养护技术规范》(JTJ 073—96)

8.0.2　中华人民共和国行业标准《公路沥青路面施工技术规范》(JTG F40—2004)

8.0.3　中华人民共和国行业标准《公路工程质量检验评定标准(土建工程)》(JTG F80/1—2004)

8.0.4　中华人民共和国行业标准《公路工程沥青及沥青混合料试验规程》(JTG E20—2011)

8.0.5　交通部公路局《微表处和稀浆封层技术指南》(交公便字[2005]329号)

编、校:熊国辉　廖青龙

118　热拌沥青混合料面层

（Q/JZM - SZ118 - 2012）

1　适用范围

本施工工艺标准适用于各等级市政道路工程中的各结构类型的沥青混合料表面层、中、下面层的施工作业。其他公路、机场道路可参照使用。

2　施工准备

2.1　技术准备

2.1.1　熟悉图纸和相关规范、标准，编制施工组织设计，由项目技术负责人向班组长进行书面的技术交底和安全交底，施工前由班组长向操作工人进行技术交底和安全交底。

2.1.2　复核水准点，必须全线联测。施工放样应采用全站仪准确测出中桩位置，并依据中桩确定各结构层边线位置。

2.1.3　下面层施工前应全面检测基层竣工高程，根据实测资料适当调整下面层设计线，确保路面厚度和平整度，并将调整资料报监理工程师审批后实施。

2.2　材料准备

2.2.1　原材料：沥青、粗集料、细集料、矿粉等由持证材料员和试验员按规定进行检验，确保其质量符合相应标准。

2.2.2　已进行了配合比设计包括目标配合比设计、生产配合比设计以及生产配合比验证等三个阶段。

（1）目标配合比设计：用工程实际使用的材料，按《公路沥青路面施工技术规范》（JTG F40—2004）附录 B 的方法，确保矿料级配、最佳沥青用量符合配合比设计技术标准和配合比设计检验要求。以此作为目标配合比，作为拌和站的各冷料斗进料的比例及试拌使用。

（2）生产配合比设计：对间歇式拌和机必须从二次筛分后进入各热料仓的矿料取样进行筛分。计算确定各热料仓的配料比例，使矿质混合料的级配接近目标配合比，供拌和机控制室拌料使用；同时还应选择适宜的振动筛网尺寸和安装角度，尽量使各热料仓的供料大体平衡；并取目标配合比设计的最佳沥青用量 OAC、OAC ± 0.3%、OAC ± 0.6% 共 5 个沥青用量进行马歇尔试验和试拌，通过室内试验及从拌和机取样试验，综合确定生产配合比的最佳沥青用量，由此确定的最佳沥青用量与目标配合比设计结果的差值不宜大于 ± 0.2%；对连续式拌和机可省略生产配合比设计步骤。

（3）生产配合比验证（试拌、试铺）：拌和机按生产配合比的结果进行试拌，铺筑试验段，并取试铺用的沥青混合料进行马歇尔试验、沥青含量、筛分试验等。同时从路上钻取芯样观察空隙率的大小，由此确定生产用的标准配合比。标准配合比的矿料合成级配中，至少应包括 0.075mm、2.36mm、4.75mm 及公称最大粒径筛孔的通过率接近目标配合比级配值，并避免在 0.3 ~ 0.6mm 处出现"驼峰"。对确定的标准配合比，还应进行车辙试验和水稳定性检验。

2.3　施工机具与设备

2.3.1　施工机械：

（1）拌和设备：间歇式沥青混合料拌和站。

（2）运输设备：大吨位自卸汽车。

（3）摊铺设备：配备自动找平装置的摊铺机（有条件可配备沥青混合料转运车）。

（4）碾压设备：双钢轮振动压路机、轮胎压路机（吨位宜大）。

（5）其他设备：装载机、空压机、水车、加油车、发电机、切割机、平板载重车等。

2.3.2　现场测量检测仪器：全站仪、水准仪、3m 直尺、钻孔取芯机、钢卷尺、连续式平整度仪、红外线温度计等。

2.4　作业条件

2.4.1　沥青面层施工前，必须对下承层的质量进行检查验收，下承层的质量必须满足相应标准要求，并及时完成施工放样。

2.4.2　施工前对施工机具进行全面检查、调整，特别要求对拌和楼的计量装置进行计量标定，对摊铺机的自动找平装置、各项作业控制参数选择与调整；确保运输车的防尘防雨措施及保温措施落实，压路机喷雾防粘轮的措施有效。

2.4.3　要求拌和场地硬化处理，并具有良好的排水导流，各种规格的材料分开堆放（搭建的隔墙有效），不得混杂；细集料的防雨设施应可靠有效；矿粉宜罐装。

2.4.4　各种材料充足，开工前应至少备足 10d 施工用的材料，并在施工中陆续进料。

2.4.5　工地应备有防雨设施，并做好基层及路肩排水。

2.4.6　摊铺现场、沥青拌和站及气象台站之间，应具有效的通信联系手段。

3　操作工艺

3.1　工艺流程

下承层质量验收→测量放样→沥青混合料拌制→沥青混合料运输→沥青混合料摊铺→沥青混合料碾压→养护→成品检验、验收→开放交通。

3.2　操作方法

3.2.1　测量放样

依据设计资料，恢复中桩位置和结构层边线。下面层施工应采用钢丝引导的高程控制方法，每 5 米设一钢丝支架，施工前已准确布设。

3.2.2　混合料的拌制

（1）生产沥青混合料要避免对周围环境的污染。

（2）拌和场应具有完备的排水设施。各种集料必须分隔贮存，料场及场内道路应做硬化处理，严禁泥土污染集料。

（3）沥青拌和站的生产能力应与摊铺能力，以及工期、总工程量相匹配，冷料仓的数量满足配合比需要，通常不宜少于 5～6 个。中、下面层拌和应至少使用 5 个以上热料仓，上面层应至少使用 4 个以上热料仓。

（4）集料进场宜在料堆顶部平台卸料，经推土机推平后，铲运机从料堆底部竖直装料，减小集料离析。

（5）间歇式拌和机必须配备计算机设备，拌和过程中逐盘采集并打印各个传感器测定的材料用量和沥青混合料拌和量、拌和温度等各种参数。每个台班结束时打印出一个台班的统计量，进行沥青混合料生产质量及铺筑厚度的总量检验。总量检验的数据有异常波动时,应立即停止生产,分析原因。

(6)沥青混合料的拌和应严格按顺序投放,保证沥青结合料先于矿粉进入搅拌仓。

(7)沥青混合料的拌和时间由试拌确定,普通沥青混合料每盘拌和时间不宜少于45s(其中干拌时间不少于5~10s);改性沥青混合料每盘拌和时间宜为60s左右(其中干拌时间不少于10s),以使混合料拌和均匀,无花白料。

(8)在施工过程中,每工作日必须至少取样2次进行混合料检验。

(9)间歇式拌和机宜备有保温性能好的成品储料仓,储存过程中混合料温降不得大于10℃,且不能有沥青滴漏。普通沥青混合料的储存时间不得超过72h;改性沥青混合料的储存时间不宜超过24h。

(10)混合料拌和温度应符合相关标准要求[见《公路沥青路面施工技术规范》(JTG F 40—2004)表5.2.2-3],混合料不得在储料仓内过夜。

3.2.3 混合料的运输

(1)在运料车装料时,采用三次或多次卸料法,汽车应前后移动,分几堆装料,以减小混合料发生粗细集料的离析,即第1、2次卸料分别位于车厢两端,第3次卸料位于车厢中部。

(2)混合料宜采用大吨位自卸车运输,但不得超载。为防止沥青与车厢板粘结,车厢侧面板和底板可涂一薄层隔离剂,但严禁有余液积聚在车厢底部。隔离剂可以使用植物油等,严禁使用汽油、柴油等对沥青有腐蚀作用的隔离剂。

(3)每辆自卸车都应具有大小适宜的覆盖篷布,运输时覆盖在车顶上,并覆盖密实。卸料过程中继续覆盖直到卸料结束取走长篷布,以起到保温、防雨、防污染的作用。

(4)要采用大吨位的自卸车,数量应根据运距、拌和能力、摊铺能力及速度确定。一般情况下,摊铺机前等候卸料的运料车不少于5辆,对一套拌和性能良好的拌和楼,运输车不应少于20辆,以满足拌和设备及摊铺机连续作业为准;要尽量避免停机待料情况。

(5)运输沥青混合料车辆的车厢底板面及侧板必须清洁,不得沾有有机物质。对不符合温度要求或已经结成团块、已遭雨淋湿的混合料应做废弃处理。每车次应及时清理车厢内的残余料,保持车厢整洁。运料车进入摊铺现场时,轮胎上不得沾有泥土等可能污染路面的脏物,否则应设水池洗净轮胎后进入工程现场。

3.2.4 混合料的摊铺

(1)路面宽度单幅大于6.0m,且单台摊铺机摊铺效果不佳时,沥青中、下面层应采用双机联合作业,两幅搭接位置宜避开车道的轮迹带,前后两台摊铺机轨道重叠30~60mm。上下两层的搭接位置宜错开200mm以上(其中一台摊铺机可以自动调整宽度)。两台摊铺机前后的距离一般为10~20m,以确保混合料不发生离析,并确保纵向接缝是热接缝。纵向接缝应分别紧挨路面标线两侧。除非监理工程师及业主同意,上面层也应采用双机联合作业,纵向接缝应位于标线处。

(2)摊铺机开工前应调整到最佳工作状态,提前0.5~1h预热熨平板至不低于120℃。铺筑过程中应选择熨平板的振捣或夯锤压实装置具有适宜的振动频率和振幅,以提高路面的初始压实度;熨平板中宽连接应仔细调节至摊铺的混合料没有明显的离析痕迹。

(3)摊铺机铺筑下面层和调平层宜采用挂线法施工,中、上面层宜采用非接触平衡梁或浮动基准梁装置施工,但在桥头过渡段应采用挂线法施工。在路面狭窄部分、平曲线半径过小的匝道或加宽部分,以及小规模工程不能采用摊铺机铺筑时可用人工摊铺混合料。

(4)沥青路面不得在气温低于10℃的情况下施工。热拌沥青混合料的最低摊铺温度,应根据铺筑层厚度、气温、风速及下卧层表面温度等,按《公路沥青路面施工技术规范》(JTC F40—2004)5.2.2条执行,且不得低于规范5.6.6的要求。

(5)沥青混合料的摊铺速度应控制在2~6m/min为宜,以使其摊铺用料量和拌和机的产量相适应,同时为保证连续摊铺,摊铺机前至少应保证有5辆以上料车在等候卸料。

3.2.5 混合料的压实及成型

（1）沥青混凝土的压实层最大厚度不宜大于100mm。

（2）沥青路面施工应配备足够数量的压路机，选择合理的压路机组合方式。铺筑双车道沥青路面的压路机数量不宜少于5台。施工气温低、风大、碾压层薄时，压路机数量应适当增加，轮胎压路机轮胎外围宜加设围裙保温。

（3）压路机的碾压温度应符合《公路沥青路面施工技术规范》（JTG F40—2004）5.2.2条的要求，并根据混合料种类、压路机、气温、层厚等情况经试压确定。

（4）沥青混合料的压实应分初压、复压和终压：

①初压。初压应紧跟摊铺机后碾压，并保持较短的初压长度。宜采用钢轮压路机静压1~2遍。对摊铺后初始压实度较大，经实践证明采用振动压路机或轮胎压路机直接碾压无严重推移而有良好效果时，可免去初压，直接进入复压工序。

②复压。密级配沥青混凝土的复压宜优先采用2台25t以上重型的轮胎压路机进行搓揉碾压，碾压的总长度应不超过60~80m，压实遍数应达4~6遍，相邻碾压带应重叠1/3~1/2的碾压轮宽度。对粗集料为主的较大粒径的混合料，宜优先采用振动压路机复压。

③终压。终压应紧接在复压后进行，如经复压已无明显轮迹可免去终压。终压可选用双轮钢压路机在终压温度以上完成消迹碾压。

（5）碾压过程注意事项

①碾压过程中不得在碾压区内转向、调头、左右移动位置、中途停留、变速或突然刹车。

②碾压不到之处，用手扶振动压路机振压密实，消除碾压死角。

③在超高路段施工时，应先从低的一边开始碾压，逐步向高的一边碾压。

④碾压要做到"紧跟、慢压、高频、低幅"的方法。沥青路面成功与否碾压是关键，必须控制好碾压过程各工艺环节。

⑤路面温度低于50℃后方可开放交通。因改性沥青的特性，改性沥青路面一般施工3d以后才能开放交通。

⑥压实的关键是"高温、强振、紧跟碾压"。在桥梁上禁止振动碾压。摊铺机无法达到的位置可采用人工摊铺，但必须使用小型手推压路机压实。

⑦对初压、复压、终压段落应设置明显标志，便于驾驶员辨认。

⑧对松铺厚度、碾压顺序、压路机组合、碾压遍数、碾压速度及碾压温度应设专人管理和检查，做到既不漏压也不超压。

3.2.6 接缝处理

（1）上、下层的横向接缝应错位1m以上。各层横向接缝均应采用垂直的平接缝。每天摊铺混合料收工时用3m直尺在碾压好的端头处检查平整度，选择合格的横断面并画上直线，然后用切缝机切出立茬，将多余的料弃掉并清理干净。切割时留下的泥水必须冲洗干净，待干燥后涂刷黏层沥青。

（2）接缝处摊铺沥青混合料时，熨平板放到已碾压好的路面上，在路面和熨平板之间应垫钢板，其厚度为压实厚度与虚铺厚度之差。

（3）横向接缝施工前应涂刷粘层沥青并用熨平板预热。

（4）为了保证横向接缝处的平顺，摊铺后即用3m直尺检查平整度，去高补低，之后用双驱双振（不振动）压路机沿路横向碾压。碾压时压路机的滚筒大部分应在已铺好的路面上，仅有10~15cm的宽度压到新摊铺的混合料上，然后逐渐移动跨过横向接缝。

（5）摊铺机采用梯队作业的纵缝严禁产生冷接缝。对于特殊路段不可避免出现冷接缝时，冷接缝处理方案应报监理工程师批准。

3.2.7 养护

沥青路面必须待摊铺层完全自然冷却到表面温度低于50℃后，方可开放交通；同时做好沥青路面的保洁工作。

4　质量标准

4.0.1　主控项目

（1）沥青混合料面层压实度,对城市快速路、主干路不应小于96%;对次干路及以下道路不应小于95%。

检查数量:每1000m² 测1点。

检验方法:查试验记录(马歇尔击实试件密度,试验室标准密度)。

（2）面层厚度应符合设计规定,允许偏差为(-5～+10)mm。

检查数量:每1000m² 测1点。

检验方法:钻孔或刨挖,用钢尺量。

（3）弯沉值不应大于设计规定。

检查数量:每车道、每20m,测1点。

检查方法:弯沉仪检测。

4.0.2　一般项目

（1）沥青路面表面应平整、坚实,接缝紧密,无枯焦;不应有明显轮迹、推挤裂缝、脱落、烂边、油斑、掉渣等现象,不得污染其他构筑物。面层与路缘石、平石及其他构筑物应接顺,不得有积水现象。

检查数量:全数检查。

检验方法:观察。

（2）沥青混合料面层允许偏差应符合表4.0.2的规定。

表4.0.2　沥青混合料面层允许偏差

序号	项目			允许偏差	检验频率			检验方法
					范围	点数		
1	纵断面高程(mm)			±15	20m	1		用水准仪测量
2	中线偏位(mm)			≤20	100m	1		用经纬仪测量
3	平整度(mm)	标准差σ值	快速路、主干路	≤1.5	100m	路宽(m)	<9	1	用测平仪检测
			次干路、支路	≤2.4			9～15	2	
							>15	3	
		最大间隙	次干路、支路	≤5	20m	路宽(m)	<9	1	用3m直尺和塞尺连续量两尺,取较大值
							9～15	2	
							>15	3	
4	宽度			不小于设计要求+B	40m	1		用钢尺量
5	横坡			±0.3%且不反坡	20m	路宽(m)	<9	2	用水准仪测量
							9～15	4	
							>15	6	
6	井框与路面高差(mm)			≤5	每座	1		十字法,用直尺、塞尺量取最大值
7	抗滑	摩擦系数		符合设计要求	200m	全线连续		摆式仪
								横向力系数车
		构造深度		符合设计要求	200m	1		砂铺法
								激光构造深度仪

注:①测平仪为全线每车道连续检测每100m计算标准差σ;无测平仪时可采用3m直尺检测;表中检验频率点数为测线数。

　②平整度、抗滑性能也可采用自动检测设备进行检测。

③底基层表面、下面层应按设计规定用量喷洒透层油、黏层油。

④中面层、底面层仅进行中线偏位、平整度、宽度、横坡的检测。

⑤改性沥青混凝土路面可采用此表进行检验。

⑥十字法检查井框与路面高差,每座检查井均应检查:十字法检查中,以平行于道路中线,并通过检查井盖中心的直线做基线,另一条线与基线垂直,构成检查用十字线。

5　质量记录

5.0.1　测量复核记录。

5.0.2　热拌沥青混合料进场、摊铺测温记录。

5.0.3　碾压热拌沥青混合料测温记录。

5.0.4　热拌沥青混合料压实度试验报告(蜡封法)。

5.0.5　热拌沥青混合料路面厚度检验记录。

5.0.6　路面弯沉值检验记录。

5.0.7　路面平整度检查记录。

5.0.8　路面粗糙度检查记录。

5.0.9　分项质量评定表。

6　冬、雨季施工措施

6.1　冬季施工

6.1.1　快速路、主干路热拌沥青混合料摊铺施工环境温度不宜低于10℃。

6.1.2　外界环境温度较低时,运输热拌沥青混合料的运输车应采取保温措施,各运输车辆须备有较厚且大的苫布,苫布须完好无损并包裹至侧、后厢板,其车厢内侧要覆盖岩棉被,两侧及后侧厢板须加装完好、有效的保温材料。

6.1.3　热拌沥青混合料摊铺时,下承层表面应干燥、清洁,无冰、雪、霜等。环境温度较低时,应准备好挡风、加热、保温工具和设备等。

6.1.4　外界环境温度较低时,施工现场应配备足够的压路机进行碾压。压路机振动碾压时由常温时的低频高压改为高频低压,保证路面压实度符合要求。

6.2　雨季施工

6.2.1　注意气象预报,加强工地现场、沥青拌和站及气象台站之间的联系,控制施工长度,各项工序紧密衔接。

6.2.2　运料车和工地应备有防雨设施,并做好基层及路肩排水。降雨或下承层潮湿时,不得铺筑热拌沥青混合料。

6.2.3　未压实成型即遭雨淋的热拌沥青混合料,应全部刨除更换新料。遭受雨淋的混合料应废弃,不得卸入摊铺机摊铺。

7　安全、环保措施

7.1　安全措施

7.1.1　项目部应成立安全领导小组,并设专职安全员。

7.1.2　拌和场内沥青罐、油罐等处应设置"小心烫伤"、"禁止烟火"的明显标志,同时配备齐全的灭火设施;出料口应设置"小心坠落"的明显标志。拌和场内机械、车辆的运行应由专人指挥。

7.1.3 施工现场应设立安全警示牌,路口处、车辆转弯处标牌正确、醒目。

7.1.4 现场施工人员应穿戴防范烫伤的皮鞋、手套等。

7.1.5 施工便道确保平整、畅通。

7.1.6 所有操作手均应培训合格,持证上岗。

7.1.7 夏季应有高温防暑措施。

7.2 环境保护

7.2.1 道路施工堆料场、拌和站应设在空旷地区。相距 200m 范围内,不应有集中的居民区、学校等。

7.2.2 沥青路面施工时,应将沥青混凝土拌和站设在居民区、学校等环境敏感点以外的下风向处,既方便生产,又须符合卫生要求(卫生防护距离分级中,规定的防护距离为 300m),不采用开敞式、半封闭式沥青加热工艺。

7.2.3 施工便道要定时洒水降尘,粉状材料要遮盖运输。

7.2.4 当施工路段距住宅区距离小于 150m 时,为保证居民夜间休息,在规定时间内禁止施工。

7.2.5 主动与施工路段附近的学校和单位协商,对施工时间进行调整或采取其他措施,尽量减小施工噪声对教学和工作的干扰。

7.2.6 注意机械保养,使机械保持在最低声级水平;安排工人轮流进行机械操作,减少接触高噪声的时间;对在声源附近工作时间较长的工人,发放防声耳塞、头盔等,让工人进行自身保护。

8 主要应用标准和规范

8.0.1 中华人民共和国行业标准《公路沥青路面施工技术规范》(JTG F40—2004)

8.0.2 中华人民共和国行业标准《公路工程集料试验规程》(JTG E42—2005)

8.0.3 中华人民共和国行业标准《公路工程沥青及沥青混合料试验规程》(JTG E20—2011)

8.0.4 中华人民共和国行业标准《城镇道路工程施工与质量验收规范》(CJJ 1—2008)

8.0.5 中华人民共和国国家标准《环境空气质量标准》(GB 3095—2012)

编、校:邓东林 张明锋

119　热拌 SMA 沥青混合料面层

（Q/JZM – SZ119 – 2012）

1　适用范围

本施工工艺标准适用于市政道路工程中采用 SMA 混合料铺筑的沥青混凝土面层；新建、改建的其他道路及大跨径钢桥桥面的铺装层可参照使用。

2　施工准备

2.1　技术准备

2.1.1　复核水准点，必须全线联测。施工放样，应采用全站仪准确放出中桩位置，并依据中桩确定各结构层边线位置。

2.1.2　熟悉设计文件和相关规范、标准，编制实施性施工组织设计和 SMA 沥青路面单项施工技术方案，由项目技术负责人向班组长进行书面的一级技术交底和安全交底，施工前由班组长向操作工人进行二级技术交底和安全交底。

2.2　材料准备

2.2.1　原材料：沥青、粗集料、细集料、矿粉、抗剥落剂、纤维稳定剂等由持证材料员和试验员按规定进行检验，确保其质量符合相应标准。

2.2.2　已进行了配合比设计包括目标配合比设计、生产配合比设计以及生产配合比验证等三个阶段。三个阶段配合比设计的要求如下：

（1）目标配合比设计：是根据工程实际使用的材料和设计级配要求，见《公路沥青路面施工技术规范》（JTG F40—2004）表 5.3.2-3)，计算出材料配比，在室内拌制沥青混合料，用马歇尔击实仪成型混合料试件，其试验指标必须满足设计要求，见《公路沥青路面施工技术规范》（JTG F40—2004）表 5.3.3-3)，从而确定矿料的比例和最佳沥青用量。SMA 混合料设计方法详见《公路沥青路面施工技术规范》（JTG F40—2004）附录 C。

（2）生产配合比设计：是将二次筛分后进入热料仓的材料取出筛分，按照目标配合比设计的级配确定各热料仓的材料比例，并以目标配合比设计的最佳沥青用量及最佳沥青用量的 ±0.3% 等三个沥青用量进行马歇尔试验，按目标配合比设计方法，选定适宜的最佳油石比。

（3）生产配合比验证（试拌、试铺）：作为正常生产质量控制的基础，用生产配合比在生产拌和机上进行试拌，经检验 SMA 混合料技术性能符合规定后铺筑试铺段。取试铺的 SMA 混合料进行体积参数分析、马歇尔检验和沥青含量、筛分试验检验等，由此确定正式生产用的标准配合比。

2.3　施工机具与设备

2.3.1　主要施工机械

（1）拌和设备：间歇式沥青混合料拌和站。

（2）运输设备：大吨位自卸汽车。

（3）摊铺设备：配备自动找平装置的摊铺机（有条件可配备沥青混合料转运车）。

（4）碾压设备：双钢轮振动压路机。

（5）其他设备：装载机、空压机、水车、加油车、发电机、切割机、平板载重车等。

2.3.2　现场测量检测仪器：全站仪、水准仪、3m 直尺、钻孔取芯机、钢卷尺、连续式平整度仪、红外线温度计等。

2.4　作业条件

2.4.1　沥青面层施工前，必须对下承层的质量进行检查验收。下承层的质量必须满足相应标准要求，并及时完成施工放样。

2.4.2　施工前对施工机具进行全面检查、调整，特别要求对拌和楼的计量装置进行计量标定，摊铺机的自动找平装置、各项作业控制参数选择与调整；确保运输车的防尘防雨措施及保温措施落实；压路机喷雾防粘轮的措施有效。

2.4.3　要求拌和场地硬化处理，各种规格的材料分开堆放（搭建的隔墙有效），不得混杂；细集料的防雨设施应可靠有效；矿粉宜罐装。

2.4.4　各种材料充足，开工前应至少备足 10d 施工用的材料，并在施工中陆续进料。

2.4.5　工地应备有防雨设施，并做好基层及路肩排水。

2.4.6　摊铺现场、沥青拌和站及气象台站之间，应具有效的通信联系手段。

3　操作工艺

3.1　工艺流程

测量放样→沥青混合料拌制→沥青混合料运输→沥青混合料摊铺→沥青混合料碾压→养护→成品检验、验收→开放交通。

3.2　操作方法

3.2.1　测量放样

依据设计资料，恢复中桩位置和结构层边线，标示出摊铺层设计高程。

3.2.2　沥青混合料拌制

（1）严格按照目标配合比和生产配合比拌制沥青混合料，混合料级配、沥青用量、外掺材料剂量等必须符合设计要求。

（2）沥青混合料应在沥青拌和站采用拌和机拌制，各种集料应分隔堆放，不得混杂。集料（尤其是细集料）、矿粉、纤维稳定剂等不得受潮，须设置防雨顶棚储存。

（3）沥青混合料应采用间歇式拌和机拌和，拌和机应有良好的除尘设备，并有检测拌和温度的装置和自动打印装置。

（4）沥青混合料拌和时间以混合料拌和均匀、所有矿料颗粒全部裹覆沥青胶结料为度，外观应均匀一致，无花白料、无结团或严重的粗细料分离现象。

（5）SMA 混合料拌和温度应比一般混合料拌和温度提高 10～20℃，且应符合相关标准要求〔见《公路沥青路面施工技术规范》（JTG F40—2004）表 5.2.2-3〕，混合料不得在储料仓内过夜。

3.2.3　沥青混合料运输

（1）混合料宜采用大吨位自卸车运输，但不得超载。为防止沥青与车厢板粘结，车厢侧面板和底板可涂一薄层隔离剂，但严禁有余液积聚在车厢底部。隔离剂可以使用植物油等，严禁使用汽油、柴油等对沥青有腐蚀作用的隔离剂。

（2）运输时宜采取加盖棉被或苫布等切实可行的保温措施。每车到达现场后必须测量混合料温度,低于摊铺温度时,混合料作废弃处理。

（3）为了保证连续摊铺,开始摊铺时,现场待卸车辆不得少于 5 辆。

（4）在卸料时,运输车在摊铺机前 10~30cm 处停住,空挡等候,由摊铺机推动前进开始缓缓卸料,避免撞击摊铺机。运料车每次卸料必须倒净,如有剩余及时清除,防止硬结。

3.2.4　沥青混合料摊铺

（1）摊铺前必须将工作面清扫干净,且工作面必须保持干燥。

（2）混合料应采用配备有自动找平装置的摊铺机进行摊铺,同时应具有振动熨平板或振动夯锤等初步压实装置。摊铺机提前 0.5~1h 预热熨平板至不低于 100℃。摊铺机必须调整到最佳状态,铺面要求均匀一致,防止出现离析现象。上面层宜采用非接触式平衡梁控制摊铺厚度。

（3）摊铺机的摊铺速度应调节至与供料、压实速度相平衡,保证连续不断地均衡摊铺,中间不得停顿。摊铺速度一般为 3~4m/min,SMA 混合料宜放慢到 1~3m/min,因此对摊铺机驾驶员的操作技术要求高。

（4）SMA 混合料的摊铺温度必须符合相关标准要求,见《公路沥青路面施工技术规范》（JTG F40—2004）表 5.2.2-3 和表 5.6.6。

（5）松铺系数应根据试铺路段确定,摊铺过程中必须随时检查摊铺层厚度及路拱、横坡。达不到要求时,立刻进行调整。松铺系数要比普通热拌沥青混合料小得多,用 ABG 摊铺机摊铺时,松铺系数小于 1.05。

（6）沥青面层的摊铺宜采用两台摊铺机梯队作业。一台摊铺机的铺筑宽度不宜超过 6（双车道）~7.5m（三车道以上）,两台摊铺机前后错开 10~20m,呈梯队方式同步摊铺。

3.2.5　沥青混合料碾压

（1）沥青混合料的碾压按初压、复压、终压 3 个阶段进行,初压、复压宜用钢轮振动压路机碾压,碾压应遵循"紧跟、慢压、高频、低幅"的原则进行。碾压段的长度控制在 20~30m 为宜,SMA 路面严禁使用轮胎压路机。压路机的碾压遍数及组合方式依据试铺段确定。一般初压为 1~2 遍;复压用钢轮静压 3~4 遍,或振动碾压 2~3 遍;终压 1 遍。

（2）在初压和复压过程中,宜采用同类压路机并列成梯队压实,不宜采用首尾相接的纵列方式。采用振动压路机压实 SMA 路面时,压路机轮迹的重叠宽度不应超过 20cm,当采用静载压路机时,压路机的轮迹应重叠 1/4~1/3 碾压宽度。不得向压路机轮表面喷涂油类或油水混合液,需要时可喷涂清水或皂水。

（3）压路机应以均匀速度碾压。压路机适宜的碾压速度随初压、复压、终压及压路机的类型而不同,可参照《公路沥青路面施工技术规范》（JTG F40—2004）表 5.7.4。

（4）SMA 路面摊铺后应紧跟碾压,由专人负责指挥协调各台压路机的碾压路线和碾压遍数,使摊铺面在较短时间内达到规定压实度。压路机折返应呈梯形,不应在同一断面上。碾压温度必须符合相关标准要求〔见《公路沥青路面施工技术规范》（JTG F40—2004）表 5.2.2-3〕,不得将集料颗粒压碎。

（5）对松铺厚度、碾压顺序、碾压遍数、碾压速度及碾压温度应设专人检查。SMA 路面应严格控制碾压遍数,在压实度达到马歇尔密度的 98% 以上,或者路面现场空隙率不大于 6% 后,不再作过度碾压。如碾压过程中发现有沥青马蹄脂上浮或石料压碎、棱角明显磨损等过度碾压的现象时,碾压应立即停止。

4　质量标准

4.0.1　主控项目

（1）沥青混合料面层压实度,对城市快速路、主干路不应小于 96%;对次干路及以下道路不应小于 95%。

检查数量:每1000m² 测1点。

检验方法:查试验记录(马歇尔击实试件密度,试验室标准密度)。

(2)面层厚度应符合设计规定,允许偏差为(-5~+10)mm。

检查数量:每1000m² 测1点。

检验方法:钻孔或刨挖,用钢尺量。

(3)弯沉值不应大于设计规定。

检查数量:每车道、每20m,测1点。

检查方法:弯沉仪检测。

4.0.2 一般项目

(1)SMA路面表面应平整、坚实,接缝紧密,无枯焦;不应有明显轮迹、推挤裂缝、脱落、烂边、油斑、掉渣等现象,不得污染其他构筑物。面层与路缘石、平石及其他构筑物应接顺,不得有积水现象。

检查数量:全数检查。

检验方法:观察。

(2)SMA沥青混合料面层允许偏差应符合表4.0.2的规定。

表4.0.2 SMA沥青混合料面层允许偏差

序 号	项 目		允 许 偏 差	检 验 频 率			检 验 方 法
				范围	点数		
1	纵断面高程(mm)		±15	20m	1		用水准仪测量
2	中线偏位(mm)		≤20	100m	1		用经纬仪测量
3	平整度(mm)	标准差σ值	快速路、主干路 ≤1.5	100m	路宽(m)	<9	1	用测平仪检测
			次干路、支路 ≤2.4			9~15	2	
						>15	3	
		最大间隙	次干路、支路 ≤5	20m	路宽(m)	<9	1	用3m直尺和塞尺连续量两尺,取较大值
						9~15	2	
						>15	3	
4	宽度		不小于设计要求+B	40m	1		用钢尺量
5	横坡		±0.3%且不反坡	20m	路宽(m)	<9	2	用水准仪测量
						9~15	4	
						>15	6	
6	井框与路面高差(mm)		≤5	每座	1		十字法,用直尺、塞尺量取最大值
7	抗滑	摩擦系数	符合设计要求	200m	1		摆式仪
				全线连续			横向力系数车
		构造深度	符合设计要求	200m	1		砂铺法
							激光构造深度仪

注:①测平仪为全线每车道连续检测每100m计算标准差σ;无测平仪时可采用3m直尺检测;表中检验频率点数为测线数。
②平整度、抗滑性能也可采用自动检测设备进行检测。
③底基层表面、下面层应按设计规定用量喷洒透层油、黏层油。
④十字法检查井框与路面高差,每座检查井均应检查:十字法检查中,以平行于道路中线,并通过检查井盖中心的直线做基线,另一条线与基线垂直,构成检查用十字线。

5 质量记录

5.0.1 测量复核记录。

5.0.2 热拌沥青混合料进场、摊铺测温记录。

5.0.3 碾压热拌沥青混合料测温记录。

5.0.4 热拌沥青混合料压实度试验报告(蜡封法)。

5.0.5 热拌沥青混合料路面厚度检验记录。

5.0.6 路面弯沉值检验记录。

5.0.7 路面平整度检查记录。

5.0.8 路面粗糙度检查记录。

5.0.9 分项质量评定表。

6　冬、雨季施工措施

6.1　冬季施工

6.1.1 快速路、主干路热拌 SMA 沥青混合料摊铺施工环境温度不宜低于10℃。

6.1.2 外界环境温度较低时,运输热拌 SMA 沥青混合料的运输车应采取保温措施,各运输车辆须备有较厚且大的苫布,苫布须完好无损并包裹至侧、后厢板,其车厢内侧要覆盖岩棉被,两侧及后侧厢板须加装完好、有效的保温材料。

6.1.3 热拌 SMA 沥青混合料摊铺时,下承层表面应干燥、清洁,无冰、雪、霜等。环境温度较低时,应准备好挡风、加热、保温工具和设备等。

6.1.4 外界环境温度较低时,施工现场应配备足够的压路机进行碾压。压路机振动碾压时由常温时的低频高压改为高频低压,保证路面压实度符合要求。

6.2　雨季施工

6.2.1 注意气象预报,加强工地现场、沥青拌和站及气象台站之间的联系,控制施工长度,各项工序紧密衔接。

6.2.2 运料车和工地应备有防雨设施,并做好基层及路肩排水。降雨或下承层潮湿时,不得铺筑热拌 SMA 沥青混合料。

6.2.3 未压实成型即遭雨淋的热拌 SMA 沥青混合料,应全部刨除更换新料。

7　安全、环保措施

7.1　安全措施

7.1.1 项目部应成立安全领导小组,并设专职安全员。

7.1.2 拌和场内沥青罐、油罐等处应设置"小心烫伤"、"禁止烟火"的明显标志,同时配备齐全的灭火设施;出料口应设置"小心坠落"的明显标志。拌和场内机械、车辆的运行应由专人指挥。

7.1.3 施工现场应设立安全警示牌,路口处、车辆转弯处标牌正确、醒目。

7.1.4 现场施工人员应穿戴防范烫伤的皮鞋、手套等。

7.1.5 施工便道确保平整、畅通。

7.2　环境保护

7.2.1 道路施工堆料场、拌和站应设在空旷地区。相距200m 范围内,不应有集中的居民区、学校等。

7.2.2 沥青路面施工时,应将沥青混凝土拌和站设在居民区、学校等环境敏感点以外的下风向处,既方便生产,又须符合卫生要求(卫生防护距离分级中,规定的防护距离为300m),不采用开敞式、半封闭式沥青加热工艺。

7.2.3　施工便道要定时洒水降尘,运输粉状材料要加以遮盖。

7.2.4　当施工路段距住宅区距离小于 150m 时,为保证居民夜间休息,在规定时间内禁止施工。

7.2.5　主动与施工路段附近的学校和单位协商,对施工时间进行调整或采取其他措施,尽量减小施工噪声对教学和工作的干扰。

7.2.6　注意机械保养,使机械保持在最低声级水平;安排工人轮流进行机械操作,减少接触高噪声的时间;对在声源附近工作时间较长的工人,发放防声耳塞、头盔等,对工人进行自身保护。

8　主要应用标准和规范

8.0.1　中华人民共和国行业标准《公路沥青路面施工技术规范》(JTG F40—2004)

8.0.2　中华人民共和国行业标准《公路工程集料试验规程》(JTG E42—2005)

8.0.3　中华人民共和国行业标准《公路工程沥青及沥青混合料试验规程》(JTG E20—2011)

8.0.4　中华人民共和国行业标准《城镇道路工程施工与质量验收规范》(CJJ 1—2008)

8.0.5　中华人民共和国国家标准《环境空气质量标准》(GB 3095—2012)

编、校:刘中存　张明锋

120 水泥混凝土面层

（Q/JZM－SZ120－2012）

1 适用范围

本施工工艺标准适用于市政道路工程中采用自拌或商品混凝土和三辊轴机组摊铺水泥混凝土路面施工作业,其他道路可以参照使用。

2 施工准备

2.1 技术准备

2.1.1 开工前由设计单位设计项目负责人向施工及监理单位进行设计图纸及技术交底。

2.1.2 施工项目经理部组织技术人员审读图纸、设计文件和熟悉施工技术规范;编制详细的路面施工组织设计。开工前应人员培训与施工技术交底:对施工技术人员进行技术交底,对操作工人班组进行技术、安全、环保交底。

2.1.3 校核平面及高程控制桩,恢复路线中桩及边桩,桩间距为直线段10m,缓和曲线和圆曲线段5m。

2.2 材料准备

2.2.1 原材料:水泥、碎石、砂、外加剂、钢筋等主要材料有足够的储存,并能保证连续供应,所有原材料按规定进行了检验,确保原材料质量符合相应标准。

2.2.2 施工配合比的确定:经过试验确定且经监理工程师批准的设计配合比,要满足混凝土抗弯拉强度、工作性、耐久性和经济性的要求。

2.2.3 路面摊铺前,应进行不少于200m长的试验铺筑段,以便检验机械性能、机械配套组合、施工工艺、施工工艺参数、路面的成型质量控制、生产时拌和站与摊铺现场之间的协调能力等能否达到路面质量要求,否则加以调整。

2.3 施工机具与设备

2.3.1 施工机械设备:强制式混凝土搅拌楼、装载机、自卸卡车、三辊轴整平机、排式振捣器、拉杆插入机、刮尺、发电机、钢筋锯断机、折弯机、电焊机、钢模、锯缝机、洒水车等。

2.3.2 测量检测仪器:水准仪、经纬仪、全站仪、3m直尺、路面构造深度仪等。

2.4 作业条件

2.4.1 工、料、机已按施工组织设计要求全部就绪,人员全部进行了技术、安全施工交底。

2.4.2 试验路段各种检测数据指标合格,监理工程师同意施工。

2.4.3 基层已经检验并办理了中期交工,基层缺陷已进行修补,测量放样数据正确。

3 操作工艺

3.1 工艺流程

基层验收→测量放样及模板安装→混凝土拌和(或商品混凝土)→混凝土运输→卸料及布料→密

集排振→拉杆安装→人工补料→三辊轴整平→精平饰面→拉毛(压纹)→切缝→养生→拆模→硬刻槽→灌缝→成品检测及交工验收。

3.2　操作方法

3.2.1　测量放样

支立模板前在基层上进行模板安装及摊铺位置的测量放样,每10m布设中桩和边桩;每100m布设临时水准点;核对路面高程、面板分块、胀缝和构造物位置。测量放样的质量要求和允许偏差符合相应测量规范的规定,并不能超出规范对模板安装精确度的规定。

3.2.2　模板安装

(1)模板的要求:模板采用刚度足够的槽钢制成;模板的高度应为面板设计厚度;长度以两人能够搬动为准,一般为3~5m,在小半径弯道可使用小于3m的模板;模板的加工精度要满足规范要求;模板侧面按设计要求预留拉杆孔;模板数量不少于3d的摊铺长度需要。

(2)模板的安装:模板安装的平面位置和高度通过拉线绳进行控制;模板垂直度通过垫木楔方法调整;底部的空隙用砂浆封堵;模板之间采用螺栓连接,模板的固定采用背部焊接钢筋固定支架,支架间距在1m以内,用钢钎固定;模板内侧与混凝土接触表面涂脱模剂。模板安装稳固、顺直、平整、无扭曲,相邻模板连接紧密平顺,模板底部不得有漏浆、前后错茬、高低错台等现象。模板能承受摊铺、振捣、整平等设备的冲击和振动而不变形、不位移。

(3)模板的安装精度:模板安装完毕后,对平面位置、高程、宽度、顶面平整度等进行检查,检查结果满足规范要求,特别要检查板厚是否满足要求,如果偏厚一点可以直接铺筑;如若略薄,则按1/500纵坡调整来保证面层厚度要求;如偏差过大,则先处理基层,确保面层厚度。严禁采用挖槽来调整和安装模板。

3.2.3　混凝土拌和(自拌)

(1)拌和楼的设备和容量要满足三辊轴摊铺机连续作业的需要,一般对于城镇主干道路面施工单车道要求达到50m³/h,双车道要求达到100m³/h以上。

(2)拌和楼需经过标定,并配备和采用有计算机自动称料及砂含水率自动反馈控制系统的拌和楼进行生产,每天打印出混凝土配料的统计数据和误差。如发现配料误差大于精度要求,应分析原因,排除故障,保证拌和精度。

(3)最短拌和时间:根据拌和物的黏聚性、均匀性及强度稳定性由试拌确定最短拌和时间。

(4)外加剂以溶液掺加:溶液于施工前1d配制好,施工中连续不断地拌和均匀,并每隔一段时间清除池底沉淀。

(5)拌和质量检验和控制:按规范要求检验混凝土的各项指标,预留抗弯拉强度和抗压强度试件,控制混凝土出厂温度在10~35℃之间。混凝土拌和物应均匀一致,每盘料之间的坍落度允许误差为10mm。

3.2.4　混凝土运输

(1)车辆选择:通常选用10~15t的自卸汽车或混凝土搅拌运输车,根据施工进度、运量、运距及路况,确定车型及车辆总数。

(2)运输时间:保证混凝土运到现场适宜摊铺,并宜短于拌和物的初凝时间1h,同时也短于摊铺允许最长时间0.5h。

(3)运输技术要求:运送混凝土的车辆,在装卸料时应防止混凝土离析。驾驶员要了解混凝土的运输、摊铺、振实、成型完成的允许最长时间。运输过程中要防止漏浆、漏料,避免污染路面;为避免水分散失应遮盖混合物表面。装车前,要冲洗干净车厢并洒水湿润,但不允许积水。自卸汽车运输的公路路面施工最大距离为20km,超过时要采用混凝土搅拌运输车。市政道路路面施工不论距离远近都应采用混凝土搅拌运输车运输,减少对市容市貌的污染。

3.2.5 卸料及布料

（1）布料前应将其清扫干净，并洒水润湿。

（2）必须有专人指挥车辆均匀卸料；在摊铺宽度范围内，宜分多堆卸料。可用人工进行布料，在有条件情况下可配备小型号的装载机或挖掘机布料。采用人工布料时，尽量防止布料整平过的混凝土表面留下踩踏的脚印，还要防止将泥土踩踏入路面中。布料速度与摊铺速度相适应，并不宜低于 30～40m/h。

（3）布料的松铺系数根据混凝土拌和物的坍落度和路面横坡大小确定，一般在 1.08～1.25 之间。坍落度大时，取低值；坍落度小时，取高值。超高路段，横坡高的一侧，取高值；横坡低的一侧，取低值。布料后混合料表面大致平整，不得有明显的凹陷。

3.2.6 密排振实

（1）混合物布料长度大于 10m 时，即可开始振捣作业。

（2）振捣作业采用插入密排振捣棒组时，间歇插入振捣，每次移动距离不宜超过振捣棒有效作用半径的 1.5 倍，并不得大于 0.5m，振捣时间宜为 15～30s。

（3）采用排式振捣机连续施行振捣时，作业速度宜控制在 4m/min 以内，振捣速度匀速缓慢，振捣连续不间断地进行；其作业速度以拌和物表面不露粗集料、液化表面不再冒气泡、并泛出水泥浆为准。

3.2.7 拉杆安装

（1）面板振实后，立即安装纵缝拉杆。

（2）单车道摊铺的混凝土路面，在侧模预留孔中按设计要求插入拉杆。

（3）一次摊铺双车道路面时，除在侧模孔中插入拉杆外，在中间纵缝部位，使用拉杆插入机在纵缝处插入拉杆，插入机每次移动的距离与拉杆间距相同。

3.2.8 人工补料

在三辊轴滚压前，振实料位高度宜高于模板顶面 5～20mm。在滚压后进行观察，当混凝土表面过高时人工铲除，过低时用混合料补平。应使表面大致平整，无踩踏和混合料分层离析现象，严禁使用水泥浆找平。

3.2.9 三辊轴整平

（1）作业单元划分：三辊轴整平机按作业单元分段整平，作业单元长度宜为 20～30m，振捣机振实与三辊轴整平两道工序之间的时间间隔不宜超过 15min。

（2）滚压方式与遍数：在一个作业单元长度内，采用前进振动、后退滚压的方式作业，宜分别进行 2～3 遍。滚压遍数与料位高差、坍落度、整平机的重量和振捣烈度有关，主要依靠经验和经过试铺确定。

（3）料位的高、低控制：在作业时，要有人处理三辊轴前料位的高、低情况。过高时，人工铲除；三辊轴下有间隙时，应使用混合料补足。

（4）静滚整平：滚压完成后，将振动辊轴抬离模板，用整平轴前后静滚整平，直到平整度符合要求、表面砂浆厚度均匀为止，静滚遍数一般为 4～8 遍。

（5）表面砂浆控制：表面砂浆厚度宜控制在 (4±1)mm，被振动轴提起向前推移的水泥砂浆，逐渐变稀浆，要人工刮除丢弃。刮除的砂浆不能再用于路面内；上一作业单元的水泥砂浆不得向下一个作业单元推赶。

3.2.10 精平饰面

（1）整平饰面：三辊轴摊铺的整平施工宜在混凝土初凝时间的 1/3 以内完成，并立即用刮尺进行第一遍饰面，一般在 25～30 温度小时进行，过迟时均匀效果较差。在推拉过程中，调整好刮尺底面与路面的接触角度，刮尺底面前缘离开路面。用长 3～5m 的饰面刮尺，纵向摆放，从路面以外，沿横坡方向，由板的一边向另一边拉刮，使表面砂浆沿横向也均匀。第一遍用刮尺整平饰面，应在整平轴静滚整平后尽快进行，推拉刮尺的速度应均匀；刮尺在推拉方向的前缘离开浆面，使刮出的浆被刮尺始终压住，刮尺推拉方向与浆面保持一定的角度。

（2）精平饰面：第一遍刮尺饰面后留下的浆条，必须进行第二遍刮尺饰面。第二遍或最后一遍刮尺饰面以不留下明显的浆条为宜，宜在混凝土初凝时间的1/2以前（一般为40~60温度小时）完成。

3.2.11　拉毛

摊铺完毕或精整平表面后，使用钢支架拖挂1~3层叠合麻布、帆布或棉布，洒水湿润后作拉毛处理。布片接触路面的长度以0.7~1.5m为宜，细度模数偏大的粗砂，拖行长度取小值；砂较细，取大值。人工修整表面时，使用木抹。用钢抹修整过的光面，必须再拉毛处理，以恢复抗滑构造。

3.2.12　切缝施工

横向缩缝、纵向缩缝、施工缝上部的槽口均采用切缝法施工。锯缝要及时，不能过早也不能过晚。要根据水泥的凝结时间、外加剂类型和气候条件等因素通过实践来确定合适的锯缝时间。首次摊铺的锯缝时间可根据施工温度与施工后时间的乘积为250（温度小时）或混凝土抗压强度达到5.0~10.0MPa来大致掌握；横向缩缝最长不能超过24h，纵向缩缝不能超过48h。切缝宽度为3~8mm，深度为1/5~1/4板厚。横向缩缝间距按设计要求为5m，要求与中线垂直。若一次摊铺过长，每隔10~20m跳切，之后再按5m切，以减少断板率。纵缝切缝尺寸与横缝相同，要求与路线平行，且线形顺直、圆滑。切缝完成后，立即用高压水枪将残余砂浆冲洗干净。

3.2.13　面板养生

（1）养生方式选择：混凝土路面铺筑完成，如是采用软拉抗滑构造，制作完毕后立即进行养生。三辊轴摊铺水泥混凝土路面宜采用喷洒养生剂加覆盖的方式养生；在雨季或养生用水充足的情况下，也可覆盖保湿膜、土工布、麻袋等洒水湿养生方式。

（2）养生剂养生：养生剂喷洒应均匀，成膜厚度足以形成完全封闭水分的薄膜，表面颜色一致。喷洒时间为表面混凝土泌水完毕后进行。一般养生天数为14~21d，养生期内严禁开放交通。

（3）覆盖养生：使用保湿膜、土工布、麻袋等覆盖物洒水保湿养生，应及时洒水，保持混凝土表面始终处于潮湿状态。昼夜温差大于10℃以上地区或日平均温度小于等于5℃施工的混凝土路面，应采取保湿保温养生措施。

3.2.14　模板的拆除

当混凝土抗压强度不小于8.0MPa时方可拆模；拆模时不允许采用大锤强击拆模，可使用专用的工具，不能损坏板边、板角和传力杆、拉杆周围的混凝土，同时不能损坏模板；拆下的模板及时清除砂浆等物，并矫正变形和修护局部损坏。

3.2.15　硬刻槽施工

硬刻槽使用硬刻槽机，宜在摊铺后约72h，混凝土不掉边、不掉角的情况下开始，半个月内完成。考虑到路面需要保养，故一般选在保养7~11d后开始刻槽。槽宽4~6mm，槽深3~5mm，采用变间距刻槽，间距1.6~2.4cm。刻槽完成后，立即用高压水枪将残余泥浆冲洗干净。

3.2.16　灌缝施工

（1）灌缝材料：一般有3种，常温施工式填缝料、加热施工式填缝料、预制多孔橡胶条制品。

（2）施工工艺：以常温施工式填缝料为例，填缝前，采用高压水和压缩空气彻底清除接缝中的砂石及其他污染物，确保缝壁内部清洁、干燥。必要时先用3~4mm宽单锯片补切，把不易冲洗干净的杂物清除出来。具体要求是缝壁上口无灰尘。用滚轮将多孔泡沫塑料柔性垫条挤压到规定深度，一般是20~30mm，保证所灌填的缩缝材料深度均匀、一致。缩缝填料形状系数控制在2~4之间。按规定比例（厂家已按比例放入不同的容器中）把4种不同种类的聚氨酯混合到一起，充分摇匀，并应随拌随用，不要配制过多，以免造成浪费。将配制好的材料倒入专用灌壶中，均匀灌入已压好背衬条的缩缝中。由于路面存在横坡，呈液体状的材料因自重流向低处，这样高处就会发生缺料现象，此时应隔20min后重新填缝一次。靠近中央分隔带部分约长100mm范围内，应灌满整个缝深，以封闭中央分隔带的路表渗水。填缝料的高度，夏天宜与板平，冬天应低于板面10~20mm。填缝必须饱满、均匀、连续贯通，与缝壁搭接充分,不开裂、不渗水。

（3）养护期:视温度和季节确定养护期长短,冬天 2~4h,夏天 1~2h。填缝期间禁止车辆通行。

4　质量标准

4.0.1　主控项目

原材料质量应符合下列要求:

（1）水泥品种、级别、质量、包装、贮存,应符合国家现行有关标准的规定。

检查数量:按同一生产厂家、同一级别、同一品种、同一批号且连续进场的水泥,袋装水泥不超过 200t 为一批,散装水泥不超过 500t 为一批,每批抽样 1 次。

水泥出厂超过三个月（快硬硅酸盐水泥超过一个月）时,应进行复验,复验合格后方可使用。

检验方法:检查产品合格证、出厂检验报告,进场复验:

（2）混凝土中掺加外加剂的质量应符合现行国家标准《混凝土外加剂》（GB 8076—2008）和《混凝土外加剂应用技术规范》（GB 50119—2003）的规定:

检查数量:按进场批次产品的抽样检验方法确定:每批不少于 1 次。

检验方法:检查产品合格证、出厂检验报告和进场复验报告。

（3）钢筋品种、规格、数量、下料尺寸及质量应符合设计要求及国家现行有关标准的规定。

检查数量:全数检查。

检验方法:观察,用钢尺量,检查出厂检验报告和进场复验报告。

（4）粗集料、细集料应符合有关规范要求。

检查数量:同产地、同品种、同规格且连续进场的集料,每 400m³ 按一批次计,每批抽检 1 次。

检验方法:抽检报告。

（5）水应符合施工规范的有关规定。

检查数量:同水源检查 1 次。

检验方法:检查水质分析报告。

（6）混凝土弯拉强度应符合设计规定。

检查数量:每 100m³ 的同配合比的混凝土,取样 1 次;不足 100m³ 时按 1 次计。每次取样应至少保留 1 组标准养护试件。同条件养护试件的留置组数应根据实际需要确定,最少 1 组。

检验方法:检查试件强度试验报告。

（7）混凝土面层厚度应符合设计规定,允许误差为 ±5mm。

检查数量:每 1000m² 抽测 1 次。

检验方法:查试验报告、复测。

（8）抗滑构造深度应符合设计要求。

检查数量:每 1000m² 抽测 1 点。

检验方法:铺砂法。

4.0.2　一般项目

（1）水泥混凝土面层应板面平整、密实,边角应整齐、无裂缝,并不应有石子外露和浮浆、脱皮、踏痕、积水等现象,蜂窝麻面面积不得大于总面积的 0.5%。

检查数量:全数检查。

检验方法:观察、量测。

（2）伸缩缝应垂直、直顺,缝内不应有杂物:伸缩缝在规定的深度和宽度范围内应全部贯通,传力杆应与缝面垂直。

检查数量:全数检查。

检验方法：观察。

（3）混凝土路面允许偏差应符合表4.0.2的规定。

表4.0.2　混凝土路面允许偏差

序号	项目		允许偏差或规定值		检验频率		检验方法
			城市快速路、主干路	次干路、支路	范围	点数	
1	纵段高程（mm）		±15		20m	1	用水准仪测量
2	中线偏位（mm）		≤20		100m	1	用经纬仪测量
3	平整度	标准偏差（mm）	≤1.2	≤2	100m	1	用测平仪检测
		最大间隙（mm）	≤3	≤5	20m	1	用3m直尺和塞尺连续量两尺，取最大值
4	宽度（mm）		0 −20		40m	1	用钢尺量
5	横坡（%）		±0.3%且不反坡		20m	1	用水准仪测量
6	井框与路面高差（mm）		≤3		每座	1	十字法，用直尺和塞尺量，取最大值
7	相邻板高差（mm）		≤3		20m	1	用钢板尺和塞尺量
8	纵缝直顺度（mm）		≤10		100m	1	用20m线和钢尺量
9	横缝直顺度（mm）		≤10		40m	1	
10	蜂窝麻面面积（%）		≤2		20m	1	观察和用钢板尺量

5　质量记录

5.0.1　基层验收质量检验评定记录。

5.0.2　基层隐蔽验收记录。

5.0.3　钢筋、水泥、砂、石、外加剂、掺和料等材料的产品合格证和试验报告。

5.0.4　混凝土配合比申请单及试验报告或商品混凝土的合格证。

5.0.5　混凝土试件抗压（折）强度试验报告。

5.0.6　模板验收预检记录。

5.0.7　钢筋、传力杆等隐蔽验收记录。

5.0.8　混凝土浇筑记录。

5.0.9　水泥面层质量评定记录。

6　冬、夏季施工措施

6.1　冬季施工

6.1.1　尽可能在气温高于5℃时进行施工，并且掺加早强剂。气温低于5℃时非施工不可时，可采用高强度等级快凝水泥或加热水；

6.1.2　混凝土表面覆盖蓄热保温材料等措施。混凝土板在抗折强度尚未达到1.0MPa或抗压强度未达到5.0MPa时，不得遭受冰冻。

6.1.3　混凝土板浇筑时，基层应无冰冻积雪，模板及钢筋有冰雪应铲除。冬季养护时间不少于28d，允许拆模时间也应适当延长。

6.2 夏季施工

6.2.1 根据运距、气温、日照的大小决定,一般在30℃气温下,要保持气温20℃的坍落度,要增加单位用水量 4～7kg。

6.2.2 摊铺、振捣、收水抹面与养护等各道工序应衔接紧凑,尽可能缩短施工时间。

6.2.3 在已摊铺好的路面上,应尽量搭设凉棚,避免表面烈日暴晒。

6.2.4 在收水抹面时,因表面过分干燥而无法操作的情况下允许少量洒水于表面进行收抹面。

7　安全、环保措施

7.1 安全措施

7.1.1 在拌和楼的拌和锅内清理凝结混凝土时,必须关闭主电机电源,并在主开关上挂警示红牌。要两人以上方可进行,一人清理,一个值守操作台。

7.1.2 拌和楼机械上料时,在铲斗及拉铲活动范围内,人员不得逗留和通过。

7.1.3 运输车辆应鸣笛倒退,并有专人指挥和查看车后。

7.1.4 施工中,机械设备严禁非操作人员使用。夜间施工,应有照明设备和明显的警示标志。

7.1.5 施工中严禁所有的机械设备的操作手擅离岗位,严禁用手或工具触碰正在运转的机件。

7.1.6 施工现场必须做好交通安全工作。交通繁忙的路口应设立标志,并有专人指挥。

7.1.7 夜间施工,路口及基准线桩附近应设置警示灯或反光标志,设有专职电工管理灯光照明。

7.1.8 施工机械停放在通车道路上,周围必须设置明显的安全标志;正对行车方向应提前200m引导车辆转向,夜间应以红灯示警。

7.1.9 施工机电设备应有专人负责保养、维修和看管,施工现场的电机、电线、电缆应尽量放置在无车辆、人、畜通行的部位,确保用电安全。

7.1.10 现场操作人员必须按规定佩戴防护用具。使用有毒、易燃的燃料、填缝料、外加剂、水泥或粉煤灰时,其防毒、防火、防尘等应按有关规定严格执行。

7.1.11 所有施工机械、电力、燃料、动力等的操作部位,严禁吸烟和有任何明火。三辊轴机、拌和楼、储油站、发电站、配电站等重要施工设备上应配备消防设施,确保防火安全。

7.1.12 停工或夜间必须有专人值班保卫,严防原材料、机械、机具及零件等失窃。

7.1.13 在施工缝等断开处设立标志,避免车辆、行人掉落。

7.2 环境保护

7.2.1 拌和站、生活区、路面施工段应经常清理环境卫生,排除积水,并及时整治运输道路和停车场地,做到文明施工。

7.2.2 施工路段和拌和场应经常洒水防尘,经常清理路上废弃物。

7.2.3 拌和楼、运输车辆和摊铺设备的清洗污水不得随意排放;每台拌和楼宜设置清洗污水的沉淀池或净化设备,车辆应在有污水沉淀或净化设备的清洗场进行清洗。

7.2.4 废弃的水泥混凝土、基层残渣和所有机械设备的修理残渣和油污等废弃物应分类集中堆放或掩埋。

7.2.5 拌和场原材料的施工现场临时堆放的材料均应分类、有序堆放。施工现场的钢筋、工具、机械设备等应摆放整齐。

8　主要应用标准和规范

8.0.1 中华人民共和国行业标准《公路水泥混凝土路面施工技术规范》（JTG F30—2003）

8.0.2 中华人民共和国行业标准《公路工程集料试验规程》(JTC E42—2005)

8.0.3 中华人民共和国行业标准《城镇道路工程施工与质量验收规范》(CJJ 1—2008)

8.0.4 中华人民共和国国家标准《混凝土外加剂应用技术规范》(GB 50119—2003)

8.0.5 中华人民共和国行业标准《公路工程施工安全技术规程》(JTJ 076—1995)

8.0.6 中华人民共和国国家标准《环境空气质量标准》(GB 3095—2012)

8.0.7 中华人民共和国行业标准《公路工程水泥及水泥混凝土试验规程》(JTG E30—2005)

编、校:张明锋 邓东林

121　人行道砌块面层

（Q/JZM - SZ121 - 2012）

1　适用范围

本施工工艺标准适用于市政道路工程中人行步道、广场与路面、庭院步道等砌块面层的施工作业。

2　施工准备

2.1　技术准备

2.1.1　根据设计要求和场地具体情况，绘制铺设大样图，确定砌块铺设方式。

2.1.2　编制详细的施工方案和节点部位处理措施，然后由技术负责人向现场工长、质检员进行技术交底，现场工长向施工人员进行技术和安全交底。

2.1.3　施工前选一块地面做出样板，经建设单位、监理单位、设计单位、施工单位几方共同验收合格后，才可进行大面积施工。

2.2　材料准备

2.2.1　混凝土预制砌块应具有出厂合格证、生产日期和混凝土原材料、配合比、弯拉、抗压强度试验结果等资料。铺砌前应进行外观检查与强度试验抽样检验。

2.2.2　砌筑砂浆所用水泥、砂、水的质量应符合施工技术规范的相关规定。

2.3　施工机具与设备

2.3.1　施工机具：筛子、铁锹、小手锤、大铲、托线板、线坠、水平尺、钢卷尺、小白线、半截大桶、扫帚、工具袋、手推车。

2.3.2　现场测量检测工具：水准仪、3m 直尺、钢卷尺等。

2.4　作业条件

2.4.1　基础、垫层已施工完毕，并已办完隐检手续。

2.4.2　砂浆配合比由试验室确定，计量设备经检验，砂浆试模已经备好。

3　操作工艺

3.1　工艺流程

测量放线→铺砌→修正、填缝→养护。

3.2　操作方法

3.2.1　测量放线

对基层进行验收，合格后方可进行下道工序。按照控制点定出方格坐标线并挂线，按分段冲筋（铺砌样板条）随时检查位置与高程。铺砌控制基线的设置距离，直线段宜为 5 ~ 10m，曲线段应视情况适度加密。

3.2.2　铺砌

砌块铺砌要轻拿轻放,用橡皮锤或木锤(钉橡皮)敲实。不得损坏砌块边角。铺砌应采用干硬性水泥砂浆,虚铺系数应经试验确定。铺砌中砂浆应饱满,且表面平整、稳定、缝隙均匀。与检查井等构筑物相接时,应平整、美观,不得反坡。不得在砌块下填塞砂浆或支垫方法来找平。伸缩缝材料应安放平直,并应与砌块粘贴牢固。

3.2.3　修正、填缝

铺好砌块后应沿线检查平整度,发现有位移、不稳、翘角、与相邻板不平等现象,应立即修正。检查合格后,应及时灌缝。

3.2.4　养护

铺砌面层完成后,必须封闭交通,并应湿润养护,当水泥砂浆达到设计强度后,方可开放交通。

4　质量标准

4.0.1　主控项目

(1)砌块质量、外形尺寸应符合设计及相关规范要求。

检验数量:每检验批,抽样检查。

检验方法:查出厂检验报告或复检报告。

(2)砂浆平均抗压强度等级应符合设计要求,任一组试件抗压强度值不应低于设计强度的85%。

检查数量:同一配合比,每1000m² 取1组(6块),不足1000m² 取一组。

检验方法:查试验报告。

4.0.2　一般项目

(1)表面应平整、稳固、无翘动,缝线直顺、灌缝饱满,无反坡积水现象。

检验数量:全数检查。

检验方法:观察。

(2)砌块面层允许偏差应符合表4.0.2规定。

表4.0.2　砌块面层允许偏差表

序号	项目	允许偏差	检验频率		检验方法
			范围	点数	
1	纵段高程(mm)	±15	20m	1	用水准仪测量
2	中线偏位(mm)	≤20	100m	1	用经纬仪测量
3	平整度(mm)	≤5	20m	1	用3m直尺和塞尺连续量2尺,取最大值
4	宽度(mm)	不小于设计	40m	1	用钢尺量
5	横坡(%)	±0.3%且不反坡	20m	1	用水准仪测量
6	井框与路面高差(mm)	≤3	每座	1	十字法,用直尺和塞尺量,取最大值
7	相邻块高差(mm)	≤3	20m	1	用钢板尺量
8	纵横缝直顺度(mm)	≤5	20m	1	用20m线和钢尺量
9	缝宽(mm)	+3 −2	20m	1	用钢尺量

5 质量记录

5.0.1 砌块原材合格证。
5.0.2 强度试验检测报告。
5.0.3 水泥试验报告。
5.0.4 砂试验报告。
5.0.5 砂浆配合比申请单。
5.0.6 砂浆配合比通知单。
5.0.7 砂浆抗压强度试验单。
5.0.8 分项工程质量检验记录。

6 冬、雨季施工措施

6.1 冬季施工

冬季施工中，砌筑砂浆应添加防冻剂，并覆盖养护达到设计强度后方可放行。

6.2 雨季施工

雨季施工注意排水措施，施工前注意天气预报，避免雨水冲刷，成型后及时覆盖。

7 安全、环保措施

7.1 安全措施

7.1.1 施工前需根据现场实际情况进行详细的安全交底，以及作业上空及周边无安全隐患后方可作业。
7.1.2 个人防护用品齐全。
7.1.3 在有交通情况下，作业区域设置红色锥桶警示，夜间施工要有足够的照明。
7.1.4 砌块搬运过程中注意堆放高度不超过1.5m。

7.2 环境保护

7.2.1 及时清运土方，防止扬尘。
7.2.2 做到活完料净脚下清。

8 主要应用标准和规范

8.0.1 中华人民共和国行业标准《城镇道路工程施工与质量验收规范》（CJJ 1—2008）
8.0.2 中华人民共和国国家标准《环境空气质量标准》（GB 3095—2012）
8.0.3 中华人民共和国行业标准《公路工程施工安全技术规程》（JTJ 076—1995）

编、校：黄昆　黄文卓

122 路缘石安装

(Q/JZM－SZ122－2012)

1 适用范围

本施工工艺标准适用于市政道路工程中安装路缘石的施工作业,其他道路可参照使用。

2 施工准备

2.1 技术准备

2.1.1 施工前已进行图纸会审和设计交底。

2.1.2 根据图纸编制详尽的施工组织设计,上报监理并已审批。

2.1.3 对预制件厂家、石质加工生产厂家进行考察并订货。

2.1.4 做好现场搅拌砂浆的施工配合比,准备好砂浆及混凝土试模。

2.1.5 已对施工人员进行技术、安全交底。

2.2 材料准备

2.2.1 所用砂浆、水泥、砂、水等材料的要求符合设计和技术规范的相关规定。

2.2.2 路缘石宜由预制厂生产,并应提供产品强度、规格尺寸等技术资料及产品合格证。

2.2.3 路缘石宜采用石材或预制混凝土标准块:路口、隔离带端部等曲线段缘石,宜按设计曲线预制弧形缘石,也可采用长度较短的直线预制块。缘石安装前,应进行现场复检,合格后方可使用。

2.2.4 石质路缘石应用质地坚硬的石料加工,强度符合设计要求,一般宜选用花岗石。预制混凝土路缘石的强度等级设计无要求时,一般不小于 C30。

2.3 施工机具与设备

2.3.1 施工机具:砂浆搅拌机、计量设备、手推车、铁锨、瓦刀、大铲、灰斗、浆桶、勾缝溜子、拖灰板、笤帚、橡皮槌等。

2.3.2 测量检测仪器:全站仪、水准仪、3m 直尺、钢卷尺等。

2.4 作业条件

2.4.1 按设计边线或其他施工基准线,准确地放线钉桩。

2.4.2 道路基础养护至设计强度并检测合格。

2.4.3 路缘石位于新建道路上时,路面基层应已施工完成。

3 操作工艺

3.1 工艺流程

测量放线→路缘石安装→浇筑背后支撑→灌缝→养护。

3.2　操作方法

3.2.1　测量放线

路缘石安装的控制桩测设,在直线部分桩距为 10~15m,弯道部分桩距 5~10m,路口处桩距加密到 1~5m。

3.2.2　路缘石安装

根据测量测设的位置及高程,进行基底找平。路缘石调整块应用机械切割成型或以同等级混凝土制作。路缘石垫层用水泥砂浆找平,按放线位置安装路缘石。路缘石应以干硬性砂浆铺砌,砂浆应饱满、厚度均匀。相邻路缘石缝隙宽度用木条或塑料条控制。路缘石安装后,必须再挂线,调整路缘石至顺直、圆滑、平整,对路缘石进行平面及高程检测,对超过规范要求处应及时调整。无障碍路缘石、盲道路口路缘石按设计要求施工。

3.2.3　浇筑背后支撑

路缘石后背可采用水泥混凝土浇筑三角支撑,水泥混凝土强度符合要求时方可进行下道工序施工。还土夯实宽度不应小于50cm,高度不应小于15cm,压实度不应小于90%。

3.2.4　灌缝

灌缝前先将路缘石缝内的土及杂物剔出干净,并用水润湿。路缘石间灌缝宜采用 M10 水泥砂浆,要求饱满密实,整洁坚实。

3.2.5　路缘石灌缝养护期不得少于3d,并应适当洒水养护,养护期间不得碰撞。

4　质量标准

4.0.1　主控项目

混凝土路缘石强度应符合设计要求。

检查数量:每种、每检验批 1 组(3 块)。

检验方法:查出厂检验报告并复验。

4.0.2　一般项目

(1)路缘石应砌筑稳固、砂浆饱满、勾缝密实,外露面清洁、线条顺畅,平缘石不阻水。

检查数量:全数检查。

检验方法:观察。

(2)路缘石安砌偏差符合表 4.0.2 的要求。

表 4.0.2　路缘石安砌允许偏差

序号	项　目	允许偏差(mm)	检验频率		检验方法
			范围(mm)	点数	
1	直顺度	≤10	100	1	用20m线和钢尺量①
2	相邻块高差	≤3	20	1	用钢尺板和塞尺量①
3	缝宽	±3	20	1	用钢尺量
4	顶面高差	±10	20	1	用水准仪测量

注:曲线段路缘石安装的圆顺度允许偏差应结合工程具体制定。

5　质量记录

5.0.1　预制混凝土构件进场抽检记录。

5.0.2　水泥试验报告。

5.0.3 砂试验报告。

5.0.4 砂浆配合比申请单。

5.0.5 砂浆配合比通知单。

5.0.6 分项工程质量检验记录。

6　冬、雨季施工措施

6.1　冬季施工

冬季施工后背混凝土支撑、灌缝砂浆等可适量添加防冻剂,并对成型后的路缘石进行覆盖防冻。

6.2　雨季施工

6.2.1 及时获取气象信息,并根据气象情况合理安排施工。

6.2.2 下雨时,使用塑料布覆盖施工部位,边角用重物压好。

7　安全、环保措施

7.1　安全措施

7.1.1 施工前需根据现场实际情况进行详细的安全交底。

7.1.2 在有交通情况下,作业区域设置红色锥筒警示,夜间施工要有足够的照明。

7.1.3 运输前检查路缘石质量,有断裂危及人身安全不得搬运。

7.1.4 路缘石重量大于25kg时,应使用专用工具,由两人或多人抬运,动作应协调一致。

7.1.5 路缘石安装就位时,不得将手置于两块路缘石之间。

7.1.6 调整路缘石高程时,相互呼应,防止砸伤手脚。

7.1.7 人工切断路缘石时,力度应适中,并集中精神。

7.2　环境保护

7.2.1 外弃土方及时清运,还土及时覆盖、洒水防止扬尘。

7.2.2 砌筑砂浆不得污染现有道路和其他构筑物。

8　主要应用标准和规范

8.0.1 中华人民共和国国家标准《通用硅酸盐水泥》(GB 175—2007)

8.0.2 中华人民共和国行业标准《城镇道路工程施工与质量验收规范》(CJJ 1—2008)

8.0.3 中华人民共和国国家标准《砌体工程施工及验收规范》(GB 50203—2011)

编、校:彭吉红　黄　昆

123　雨水口施工

（Q/JZM – SZ123 – 2012）

1　适用范围

本施工工艺标准适用于市政道路工程中排水工程的雨水口施工作业。

2　施工准备

2.1　技术准备

2.1.1　施工前已进行图纸会审和设计交底。

2.1.2　根据图纸编制详尽的施工组织设计,上报监理并已审批。

2.1.3　对预制件厂家、铸铁件生产厂家进行考察并订货。

2.1.4　做好现场搅拌砂浆的施工配合比,准备好砂浆及混凝土试模。

2.1.5　已对施工人员进行技术、安全交底。

2.2　材料准备

2.2.1　现场拌制水泥砂浆用水泥、砂等经检验合格。严禁现场拌制的地方需使用预拌砂浆。

2.2.2　雨水口用砖经检验合格。砌筑用砖的品种、规格、外观、强度、质量应符合现行国家标准。须具有出厂产品质量合格证和试验报告单,进场后应送样复试合格。

2.2.3　水泥:一般采用普通硅酸盐水泥或矿渣硅酸盐水泥。水泥进场应有产品合格证和出厂检验报告,进场后应对强度、安定性及其他必要的性能进行取样复试,其质量必须符合现行国家规范规定。

2.2.4　砂:宜采用质地坚硬、级配良好且洁净的中粗砂,砂的含泥量不超过3%。

2.2.5　水:宜采用饮用水。当采用其他水源时,其水质应符合国家现行标准。

2.2.6　铸铁箅子及铸铁井圈:采用标准图集要求,应有出厂产品质量合格证。

2.2.7　过梁及混凝土井圈:采用成品或现场预制。对成品构件应有出厂合格证,现场预制过梁和混凝土井圈的原材料其质量应符合有关标准的规定,并符合设计要求。

2.3　施工机具与设备

2.3.1　施工机具:砂浆搅拌机、计量设备、手推车、铁锹、瓦刀、大铲、灰斗、浆桶、勾缝溜子、拖灰板、笤帚、空压机、水平尺、灰槽、水桶等。

2.3.2　测量检测仪器:全站仪、水准仪、3m 直尺、钢卷尺等。

2.4　作业条件

2.4.1　按设计边线或其他施工基准线,准确地放线钉桩。

2.4.2　道路基础养护至设计强度并检测合格。

2.4.3　雨水口位于新建道路上时,路面基层应已施工完毕。

3　操作工艺

3.1　工艺流程

测量放线→挖槽→混凝土基础→井墙砌筑及勾缝→水泥砂浆泛水找坡→过梁安装、井圈及井箅安装→回填。

3.2　操作方法

3.2.1　测量放线

根据设计图纸,按道路设计边线及支管位置确定雨水口位置,定出雨水口中心线桩,使雨水口长边重合道路边线(弯道部分除外),并放出雨水口开挖边线。

3.2.2　挖槽

按设计雨水口位置及外形尺寸开挖雨水口槽,每侧宜留出 30～50cm。人工开挖雨水口槽时,必须严格按照开挖边线进行开挖。开挖时应核对雨水口位置,有误差时以支管为准。平行于路边修正位置,并挖至设计深度。槽底应夯实,当为松软土质时,应换填石灰土,并及时浇筑混凝土基础。采用预制雨水口时,当槽底为松软土质应换填石灰土后夯实,并应根据雨水口底厚度校核高程。

3.2.3　混凝土基础

在灌筑基础混凝土前,应对槽底仔细夯实,遇水要排除,槽底松软时应夯筑 3：7 灰土基础。基础混凝土标号应符合设计及标准图集要求。混凝土厚度一般为 100mm,根据设计要求及标准图集,确定基础尺寸。混凝土浇筑时,采用人工振捣密实,表面用木抹子抹毛面。浇筑完成后,宜采用覆盖洒水养护的方法。

在基础上放出雨水口侧墙位置线并安放好雨水支管。管端外露雨水口内壁长度不大于 2cm,管端面完整无破损。

3.2.4　井墙砌筑及勾缝

雨水口混凝土基础强度达到设计或规范要求后,方可进行雨水口的砌筑。选择数量合适、质量合格的砖,运送至砌筑现场,并在砌筑井墙的前一天将砖浇水湿润(冬季除外)。根据试验室提供的水泥砂浆配合比,现场搅拌水泥砂浆。

砂浆搅拌:宜采用机械搅拌,搅拌时间不少于 90s。

砂浆应随拌随用;尽量在拌和后 2.5h 内用完(当气温超过 30℃,应在 1.5h 内用完)。砂浆若有泌水现象时,应在砌筑前重新拌和。

在基础上测放雨水口墙体的内外边线、角桩,据此进行墙体砌筑。按井墙位置挂线,先砌筑井墙一层后,根据长宽尺寸核对对角线尺寸,确保方正。当立缘石内有 50cm 宽平石,且使用宽度小于或等于 50cm 雨水口框时,宜与平石贴路面一侧在一直线上。砌筑井墙,灰浆应饱满,随砌随勾缝,管顶应发两皮砖券,砌至设计高程。

3.2.5　水泥砂浆泛水找坡

雨水口底使用水泥砂浆抹出向雨水口集水的泛水坡。

3.2.6　过梁、井圈及井箅安装

雨水口井框、井箅应完整、无损,安装应平稳、牢固,顶面高程应符合设计要求。使用预制混凝土井圈安装时,底部铺 20mm 厚 1：3 水泥砂浆,位置要求准确,与雨水口墙内壁一致,井圈顶与路面齐平或稍低,不得凸出。就地浇筑井圈时,模板应支立牢固,浇筑混凝土后应及时养生。

3.2.7　回填

回填采用低强度等级混凝土或石灰粉煤灰砂砾掺加水泥。

4　质量标准

4.0.1　主控项目

(1)管材应符合现行国家标准《混凝土和钢筋混凝土排水管》(GB/T 11836—2009)的有关规定。

检查数量:每种、每检验批。

检验方法:查合格证和出厂检验报告。

(2)基础混凝土强度应符合设计要求。

检查数量:每100m³ 1 组(3 块)(不足 100m³ 取 1 组)。

检验方法:查试验报告。

(3)砌筑砂浆强度应符合设计和技术规范的有关规定。

(4)回填土压实度应符合设计和技术规范的有关规定。

检查数量:全数检查。

检验方法:环刀法、灌砂法或灌水法。

4.0.2　一般项目

(1)雨水口内壁勾缝应直顺、坚实,无漏勾、脱落。井框、井箅应完整、配套,安装平稳、牢固。

检查数量:全数检查。

检验方法:观察。

(2)雨水支管安装应直顺,无错口、反坡、存水;管内应清洁,接口处内壁无砂浆外露及破损现象;管端面应完整。

检查数量:全数检查。

检验方法:观察。

(3)雨水支管与雨水口允许偏差应符合表 4.0.2 的规定。

表 4.0.2　雨水支管及雨水口允许偏差

序号	项　目	允许偏差(mm)	检验频率		检验方法
			范围	点数	
1	井框与井壁吻合	≤10	每座	1	用钢尺量
2	井框与周边路面吻合	0,－10			用直尺靠量
3	雨水口与路边线间距	≤20		1	用钢尺量
4	井内尺寸	±20　0		1	用钢尺量最大值

5　质量记录

5.0.1　水泥试验报告。

5.0.2　砌块(砖)试验报告。

5.0.3　砂试验报告。

5.0.4　砂浆配合比申请单。

5.0.5　砂浆配合比通知单。

6　冬、雨季施工措施

6.1　冬季施工

6.1.1　砌筑砂浆适量添加防冻剂,并对当日未完工部位进行覆盖防冻。

6.1.2　冬季施工不得用水湿砖。冬季当日最低气温等于或高于 -15℃时,可采用抗冻砂浆和覆盖保温措施;气温低于 -15℃时,不宜进行砌筑施工。

6.2　雨季施工

6.2.1　及时获取气象信息,并根据气象情况合理安排施工。

6.2.2　施工时在槽边设置阻水埝,防止积水浸泡。

6.2.3　雨后将槽内积水及时抽出,将"翻浆"、"弹软"部分清除,换填级配砂石。

6.2.4　雨季砌筑应有防雨措施。下雨时必须停止砌筑,未用完的砂浆进行覆盖,并对新砌筑的墙体采取遮雨措施。

6.2.5　下雨时,若雨水口已具有泄水能力,应临时安装雨水算子,将雨水导入到雨水主干线;若雨水口尚未具备泄水能力,应覆盖好正在施工的雨水口,防止雨水进入雨水口内。

7　安全、环保措施

7.1　安全措施

7.1.1　施工前需根据现场实际情况进行详细的安全交底。

7.1.2　施工前在槽四周设置安全标志,非作业人员不得入内。

7.1.3　砌筑作业应集中、快速完成。

7.1.4　下班前未完成,必须在四周设置围栏和安全标志。

7.2　环境保护

7.2.1　外弃土方及时清运,还土及时覆盖、洒水防止扬尘。

7.2.2　砌筑砂浆不得污染现有道路和其他构筑物。

8　主要应用标准和规范

8.0.1　中华人民共和国国家标准《混凝土和钢筋混凝土排水管》(GB/T 11836—2009)

8.0.2　中华人民共和国国家标准《烧结普通砖》(GB/T 5101—2003)

8.0.3　中华人民共和国国家标准《通用硅酸盐水泥》(GB 175—2007)

8.0.4　中华人民共和国行业标准《城镇道路工程施工与质量验收规范》(CJJ 1—2008)

8.0.5　中华人民共和国国家标准《砌体工程施工及验收规范》(GB 50203—2002)

编、校:王向东　黄文卓

124 铸铁检查井盖安装

（Q/JZM – SZ124 – 2012）

1 适用范围

本施工工艺标准适用于市政道路工程中沥青混凝土路面上各类铸铁检查井盖的安装施工。

2 施工准备

2.1 技术准备

已向施工班组人员进行技术、安全交底，明确施工方法、质量标准、环保文明施工、安全操作规程等。

2.2 材料准备

2.2.1 混凝土：宜采用粗骨料最大粒径≤10mm 的 C30 混凝土。当工程有特别时间要求时，可采用快硬水泥拌制的混凝土。

2.2.2 砂：中砂或粗砂，含泥量不大于3%。

2.2.3 混凝土砖或砌块：强度均应为 MU15 或以上强度等级。

2.2.4 铸铁检查井盖：铸铁检查井盖需做井盖压力试验，试验合格后方可使用，并有相应出厂合格证。

2.3 施工机具与设备

2.3.1 施工机具：混凝土搅拌机、砂浆搅拌机及相应设备、灰铲、抹子、勾缝抹子、锯、斧、小线、φ30 振捣棒、插钎等。

2.3.2 测量检测仪器：全站仪、水准仪、3m 直尺、钢卷尺等。

2.4 作业条件

2.4.1 沥青混凝土顶面层摊铺前进行安装施工。

2.4.2 铸铁检查井盖质量证明材料完整，并通过监理单位审查。

2.4.3 混凝土、水泥、砂、混凝土砖、混凝土砌块的出厂检验报告和复验报告验收合格。

2.4.4 所有材料在进场前验收合格后运至施工材料存放场地。

3 操作工艺

3.1 工艺流程

开挖井盖安装槽→调整井筒高程→安装井圈、井盖→支井筒内模板→验收井盖安装质量→浇筑安装混凝土→养生拆模。

3.2 操作方法

3.2.1 开挖井盖安装槽

待基层施工结束后,将检查井周边基层材料挖至检查井井墙顶,横向挖除至检查井井墙外缘,清除因拓宽而松散的土体和基层材料。

3.2.2 调整井筒高程

将井筒砌至安装井盖所需要的高度,形成井盖安装基面。井盖安装基面应水平坚实,以便于安装井盖座圈。

3.2.3 安装井圈、井盖

井盖安装前,井筒范围的基面应清理干净,无浮渣、松散料;井盖座下可用3~4块同强度等级混凝土垫块调整高程;在井盖顶面用小线拉双十字线,利用周边已铺好的沥青路面或路缘石做井盖安装高程的基准面,调整井盖安装高程。

3.2.4 支井筒内模板

将木胶板在井筒内紧密放置,使用前应涂刷脱模剂。使用长度适合的钢筋或木杆将模板与井筒顶紧,保证模板与井墙无缝隙、不漏浆。

3.2.5 验收井盖安装质量

井盖安装就位后,质检人员应对就位后的井盖位置进行高程验收。验收合格后应申请监理单位验收,监理单位验收合格后进行浇筑混凝土。

3.2.6 浇筑混凝土

浇筑混凝土时,应先将井盖安装槽进行湿润。混凝土浇筑至沥青表面层底面为止,浇筑中控制好混凝土的浇筑速度,并振捣均匀、密实后,用木抹子成型。混凝土要平整、密实,表面成型后进行拉毛确保表面粗糙,以保证与新铺筑路面结合紧密。

3.2.7 养生拆模

混凝土达到标准强度后即可拆除井筒内模板;若混凝土外露面有轻微瑕疵,可随即修理。若井盖座下混凝土有空洞,应凿除重新浇筑,并及时进行洒水养护。

4 质量标准

4.0.1 主控项目

(1)井盖质量应符合国家有关标准的规定和设计要求。

检查方法:检查产品质量合格证明书、各项性能检验报告、进场验收记录。

检查数量:全数检查。

(2)砌筑水泥砂浆强度、结构混凝土强度应符合设计要求。

检查方法:检查水泥砂浆、混凝土强度试验报告。

检查数量:每50m³砌体或每浇筑1个台班取一组试块。

4.0.2 一般项目

(1)井筒升高砌筑时,砌体砂浆必须密实饱满,砌体水平灰缝的砂浆饱满度不得小于80%。

(2)砌体上下错缝,抹面深度应一致,保证墙面平整度。

(3)井盖安装与井筒对中,井盖顶面高程和倾斜度应与路面设计的纵横坡一致。

(4)浇筑混凝土应振捣密实,不得有蜂窝、孔洞。表面成型应平整、粗糙,粗糙度应≥1.0mm。井盖安装允许偏差和检验方法见表4.0.2。

表4.0.2 井盖安装允许偏差和检验方法

序号	项 目		允许偏差(mm)	检验频率	检验方法
1	井盖安装	中心偏位	±5	每座1点	全部仪或用尺量

续上表

序号	项　　目		允许偏差（mm）	检验频率	检　验　方　法
2	井盖安装	顶面高程（路面设计高程相同）	0，－5	每座3点	挂双十字线用尺量
3		井盖开启方向机牢固度	沿行车方向开	每座各1次	目测
4	混凝土浇筑后高程与沥青中面层顶高差		0，－5	每座3点	3m直尺
5	混凝土强度		满足设计要求	每浇筑批1组	强度试验

5　质量记录

5.0.1　隐蔽工程检查记录。
5.0.2　材料试验报告。
5.0.3　混凝土浇筑记录。
5.0.4　施工通用记录。
5.0.5　工程部位（分部）质量评定表。
5.0.6　技术交底记录。
5.0.7　中间检查交接记录。
5.0.8　部位验收记录。
5.0.9　工序（分项）质量评定表。

6　冬、雨季施工措施

6.1　冬季施工

尽可能在气温高于5℃时进行施工，并掺加早强剂。气温低于5℃时施工，可采用高标号快硬水泥，或加热水，混凝土表面覆盖蓄热保温材料等措施。混凝土板在抗折强度尚未达到1.0MPa或抗压强度未达到5.0MPa时，不得遭受冰冻。混凝土板浇筑时基层应无冰冻积雪，模板有冰雪应及时铲除。

6.2　雨季施工

6.2.1　雨季施工应及时与气象部门联系，随时掌握中、短期天气预报，减少雨期带来的不利影响。
6.2.2　若天气突然变化，造成降水，使得施工不能继续，必须立即采取覆盖等措施。雨天或路面存在潮湿现象时，不得进行施工，积水清理干净后方可进行施工。

7　安全、环保措施

7.1　安全措施

7.1.1　井盖就位完成并验收合格后，应防止受到外力冲击而产生位移。
7.1.2　混凝土浇筑完成后的养生过程中，应按规定设置各种安全指示标志，防止受到车辆碾压，在混凝土强度达到70%后方可通行车辆。

7.2　环境保护

及时清理施工垃圾，保持路面整洁干净，不对城市市容市貌产生污染。

8　主要应用标准和规范

8.0.1　中华人民共和国国家标准《烧结普通砖》（GB 5101—2003）

8.0.2　中华人民共和国国家标准《通用硅酸盐水泥》（GB 175—2007）

8.0.3　中华人民共和国行业标准《城镇道路工程施工与质量验收规范》（CCJ 1—2008）

8.0.4　中华人民共和国国家标准《砌体工程施工及验收规范》（GB 50203—2002）

编、校：彭吉红　王向东

125 浆砌圬工挡土墙

（Q/JZM - SZ125 - 2012）

1 适用范围

本施工工艺标准适用于市政道路工程中浆砌砖、石、预制砌块等砌筑挡土墙的施工作业。

2 施工准备

2.1 技术准备

2.1.1 图纸会审已经完成并进行了设计交底。

2.1.2 根据施工组织设计编制详细的施工方案,上报监理并得到审批。

2.1.3 材料报验已上报并得到批准。

2.1.4 已向施工人员进行技术交底和安全交底。已调查清楚施工范围的地下管线现状,并按相关规范计算出开槽宽度、放坡坡度、开槽深度等。

2.2 材料准备

2.2.1 砌筑用砖、石料、预制混凝土砌块的规格和强度应符合设计要求。

2.2.2 砌筑应采用水泥砂浆。宜选用硅酸盐水泥、普通硅酸盐水泥、矿渣水泥或火山灰质硅酸盐水泥和质地坚硬、含泥量小于5%的粗砂、中砂及饮用水拌制砂浆。

2.2.3 预拌砂浆配合比应符合试验规定。

2.3 施工机具与设备

2.3.1 施工机械:挖掘机、装载机、手扶振动压路机或蛙式打夯机、砂浆搅拌机。

2.3.2 检验用具:水准仪、全站仪、50m钢卷尺、5m盒尺、2m直尺、垂球等。

2.4 作业条件

2.4.1 施工范围内妨碍施工的现况地上障碍物已拆除或改移完毕,沟槽范围内的现况地下管线调查清楚,并标识醒目;与结构冲突的制定加固或改移方案,不与结构冲突的制定保护方案。

2.4.2 现场用水、电已落实。现场道路畅通,施工场地已清理平整,必要时进行碾压、夯实处理,满足施工机械作业要求。

2.4.3 测设开槽中线、开槽上口线,明确沟槽坡度及槽底高程。

3 操作工艺

3.1 工艺流程

测量放线→基槽开挖→基础砌筑→墙体砌筑→勾缝→墙体养护。

3.2 操作方法

3.2.1 测量放线

根据设计图纸,按照道路或桥梁的施工中线、高程点测放挡土墙的平面位置和纵断高程。

3.2.2　基槽开挖

基坑可采用机械开挖、人工配合,槽底留20cm由人工清除,避免扰动地基原状土。基槽挖至设计高程后,对槽底进行钎探试验,确定地基承载力;同时约请业主单位、勘察单位、设计单位及监理单位对槽底进行验槽,如槽底土质不良或不适宜做挡土墙基础以及承载力不够,应与各单位商定相应的处理方法。

3.2.3　基础砌筑

(1)按照设计要求,测定砌筑外露面边线及内面边线,并立好线杆,挂线(曲线段挂线杆应加密)。

(2)砌筑前应将石料表面清扫干净,用水湿润。砌筑砂浆的强度应符合设计要求,稠度按表3.2.3砌筑用砂浆稠度的要求控制,加入塑化剂时砌体强度降低不得大于10%。

表3.2.3　砌筑用砂浆稠度

序号	稠度(cm)	砌块种类		
		块石	料石	砖、砌块
1	正常条件	5~7	7~10	7~10
2	干热季节或石料砌块吸水率大	10	—	—

(3)基础砌筑时,基础第一层应座浆,即在开始砌筑前先铺砂浆30~50mm,然后选用较大整齐的石块,大面朝下,放稳放平。从第二块开始,应分层卧砌,并应按上下错缝,内外搭接;不得采用外面侧立石块、中间填心的砌法。

(4)基础转角和交接处应同时砌筑,对不能同时砌筑而又必须留置的临时间断处,应留成斜槎。

(5)挡土墙基础与原有构筑物基础相衔接时,基础结合部位应按设计要求处理。

(6)砌筑基础时,石块间较大的空隙应先填塞砂浆,后用碎石嵌塞。不得采用先摆碎石块,后塞砂浆或干填碎石块等方法。

(7)基础的最上一层,宜选用较大的片石砌筑。转角处、交接处,应选用较大的平石砌筑。

(8)基础灰缝厚度20~30mm,砂浆应饱满,石块之间不得有相互接触现象。

3.2.4　墙身砌筑

(1)分段砌筑时,分段位置应设在基础变形缝或伸缩缝处,各段水平砌缝应一致。相邻砌筑高差不宜超过1.2m。缝板安装应位置准确、牢固,缝板材料应符合设计要求。

(2)相邻挡土墙体设计高差较大时应先砌筑高墙段;挡土墙每天连续砌筑高度不宜超过1.2m,砌筑中墙体不得移位变形。

(3)预埋管、预埋件及砌筑预留口应位置准确。为防止泄水孔堵塞,在墙背后填筑反滤材料,反滤材料的级配要按设计要求施工。

(4)挡土墙外露面应留深1~2cm的勾缝槽,按设计要求勾缝。

(5)砌筑挡土墙应保证砌体宽(厚)度符合设计要求,砌筑中应经常校正挂线位置。

(6)砌体底面应卧浆铺砌,立缝填浆捣实,不得有空缝和贯通立缝。砌筑中断时,应将砌好的石层空隙用砂浆填满。再砌筑时石层表面应清扫干净,洒水湿润。工作缝应留斜槎。

(7)墙体片石砌筑

宜以2~3层石块组成一工作层,每工作层的水平缝应大致找平。立缝应相互错开,不得贯通;应选择大尺寸的片石砌筑砌体下部;转角外边缘处应用较大及较方正的片石长短交替并与内层砌块咬砌。砌筑外露面应选择有平面的石块,使砌体表面整齐,不得使用小石块镶垫。砌体中的石块应大小搭配、相互错叠、咬接牢固,较大石块应宽面朝下;石块之间应用砂浆填灌密实,不得干砌;较大空隙灌缝后,应用挤浆法填缝;挤浆时,可用小锤将小石块轻轻敲入较大空隙中。

(8)墙体块石砌筑

每层块石应高度一致,每砌高0.7~1.2m找平一次。砌筑块石,错缝应按规定排列,同一层中用一丁一顺或用一层丁石一层顺石。灰缝宽度宜为 2~3cm。砌筑填心石,灰缝应彼此错开,水平缝不得大于 3cm,垂直灰缝不得大于 4cm;个别空隙较大的,应在砂浆中挤浆填缝塞小石块。

砌筑方法:

丁顺叠砌:一层丁石与一层顺石相互叠加组砌而成,先丁后顺,竖向灰缝错开 1/4 石长。

丁顺组砌:同层石中用丁砌石和顺砌石交替相隔砌成。丁石长度为基础厚度,顺石厚度一般为基础厚度的 1/3;上层丁石应砌于下层顺石的中部,上下层竖向灰缝至少错开 1/4 石长。

（9）墙体砌筑镶面石

镶面块石表面四周应加以修整,其修整进深不应小于 70mm,尾部应较修整部分略缩小。镶面丁石的长度,不应短于顺石的 1.5 倍,每层镶面石均应事先按规定灰缝宽及错缝要求配好石料,再用铺浆法顺序砌筑,应随砌随填缝。

砌筑前应先计算层数,选好料。砌筑曲线段镶面石应从曲线部分开始,并应先安角石。

每层镶面石均应采用一丁一顺砌法,砌缝宽度应均匀,不应大于 2cm。相邻两层的立缝应错开不得小于 10cm,在丁石的上层和下层不得有立缝,所有立缝均应垂直。一层镶面石砌筑完毕,方可砌填心石,其高度应与镶面石平。砌筑应随时用水平尺及垂线校核。在同一部位上应使用同类石料。

3.2.5　勾缝

（1）砌体勾缝除设计有规定外一般可采用平缝或凸缝,浆砌较规则的块材时,可采用凹缝。

（2）勾缝前应将石面清理干净,勾缝宽度应均匀美观,深（厚）度为 1~2cm,勾缝完成后注意浇水养护。

（3）勾缝砂浆宜用过筛砂,勾缝砂浆强度不应低于砌体砂浆强度,勾缝应嵌入砌缝内 2cm,缝槽深度不足时,应凿够深度后再勾缝。除料石砌体勾凹缝外,其他砌体勾缝一般勾平缝。片石、块石、粗料石缝宽不宜大于 2cm,细料石缝宽不宜大于 5mm。

（4）勾缝前须对墙面进行修整,并将墙面洒水湿润。勾缝的顺序是从上到下,先勾水平缝后勾竖直缝。勾缝后应用扫帚用力清除余灰,做好成品保护工作,避免砌体碰撞、振动、承重。

（5）成型的灰缝不论水平缝与竖直缝均应深浅一致、交圈对口、密实光滑,搭接处平整;阳角方正,阴角处不能上下直通,不能有丢缝、瞎缝现象。灰缝应整齐、拐角圆滑、宽度一致、不出毛刺,不得空鼓、脱落。

3.2.6　墙体养护

墙体养护应在砂浆初凝后,洒水或覆盖养护 7~14d,养护期间应避免碰撞、振动或承重。

4　质量标准

4.0.1　主控项目

（1）地基承载力应符合设计要求。

检查数量:每道挡土墙基槽抽检 3 点。

检验方法:查钎探报告、隐蔽工程检查记录。

（2）砌块、石料强度应符合设计要求。

检查数量:每品种、每检验批 1 组（3 块）。

检验方法:查试验报告。

（3）砌筑砂浆平均抗压强度等级应符合设计要求,任一组试件抗压强度最低值不应低于设计强度的 85%。

检查数量:同一配合比砂浆,每 50m³ 砌体中,作 1 组（6 块）,不足 50m³ 按 1 组计。

检验方法:查试验报告。

4.0.2　一般项目

（1）挡土墙应牢固，外形美观，勾缝密实、均匀，泄水孔通畅。

（2）砌筑挡土墙允许偏差见表4.0.2

表4.0.2　砌筑挡土墙允许偏差表

序号	项目		允许偏差、规定值（mm）			检验频率		检验方法
			料石	块石、片石、	预制块	范围	点数	
1	断面尺寸		0 ±10	不小于设计要求		20m	2	用钢尺量，上下各1点
2	基底 高程	土方	±20	±20	±20	±20		2	用水准仪测量
		石方	±100	±100	±100	±100		2	
3	顶面高程		±10	±15	±20	±10		2	
4	轴线偏位		≤10	≤15	≤15	≤10		2	用经纬仪测量
5	墙面垂直度		≤0.15%H 且≤20mm	≤0.15%H 且≤30mm	≤0.15%H 且≤30mm	≤0.15%H 且≤20mm	20m	2	用垂线检测
6	平整度		≤5	≤30	≤30	≤5		2	用2m直尺和塞尺量
7	水平缝 平直度		≤10	—	—	≤10		2	用20m线和钢尺量
8	墙面坡度		不陡于设计要求					用坡度板检验

注：H为挡土墙全高。

（3）栏杆质量应符合施工技术规范的有关规定。

5　质量记录

5.0.1 基槽开挖质量检验记录。

5.0.2 基槽回填压实度检验记录。

5.0.3 砂浆配合比申请单及试验报告、试件抗压强度报告。

5.0.4 隐蔽工程检查记录。

5.0.5 分项（检验批）工程质量检验记录。

5.0.6 分部（子分部）工程质量检验记录。

6　冬、雨季施工措施

6.1　冬季施工

6.1.1 冬季砌石施工宜采用保温法、暖棚法和抗冻砂浆法。

6.1.2 保温法是在初冬阶段正常温度条件下砌筑，水可加热，砌体可用塑料布、草帘、棉被等覆盖。

6.1.3 暖棚法是临时在砌体处支搭暖棚后砌筑，棚内可生火炉或安热风机、暖气等。砂、水均可加热，棚内温度应不低于5℃。

6.1.4 抗冻砂浆法在砂浆中可掺入抗冻剂（氯盐等）。

6.1.5 冬季拌和砂浆宜采用两步投料法，水的温度不得超过80℃，砂的温度不得超过40℃，水和砂先拌和，然后再投水泥。冬季砌体施工每昼夜至少定时检查覆盖、测温3次并作测温记录，砌体的地基不得受冻。砂浆的搅拌时间应比常温时延长0.5～1倍。当最低气温低于−15℃时，承重砌体的砂浆应提高一个强度等级。抗冻砂浆最好使用硅酸盐水泥或普通水泥拌制，砂中应无冻块，石料应无冰、雪、霜。气温低于5℃时不能洒水养护。

6.2 雨季施工

雨季施工应防止雨水泡槽和防止雨水冲刷砌体砂浆,应及时调整砂浆的用水量,不得冒雨砌筑;大雨后检测砌体的垂直度及现况地基是否发生不均匀下沉现象。

7 安全、环保措施

7.1 安全措施

7.1.1 施工前编制专项安全技术方案,并对施工管理和操作人员进行详细安全技术交底。

7.1.2 砌筑高度超过1.2m应搭设脚手架。向脚手架上运石块时,严禁投抛。脚手架上只能放一层石料,且不得集中堆放。

7.1.3 汽车运输石料时,石料不应高出槽帮,车厢内不得乘人;人工搬运石料时,作业人员应协调配合,动作一致。

7.1.4 切割机具操作和临时用电应符合有关安全用电使用管理规定。

7.2 环境保护

7.2.1 砌块切割时,应搭设加工棚,加工棚具有隔音降噪功能和除尘设施,切割人员应佩戴防噪、防尘、护目、鞋盖等防护用品。

7.2.2 落地灰和垃圾应及时清理、分类堆放,并装袋或封闭清运到指定地点。现场严禁抛掷沙子、白灰。

8 主要应用标准和规范

8.0.1 中华人民共和国行业标准《公路路基施工技术规范》(JTG F10—2006)

8.0.2 中华人民共和国行业标准《公路工程施工安全技术规程》(JTJ 076—1995)

8.0.3 中华人民共和国行业标准《城镇道路工程施工与质量验收规范》(CJJ 1—2008)

8.0.4 中华人民共和国国家标准《砌体工程施工及验收规范》(GB 50203—2002)

编、校：王向东 彭吉红

126 现浇钢筋混凝土挡土墙

（Q/JZM－SZ126－2012）

1 适用范围

本施工工艺标准适用于市政道路工程中现浇钢筋混凝土挡土墙施工作业。

2 施工准备

2.1 技术准备

2.1.1 图纸会审已经完成并进行了设计交底。

2.1.2 根据施工组织设计编制详细的施工方案，上报监理并得到审批。

2.1.3 材料报验已上报并得到批准。

2.1.4 施工人员获得技术交底和安全交底。明确施工范围的地下管线情况、基坑宽度、放坡坡度、基坑深度等。

2.2 材料准备

2.2.1 商品混凝土：选择合格的商品混凝土厂家，进行配合比设计及试验。

2.2.2 钢筋：具有出厂质量证明书及试验报告单，进场后按批次抽取试样进行复检、见证取样检验，合格后方可使用：

2.2.3 防水材料：进场的材料应提供本年度有效的有资质检验单位的质量检测报告、企业出厂检测报告和产品合格证，进场后进行见证试验。

2.2.4 模板：结构模板可选用组合钢模板、木模板、全钢大模板等多种形式，施工中应结合工程特点、质量要求等确定；支撑所用方木、钢管等规格应符合模板设计要求。

2.3 施工机具与设备

2.3.1 施工机械：挖掘机、自卸汽车、卷扬机、钢筋弯曲机、钢筋调直机、钢筋切断机、电焊机、强制混凝土搅拌机（自拌）、插入式振捣器、混凝土输送泵等。

2.3.2 现场检验用具：水准仪、全站仪、50m钢卷尺、5m盒尺、混凝土坍落度桶、垂球、标准试件模块等。

2.4 作业条件

2.4.1 施工范围内妨碍施工的现况地上障碍物已拆除或改移完毕，基坑范围内的现况地下管线调查清楚，并标识醒目；与结构冲突的制定加固或改移方案，与结构不冲突的制定保护方案。

2.4.2 现场用水、电已落实。

2.4.3 根据施工图和现场情况，确定施工顺序。

2.4.4 现场道路畅通，施工场地已清理平整，必要时进行碾压、夯实处理，满足施工机械作业要求。

3　操作工艺

3.1　工艺流程

测量放线→基础土方开挖→基础处理→基础钢筋绑扎→支立基础模板→基础混凝土浇筑→墙体钢筋绑扎→支立墙体模板→墙体混凝土浇筑→养护及拆模→挡土墙顶混凝土浇筑→回填土。

3.2　操作方法

3.2.1　测量放线

基槽放样:用全站仪定出基础的实际位置,根据基础位置放出基槽开挖边线(撒白灰线并打桩),经复核准确无误后,将控制桩钉在不易被扰动的地点,绘出坐标高程控制网,填写测量成果表,核验后,准备基槽开挖。

3.2.2　基坑开挖

基础土方可采用机械开挖、人工配合,槽底留 20cm 由人工清除,避免扰动地基原状土。基槽挖至设计高程后,对槽底进行钎探试验,确定地基承载力;同时约请业主单位、勘察单位、设计单位及监理单位对槽底进行验槽;如槽底土质不良或承载力不够,应与各单位商定相应的处理方法。

3.2.3　基础处理

基础处理方式应严格执行设计规定,一般情况市政道路中多采用水泥、石灰、粉煤灰等砂砾混合料进行基础处理。用压实机械分层碾压密实,根据压实机械的性能确定每层厚度,最大宜为 20cm,最小为 10cm,含水率保持在最佳含水率的 +1.5% ～ －1.0% 范围内,压实度符合质量验收标准。

3.2.4　基础钢筋绑扎

(1)施工时测量人员放出基础边线。

(2)钢筋尺寸按设计图纸尺寸加工,钢筋表面干净无锈迹污垢,钢筋绑扎必须扎紧,不得有松动、位移等情况,绑丝头必须弯曲背向模板。

(3)焊接钢筋前不得有水锈油渍,焊缝处不得咬肉、裂纹、夹渣,焊皮应敲除干净。双面焊缝长度不小于 5d,单面焊缝长度不小于 10d。

(4)严格控制墙体预埋钢筋位置,保证准确无误并与基础钢筋连接牢固。

(5)绑扎或焊接成型的钢筋必须牢固稳定,浇筑混凝土时不得松动和变形。

(6)钢筋加工与安装偏差应符合设计和验收规范的要求。

3.2.5　支立基础模板

使用钢模板支模,模板必须稳定牢固,模板拼缝严密不露浆,模板隔离剂涂刷均匀不得污染钢筋。在挡土墙基础错台或分段处留沉降缝,沉降缝缝宽 2cm,填塞沥青木丝板。基础模板允许偏差符合施工规范要求。

3.2.6　基础混凝土浇筑

施工中使用振捣棒振捣,做到充分均匀振捣密实,避免露筋和出现蜂窝、孔洞。基础混凝土初凝前将与墙体连接部位混凝土进行凿毛处理,以保证墙体混凝土与基础混凝土结合紧密。混凝土浇筑完成后及时覆盖洒水养护。

3.2.7　墙体钢筋绑扎:参见第 3.2.4 款中相关内容。

3.2.8　支立墙体模板

(1)按位置线安装墙体模板,模板应牢固,下口处加扫地方木,模内加方木支撑,以防模板在浇筑混凝土时松动、跑模。

(2)按照模板设计方案先拼装好一面模板并按位置线就位,然后安装拉杆及斜撑,安装套管及穿墙螺栓,穿墙螺栓规格和间距在模板设计中应明确规定。

（3）清扫墙内杂物,再安装另一侧模板,调整支撑至模板垂直后拧紧对拉螺栓。

（4）模板脱模剂涂刷应均匀,不得污染钢筋。

（5）模板安装完成后,检查扣件、螺栓是否牢固、模板拼缝及下口是否严密,并办理验收手续。

（6）挡土墙模板安装允许偏差见表3.2.8。

表3.2.8　挡土墙模板安装允许偏差

序号	项　目		允许偏差（mm）	检验频率		检验方法
				范围	点数	
1	相邻两板表面高差 （mm）	刨光模板	2	20m	4	用钢尺和塞尺量测
		不刨光模板				
		钢模板	4			
2	表面平整度（mm）	刨光模板	3		4	用2m直尺和塞尺量测
		不刨光模板				
		钢模板	5			
3	垂直度		≤0.1%H≤6		2	用垂线或经纬仪量
4	杯槽内尺寸（mm）		+3,-5		3	用钢尺量,长、宽、高各1点
5	轴线偏位（mm）		10		2	用经纬仪测量,纵、横各1点
6	顶面高程（mm）		+2,-5		1	用水准仪测量

3.2.9　墙体混凝土浇筑

（1）在现浇混凝土前,对挡土墙顶面高程进行标示,且提前复核无误。

（2）在浇筑前对模板、支撑、钢筋、预埋件、预留孔洞等进行检查,检查支架、支撑的稳定性、牢固性、模板板缝的严密性和对拉螺栓的可靠性,并使其符合设计和施工要求。

（3）检查钢筋、预埋件、预留洞口等的安装位置是否符合设计要求。

（4）与底板的湿接部位,应事先凿毛,并使其表面洁净。对湿接部位视其干燥程度,适当洒水润湿;木模板也应润湿。在浇筑前清除钢筋上的油渍和粘附在模板上的泥土等杂物,模板的缝隙和洞口应封堵严密,模板内不得存有积水。

（5）挡土墙混凝土宜分层进行浇筑,并一次性连续浇筑完成。采用插入式振捣器振捣时,浇注层厚为振捣器作用部分长度的1.25倍。浇筑过程中严格控制浇筑速度,不可过快,混凝土自由落差不大于2m。振捣采用插入式振捣棒,振捣时移动间距不得超过振捣棒作用半径的1.5倍,且保持与侧模的距离在5~10cm,插入下层混凝土5~10cm。每一处振捣完毕后边振动边徐徐拔出振捣棒,振捣时避免碰撞模板、钢筋等,在每一处振捣部位延续时间应使混凝土表面呈现浮浆和不再沉落为度。

3.2.10　养护及拆模

（1）混凝土浇筑完成后,应覆盖洒水养护,洒水次数应能保持混凝土湿润,养护期不少于7d。

（2）当混凝土强度达到设计强度的75%以上时,方可拆除侧面模板。

（3）首先逐段松开并拆除拉杆,一次松开长度不宜过大,不允许以猛烈的敲打和强扭等方式进行。

（4）逐块拆除模板,拆除时注意保护墙体、防止损坏。

（5）将模板与支撑拆除后应维修整理,分类妥善存放。

3.2.11　挡土墙顶混凝土浇筑

浇筑前将墙顶凿毛刷素浆,以利混凝土上下结合牢固。按挡土墙设计墙顶高程控制模板高程,模板内侧压紧泡沫塑料条,严禁漏浆污染墙面。混凝土浇筑及养护见3.2.9及3.2.10条中的相关规定。

3.2.12　回填土

不得使用杂质和腐殖土,应选用透水性好的砂砾或砂砾土回填。回填应分层进行,根据选用的压实机具确定每层虚铺厚度。挡土墙背后回填透水层应保证设计宽度和厚度,随填土进度同步进行,填土时不得污染透水层。泄水孔应按设计位置施工,泄水孔应贯通不得堵塞。

4 质量标准

4.0.1 主控项目

（1）地基承载力应符合设计要求。

检查数量:每道挡土墙基槽抽检3点。

检验方法:查钎探检测报告、隐蔽验收记录。

（2）钢筋品种和规格、加工、成型、安装与混凝土强度应符合设计和验收规范的有关规定。

4.0.2 一般项目

（1）混凝土表面应光洁、平整、密实,无蜂窝、麻面、露筋等现象,泄水孔畅通。

检查数量:全数检查。

检查方法:观察。

（2）钢筋加工与安装偏差应符合施工验收规范的规定。

（3）现浇钢筋混凝土挡土墙基础允许偏差应符合施工验收规范的规定。

（4）现浇钢筋混凝土挡土墙允许偏差应符合表4.0.2-1的规定。

表4.0.2-1 现浇混凝土挡土墙允许偏差表

序号	项 目		规定值或允许偏差（mm）	检 验 频 率		检 验 方 法
				范围	点数	
1	长度		±20	每座	1	用钢尺量
2	断面尺寸	厚	±5		1	用钢尺量
		高	±5		1	
3	垂直度		0.15%H且≤10mm	20m	1	用经纬仪或垂线检测
4	外露面平整度		≤5		1	用2m直尺和塞尺量取最大值
5	顶面高程		±5		1	用水准仪测量

注:表中H为挡土墙板高度（mm）。

（5）路外回填土压实度应符合设计规定。

检查数量:路外回填土每压实层抽检3点。

检验方法:环刀法、灌砂法。

（6）预制混凝土栏杆允许偏差应符合表4.0.2-2的规定。

表4.0.2-2 预制混凝土栏杆允许偏差

序号	项 目	允许偏差	检测频率		检验方法
			点数	范围	
1	断面尺寸（mm）	符合设计规定	每构件（每类）抽查总数10%,不少于5件	1	观察、用钢尺量
2	柱高（mm）	0 +5		1	用钢尺量
3	侧面弯曲	≤L/750		1	沿构件全长拉线量最大矢高
4	麻面	≤1%		1	用钢尺量麻面总面积

注:L为构件长度。

（7）栏杆安装允许偏差应符合表4.0.2-3的规定。

表4.0.2-3　栏杆安装允许偏差

序号	项　目		允许偏差（mm）	检测频率		检验方法
				范围	点数	
1	直顺度	扶手	≤4	每座	1	用10m线和钢尺量
2	垂直度	栏杆柱	≤3	每柱（抽查10%）	2	用垂线和钢尺量,顺横桥轴方向各1点
3	栏杆间距		±3	每柱（抽查10%）		用钢尺量
4	相邻栏杆扶手高差	有柱	≤4	每处（抽查10%）	1	
		无柱	≤2			
5	栏平面偏位		≤4	每30m	1	用经纬仪和钢尺量

注：现场浇筑的栏杆、扶手和钢结构栏杆、扶手的允许偏差可参照本款办理

5　质量记录

5.0.1　挡土墙基础开挖质量检验记录。

5.0.2　水泥、石灰、粉煤灰砂砾混合料基础处理质量检验记录。

5.0.3　钢筋加工质量检验记录。

5.0.4　钢筋成型与安装质量检验记录。

5.0.5　混凝土浇筑质量检验记录。

5.0.6　基槽回填压实度记录。

5.0.7　钢筋、水泥、石灰粉煤灰砂砾混合料等材料的试验报告。

5.0.8　混凝土配合比申请单及试验报告、混凝土试件抗压强度报告。

5.0.9　混凝土浇筑记录。

5.0.10　隐蔽工程检查记录。

5.0.11　钎探记录。

5.0.12　混凝土测温记录（冬季施工）。

5.0.13　分项（检验批）工程质量检验记录。

5.0.14　分部（子分部）工程质量检验记录。

6　冬、雨季施工措施

6.1　冬季施工

6.1.1　开挖基坑时,挖土应尽量一次挖到规定深度。开挖到设计高程如有冻土应彻底清除。如当天不进行下一道工序,应在基坑底预留适当厚度的松土,或用保温材料覆盖。

6.1.2　混凝土应按经批准的配比掺加防冻剂。

6.1.3　混凝土浇筑前应清除模板、钢筋上的冰雪及污垢,采用蓄热法养护时不得低于10℃。混凝土浇筑时,入模温度不得低于5℃。

6.1.4　浇筑前应对模板进行预热,并随时对混凝土温度进行监测。

6.1.5　模板和保温层应在混凝土强度达到临界强度后方可拆除。当混凝土表面与外界温差大于15℃时,拆模后的混凝土表面,应采取使其缓慢降温的临时覆盖措施。

6.1.6　冬季焊接钢筋应在室内进行,当需在室外焊接时,其室外温度不宜低于－20℃,且应有避雪

挡风设施,未完全冷却的焊接接头不得接触冰雪;

6.1.7 冬季回填土时,道路用地内的沟槽不得回填冻土;道路用地以外原则不得回填冻土,靠绿地或农田一侧回填用土中的冻块含量不得超过15%,冻块的粒径不得大于10cm,且应分散不得集中,并按照常规分层回填、分层夯压密实,应预留沉降量。

6.2 雨季施工

6.2.1 基坑开挖尽量避免在雨季施工,无法避免时,在基坑两侧挖截水沟,防止地表水流入槽基。同时在坑底两侧挖排水沟,设积水井,用泵抽除积水,防止坑底受水浸泡。

6.2.2 混凝土浇筑时应了解天气变化情况,避免突然遇雨而影响混凝土浇筑,已振捣成型的混凝土及时覆盖,防止雨水冲刷。

6.2.3 浇筑混凝土时如突然遇雨,应做好临时施工缝方可收工。如超过混凝土初凝时间,按施工缝处理,雨后继续施工时应先对结合部位进行技术处理,再进行浇筑。

6.2.4 基坑回填按排水方向由高向低回填,同时不得带水回填。

6.2.5 准备好充足的防洪防汛材料、工具、器材和设备,以备应急使用。

7 安全、环保措施

7.1 安全措施

7.1.1 进行详细的施工安全交底,施工过程中,每道工序应由施工员向班组进行有针对性的书面和口头安全交底,安全交底单交接手续要齐全,切实起到对班组安全生产的指导作用。

7.1.2 开挖基坑前必须了解清楚土质情况、地下水位及各种管线埋置情况,施工过程中采取可靠支撑防护。

7.1.3 施工现场严格执行三相五线制,配电系统实行三级配电两级漏电保护,严格电工值班制度。

7.1.4 各种施工机械定期检查、保养;施工前施工员对操作人员进行交底;严禁无证上岗和违章驾驶。

7.2 环境保护

7.2.1 基坑开挖完成后,及时对土方进行遮盖,防止产生扬尘现象。

7.2.2 施工完成后对施工中使用的遮盖设施及遗留的固体废弃物,要及时进行回收,设专门地点进行处理。

7.2.3 施工现场应经常洒水,运土车辆出场前应进行清洗。

7.2.4 混凝土罐车退场前应在指定地点清洗料斗及轮胎。

7.2.5 临近居民区施工作业时,采取低噪声振捣棒,降低噪声污染。

8 主要应用标准和规范

8.0.1 中华人民共和国行业标准《公路桥涵施工技术规范》(JTG/T F50—2011)

8.0.2 中华人民共和国国家标准《环境空气质量标准》(GB 3095—2012)

8.0.3 中华人民共和国行业标准《城镇道路工程施工与质量验收规范》(CJJ 1—2008)

8.0.4 中华人民共和国行业标准《公路土工试验规程》(JTG E40—2007)

8.0.5 中华人民共和国国家标准《钢筋混凝土用钢(热轧带肋钢筋)》(GB 1499.2—2007)

编、校:俞宽坤 刘中存

127 浆砌圬工边沟

（Q/JZM – SZ127 – 2012）

1 适用范围

本施工工艺标准适用于市政道路工程中片石(块石)、混凝土预制块、非黏土砖等砌筑的边沟结构施工作业。其他道路的浆砌圬工边沟可参照使用。

2 施工准备

2.1 技术准备

2.1.1 图纸会审已经完成并进行了设计交底。

2.1.2 根据施工组织设计编制详细的施工方案,上报监理并得到审批。

2.1.3 材料报验已上报并得到批准。

2.1.4 已向施工人员进行技术和安全交底。已调查清楚施工范围的现况地下管线情况,并按相关规范计算出开槽宽度、放坡坡度、开槽深度等。

2.2 材料准备

2.2.1 砌筑用砖、石料、预制混凝土砌块的规格和强度应符合设计规定。

2.2.2 砌筑应采用水泥砂浆。宜采用硅酸盐水泥、普通硅酸盐水泥、矿渣水泥或火山灰质硅酸盐水泥和质地坚硬、含泥量小于 5% 的粗砂、中砂及饮用水等拌制砂浆。

2.2.3 预拌砂浆或混凝土的配合比应符合试验规定。

2.3 施工机具与设备

2.3.1 施工机械:挖掘机、装载机、手扶振动压路机或蛙式打夯机、砂浆搅拌机。

2.3.2 检验用具:水准仪、全站仪、50m 钢卷尺、5m 盒尺、2m 直尺、垂球等。

2.4 作业条件

2.4.1 施工范围内妨碍施工的现况地上障碍物已拆除或改移完毕,沟槽范围内的现况地下管线调查清楚,并标识醒目;与结构冲突的已制订加固或改移方案,不与结构冲突的应制订保护方案。

2.4.2 现场用水、电已落实。现场道路畅通,施工场地已清理平整,必要时应进行碾压、夯实处理,满足施工机械作业要求。

2.4.3 测设开槽中线、开槽上口线,明确沟槽坡度及槽底高程。

3 操作工艺

3.1 工艺流程

测量放线→沟槽开挖→基础处理→结构砌筑→抹面或灌浆或勾缝→养护。

3.2 操作方法

3.2.1 测量放线

（1）施工前由测量人员根据甲方或当地测绘单位提供的测量导线点进行复测与闭合工作；对水准点进行复测，对施工部位准备好平面控制点，并加密导线点、水准点，以满足施工测量控制的需要。对边沟开挖的断面进行放样及水准控制点的复测。

（2）对边沟设计位置进行测量放线，确定边沟的施工中线、开槽上口线、开槽深度、下口宽度等。

3.2.2 沟槽开挖

（1）开槽前，应根据施工环境和施工需要确定土方开挖、运弃、暂存等方案，选择存土场地。在使用机械开挖时，为防止超挖或扰动槽底土层，基底应预留20cm厚的土层由人工清底。

（2）基槽开挖后经验槽合格，应按设计要求测定砌筑外露面边线及内面边线，并立好线杆和挂线；曲线段挂线杆应加密。

3.2.3 基础处理

（1）边沟基础应坚固可靠，基槽承载力应符合设计要求。严禁扰动基础下的稳定土体，如有超挖应按相关规定进行处理。

（2）地基软弱需要对基础进行处理的，应及时与设计方确定加固处理方法。

3.2.4 结构砌筑

（1）砌筑前应检查基础尺寸、中线及高程是否符合要求。边沟底部的基础及坡面应平整、密实，局部凹陷处应挖成台阶并与墙身同时砌筑。

（2）边沟两侧坡面及两端面砌筑应平顺，边坡背后与基底面结合应紧密，坡面顶与边坡间缝隙应封严。局部边坡镶砌时应切入坡面，与周边衔接应平顺。

（3）浆砌边沟按设计要求长度需要留置的伸缩缝，应垂直、贯通，止水材料应填塞饱满。采取分段砌筑时，相邻高差不得超过1.2m，且分段位置宜设置在沉降缝处。

（4）边沟侧面需要预埋排水管道或预留口时，其位置应准确。

（5）混凝土砌块结构的砌筑

①当基础验收合格，方可铺浆砌筑。若基础为混凝土结构时，混凝土抗压强度应达到设计强度的75%时，方可进行砌筑。

②采用混凝土砌块砌筑边沟沟底和两侧坡墙时，应严格按照设计坡度先进行冲筋，作为整体砌筑的控制样板。冲筋间距宜为5m左右，经检验合格后将空挡进行填充砌筑，并随时使用小线或杠尺，控制砌块的平整度、纵横缝缝宽、相邻砌块高差等。

③砌筑混凝土砌块卧底和勾缝所采用的水泥砂浆，应严格按照设计要求进行拌制；基础面处理平整和洒水润湿后，方可按照设计卧浆厚度铺浆砌筑。

④在砌筑混凝土砌块时应轻轻安放，使用橡胶锤或木制墩锤敲打使其稳定，但不得损伤砌块的边角。

⑤砂浆层不平时应拆掉砌块重新用砂浆找平，严禁向砌块底部填塞砂浆或支垫碎砖块等。

（6）石块结构砌筑

①基础底部垫层施工完成后，进行边沟底部的块石或片石砌筑，将石料表面粘附的泥土等杂物清除干净，并用水润湿。

②在首层、转角处、交叉处等应选择体积较大、较为平整的石材进行砌筑，并应将石块的大面向下安放。

③浆砌块石、片石的砌筑应交错嵌紧，砌石应座浆饱满、咬口紧密，基底和坡面上下及内外应互相搭砌、上下错缝、勾缝密实。严禁有叠砌、贴砌、浮塞、孔洞、通缝等现象。浆砌混凝土砌块座浆应饱满、密实，不得有孔洞、悬浆等现象。

（7）机砖结构砌筑

①使用机砖砌筑边沟结构的,在砌筑前应视天气情况将机砖用水浸透。

②当基础验收合格,基础面处理平整后,方可铺浆砌筑。

③砌筑机砖应满铺满挤、上下搭砌,砌砖的水平和竖向灰缝宽度宜为 10mm,并不得有竖向通缝;曲线段的竖向内侧灰缝宽度不应小于 5mm;外侧灰缝宽度不应大于 13mm,允许偏差 ±2mm。

3.2.5　抹面、勾缝

（1）机砖边沟有抹面要求时,应在砌筑时将挤出的砂浆刮平,将砌体表面泥土等杂物清理干净,并将表面洒水润湿。

（2）抹面砂浆终凝后,应及时保持湿润养护。

（3）边沟底表面的水泥砂浆抹面,可一次完成,抹面前应将底板表面清扫干净、洒水润湿,随抹随用杠尺刮平。压实或拍实后,用木抹搓平,再用铁抹分两遍赶光压实。

（4）水泥砂浆抹面质量应符合下列要求:砂浆与基层及各层间应粘结紧密牢固,不得有空鼓及裂纹等现象。抹面平整度允许偏差不大于 5mm,接茬应平整,阴阳角清晰直顺。

（5）沟底和侧墙（边坡）砌筑后,在勾缝前应将所有石块的外露面粘结的砂浆、泥土及杂物清除干净,并洒水润湿。

（6）石块之间的缝隙使用水泥砂浆进行勾缝,砂浆强度等级应符合设计要求,当设计无规定时,砂浆强度等级不得低于 M10。勾缝时因保持砌筑的自然缝;勾凸缝时,灰缝应整齐,弧线应圆滑,宽度尽量一致,并赶光压实;不得出现毛刺、裂纹、空鼓、脱落等现象。

3.2.6　养护

砌筑完成后,应进行养护,并根据天气情况适时安排洒水或覆盖养护。

4　质量标准

4.0.1　主控项目

（1）地基承载力应符合设计要求。

检查数量:每道边沟基槽抽检 3 点。

检验方法:查钎探报告、隐蔽工程检查记录。

（2）砌块、石料强度应符合设计要求。

检查数量:每品种、每检验批 1 组（3 块）。

检验方法:查试验报告。

（3）砌筑砂浆平均抗压强度等级应符合设计要求,任一组试件抗压强度最低值不应低于设计强度的 85%。

检查数量:同一配合比砂浆,每 50m³ 砌体中,作 1 组（6 块）,不足 50m³ 按 1 组计。

检验方法:查试验报告。

4.0.2　一般项目

边沟结构应牢固,外形美观,勾缝密实、均匀。

5　质量记录

5.0.1　基槽开挖质量检验记录。

5.0.2　砂浆配合比申请单及试验报告、试件抗压强度报告。

5.0.3　隐蔽工程检查记录。

5.0.4　分项（检验批）工程质量检验记录。

5.0.5 分部(子分部)工程质量检验记录。

6　冬、雨季施工措施

6.1　冬季施工

6.1.1 砌石工程不宜在冬季施工。如在冬季施工时,需采用暖棚法、蓄热法等施工方法进行,并须根据不同气温条件编制具体施工方案,并采用掺加防冻剂的预拌砂浆。

6.1.2 气温低于5℃时,不能洒水养护。

6.1.3 解冻期间应对砌体进行观察,当发生裂缝、不均匀沉降的情况,应具体分析原因并采取相应补救措施。

6.2　雨季施工

6.2.1 挖槽时应在槽边设护挡,防止雨水进入沟槽,挖槽时槽底预留20cm厚进行人工清槽。

6.2.2 土槽边坡应铲平拍实,避免雨水冲刷,挖槽后应随即进行下道工序的施工。

6.2.3 在槽底内侧挖排水沟并设集水坑,将汇集的雨水排到槽外。

7　安全、环保措施

7.1　安全措施

7.1.1 边沟开槽施工应根据开槽深度、土质情况等,严格按照施工设计坡度放坡,对于开槽深度超过5m、必须编制专项施工方案,并经过专家论证后,方可组织实施。

7.1.2 沟槽上部堆土高度不得超过1m,且堆土底部距沟槽边缘应不小于1m。

7.1.3 搬运和砌筑石块、预制块时,作业人员应精神集中,并提醒护坡底部作业人员注意,并应采取防止砸伤手脚和滚落砸伤他人的措施。使用的工具应放在便于取用和稳妥处,作业中随时将作业范围内的碎石、碎块等清理干净,作业下方不得有人。

7.1.4 电器设备使用前,必须由专业电工进行检测,合格后方可使用。施工中严格按照规程规范要求进行电器设备的安装。

7.2　环境保护

7.2.1 运输砂石、土方、渣土和垃圾的车辆,必须密闭运输,防止在运输过程中的遗洒。

7.2.2 施工现场暂存的渣土、灰土、水泥等散体材料应集中存放,并采取密闭或密目网覆盖等措施。

7.2.3 施工现场内部施工道路必须进行硬化处理,做到不泥泞、不扬尘。保持施工区环境卫生,及时清理垃圾,运至指定地点处理。

8　主要应用标准和规范

8.0.1 中华人民共和国行业标准《公路路基施工技术规范》(JTG F10—2006)

8.0.2 中华人民共和国行业标准《公路工程施工安全技术规程》(JTJ 076—1995)

8.0.3 中华人民共和国行业标准《城镇道路工程施工与质量验收规范》(CJJ 1—2008)

8.0.4 中华人民共和国国家标准《砌体工程施工及验收规范》(GB 50203—2002)

编、校:刘锟　汤兴

128 浆砌圬工护坡

（Q/JZM – SZ128 – 2012）

1 适用范围

本施工工艺标准适用于市政道路工程中路基护坡工程的施工作业，其他道路边坡防护可参照使用。

2 施工准备

2.1 技术准备

施工前已对施工人员进行书面形式的施工技术交底和施工安全交底，明确了设计意图、施工方法、质量标准、环境保护、安全操作规程等。

2.2 材料准备

2.2.1 砌筑用石料、预制混凝土砌块的规格和强度应符合设计规定。

2.2.2 砌筑应采用水泥砂浆。宜采用硅酸盐水泥、普通硅酸盐水泥、矿渣水泥或火山灰质硅酸盐水泥和质地坚硬、含泥量小于5%的粗砂、中砂及饮用水等拌制砂浆。

2.2.3 预拌砂浆或混凝土的配合比应符合试验规定。

2.3 施工机具与设备

2.3.1 施工机具：拌制水泥砂浆设备、夯实设备、运输设备、施工电源、电源闸箱等。

2.3.2 测量检测仪器：全站仪、水准仪、3m 直尺、钢卷尺等。

2.4 作业条件

2.4.1 根据施工图和现场条件，确定施工顺序。

2.4.2 现场道路畅通，施工场地应平整坚实，满足施工机械作业要求。

2.4.3 选择石料存放场地。

2.4.4 护坡基底按照设计坡度整平，密实度满足道路路基要求，对基底不符合质量验收标准部位，必须进行修整，并经监理等单位验收合格。

3 操作工艺

3.1 工艺流程

测量放线→边坡基底修整→边坡趾墙基础开槽→砌筑趾墙→砌筑护坡→水泥砂浆勾缝→养护。

3.2 操作方法

3.2.1 测量放线

砌筑前按照设计平面位置、高程、坡度进行测量放线，放出护坡坡脚和坡顶线。

3.2.2 边坡基底修整

（1）原坡面应平整、密实。对边坡基底进行修整,按设计坡度挂线进行削坡和整平,对松软部位用手夯拍实。

（2）设计边坡有砂砾料基础垫层时,应自下而上铺筑。厚度要满足设计要求。

3.2.3 边坡趾墙基础开槽

（1）采用机械或人工进行开槽。在使用机械开挖时,为防止超挖或扰动槽底土层,基底预留20cm厚的土层,由人工清底。

（2）验槽合格后,测定砌筑外露面边线及内面边线,并立好线杆,进行挂线,曲线段挂线杆应加密布设。

（3）开槽断面应符合规范要求,在保证质量和安全的前提下,以少挖方、少占地为宜。

（4）边坡趾墙基础应坚固可靠,基槽承载力应符合设计要求。严禁扰动基础下稳定的土体,如发生超挖应按有关规定进行处理。

（5）地基无法达到设计承载力时,必须对基础进行处理,应及时与设计单位商订具体加固处理方法。

3.2.4 砌筑趾墙

（1）砌筑趾墙应保证趾墙砌体宽度和厚度符合设计要求,砌筑中应定期量测。

（2）浆砌石底面应卧浆铺砌,立缝填浆捣实,不得有空缝和贯通立缝。砌筑中断时,应将砌好的石块空隙用砂浆填满;再砌筑时石块表面应清扫干净,洒水润湿,工作缝应留斜茬。

（3）趾墙砌筑时的浆砌片石、块石、混凝土砌块应分层交错嵌紧,不得有叠砌、松动、浮塞等现象。浆砌座浆应饱满、密实,不得有孔洞、悬浆等现象。

（4）对石料空隙使用较小块体进行填充。

（5）石料灌缝使用的材料品质和配合比应满足设计要求。

（6）砌筑的石料等空隙应分层灌缝,用水泥砂浆随时灌缝后进行插捣。

3.2.5 砌筑护坡

（1）料石规格应符合下列要求:

丁石宽度不得小于石料的厚度,长度不得小于厚度的1.5倍,并应比相邻顺石宽度大15cm以上。顺石宽度不得小于石料的厚度,长度不得小于厚度的1.5倍。

角石一边不得小于石料的厚度,另一边不得小于厚度的1.5倍。修凿面进深:毛料石不得小于10cm,粗料石不得小于15cm。所有修凿面应平整,四角方正,尾部大致凿平。护坡梯道、跌水槽结构按设计位置、结构尺寸、材料品质施工,与护坡结构同时安排施工。

（2）护坡砌筑应从下而上进行。坡面局部有凹陷处,应挖成台阶与墙身同时砌筑。砌石应座浆饱满、咬口紧密、内外搭砌、上下错缝、勾缝密实。严禁有叠砌、贴砌、浮塞、孔洞、通缝等现象。

（3）浆砌护坡设置泄水孔处,应按设计要求先施工反滤层,泄水孔的反滤层设置应与砌筑同时进行。

（4）护坡与趾墙基础沉降缝对齐,缝应垂直、贯通,缝内止水材料应填塞饱满。

（5）护坡砌筑其护坡面与顶部及两侧端头与坡面衔接应平顺,护坡背后与基底坡面结合应紧密。局部边坡镶砌时应切入坡面,与周边衔接平顺;护坡墙顶与边坡间缝隙采用水泥砂浆抹面封严。

3.2.6 水泥砂浆勾缝

（1）护坡砌筑完成后及时进行勾缝,勾缝用的水泥砂浆,必须满足设计要求。

（2）外露面应留深1~2cm的勾缝槽,按设计要求勾缝。勾缝密实,缝宽均匀一致,不得有漏勾、裂缝、空鼓、脱落等现象。

3.2.7 养护

根据天气情况采取保温保湿措施,及时进行覆盖,适时洒水养护。

4　质量标准

4.0.1　一般项目

（1）石料、预制砌块的强度符合国家现行标准的相关规定。

（2）砂浆强度应符合国家现行标准的相关规定。

（3）基础混凝土强度应符合设计要求：

检查数量：每100m^{3}1组（3块）。

检验方法：查试验报告。

（4）砌筑线形顺畅、表面平整、咬砌有序、无翘动。砌缝均匀、勾缝密实。护坡顶与坡面之间缝隙封堵密实。

检查数量：全数检查。

检验方法：观察。

（5）护坡允许偏差应符合表4.0.1的规定。

表4.0.1　护坡允许偏差

序号	项目		允许偏差（mm）			检验频率		检验方法
			浆砌块石	浆砌料石	混凝土砌块	范围	点数	
1	基底高程	土方	±20			20m	2	用水准仪测量
		石方	±100				2	
2	垫层厚度		±20			20m	2	用钢尺量
3	砌体厚度		不小于设计值			每沉降缝	2	用钢尺量顶、底各1处
4	坡度		不小于设计值			每20m	1	用坡度尺量
5	平整度		≤30	≤15	≤10	每座	1	用2m直尺、塞尺量
6	顶面高程		±50	±30	±30	每座	2	用水准仪测量两端部
7	顶面线形		≤30	≤10	≤10	100m	1	用20m线和钢尺量

5　质量记录

5.0.1　水泥、砂、石、外加剂、掺和料等材料的产品合格证和试验报告。

5.0.2　混凝土配合比申请单及试验报告或商品混凝土的合格证。

5.0.3　砂浆配合比申请单及试验报告或合格证。

5.0.4　混凝土试件抗压强度试验报告。

5.0.5　砂浆试件抗压强度试验报告。

5.0.6　试件抗压强度试验报告。

5.0.7　隐蔽工程检查记录。

5.0.8　地基处理记录。

5.0.9　土壤压实度试验记录。

5.0.10　工序（分项）质量评定表。

5.0.11　工程部位（分部）质量评定表。

6　冬、雨季施工措施

6.1　冬季施工

6.1.1　砌石工程不宜在冬季施工。如在冬季施工时,需采用暖棚法、蓄热法等施工方法进行,根据不同气温条件编制具体施工方案,并采用掺加防冻剂的预拌砂浆。

6.1.2　气温低于5℃时,不能洒水养护。

6.1.3　解冻期间应对砌体进行观察,当发生裂缝、不均匀沉降的情况,应具体分析原因并采取相应补救措施。

6.2　雨季施工

6.2.1　挖槽时应在槽边和坡顶设置护挡,防止雨水冲刷边坡基底或进入趾墙沟槽,机械挖槽时槽底预留20cm,由人工清槽。

6.2.2　边坡顶部设置土埝,边坡基底应铲平夯实,避免雨水渗透形成湿软基础,边坡趾墙基底挖槽后应随即进行下道工序的施工。在槽底内设集水坑,将汇集的雨水抽排到槽外。

6.2.3　挖槽时应充分考虑由于挖槽和堆土破坏天然排水系统后,根据需要应重新规划排水出路。挖槽见底后应随即进行下一工序,否则槽底以上宜暂留20cm不挖,作为保护层。

6.2.4　施工时注意采取必要防雨措施,提前备好防雨设备。

7　安全、环保措施

7.1　安全措施

7.1.1　场地平整、坚实、无障碍物,施工现场应划分作业区,安设防护栏杆并设安全标志。

7.1.2　搬运和砌筑石块、预制块时,作业人员应精神集中,并提醒护坡底部作业人员注意,应采取防止砸伤手脚和滚落砸伤他人的措施。使用的手使工具应放在便于取用和稳妥处,作业中随时将作业范围内的碎石、碎块等清理干净,作业下方不得有人。

7.2　环境保护

7.2.1　施工现场暂存的渣土、灰土、粉煤灰、水泥等散体材料应集中存放,必须采取密闭或密目网覆盖等措施。

7.2.2　遇四级风以上天气不得进行土方作业。施工现场应当设专人负责保洁工作,并配备相应的洒水设备,及时进行洒水、减少扬尘污染。

7.2.3　运输砂石、土方、渣土和垃圾的车辆,必须密闭运输,防止车辆在运输过程中遗撒。

8　主要应用标准和规范

8.0.1　中华人民共和国行业标准《公路路基施工技术规范》(JTG F10—2006)

8.0.2　中华人民共和国行业标准《公路工程施工安全技术规程》(JTJ 076—1995)

8.0.3　中华人民共和国行业标准《城镇道路工程施工与质量验收规范》(CJJ 1—2008)

8.0.4　中华人民共和国国家标准《砌体工程施工及验收规范》(GB 50203—2002)

编、校:俞一尘　刘锟

第二篇　市政桥梁工程

201 明挖基坑

（Q/JZM - SZ201 - 2012）

1 适用范围

本施工工艺标准适用于市政桥梁工程中一般地质条件下采用井点降水的桥墩、桥台基坑、涵洞基坑等开挖作业。

2 施工准备

2.1 技术准备

2.1.1 熟悉和分析施工现场的地质、水文资料,根据结构物尺寸,确定基坑的大小和开挖深度,进行施工设计计算,确定施工方案,编制单项施工组织设计,向班组进行书面的技术交底和安全交底。

2.1.2 基坑开挖前,必须对基坑围护范围及外周边以内地层中的地下障碍物进行勘探、调查,以便采取必要的措施。

2.1.3 开挖前对施工人员进行全面的技术、操作、安全交底,确保施工过程的工程质量和人身安全。

2.2 材料准备

2.2.1 明挖基坑施工、基坑回填施工,应根据施工组织设计或施工方案,储备足够数量支护(支撑)材料,需回填的基坑应备足填料。

2.2.2 支护(支撑)所需的方木、板材、型钢、钢板,混凝土支护结构的钢筋、预拌混凝土等应符合施工设计规定。

2.3 施工机具与设备

2.3.1 施工主要设备

挖掘设备:铁锹、锤、镐、钢钎、挖掘机、手推车、大小翻斗车等。

排水设备:离心式潜水泵、高压水泵、针形管、塑料管或胶皮管、井点降水设施等。

安全设备:鼓风机、有害气体检测仪、氧气袋、低压防破电线、防水照明灯、竹梯或软梯、警戒绳、安全帽、安全带等。

2.3.2 测量检测仪器:全站仪、水准仪、触探仪、土工试验仪器、钢卷尺等。

2.4 作业条件

2.4.1 施工围挡已完成,施工警告标志标牌已安装就位。

2.4.2 基坑施工范围内妨碍开槽作业的地上、地下电缆、管道、杆线等构筑物必须清除或改移完毕,不妨碍施工的现场周边构筑物应进行标识,并有保护措施。

2.4.3 现场道路畅通,施工场地已清理平整,现场用水、用电接通,备有夜间照明设施。

2.4.4 测量控制网已建立,测量放线已完成。

2.4.5 基坑顶有动荷载时,坑顶边与动荷载间应留有不小于1m宽的护道,如动荷载过大宜增宽护道。

2.4.6　开挖有地下水位的基坑时,应根据当地工程地质资料,采取措施降低地下水位。一般要降至开挖面以下 0.5m,然后才能开挖。

3　操作工艺

3.1　工艺流程

施工准备→测量放线→放坡开挖→井点降水以保持基坑内干燥→基坑开挖→基坑四周设置排水沟、集水坑进行排水→机械开挖至基底设计高程,并预留 30cm 的高度→人工清理找平基底→基底处理→成品验收。

3.2　操作方法

3.2.1　施工准备

依据工程的实际地质情况和周围环境条件,确定合理、便捷、安全经济的基坑开挖方法,并做出地基加固和开挖施工等配套设计。

3.2.2　测量放样

依据设计资料及图纸,复核基坑轴线控制网和高程基准点。测定基坑纵、横中心线及高程水准点后,按边坡的放坡率放出上口开挖边线桩,撒出开挖灰线,并在基坑的四周引出测量控制桩位的护桩。经驻地监理工程师复核、批准后才能进行开挖。

3.2.3　放坡开挖

(1)基坑坑壁坡度应按地质条件、基坑深度、施工方法等情况确定。当为无水基坑且土层构造均匀时,基坑坑壁坡度可按表 3.2.3 确定。

表 3.2.3　基坑坑壁坡度

序号	坑壁土类	坑壁坡度		
		坡顶无荷载	坡顶有静荷载	坡顶有动荷载
1	砂类土	1:1	1:1.25	1:1.5
2	卵石、砾类土	1:0.75	1:1	1:1.25
3	粉质土、黏质土	1:0.33	1:0.5	1:0.75
4	极软岩	1:0.25	1:0.33	1:0.67
5	软质岩	1:0	1:0.1	1:0.25
6	硬质岩	1:0	1:0	1:0

注:①坑壁有不同土层时,基坑坑壁坡度可分层选用,并酌设平台。

②坑壁土类按照现行《公路土工试验规程》(JTG E40—2007)划分。

③岩石单轴极限强度 <5.5MPa、5.5 ~30MPa、>30MPa 时,分别定为极软、软质、硬质岩。

④当基坑深度大于 5m 时,基坑坑壁坡度可适当放缓或加设平台。

(2)如土的湿度有可能使坑壁不稳定而引起坍塌时,基坑坑壁坡度应缓于该湿度下的天然坡度。

(3)当基坑有地下水时,地下水位以上部分可以放坡开挖;地下水位以下部分,若土质易坍塌或水位在基坑底以上较深时,应加固开挖。

(4)在山坡上开挖,应注意防止滑坍。

3.2.4　井点降水

井点降水法适用于粉、细砂,地下水位较高、有承压水、挖基较深、坑壁不易稳定的土质基坑。依据设计图提供的勘探资料,先估算渗水量,选择施工方法和排水设备。采用井点法降低地下水位,应在距基坑坡顶外的土层内通过计算设置若干针形管,通过水泵从中抽水引起地下水位的下降。由于各集水井在施工过程中不断抽水，使基坑范围地下水位下降，从而基坑保持干燥无水。井点类别的选择，宜按照土壤的渗透系数、要求降低水位深度以及工程特点而定（见表3.2.4）。井点降水在无砂的黏质土中不宜使用。

表3.2.4　各种井点法的适用范围

井点类别	土壤渗透系数（m/d）	降低水位深度（m）	井点类别	土壤渗透系数（m/d）	降低水位深度（m）
一级轻型井点法	0.1～80	3～6	电渗井点法	<0.1	5～6
二级轻型井点法	0.1～80	6～9	管井井点法	20～200	3～5
喷射井点法	0.1～50	8～20	深井泵法	10～80	>15
射流泵井点法	0.1～50	<10			

注：①降低土层中地下水位时，应将滤水管埋设于透水性较大的土层中；

②井点管的下端滤水长度应考虑渗水土层的厚度，但不得小于1m。

3.2.5　基坑开挖

开挖作业方式以机械作业为主，采用挖掘机作业辅以人工清槽。挖掘机可以在基坑内或基坑边缘作业，直接把弃土装车运走。挖基土尽可能远离基坑边缘堆放，以免塌方和影响施工。对于小型基坑的弃土处理，可以直接在四周摊平或堆放，待结构物成型后再回填到基坑内。

3.2.6　人工清理找平基底

基坑开挖应连续施工，避免晾槽。一次开挖距基坑底面以上要预留20～30cm，待验槽前人工一次清除至设计高程，以保证基坑顶面坚实。同时保证基底符合设计要求的嵌岩深度。坚决避免超挖。如超挖，应将松动部分清除后作相应处理，其处理方案应报监理、设计单位批准。

3.2.7　基底处理

基底地基处理的范围至少应宽出基础之外50cm，符合设计要求的细粒土、特殊土基底，修整合格后应按设计要求的地基承载力对基底进行地基承载力检测，地基承载力检测（地基处理）合格后应尽快进行基础工程施工。基底处理的几种方法：

（1）素土垫层

先挖去基底的部分土层或全部土层（一般是挖掉软土），然后回填素土，分层夯实。素土垫层一般适用于处理湿陷性黄土和杂填土层地基。垫层厚度一般是根据垫层底部土层的承载力决定。应使垫层传给软弱土层的压力不超过软弱土层顶部承载力。处理的厚度一般不宜大于3m，要根据垫层应力扩散角来确定素土垫层的宽度。

（2）砂垫层或砂石垫层

宜采用颗粒级配良好、质地坚硬的中砂、粗砂、砾砂、卵石或碎石等。一般按设计要求规定处理。石子最大粒径不宜大于5cm。砂石垫层应按级配拌和均匀，再铺填捣实。一层厚度一般为25cm，底面宜铺设在同一高程上。多层分段施工时，每层接头错开0.5～1m。要充分捣实，有条件可采用压路机往复碾压，达到压实度为准。如基坑渗水应采取可靠措施排水。

（3）灰土垫层（仅适用于无地下水的干基坑）

用石灰和黏性土拌和均匀，体积配合比一般宜用2:8或3:7（石灰:土），然后分层夯实而成。灰土的土料可尽量采用地基槽挖出的土。凡有机质含量不大的土都可以作灰土的土料，表面耕植土不宜采用。土料应过筛，粒径不宜大于15mm。用作灰土的熟石灰应过筛，粒径不宜大于5mm，并不得夹有未消化的生石灰块和有过多的水分。灰土施工时，应适当控制其含水率，可用手紧握土料成团、两指轻捏能碎为宜。如土料水分过多或不足时，可以晾干和洒水润湿。灰土应拌和均匀，颜色一致，拌好后应及时铺好夯实。灰土厚度虚铺为25cm，夯实或压实控制在18～20cm。灰土质量标准见有关规定。

（4）岩层基底处理

①风化的岩层，应挖至满足地基承载力要求或其他方面的要求为止。

②在未风化的岩层上修建基础前，应先将淤泥、苔藓、松动的石块清除干净，并洗净岩石。

③坚硬的倾斜岩层,应将岩层面凿平。倾斜度较大、无法凿平时,则应凿成多级台阶,台阶的宽度宜不小于0.3m。

3.2.8 基底验收

挖至设计高程的土质基坑不得长期暴露、扰动或浸泡,并应及时检查基坑尺寸、高程、基底承载力等,符合设计要求后,应立即进行基础施工。

4　质量标准

4.0.1 主控项目

(1)不得扰动基底原状土。如基坑被扰动或超挖,应按规定处理至不低于基底原状土状态。

检查数量:全数检查。

检验方法:观察。

(2)地基承载力(和地基处理结果)必须符合设计要求。

检查数量:全数检查。

检验方法:观测;按设计要求进行标准贯入试验、触探试验或其他形式试验。检查地基处理记录(或报告)。

(3)基坑放坡或基坑支护必须符合设计规定或施工组织设计规定要求;基坑支护必须有足够的强度、刚度和稳定性。

检查数量:全数检查。

检验方法:观察检查、用钢尺量,检查基坑监控、监测记录和施工记录。

(4)支撑系统所用材料品种、规格和数量等应符合设计规定或方案要求;支撑方式、支撑结构尺寸等应符合设计或方案要求。

检查数量:全数检查。

检验方法:观察、用钢尺量,检查施工记录。

4.0.2 一般项目

(1)基坑开挖偏差应符合表4.0.2的规定。

表4.0.2　基坑开挖允许偏差表

序号	项目		允许偏差(mm)	检测偏差(mm)		检验方法
				范围	点数	
1	基底高程	土方	0,-20		5	用水准仪测量四角和中心
		石方	+50,-200		5	
2	轴线位移		50	每座	4	用经纬仪测量,纵横各计2点
3	基坑尺寸		不小于规定		4	用钢尺量每边各计1点
4	对角线差		0,50		1	用钢尺量两对角线

(2)基坑内应无积水和其他杂物,基底在填筑前应清理干净,无任何影响填筑质量的物质。填料应符合设计要求,一切不适宜的物质必须清除。

检查数量:全数检查。

检验方法:观察检查。

5　质量记录

5.0.1 测量复核记录。

5.0.2 沉降观测记录。

5.0.3 地基处理记录。

5.0.4 地基钎探记录。

5.0.5 基坑开挖及回填验收记录。

5.0.6 钢或混凝土支撑（围护）工程检验批质量验收记录。

5.0.7 井点降水工程施工记录。

5.0.8 检验批质量验收记录。

6 冬、雨季施工措施

6.1 冬季施工

6.1.1 土方开挖不宜在冬季施工。如在冬季施工时,应按冬季施工特点编制专项作业方法。

6.1.2 基底不得受冻,应在基底标高以上预留适当厚度的松土(不小于300mm)或用其他保温材料覆盖。

6.2 雨季施工

6.2.1 基坑开挖施工宜安排在枯水或少雨季节进行,否则开挖面不宜过大,应逐坑、逐段、逐片分期完成。

6.2.2 雨季施工时应做好地面排水,基坑周边应做挡水围堰、排水截水沟等防止地面水流入基坑的设施。

6.2.3 雨季施工在开挖基坑(槽)时,应注意边坡稳定。必要时可适当放缓边坡坡度或设置支撑;经常对边坡、支撑、土堤进行检查,发现问题要及时处理。

6.2.4 挖至设计高程的土质基坑不得长期暴露,基底不得受水浸泡,基底上的淤泥必须清除干净,其他不符合设计要求的杂物必须处理。

7 安全、环保措施

7.1 安全措施

7.1.1 各种临时性结构和设备应按操作工况进行详细计算,并按规范要求留取足够的安全储备。基坑深度如超过1.5m应按规定设置上下坡道或爬梯。汛期开挖时要放缓边坡,并做好排水措施。

7.1.2 加强现场施工管理,施工现场人员必须戴好安全帽及其他安全防护用品。

7.1.3 基坑周围必须设置围栏;挖出的土方应及时运离基坑。机动车的通行不得危及坑壁的安全,防止坍塌。

7.1.4 施工现场的电工必须持证上岗。

7.1.5 施工地段应设置各种警告标志,夜间应有良好的照明。限速行驶,保证施工现场道路畅通。

7.1.6 严禁非驾驶员开车或试车,严禁酒后开车,施工机械专人驾驶操作。

7.1.7 专职安全人员除正常在工地检查外,对重点新工序要提出安全注意事项,并配合工地技术人员做好安全技术交底。

7.2 环境保护

7.2.1 施工现场应制订洒水防尘措施,指定专人负责及时清运废渣土。

7.2.2 对施工弃土、废水,不得向河流和设计范围外的场地直接倾倒。

7.2.3 施工机械的废油废水,应采取有效措施加以处理,不超标排放,以免造成河流和水源污染。

7.2.4　车辆运料过程中,对易飞扬的物料用篷布覆盖严密,且装料适中,不得超限;车辆轮胎及车外表用水冲洗干净,不得污染道路。

7.2.5　施工设备、车辆要经过质检部门检验,尾气排放不得超标。

7.2.6　夜间开挖时,应控制施工机械的人为噪声,防止噪声扰民。

8　主要应用标准和规范

8.0.1　中华人民共和国行业标准《公路桥涵施工技术规范》(JTG/T F50—2011)

8.0.2　中华人民共和国国家标准《环境空气质量标准》(GB 3095—2012)

8.0.3　中华人民共和国行业标准《城市桥梁工程施工与质量验收规范》(CJJ 2—2008)

8.0.4　中华人民共和国行业标准《公路土工试验规程》(JTG E40—2007)

8.0.5　中华人民共和国行业标准《公路工程施工安全技术规程》(JTJ 076—1995)

8.0.6　中华人民共和国行业标准《城镇道路工程施工与质量验收规范》(CJJ 1—2008)

编、校:黄秋红　卢伟珍

202　人工挖孔桩

（Q/JZM－SZ202－2012）

1　适用范围

本施工工艺标准适用于市政桥梁工程中一般地质条件、无地下水、较密实的土层或风化软质岩层人工成孔灌注桩工程的施工作业。严禁在地下水位高、涌水量大、有流沙、淤泥、淤泥质土层或松软土层等地质条件下采用人工挖孔成桩。

2　施工准备

2.1　技术准备

2.1.1　调查施工现场及周边地区,对设计提供的地质、水文、气象等资料进行复核;并复核施工图纸的桩位、高程及桥梁跨径、桥台位置等与地形是否一致。选择合理的孔壁支护类型、灌注方法,编制挖孔桩单项施工组织设计,向施工技术人员进行技术交底及安全交底。开挖前向作业班组进行详细的技术、安全、操作交底,确保施工过程中的质量及人身安全。

2.1.2　混凝土配合比设计及试验:应按照混凝土设计强度要求,分别做水下混凝土及普通混凝土配合比的试验室配合比、施工配合比,以满足挖孔桩不同灌注施工工艺的要求。

2.1.3　测量放样:测定桩位中心点位、高程水准点后,复核桥梁孔径、桩间距,设置桩位中心护桩,在桩基周围撒出灰线,办理驻地工程师复核、签认手续。

2.1.4　挖孔桩全面施工前,先做挖孔试桩,桩孔数量不少于2个;对图纸提供的水文、地质情况进行复核,检验选择的施工工艺是否符合相关质量、安全要求。当水文、地质情况有变化,施工过程中存在问题时,应对施工工艺进行修正。

2.2　材料准备

原材料:水泥、石子、砂、钢筋等,由持证材料员和试验人员按规定进行检测,确保原材料的质量符合质量标准要求。

2.3　施工机具与设备

2.3.1　成孔设备器具:出土提升支架、卷绳葫芦(电动葫芦或手摇辘轳)、手推车或翻斗车、镐、锹、手铲、钎、线坠、定滑轮组、导向滑轮组、混凝土搅拌机、吊桶、溜槽、导管、振捣棒、插钎、粗麻绳、钢丝绳、安全活动盖板、防水照明灯(低压36V、100W)、电焊机、通风及供氧设备、活动爬梯、安全带等。

2.3.2　测量检验仪器工具:全站仪、水准仪,水平尺、线坠、小白线、卷尺、混凝土试模。

2.3.3　监测仪器:有害、易燃、易爆气体监测仪。

2.4　作业条件

2.4.1　开挖前地上、地下的电缆、管线、旧建筑物、设备基础等障碍物均已排除并处理完毕。各项临时设施,如照明、动力、通风、安全设施等准备就绪。

2.4.2 按桩基平面图,设置桩位轴线、定位点;桩孔四周洒灰线,测定高程水准点。放线工序完成后,办理验收手续。

2.4.3 在地下水位比较高的区域,先降低地下水位至桩底以下 0.5m 左右。

2.4.4 机具设备、工具和原材料准备已完成。

3 操作工艺

3.1 工艺流程

放线定桩位及高程→开挖第一节桩孔土方(桩基锁口圈)→支护壁模板放附加钢筋→浇筑第一节护壁混凝土→检查桩位(中心)轴线→架设垂直运土器械→安装照明、通风机等器具→开挖吊运第二节桩孔土方→检查桩孔质量→先拆第一节、然后支第二节护壁模板(放附加钢筋)→浇筑第二节护壁混凝土→检查桩位(中心)轴线→逐层往下循环作业→检查验收→桩身结构施作。

3.2 操作方法

3.2.1 放线定桩位及高程

在场地"三通一平"的基础上,依据建筑物测量控制网的资料和基础平面布置图,测定桩位轴线方格控制网和高程基准点。确定好桩位中心,以中点为圆心,以桩身半径加护壁厚度为半径画出上部(即第一节)的圆周,撒石灰线作为桩孔开挖尺寸线。桩位线定好之后,必须经有关部门进行复查,办好预检手续后开挖。

3.2.2 开挖顺序

同一墩台各桩开挖顺序,可视地层性质、桩位布置及间距而定。桩间距较大、地层紧密不需爆破时,可对角开挖,反之宜单孔开挖。若桩孔为梅花式布置时,宜先挖中孔,再开挖其他各孔。

3.2.3 开挖第一节桩孔土方(桩基锁口圈)

开挖桩孔要从上到下逐层进行,先挖中间部分的土方,然后扩及周边,有效地控制开挖桩孔的截面尺寸。每节的高度要根据土质好坏、操作条件而定,一般以 0.8 ~ 1.0m 为宜。第一节井圈护壁(锁口圈)的中心线与设计轴线的偏差不得大于 20mm;第一节护壁高出地坪 150 ~ 200mm,便于挡土、挡水。桩位轴线和高程均要标定在第一节护壁上口,壁厚比下面井壁厚度增加 100 ~ 150mm。

3.2.4 支护壁模板放附加钢筋

为防止桩孔壁塌方,确保安全施工,成孔要设置钢筋混凝土(或混凝土)井圈。护壁的厚度要根据井圈材料、性能、强度、稳定性、操作方便、构造简单等要求,并按受力状况,以最下面一节所承受的土侧压力,通过计算来确定。

3.2.5 浇筑第一节护壁混凝土

桩孔护壁混凝土每挖完一节以后要立即浇筑混凝土。人工浇筑,人工捣实,混凝土强度一般为C20,坍落度控制在 80 ~ 100mm,确保孔壁的稳定性。

3.2.6 检查桩位(中心)轴线

每节桩孔护壁做好以后,必须将桩位十字轴线和高程测设在护壁的上口,然后用十字对中,吊线坠向井底投设,以半径尺杆检查孔壁的垂直平整度,随之进行修整。井深必须以基准点为依据,逐根进行引测,以保证桩孔轴线位置、高程、截面尺寸等均满足设计要求。

3.2.7 架设垂直运土器械

第一节桩孔成孔以后,即着手在桩孔上口架设垂直运输支架,要求搭设稳定、牢固。垂直运输架上安装滑轮组和电动葫芦的钢丝绳。

3.2.8 安装照明、通风机等器具

安装吊桶、照明、活动盖板、水泵和通风机：在安装滑轮组及吊桶时，注意使吊桶与桩孔中心位置重合，作为挖土时直观上控制桩位中心和护壁支模的中心线。

3.2.9 开挖吊运第二节桩孔土方

从第二节开始，开挖吊运桩孔土方（修边），利用提升设备运土，桩孔内人员戴好安全帽，地面人员要拴好安全带。吊桶离开孔口上方1.5m时，推动活动安全盖板，掩蔽孔口，防止卸土的土块、石块等杂物坠落孔内伤人。吊桶在小推车内卸土后，再打开活动盖板，下放吊桶装土。

3.2.10 检查桩孔质量

桩孔挖至第二节规定的深度后，用支杆检查桩孔的直径及井壁圆弧度，上下要垂直平顺。

3.2.11 先拆除第一节模板，支第二节护壁模板（放附加钢筋）

护壁模板采用拆上节支下节依次周转使用。模板上口留出高度为100mm的混凝土浇口，接口处要捣固密实，强度达到5MPa时拆模，拆模后用混凝土或砌砖堵严，水泥砂浆抹平。

3.2.12 浇筑第二节护壁混凝土

混凝土用吊斗运送，人工浇筑，人工插捣密实。混凝土可由试验室确定掺入早强剂，加速混凝土的硬化。

3.2.13 循环作业

逐层往下循环作业，将桩孔挖至设计深度，清除虚土，检查土质情况，桩底要支承在设计所规定的持力层上。

3.2.14 检查验收

桩孔挖至规定的设计深度后，用支杆检查桩孔的直径及井壁圆弧度，上下要垂直平顺。

3.2.15 挖孔桩桩身施作

人工挖孔灌注桩，钢筋笼制作、吊装，桩身混凝土拌制、运输、浇筑工艺与钻孔灌注相同。

4 质量标准

4.0.1 主控项目

（1）成孔达到设计深度后，必须核实地质情况，确认符合设计要求。

检查数量：全数检查。

检验方法：观察、检查施工记录。

（2）孔径、孔深应符合设计要求。

检查数量：全数检查。

检验方法：观察、检查施工记录。

（3）混凝土抗压强度必须符合设计要求和相关标准规定。

检查数量：每根桩在浇筑地点制作混凝土试件不得少于2组。

检验方法：检查试验报告。

（4）桩身不得出现断桩、缩径。

检查数量：全数检查。

检验方法：检查桩基无损检测报告。

4.0.2 一般项目

（1）钢筋笼底端高程偏差不得大于±50mm。

检查数量：全数检查。

检验方法：用水准仪测量。

（2）混凝土灌注桩偏差应符合表4.0.2的规定。

表4.0.2　混凝土灌注桩允许偏差

序号	项　目		允许偏差（mm）	检验偏差（mm）		检 验 方 法
				范围	点数	
1	桩位	群桩	100	每根桩	1	用全站仪检查
		排架桩	50		1	
2	沉渣厚度	摩擦桩	符合设计要求		1	沉淀盒或标准测锤，查灌注前记录
		支承桩	不大于设计要求		1	
3	垂直度		≤0.5%桩长，且≤200		1	用垂线和钢尺量

5　质量记录

5.0.1　挖孔施工记录。

5.0.2　桩孔质量检验记录（孔位、孔深、孔径、垂直度）。

5.0.3　钢筋笼加工和安装质量检验记录。

5.0.4　钢筋及焊条、水泥、砂、石、外加剂、掺和料等材料的产品合格证和试验报告。

5.0.5　混凝土配合比申请单及试验报告或商品混凝土的合格证。

5.0.6　灌注混凝土施工记录。

5.0.7　混凝土试件抗压强度试验报告。

5.0.8　桩体质量检验记录。

5.0.9　桩承载力检验记录。

6　冬、雨季施工措施

6.1　冬季施工

冬季施工的人工挖孔灌注桩对桩头应采取保温措施，在混凝土未达到设计强度50%以前不得受冻。

6.2　雨季施工

雨季施工时应做好地面排水，人工挖孔灌注桩锁口圈应高出现状地面200mm。

7　安全、环保措施

7.1　安全措施

7.1.1　严格按照技术交底的挖孔顺序错开桩位间隔开挖，随时掌握土体情况，开挖工作要紧凑，以缩短挖孔施工周期。

7.1.2　孔内应设置应急软梯供人员上下井，不得使用麻绳或尼龙绳吊挂或脚踏井壁上下。起重架安装平稳、牢固，配重不小于设计的要求，未经计算及现场技术人员的许可，吊桶容量不得随意增大。使用的电动葫芦、卷扬机、吊桶等应安全可靠，并配有自动卡紧保险装置。

7.1.3　孔口四周必须设置围栏，高度80cm。在施工点5m以外，用安全绳、木桩设置安全警戒线，严禁闲人、车辆进入安全线以内，并设立醒目的安全标志。在距离孔口1m以内，不得堆放杂物及施工工具。

7.1.4　无论是孔下作业人员还是孔口作业人员在施工现场必须戴安全帽，穿防滑鞋，井上作业人员必须系好安全带。孔内作业必须有可靠的联络手段,步调一致,保持紧密联系。挖至地面以下15m时,使用鼓风机通风,保持孔内通风的风量不少于25L／s。

7.1.5 施工机具、材料、弃土等堆放在安全距离以外,并经常性地检查施工用井架、吊绳、吊桶、吊钩等作业工具,发现有扭结、变形、磨损、断丝等情况时,必须立即更换。

7.1.6 电力干线采用非裸露电线架设,统一布置电力线路。在作业机械接口,安装漏电保护器设备,严禁带电移动机械。对备用电源设备,由专职人员负责管理和操作,操作人员持证上岗,严格按照安全操作规程执行。

7.1.7 及时清除井口周围的弃土。在施工全过程中,始终保持砖砌井口高于周围地面。地面应平整、整洁,并做好施工现场排水工作,保证施工现场无积水。

7.1.8 无论夜间是否施工,必须保证有充足的照明。在施工间歇期,孔口用井盖安全覆盖,防止闲人、车辆等落入孔中。

7.1.9 保证护壁混凝土的质量和护壁厚度,保证井下作业人员的安全。

7.1.10 振动器的操作人员应穿绝缘胶鞋和戴胶皮手套。

7.2 环境保护

7.2.1 施工现场经常洒水,使施工现场无灰尘,专人组织清运废渣土。

7.2.2 施工中废水应及时排入事先挖好的沉淀池。

8 主要应用标准和规范

8.0.1 中华人民共和国行业标准《公路桥涵施工技术规范》(JTG／T F50—2011)

8.0.2 中华人民共和国国家标准《环境空气质量标准》(GB 3095—2012)

8.0.3 中华人民共和国行业标准《城市桥梁工程施工与质量验收规范》(CJJ2—2008)

8.0.4 中华人民共和国国家标准《爆破安全规程》(GB 6722—2003)

8.0.5 中华人民共和国行业标准《施工现场临时用电安全技术规范》(JGJ 46—2005)

编、校:卢伟珍　黄秋红

203　钻孔灌注桩

（Q/JZM－SZ203－2012）

1　适用范围

本施工工艺标准适用于市政桥梁工程中钻孔灌注桩基础的施工作业,根据钻机的不同性能,可适用于黏土、亚黏土、砂土、亚砂土、风化岩、岩石等地质类型;在有地表水、地下水的地质条件下也同样适用。

2　施工准备

2.1　技术准备

2.1.1　施工人员要熟悉施工图纸、施工现场情况和水文地质资料,并根据地质情况及进度要求选择合适的钻机,编制泥浆护壁钻孔桩施工组织设计。

2.1.2　由项目技术负责人向施工技术人员进行书面的技术、安全、环保交底。

2.1.3　开工前,对设计单位移交的导线点、永久的水准点进行复测;按施工现场的实际情况加密导线点和水准点,并与相邻标段联测(如果有的话)。

2.1.4　根据坐标控制点和水准控制点进行桩位和高程放样。

2.1.5　完成混凝土的配合比组成设计,并提出混凝土的施工配合比。

2.2　材料准备

2.2.1　需泥浆护壁成孔时应加工护筒,储备足够数量黏土等制浆材料。

2.2.2　现场拌制混凝土时,水泥、砂、石、外加剂、掺和料及水等经检验合格,其数量应满足施工需要,质量要满足混凝土拌制的各项要求。

2.2.3　搭设钻孔平台所需的方木、板材、型钢、钢板,吊挂钢筋笼的方木、型钢,砂浆或塑料垫块等应符合施工设计规定。

2.3　施工机具与设备

2.3.1　施工机械:混凝土拌制设备、成孔设备、起重设备、运输设备、导管等,其数量应根据设备能力、工程量、施工程序、工期要求等确定。

2.3.2　测量检测仪器:全站仪、水准仪、钢卷尺、测绳、专用检孔器、标准比重仪、混凝土试模等。

2.4　作业条件

2.4.1　混凝土配合比已获批准,拌和站已标定,各种材料已检验,钢筋笼已验收,各种机械设备均能正常使用。

2.4.2　开工前,施工现场已完成"三通一平",施工用的临时设施准备就绪,特别是施工便道要保持畅通,钻机、吊车、混凝土罐车能够到井口。

2.4.3 挖好泥浆池、备好造浆黏土（如果需要造浆），布置好出渣道路。

2.4.4 技术人员向班组进行全面技术、安全、环保交底。

3　操作工艺

3.1　工艺流程

测量定位→填筑或搭设工作平台→埋设护筒→复核放样→钻机就位→钻孔→清孔→终孔→终孔检查→钢筋笼就位→下导管→二次清孔→混凝土运输→灌注混凝土→成桩检测。

3.2　操作方法

3.2.1　测量定位

根据复测的导线点、水准点成果对桩基础进行中桩和高程的放样定位。

3.2.2　填筑或搭设钻机施工平台

根据放样的位置来填筑或搭设钻机施工平台；平台应平整、坚实，并有满足施工的工作面。

3.2.3　埋设护筒

（1）在陆地上施工，可挖坑埋设护筒，并使护筒平面位置中心与桩设计中心一致。护筒顶宜高出施工水位或地下水位2m，并高出施工地面0.5m以上；护筒埋深应符合规范规定。

（2）桩基础如位于水中钻孔时，护筒可以用钢板卷制而成，护筒较深可以分节做、组拼就位。下沉护筒有压重、振动锤击并辅以筒内除土等方式。

3.2.4　复核护筒的中心坐标位置和高程，做好测量记录并请监理工程师签认。

3.2.5　安装钻机

钻机应稳定地安装在钻孔的一侧，钻机支承垫木不得压在孔口钢护筒上，同时备好泥浆。

3.2.6　钻机钻进

（1）开始钻孔时，应先在孔内灌注膨胀土悬浮泥浆或合格的黏土悬浮泥浆，泥浆性能指标根据地层情况和采用的钻孔方法而定。钻进时应保持钻锥稳定，采用慢速使初开孔壁坚实、竖直，能起导向作用，避免碰撞护筒。钻锥在孔中能保持竖直稳定时，可适当加速钻进。

（2）钻进过程中，随时注意孔内水压差，以防止产生涌沙。孔中泥浆要随时进行检查，保持各项指标符合要求，泥浆过浓影响进度，过稀易塌孔。同时，泥浆应始终高出孔外水位或地下水位1.0～1.5m。

3.2.7　钻孔检查，清孔、成孔

（1）钻孔达到设计高程时，用测绳进行测量并记录。

（2）钻孔完成后应采用专用仪器或钢筋检孔规进行孔径和倾斜度检测。成孔孔径不得小于设计直径，倾斜度不大于1%。用长度符合规定的检孔规上下两次检查造孔是否合格，合格后进行清孔。

（3）清孔：用换浆、抽浆、掏渣、空压机冲气、泥浆置换等进行清孔，至孔底浆液符合要求。经一段时间间隔后，试验人员在现场用标准比重仪实测，达到要求且沉淀也满足要求后停止清孔，移动钻机。

3.2.8　钢筋笼的制作及入孔

（1）为防止钢筋笼起吊变形，应分节制作，每两节钢筋笼在现场进行搭接，用两台电焊机先点焊，再用铅丝绑扎，然后搭接焊接。也可采用直螺纹接头、挤压接头等连接方法加工钢筋笼，然后分级吊装以加快钢筋笼的入孔速度。

（2）为防止钢筋笼在浇注混凝土时上浮，可在孔底设置直径不小于主筋的加强环形筋，并以适当数量的牵引筋牢固地焊接于钢筋笼的底部。

（3）护筒井架处需采用具有足够刚度、强度的材料（型钢、方木等）承担钢筋笼和导管重量。

（4）起吊钢筋笼时，要严格控制钢筋笼的变形；如在钢筋笼的里边用铅丝绑扎足够长度的杉木杆

（在钢筋笼立直时取出杉木杆），吊钩处用钢扁担勾挂钢筋笼。

3.2.9　下导管

（1）水下混凝土一般用钢导管灌注，导管内径为200～350mm，视桩径大小而定。

（2）下导管前要对导管进行水密承压和接头抗拉试验，严禁用压气试验，以保证导管拼接牢固，绝对不能漏水。试验后要对导管编号，下导管时按编号拼接，同时注意导管不能接触到钢筋笼。

（3）导管底口至孔底距离宜控制在0.25～0.4m之间。

3.2.10　水下混凝土的配制

（1）可采用火山灰水泥、粉煤灰水泥、普通硅酸盐水泥或硅酸盐水泥，使用矿渣水泥时应采取防离析措施。水泥的初凝时间不宜早于2.5h。

（2）粗集料宜优先选用卵石，如采用碎石宜适当增加混凝土配合比的含砂率。集料的最大粒径不应大于导管内径的1/6～1/8和钢筋最小净距的1/4，同时不应大于40mm。

（3）细集料宜采用级配良好的中粗砂。

（4）混凝土配合比的含砂率宜采用0.4～0.5，水灰比宜采用0.5～0.6。

（5）混凝土拌和物应有良好的和易性，在运输和灌注过程中应无显著离析、泌水现象。灌注时应保持足够的流动性，其坍落度宜控制在180～220mm。混凝土拌和物中宜掺用外加剂、粉煤灰等材料，其技术要求及掺量可参照《公路桥涵施工技术规范》（JTG/T F50—2011）。

（6）每立方米水下混凝土的水泥用量不宜小于350kg，当掺有适宜数量的减水缓凝剂或粉煤灰时，可不少于300kg。

（7）首批（2m³ 以上）混凝土的初凝时间应保证大于混凝土的灌注时间。

3.2.11　灌注水下混凝土

水下混凝土的供应由拌和站集中拌和，水泥混凝土罐车运输至导管漏斗内。

（1）灌注水下混凝土要由一人统一指挥，灌注速度要循序渐进，导管首次埋置深度应不小于1m。在灌注过程中，导管的埋置深度宜控制在2～6m。

（2）首批混凝土拌和物下落后，混凝土应连续灌注。

（3）混凝土拌和物运至灌注地点时，应检查其均匀性和坍落度等。如不符合要求，应进行第二次拌和，二次拌和后仍不符合要求时，不得使用。

（4）在灌注过程中，特别是潮汐地区和有承压地下水地区，应注意保持孔内水头。

（5）在灌注混凝土过程中，应经常量测孔内混凝土面的高程，及时调整导管埋深。

（6）严格控制孔内混凝土进入钢筋笼时的灌注速度，避免钢筋笼上浮的隐患。当混凝土上升到钢筋骨架底口4m以上时提升导管，当底口高于钢筋骨架底部2m以上时，可以适当加快灌注速度。拔导管要结合混凝土的浇注时间，不得超过混凝土的初凝时间。

（7）灌注的桩顶高程应比设计高出一定高度，一般为0.5～1.0m，以保证混凝土强度。多余部分接桩前必须凿除，残余桩头应无松散层。在灌注将近结束时，应核对混凝土的灌入数量，以确定所测混凝土的灌注高度是否正确。

3.2.12　清理桩头

（1）清理桩头时在桩顶高程处先弹出切割线后方可剔凿，且应先沿切割线剔凿一圈，剔凿深度以见主筋为宜。

（2）将灌注桩高于桩顶的主筋逐根剔凿，使其与混凝土分离并将其弯成一定角度，以能将桩顶以上的混凝土清除为宜。

（3）清除桩头。

（4）将桩顶以上的预留钢筋恢复到设计要求形状。

3.3　施工过程中可能出现的情况以及处理措施

3.3.1　混凝土堵管的原因及处理

混凝土堵管的原因主要有两种,第一种是导管底端被泥沙等物堵塞,第二种是混凝土离析使粗集料过于集中而卡塞导管。

(1)第一种情况多发生在首批混凝土下注时,由于导管底口距孔底的距离保持不够;或因安装钢筋及导管时间过长,孔内钻渣淤积加深。处理办法是用吊车将料斗连同导管一起吊起,待混凝土灌注畅通后再把导管放置回原位。为避免此类事故发生,当孔内沉淀较厚时,灌注前必须进行二次清孔。

(2)第二种情况多发生在混凝土浇注过程中,处理办法是把导管吊起,快速向井架冲击,应注意的是切不可把导管提出混凝土表面以外。为避免此类事故发生,应严格要求做到:

①导管要牢固不漏水;

②混凝土和易性要好;

③混凝土浇注必须要在初凝前完成,导管埋深控制在 $2 \sim 6m$。

3.3.2　钢筋笼上浮处理措施

在混凝土浇注过程中,混凝土灌注速度过快,钢筋骨架受到混凝土从漏斗向下灌注时的位能产生的冲击力;混凝土从导管流出来向上升起,其向下冲击力转变为向上顶托力,使钢筋笼上浮。顶托力大小与混凝土灌注时的位置、速度、流动性、导管底口高程、首批的混凝土表面高程和钢筋骨架高程等有关。预防措施有:

(1)混凝土底面接近钢筋骨架时,放慢混凝土浇注速度。

(2)混凝土底面接近钢筋骨架时,导管保持较大埋深,导管底口与钢筋骨架底端尽量保持较大距离。

(3)混凝土表面进入钢筋骨架一定深度后,提升导管使导管底口高于钢筋骨架底端一定距离。

(4)在孔底设置环形筋,并以适当数量的牵引筋牢固地焊接于钢筋笼的底部。

4　质量标准

4.0.1　主控项目

(1)成孔达到设计深度后,必须核实地质情况,确认符合设计要求。

检查数量:全数检查。

检验方法:观察、检查施工记录。

(2)孔径、孔深应符合设计要求。

检查数量:全数检查。

检验方法:观察、检查施工记录。

(3)混凝土抗压强度必须符合设计要求和相关标准规定。

检查数量:每根桩在浇筑地点制作混凝土试件不得少于2组。

检验方法:检查试验报告。

(4)桩身不得出现断桩、缩径。

检查数量:全数检查。

检验方法:检查桩基无损检测报告。

4.0.2　一般项目

(1)钢筋笼底端高程偏差不得大于 $\pm 50mm$。

检查数量:全数检查。

检验方法:用水准仪测量。

(2)混凝土灌注桩偏差应符合表 4.0.2 的规定。

表4.0.2　混凝土灌注桩允许偏差

序号	项　目		允许偏差（mm）	检验偏差（mm）		检验方法
				范围	点数	
1	桩位	群桩	100	每根桩	1	用全站仪检查
		排架桩	50		1	
2	沉渣厚度	摩擦桩	符合设计要求		1	沉淀盒或标准测锤,查灌注前记录
		支承桩	不大于设计要求		1	
3	钻孔桩		≤1%桩长,且≤500		1	用测壁仪或钻杆垂线和钢尺量

5　质量记录

5.0.1　钻孔施工记录（包括故障及处理）。

5.0.2　桩孔质量检验记录（孔位、孔深、孔径、垂直度等）。

5.0.3　钢筋笼加工和安装质量检验记录。

5.0.4　钢筋及焊条、水泥、砂、石、外加剂、掺和料等材料的产品合格证和试验报告。

5.0.5　混凝土配合比申请单及试验报告或商品混凝土的合格证。

5.0.6　灌注混凝土施工记录。

5.0.7　混凝土试件抗压强度试验报告。

5.0.8　桩体质量检验记录。

5.0.9　桩承载力检验记录。

6　冬、雨季施工措施

6.1　冬季施工

冬季施工的混凝土灌注桩应对桩头采取保温措施,在混凝土未达到设计强度50%以前不得受冻。

6.2　雨季施工

雨季施工时应做好地面排水,以防止钻机作业区的地基软化,造成钻机倾斜而影响施工质量。

7　安全、环保措施

7.1　安全措施

7.1.1　同时钻孔施工的相邻桩孔净距不得小于5m。两桩净距小于5m时,当一桩混凝土强度达到5MPa后,方可进行另一桩的钻孔施工。

7.1.2　钻机、起重机等操作工必须具有资格证。

7.1.3　严禁钻机、起重机在电力架空线下作业。施工现场有电力架空线路时,钻机、起重机与其距离应符合《施工现场临时用电安全技术规范》（JGJ 46—2005）的规定。作业区应设围挡并有明显标志,非施工人员严禁入内。

7.1.4　钻机电缆应架空设置。电缆架空通过道路时应有足够的安全高度;需从地面上通过时应采取保护措施。钻机行走时应设专人提电缆同行。

7.1.5　钻机应安装稳固,钻杆垂直偏差应小于全长的1%。

7.1.6　钻机启动前应将操纵杆置于零位,启动后应先空挡试运转,确认仪表、制动等正常后方可作业。

　　7.1.7　钻孔过程中发生故障应立即切断电源、停止钻进；未查明原因、采取措施前不得强行继续施钻。

　　7.1.8　钻机作业中如遇停电，应将操纵杆置于零位、切断电源开关，将钻头提出孔外置于地面上。

　　7.1.9　灌注混凝土前，孔口必须加盖保护，并设禁示标志。

　　7.1.10　灌注混凝土时，应及时提拔导管，防止提拔困难。

7.2　环境保护

　　7.2.1　钻孔需泥浆护壁时应设泥浆池，泥浆池周围应设防护栏杆和安全标志。泥浆不得遗洒、漫流，随时保持场地清洁。

　　7.2.2　钻出的泥土、岩渣应及时运走，保持场地清洁、平整。

　　7.2.3　运弃干渣土应覆盖防止扬尘；运弃带泥水的渣土应用密封车厢，防止遗漏污染道路。

　　7.2.4　施工中洗刷机具的废水、废浆等定点处理后方可排放。

　　7.2.5　施工中及时清理浮土，采取洒水、覆盖等降尘、防尘措施。

　　7.2.6　施工中采取降噪措施，减少扰民。

8　主要应用标准和规范

　　8.0.1　中华人民共和国行业标准《公路桥涵施工技术规范》（JTG/T F50—2011）

　　8.0.2　中华人民共和国国家标准《环境空气质量标准》（GB 3095—2012）

　　8.0.3　中华人民共和国行业标准《城市桥梁工程施工与质量验收规范》（CJJ 2—2008）

　　8.0.4　中华人民共和国国家标准《爆破安全规程》（GB 6722—2003）

　　8.0.5　中华人民共和国行业标准《施工现场临时用电安全技术规范》（JGJ 46—2005）

编、校：谌乐强　姚倩

204 支架法现浇墩柱、台身

(Q/JZM - SZ204 - 2012)

1 适用范围

本施工工艺标准适用于市政桥梁工程中一般墩台的现浇施工作业,但不适用于高墩施工。

2 施工准备

2.1 技术准备

2.1.1 图纸会审已经完成并进行设计交底和安全交底,已履行书面交底手续。

2.1.2 根据施工部位、结构型式、环境条件、安全要求等因素,制定专项方案批准后实施。

2.1.3 熟悉施工图纸,明确墩台坐标、高程、灌注混凝土的强度等级、坍落度及质量要求。

2.1.4 必须对墩台中线、高程及各部位尺寸进行复核,并准确放样标出预留孔洞、预埋件等位置。

2.2 材料准备

2.2.1 桥墩、桥台所需原材料(钢筋、水泥、砂、石子等)应符合设计要求及相关产品标准规定。

2.2.2 桥墩、桥台的模板、支架、钢筋、混凝土等除应符合本工艺标准有关规定外,还应符合施工组织设计(施工方案)的规定。

2.3 施工机具与设备

2.3.1 施工机械:吊装设备的汽车吊或履带吊、钢筋或钢筋笼加工、混凝土泵车、混凝土灌注导管、混凝土振捣设备等。

2.3.2 测量检验仪器工具:全站仪、水准仪;墩台几何尺寸检测工具、检测仪器;混凝土试模等。

2.4 作业条件

2.4.1 按设计平面图,已设置墩台位轴线、定位点;测定水准点。

2.4.2 机具设备、工具和原材料准备完成。

2.4.3 钢筋笼加工完成,验收合格并运至现场存放,数量满足施工需要。

2.4.4 清除杂物,整平场地。如遇软土,进行清淤换填处理。

3 操作工艺

3.1 工艺流程

基础顶面处理→钢筋加工→钢筋绑扎→模板安装→混凝土浇筑→养护。

3.2 操作方法

3.2.1 基础顶面处理

(1)清理承台顶面,预留钢筋表面除锈去浆,检查承台顶面高程、坐标位置及墩台预埋位置。

（2）在承台顶面测量放线，放出墩台坐标控制线（纵横轴线）、外形结构尺寸线。依据设计保护层厚度，标出主钢筋就位位置。

（3）搭设脚手架作业平台前将其地基进行平整，将地面压实后铺垫层并整平压实（承台顶面不需要铺筑稳定粒料），采用碗扣式支架搭设施工脚手架。墩立柱搭设脚手架应四周环形闭合，桥台脚手架搭设宽度为桥梁全宽，以增加支架稳定性。

3.2.2 钢筋加工及钢筋绑扎：钢筋加工应符合本工艺标准的有关规定，并应符合下列要求：

（1）在加工厂（场）集中加工配料，运到现场绑扎；在配置第一层垂直筋时，应使其有不同的长度，以符合同一断面钢筋接头的有关规定；预埋钢筋的长度宜高出基础顶面1.5m，钢筋接头应错开配置，错开长度应符合设计要求和规范规定；水平钢筋的接头应内外、上下相互错开。

（2）在承台（基础）施工时就应根据墩柱和台身高度预留插筋。当台身不高时可一次预留到位；当墩柱、台身较高时，钢筋可分段施工。

（3）随着绑扎高度的增加，用碗扣支架或圆钢管搭设绑扎施工脚手架，作好钢筋网片的支撑并系好保护层垫块。

（4）垫块的强度、密实度不应低于主体混凝土的设计强度和密实度。垫块应互相错开、分散布置，并不得横贯保护层的全部截面。

3.2.3 现浇墩、台模板工程：现浇混凝土墩、桥台模板应符合本工艺标准的有关规定，并应符合下列要求：

（1）圆形或矩形截面墩柱宜采用定型钢模板，薄壁桥台、肋板式桥台及重力式桥台可选用钢木模板；模板应按施工图尺寸进行预拼装，经检验符合要求后，方可使用。

（2）圆形或矩形截面墩柱定型钢模板安装前应进行预拼装，合格后视吊装能力，分节组拼成整体模板（6～8m），采用吊车吊装；加工制作的模板表面要光滑平整，尺寸偏差符合要求。模板要有足够的强度、刚度和稳定性，缝隙紧密不漏浆。

（3）桥台外露面模板宜采用定形大模板，台背可采用钢木模板组合，方木加肋。现浇混凝土桥台模板支撑采用工字钢三角架。为使桥台外露面无螺栓孔，三角架底部采用在承台顶部预埋锚筋（锚栓）固定，三角架顶部采用对拉螺栓固定。

（4）模板安装采用人工配合吊车就位。就位后，利用基础顶面的预留锚栓（螺栓）、预埋筋、定位橛及支撑体系、拉杆、缆风绳等将其固定。

3.2.4 现浇墩台混凝土工程

混凝土工程应符合本工艺标准的有关规定，并应符合下列要求：

（1）墩台身混凝土浇筑前应对模板内的杂物、积水等清理干净。

（2）墩台混凝土应在整截面内水平分层，连续一次浇筑。如因故中断，间歇时间超过规定则应按工作缝处理；墩柱混凝土施工缝宜留在结构受剪力较小，且便于施工的部位；如基础顶面、梁的承托下面等。

（3）柱身高度内有系梁连接时，系梁应与柱同步浇筑。V形墩柱混凝土应对称浇筑。

（4）重力式墩台混凝土浇筑宜水平分层浇筑，每层高度宜为1.5～2m。

（5）墩、台混凝土竖向分块浇筑时，应符合下列要求：

①各分块之间接缝应与墩、台截面尺寸较小的一边平行，保持接缝最短；

②上下层分块接缝应错开；为加强邻块之间的连接，接缝应做成企口形；

③分块数量：墩、台水平截面积在200m² 内不得超过2块；在300m² 以内不得超过3块；每块面积不得小于50m²。

3.2.5 现浇混凝土墩台的振捣

（1）现浇墩台可采用插入式振捣器振捣混凝土，插入式振捣器的移动间距不宜大于振捣器作用半径的1.5倍，且插入下层混凝土内的深度宜为50～100mm，并与侧模保持50～100mm的距离。

（2）振动完毕需变换振捣棒在混凝土拌合物中的水平位置时，应边振动边竖向缓慢提出振捣棒，不得将振捣棒放在拌合物内平拖。不得用振捣棒驱赶混凝土，应避免碰撞模板、钢筋及其他预埋部件。

3.2.6 墩台混凝土的养护应符合本工艺标准的有关规定。墩台模板的拆除应符合施工技术规范的规定。

3.2.7 墩、台施工中应经常检查中线、高程等，发现问题应及时处理。墩、台施工完毕，应对全桥路线、高程、跨度贯通测量，并形成施工记录；同时标出各墩台中心线、支座十字线、梁端头线等。

3.2.8 养生

混凝土浇筑完成后，应在收浆后尽快予以覆盖和洒水养护。覆盖时不得损伤或污染混凝土的表面。混凝土面有模板覆盖时，应在混凝土养护期间经常使模板保持湿润。

4　质量标准

4.0.1 主控项目

（1）墩、台施工涉及的模板与支架、钢筋、混凝土、预应力混凝土质量检验应遵守施工技术规范的有关规定。

（2）水泥混凝土墩、台、柱、墙不得有蜂窝、露筋和裂缝等现象。

检查数量：全数检查。

检验方法：观察。

（3）沉降装置必须垂直、上下贯通。

检查数量：全数检查。

4.0.2 一般项目

（1）混凝土墩身、台身、柱、侧墙偏差应符合表4.0.2-1、表4.0.2-2规定。

表4.0.2-1　现浇混凝土墩、台允许偏差表

序号	项　目		允许偏差（mm）	检验频率		检验方法
				范围	点数	
1	墩、台身尺寸	长	0、+15	每个墩台或每个节段	2	用钢尺量
		厚	+10、−8		4	用钢尺量每侧上、下各1点
2	顶面高程		±10		4	用水准仪测量
3	轴线偏位		10		4	用经纬仪测量，纵、横各计2点
4	墙面垂直度		≤0.25%H且≤25		2	用经纬仪或垂线测量
5	墙面平整度		8		4	用2m直尺量最大值
6	节段间错台		5		4	用钢尺和塞尺量
7	预埋件位置		5	每件	4	经纬仪放线，用钢尺量

注：表中H为墩台高度（mm）。

表4.0.2-2　现浇混凝土柱允许偏差表

序号	项　目		允许偏差（mm）	检验频率		检验方法
				范围	点数	
1	断面尺寸	长、宽（直径）	±5	每根柱	2	用钢尺量，长、宽各1点，圆柱量2点
2	柱高		±10		1	用钢尺量柱全高
3	顶面高程		±10		1	用水准仪测量
4	垂直度		≤0.2%H且≤15		2	用垂线或经纬仪测量
5	轴线偏位		8		2	用经纬仪测量
6	平整度		5		2	用2m直尺量最大值
7	节段间错台		3		4	用钢尺和塞尺量

注：表中H为柱高度（mm）。

（2）混凝土表面平整,线条直顺、清晰。

检查数量:全数检查。

检验方法:观察。

5　质量记录

5.0.1　墩台施工质量检验记录。

5.0.2　墩台施工记录。

5.0.3　混凝土、钢筋、模板等施工检验记录。

5.0.4　测量放样记录。

6　冬、雨季施工措施

现浇混凝土墩台在冬、雨季施工时应符合施工技术规范的规定要求。

6.1　冬季施工

冬季施工承台其周围尽可能设置防风挡,为保护承台不受冻应覆盖保温材料。

6.2　雨季施工

雨季施工时做好地面排水系统,基坑周围做好排水沟和挡水围堰。

7　安全、环保措施

7.1　安全措施

7.1.1　墩柱钢筋、模板及混凝土工程的安全要求,应符合施工技术规范的规定。

7.1.2　施工前应搭设脚手架和作业平台。高处作业必须设置操作平台、安全梯和防护栏杆等设施。

7.1.3　现浇墩柱模板的安装,必须按模板工程设计进行,模板工程设计方案必须经项目总工程师核准。严禁随意改动,方案中应有拆除的安全措施。

7.1.4　用吊斗浇筑混凝土时,必须由专职信号工指挥吊车。

7.2　环境保护

7.2.1　混凝土施工时,应采用低噪声环保型振捣器,以降低噪声污染。

7.2.2　运输混凝土的设备应密封严密、不漏浆、不遗洒,并及时清除粘附的混凝土。

8　主要应用标准和规范

8.0.1　中华人民共和国行业标准《公路桥涵施工技术规范》(JTG/T F50—2011)

8.0.2　中华人民共和国国家标准《环境空气质量标准》(GB 3095—2012)

8.0.3　中华人民共和国行业标准《城市桥梁工程施工与质量验收规范》(CJJ 2—2008)

8.0.4　中华人民共和国国家标准《混凝土结构工程施工质量验收规范》(GB 50204—2002)

8.0.5　中华人民共和国行业标准《建筑施工碗口式脚手架安全技术规范》(JGJ 166—2008)

编、校:李力　鄢真

205　支架法现浇盖梁、台帽

（Q/JZM－SZ205－2012）

1　适用范围

本施工工艺标准适用于市政桥梁工程中支架法现浇普通钢筋混凝土盖梁、台帽的施工作业。

2　施工准备

2.1　技术准备

2.1.1　认真审核设计图纸，编制专项分项工程施工方案并报业主及监理审批。
2.1.2　进行钢筋的取样试验、钢筋放样及配料单等编制工作。
2.1.3　对模板、支架进行进场验收。
2.1.4　对混凝土各种原材料进行取样试验及混凝土配合比设计。
2.1.5　对操作人员进行培训，向班组进行技术、安全交底。

2.2　材料准备

2.2.1　现浇混凝土盖梁或台帽所需材料（模板、支架、钢筋、混凝土等），应符合设计要求及施工技术规范的规定。
2.2.2　其他材料：模板、方木、型钢、塑料布、阻燃保水材料（混凝土养护用）、PVC 管（预应力管道排气用）、脱模剂等质量和规格满足施工要求。

2.3　施工机具与设备

2.3.1　施工机具
（1）支架体系：钢管支架或碗扣式钢管支架、钢管扣件、脚手板、可调顶托及可调底座等。
（2）钢筋施工机具：钢筋弯曲机、钢筋调直机、钢筋切断机、电焊机、砂轮切割机等。
（3）模板施工机具：电锯、电刨、手电钻等。
（4）混凝土施工机具：混凝土搅拌机、混凝土运输车、混凝土输送泵、汽车吊、混凝土振捣器等。
（5）其他机具设备：空压机、发电机、水车、水泵等。
2.3.2　测量检测仪器：全站仪、水准仪、钢卷尺、锤球、2m 直尺等。

2.4　作业条件

2.4.1　桩柱经验收合格。
2.4.2　作业面已具备"三通一平"，满足施工要求。
2.4.3　材料按需要已分批进场，并经检验合格，机械设备状况良好。
2.4.4　墩柱顶面与盖梁接缝位置充分凿毛，满足有关施工缝处理的要求。

3 操作工艺

3.1 工艺流程

测量放线→架设支架→底模安装→钢筋绑扎→侧模安装→混凝土浇筑→养护→侧模拆除。

3.2 操作方法

3.2.1 测量放线

（1）依据基准控制桩在地基上放出盖梁（或台帽）中心点及纵横向轴线控制桩,在墩柱顶面上弹出盖梁（或台帽）的轴线并复核。

（2）按支架施工方案设计的地基处理宽度,用钢尺从控制桩向轴线两侧放出地基边线控制桩。地基四周边线距支架外缘距离不宜小于500mm。

（3）用白灰线标出地基边线控制桩,确定地基加固处理范围。

（4）用水准仪,依据支架施工方案,将地基处理的高程控制线标注在墩柱上,墩柱间距较大时应适当加密控制桩。

3.2.2 支架

支架结构应稳定坚固,架立时应符合施工技术规范的相关规定,并应符合下列要求:

（1）支架立柱必须落在有足够承载力的地基上,立柱底端必须放置垫木或混凝土预制块来分布和传递压力,应保证浇筑混凝土后不发生超过允许的沉降量。支架地基严禁被水浸泡,冬季施工必须采取措施防止冻融引起的冻胀及沉降。

（2）施工用的支架及便桥不得与结构物的支架连接。

（3）安设支架过程中,应边安装边架设临时支撑,确保在施工过程中支架的牢固和稳定,待施工完后再拆除临时支撑。

3.2.3 盖梁（或台帽）模板工程:盖梁（或台帽）模板工程操作工艺应符合施工技术规范的规定,并应符合下列要求:

（1）盖梁（或台帽）侧模宜采用整体定型大模板,底模、端模板可用定型模板或用木模板,木模板与混凝土接触面采用防水竹胶板。当盖梁（或台帽）几何尺寸较大、高度较高、吊装困难或吊装风险较大时,可分段制作、分段吊装、在盖梁（或台帽）支架上组装成整体。

（2）整体定型大模板应按施工图尺寸进行预拼装,经检验符合要求后,方可使用。

（3）盖梁（或台帽）底模安装时控制墩柱顶与底模接合部的严密性。盖梁（或台帽）底模高程通过支架上螺杆或砂箱、方木等调整。

（4）侧模、端模安装应在盖梁（或台帽）钢筋绑扎焊接完成后进行,盖梁（或台帽）结构外上下设对拉螺栓,外用方木支撑或型钢稳定。

3.2.4 盖梁（或台帽）钢筋安装

盖梁（或台帽）钢筋工程操作工艺应符合施工技术规范的规定,并要求钢筋安装前对墩柱顶凿毛并洗刷干净,钢筋集中加工制作,现场绑扎成型。

3.2.5 盖梁（或台帽）混凝土浇筑及养护

盖梁（或台帽）混凝土工程操作工艺应符合施工技术规范的规定,并应符合下列要求:

（1）盖梁（或台帽）混凝土浇筑采用吊车吊斗入模（或采用混凝土泵车泵送混凝土）,分层浇筑。浇筑方法从一端向另一端水平分层进行,层厚控制在250mm,使用插入式振捣棒振捣,用木抹找平、铁抹压光成型。

（2）浇筑完成后及时进行防风覆盖,保证不发生干裂,及时洒水养护。

4　质量标准

4.0.1　主控项目

（1）钢筋混凝土盖梁、台帽的混凝土强度、质量、几何尺寸必须符合设计要求，配合比符合规范规定，使用商品混凝土须有合格证明。

检查数量：全数检查。

检验方法：原材料、商品混凝土质量合格证书、试件试验报告；几何尺寸用钢尺丈量。

（2）混凝土盖梁、台帽不应有蜂窝、露筋和裂缝等现象。

检查数量：全数检查。

检验方法：观察。

4.0.2　一般项目

（1）现浇混凝土盖梁（台帽）偏差应符合表4.0.2的规定。

表4.0.2　现浇混凝土盖梁（台帽）允许偏差表

序号	项　目		允许偏差（mm）	检验频率		检验方法
				范围	点数	
1	盖梁尺寸	长	+20，−10	每个盖梁	2	用钢尺量，两侧各计1点
		宽	0，+10		3	用钢尺量，两端及中间各计1点
		高	±5		3	
2	盖梁轴线位移		≤8		4	用经纬仪放线纵横各计2点
3	盖梁顶面高程		0，−5		3	用水准仪，两端及中间各测1点
4	平整度		5		2	用2m直尺、塞尺量
5	支座垫石预留位置		10	每个	4	用钢尺量，纵横各2点
6	预埋件位置	高程	±2	每件	1	用水准仪测量
		轴线	5		1	经纬仪放线，用钢尺量

（2）盖梁（或台帽）混凝土外观应光滑、平整、颜色一致。

检查数量：全数检查。

检验方法：观察。

5　质量记录

5.0.1　盖梁（或台帽）的钢筋、混凝土、模板等施工质量检验记录应符合施工技术规范的规定。

5.0.1　盖梁（或台帽）施工记录及检验批质量验收记录。

6　冬、雨季施工措施

6.1　冬季施工

6.1.1　冬季盖梁（或台帽）混凝土施工应符合施工技术规范的规定与要求。

6.1.2　冬季大风及降雪天不得进行盖梁（或台帽）施工；为保护现浇混凝土不受冻，应覆盖保温材料。

6.2 雨季施工

6.2.1 模板涂刷脱模剂后,要采取覆盖措施避免脱模剂受雨水冲刷而流失。

6.2.2 及时准确地了解天气预报信息,避免雨中进行混凝土浇筑。

7 安全、环保措施

7.1 安全措施

7.1.1 盖梁(或台帽)、台帽钢筋、模板及混凝土工程的施工安全要求,应符合施工技术规范的相关要求。

7.1.2 施工前应搭设脚手架和作业平台。高处作业时,必须设置操作平台,安全梯和防护栏杆等设施。

7.1.3 现浇盖梁(或台帽)模板的安装,必须按模板工程设计进行,模板工程设计方案必须经项目总工程师核准。严禁随意改动,该方案中应有拆除的安全措施。

7.1.4 用吊斗浇筑混凝土时,必须由专职信号工指挥吊车。

7.1.5 遇有五级以上大风或大雨、大雪、大雾等恶劣天气应停止作业。

7.2 环境保护

7.2.1 混凝土凿毛时采取降尘、降噪措施。

7.2.2 运输混凝土设备应密封严密、不漏浆、不遗洒,并及时清除粘附的混凝土。

8 主要应用标准和规范

8.0.1 中华人民共和国行业标准《公路桥涵施工技术规范》(JTG/T F50—2011)

8.0.2 中华人民共和国国家标准《环境空气质量标准》(GB 3095—2012)

8.0.3 中华人民共和国行业标准《城市桥梁工程施工与质量验收规范》(CJJ 2—2008)

8.0.4 中华人民共和国国家标准《混凝土结构工程施工质量验收规范》(GB 50204—2002)

8.0.5 中华人民共和国行业标准《建筑施工碗口式脚手架安全技术规范》(JGJ 166—2008)

编、校:刘金萍 江 林

206 预应力混凝土 T 形梁预制(后张法)

(Q/JZM – SZ206 – 2012)

1 适用范围

本施工工艺标准适用于市政桥梁工程中在构件厂或基地内预制预应力混凝土 T 形梁(后张法)、运到现场吊装的施工作业。其他道路桥梁可参照使用。

2 施工准备

2.1 技术准备

2.1.1 认真审核设计图纸,编制专项分项工程施工方案并报业主及监理审批。

2.1.2 进行钢筋的取样试验、钢筋放样及配料单等编制工作。

2.1.3 对模板、支架进行进场验收。

2.1.4 对混凝土各种原材料进行取样试验及混凝土配合比设计。

2.1.5 对操作人员进行培训,向班组进行技术、安全交底。

2.2 材料准备

2.2.1 预制 T 形梁所需材料质量(模板、支架、钢筋、混凝土、张拉设备等),应符合设计要求及施工技术规范的要求。

2.2.2 预制 T 形所需的材料数量,应满足施工的需要。各种施工配合比经监理工程师审核批准。

2.3 施工机具与设备

2.3.1 施工机械和机具

(1)预应力张拉器材:千斤顶、油压表、油泵及锚具等。

(2)钢筋施工机具:钢筋弯曲机、钢筋调直机、钢筋切断机、电焊机、砂轮切割机等。

(3)模板施工机具:电锯、电刨、手电钻等。

(4)混凝土施工机具:预拌混凝土强制式搅拌机、混凝土运输车、混凝土泵车、混凝土输送泵、汽车吊、混凝土振捣器等。

(5)吊装作业设备:龙门吊、汽车吊、卷扬机等。生产区应设至少 2 台 60t 左右龙门吊(双线布置)。

(6)工具:扳手、撬杠、直尺、限位板、卡尺等。

(7)制梁生产台座、存梁台座应满足梁场供梁能力的要求。

2.3.2 测量检测仪器:水准仪、钢卷尺、2m 直尺、读数放大镜、混凝土试模件等。

2.4 作业条件

2.4.1 预制场地已具备"三通一平",满足施工要求并有防水、排水措施。

2.4.2 材料按需要已分批进场,并经检验合格。

3 操作工艺

3.1 工艺流程

预制场地→底模安装→钢筋绑扎→预应力筋管道安装→侧模、端模安装→绑扎顶板钢筋→混凝土浇筑→养护→拆侧模→预应力穿束→预应力钢束张拉→孔道灌浆→封锚→起吊、运输→存放。

3.2 操作方法

3.2.1 预制场地

(1)预制场地采用推土机推土、刮平机刮平、压路机压实。制梁生产台座、存梁台座应进行加固处理,靠近梁端部位的台座基础进行特别加固,因梁体张拉后跨中上拱,质量将集中在梁体端部。

(2)预制厂生产场地地面宜采用全部硬化处理,先将场地平整,用 300mm 厚的石灰粉煤灰稳定砂砾碾压密实,压实度不低于 96%,其上浇筑 200mm 厚的 C25 混凝土。

3.2.2 定底模

(1)底胎模采用钢筋混凝土,上铺 5mm 厚的钢板与基础混凝土预埋件焊接。

(2)胎模的起拱:按照设计和施工规范要求应设置起拱,考虑到预应力引起的反拱值,胎模顶面按抛物线形设负拱。起拱值的大小按设计规定或规范的要求。

3.2.3 钢筋绑扎(钢筋工程)

(1)在绑扎工作台上将钢筋绑扎焊接成钢筋骨架,钢筋骨架在就位安装前,应先检查底模板,并涂刷隔离剂,安装好支座钢板,在确认底模板与支座钢板尺寸位置符合要求后,方可吊装钢筋骨架。

(2)用龙门吊机将钢筋骨架吊装入模,绑扎横隔板钢筋,埋设预埋件,在孔道两端及最低处设置排水孔,在最高处设排气孔安设锚垫板后,先安装端模,再安装涂有脱模剂的钢侧模,统一紧固调整和必要的支撑后交验。

(3)绑扎时注意确保定位网格位置的正确。当其他钢筋与定位网筋相碰撞时应调整其他钢筋,不得改变定位网的位置。预留吊装孔处加强钢筋等附属筋不得遗漏。

(4)由于钢筋骨架高,绑扎时采用自制马凳,马凳应与钢筋分离,不得依靠在钢筋上;横隔板处钢筋骨架自重较大,为确保其位置正确,需用自制支架支撑。

3.2.4 保护层垫块

为保证浇筑混凝土时钢筋保护层厚度,且必须保证在混凝土表面看不到垫块痕迹。可采用塑料垫块,以增加混凝土表面的美观性。

3.2.5 预应力管道安装

(1)根据设计规定预应力管道可采用金属波纹管或 PVC 双壁波纹管成孔。预应力波纹管接长时,接缝处用密封胶带进行密封,密封长度至少超出接头 200mm,接缝缠裹用胶布至少 3 层,以免漏浆。

(2)预留管道各截面均采用定位网(或定位支架),定位网每 0.5m 设置一个。管道的方向、位置必须反复检查和调整,确保管道定位准确。

3.2.6 侧模、端模安装

(1)外侧模采用大刚度定型钢模板与台座配套设计,在工厂分节加工侧模板,在现场用螺栓连接组装后焊接成整体侧模板。若外模考虑倒用方式,宜采用整体滑移式装置,侧模在台座之间通过整体滑模轨道和卷扬机实现纵向移动。钢模设计应验算其强度、刚度和稳定性;保证 T 形梁各部位形状、尺寸准确,拆装容易,操作方便。

（2）端模为钢模，主要由紧贴梁端锚垫板的端面板及端模骨架组成，安装时连在侧模上。

（3）模板安装：模板安装前，在混凝土底胎模上弹线确定每块模板的位置，然后用龙门吊将模板按对应的编号吊装在基本准确位置，用螺旋千斤顶、撬棍等工具将模板调至准确位置，并加楔块支撑。在侧模板均准确就位后，穿入上下两道对拉螺栓对模板进行加固。模板安装完毕后，绑扎 T 形梁翼缘钢筋。

3.2.7　混凝土工程

（1）混凝土的浇筑在钢筋及模板验收合格后进行。

（2）浇筑工艺及顺序

①浇筑方向从梁的一端开始，循序进展至另一端。浇筑方法采用竖向分层、水平分段、连续浇筑、一气呵成。每片梁灌注时间控制在 4～6h 之内。

②分段长度以 4～6m 为宜，前段混凝土初凝前必须灌注下段混凝土，分段之间斜向接缝，上下层接茬错开。

③分层下料并振捣，在中间节段第一层厚度以 300～400mm 为宜，下层振捣密实后再投上层料，上下层之间灌注时间间隔不得超过混凝土初凝时间。

（3）混凝土振捣

①混凝土振捣采用附着式振捣器侧振，插入式、平板式共同配合进行振实。

②侧振采用 1.5kW 附着式振捣器，间距不超过 1.75m，位置尽量布置在抽拔棒部位，两边侧板对称布置。在使用附着式振捣器时，每次用 8 台（每侧 4 台）在混凝土浇筑处同时开启，振动时间以 30～40s 为宜，最多连续振捣时间不超过 1.5min，一次振捣不密实，可多次启动振捣。

③插入式振捣棒振动时，注意波纹管及预埋件周围不要距离太近，以免钢筋、预埋件移位或变形。顶板以插入式振捣棒为主，为保证顶板混凝土表面平整，可以使用平板振捣器。插入式高频振捣棒应垂直点振，不得平拉，并应防止过振、漏振。

④在机械不易涉人的角落（如横隔板处等），采用插钎人工辅助捣固。

⑤一般以混凝土不再下沉，无显著气泡上升，混凝土表面出现薄层水泥浆，并有均匀的外观和平面为止。

3.2.8　混凝土养护

（1）当气温较高，混凝土强度增长满足施工进度要求，即混凝土养护 4～5d 强度达到 50MPa 以上时，采用自然养护。T 形梁顶面混凝土初凝时，覆盖塑料布、用透水性土工布洒水养护；侧面及横隔板处由于所处位置及形状特殊，不便采用洒水和覆盖养护，可在其表面涂混凝土养护剂养护。

（2）当外界气温不能满足工程进度要求时，则采用蒸汽养护。梁体混凝土浇筑完毕后，用帆布覆盖，静停 4h 后，开始通气升温蒸养。升温速度不超过 20℃/h，恒温养护最高温度不超过 80℃，恒温时间由同条件养护的试块确定。当试块强度达到设计强度时，即可停止养护。降温速度不得超过 20℃/h，以避免混凝土产生表面裂缝。

3.2.9　模板拆除

（1）当梁体混凝土强度达到设计强度的 50%，梁体混凝土芯部与表层、表层与环境温差均不大于 15℃，且能保证棱角完整时，方可拆除模板。拆模时，首先拆除模板顶面连接平台（灌注混凝土时的操作平台），其次拆除端模，最后拆除侧模。

（2）模板拆除。拆模板时先敲去模板支腿下楔块，一般情况下，模板靠自重可自行脱落，如不能脱落，用撬棍轻轻撬动模板使之与混凝土脱离。退出后，用龙门吊将其吊离；模板面清理干净、涂脱模剂后备用。

（3）模板拆除后，及时在 T 形梁两侧横隔板下加支撑以防倾覆。

3.2.10　预应力张拉

（1）预应力筋下料、绑扎：钢绞线按设计图要求下料，下料长度应通过计算确定，计算时应考虑千斤顶需要的长度、弹性回缩值、锚具厚度及外露长度等因素。下料采用砂轮锯切割，在切口处两端 20mm 范围内用细铁丝绑扎牢固，以防止头部松散。禁止用电、气焊切割，以防热损伤。钢绞线应梳整分根、编束，每隔 1.5m 左右绑扎铁丝，使编扎成束顺直不扭转。编束后的钢绞线应顺直按编号分类存放。

（2）穿束：穿束前用压力水冲洗孔道内杂物，观测孔道有无串孔现象，再用空压机吹干孔道内水分。预应力束的搬运，应无损坏、无污染、无锈蚀。穿束用人工进行，如若困难采用卷扬机牵引，后端用人工协助。

（3）预应力张拉：

①梁体混凝土强度、弹模达到设计图纸或规范要求时，两端对称分批按要求张拉正弯矩钢束。

②低松弛预应力束采用两端对称分批张拉，张拉程序为 $0 \rightarrow 0.10\sigma con$（初应力）$\rightarrow \sigma con$（持荷 2min）$\rightarrow$ 锚固。

③预应力张拉采用张拉力和伸长量双控。要求计算伸长量与实测伸长量之间的误差为 ±6% 以内。超过时应停止张拉、分析原因并采取措施。

④张拉时，要做好记录，发现问题及时补救。张拉完毕应对锚具及时做临时防护处理。

3.2.11　压浆及封锚

（1）预应力束全部张拉完毕后，应有检查人员检查张拉记录，经过批准后方可切割锚具外的钢绞线并进行压浆准备工作（张拉后如能保证钢绞线稳定锚固，也可先移梁再压浆）。压浆工作应尽快进行，一般不得超过 14d。压浆从下层孔道向上层孔道进行。

（2）压浆水泥选用普通硅酸盐水泥，出场日期不得超过一个月，水灰比不大于 0.4，拌和 3h 后泌水率不超过 2%，水泥浆中掺用的外加剂，其掺量应由试验确定，不得掺入铝粉等锈蚀预应力钢材的膨胀剂。为保证压浆质量，宜采用真空压浆技术。

（3）水泥浆的拌制采用连续方法生产，每次自调至压入孔道的时间不超过 20～45min。压浆设备采用活塞式压浆泵，以 0.7MPa 恒压作业。

（4）压浆时，每一工作班留取 4 组立方体试件，标准养护 28d，检查其抗压强度作为水泥浆质量的评定依据。

（5）压浆后，切除锚具外多余钢绞线，将锚具周围混凝土冲洗干净并凿毛。然后设置钢筋网，浇筑封锚混凝土。

3.2.12　场内移运和堆放

（1）T 形梁压浆达到规定强度和龄期后用两台龙门吊吊出台座横移在运梁轨道小车上，移走龙门吊，将梁运至存梁区。然后再用两台龙门吊将 T 形梁起吊，横移至存梁台座上储存。移梁、存梁时采用两点支撑，支点距梁端头不大于 1m。如存梁为多层，则各支点应竖直，并在两侧用方木支撑或梁与梁之间采取临时固结的办法，防止倾覆。

（2）构件的堆放场地应宽敞，堆放场地应平整坚实、排水良好。

4　质量标准

4.0.1　主控项目
结构表面不得出现超过设计规定的受力裂缝。

检查数量：全数检查。

检验方法：观察或用读数放大镜观测。

4.0.2　一般项目
（1）预制梁允许偏差应符合表 4.0.2 的规定。

表 4.0.2　预制梁允许偏差

序号	项　目		允许偏差（mm）		检验频率		检验方法
			梁	板	范围	点数	
1	断面尺寸	宽	0，－10	0，－10	每个构件	2	用钢尺量，端部、$L/4$ 处和中间各 1 点
		高	±5	—		5	
		顶、底、腹板厚	±5	±5		5	
2	长度		0，－10	0，－10		5	用钢尺量，两侧上、下各 1 点
3	侧向弯曲		$L/1000$ 且 $\geqslant 10$	$L/1000$ 且 $\geqslant 10$		4	沿构件全长拉线，用钢尺量，左右各 1 点
4	对角线长度差		15			1	用钢尺量
5	平整度		8			2	用 2m 直尺、塞尺量

注：表中 L 为构件长度（mm）。

（2）混凝土表面应无空洞、露筋、蜂窝、麻面和宽度超过 0.15mm 的收缩裂缝等现象。

检查数量：全数检查。

检验方法：观察、读数放大镜观测。

5　质量记录

5.0.1　原材料（水泥、砂、石子、钢筋、钢绞线、外加剂）进场复验报告。

5.0.2　钢绞线、锚具复验报告。

5.0.3　千斤顶、油表检测报告。

5.0.4　混凝土强度试验报告。

5.0.5　张拉原始记录表（或按监理工程师的要求进行）。

5.0.6　压浆记录表。

5.0.7　钢筋、T 形梁检查记录表。

6　冬、夏、雨季施工措施

6.1　冬季施工

6.1.1　雨雪天不得进行预应力张拉作业。

6.1.2　冬季孔道压浆过程中及压浆后 48h 内，结构混凝土的温度不得低于 5℃，否则应采取保温措施。

6.1.3　后张预应力混凝土工程冬季施工时应符合施工技术规范中低温施工混凝土的技术要求。

6.2　夏季施工

后张预应力混凝土工程夏季施工时应符合施工技术规范中高温施工混凝土的技术要求。

6.3　雨季施工

雨季波纹管就位后要将端口封严，以免灌入雨水而锈蚀预应力筋或波纹管。

7　安全、环保措施

7.1　安全措施

7.1.1　设立专职安全员并建立 24h 旁站制度，及时纠正和消除施工中出现的不安全苗头。

7.1.2 对施工人员定期进行安全教育和安全知识的考核。

7.1.3 各种临时的承重结构及模板应认真检算设计,确保强度、刚度和稳定性。

7.1.4 吊装作业时,起重机下严禁人员逗留,并设立明显的作业和禁入标志。

7.1.5 吊梁和移梁作业时,派专人检查起重设备各系统,确保万无一失。

7.1.6 各类机械设备的操作人员必须持证上岗,无证人员或非本机人员不得上机操作。

7.1.7 场内电路布置要规范化,电器开关设在防雨防晒的电器柜内,距离地面不小于 1.5m。

7.1.8 张拉时,严禁非工作人员进场,操作人员不得站在张拉千斤顶后,以防飞锚伤人。高压油管接头要紧密,随时检查,防止高压油喷出伤人。

7.1.9 压浆人员操作时要戴防护眼镜、口罩和安全帽。

7.2 环境保护

7.2.1 混凝土养护用水,应经过沉淀处理后,方可排入市政管道。

7.2.2 孔道灌浆作业时,加强水泥浆的保管,防止水泥浆污染现场;灌浆后剩余的水泥浆应集中处理、不得随意排放。

8 主要应用标准和规范

8.0.1 中华人民共和国行业标准《公路桥涵施工技术规范》(JTG/T F50—2011)

8.0.2 中华人民共和国国家标准《环境空气质量标准》(GB 3095—2012)

8.0.3 中华人民共和国行业标准《城市桥梁工程施工与质量验收规范》(CJJ 2—2008)

8.0.4 中华人民共和国国家标准《混凝土结构工程施工质量验收规范》(GB 50204—2002)

8.0.5 中华人民共和国行业标准《公路工程施工安全技术规程》(JTJ 076—1995)

8.0.6 中华人民共和国行业标准《公路工程水泥及水泥混凝土试验规程》(JTG E30—2005)

编、校:鄢真　李力

207 预应力小箱梁预制（后张法）

（Q/JZM－SZ207－2012）

1 适用范围

本施工工艺标准适用于市政桥梁工程中在预制场进行预应力小箱梁的制作、张拉、压浆、移位、存储等施工作业，其他工程可参照使用。

2 施工准备

2.1 技术准备

2.1.1 进行施工图纸的会审，复核小箱梁预制长度、细部尺寸等是否与桥梁跨径相适应、梁端湿接头宽度是否有足够的空间以满足施工要求，预埋件位置是否准确；复核预应力筋下料长度、预应力管道线形及坐标、锚垫板与预应力管道是否垂直，计算预应力筋控制张拉力及张拉伸长量等；复核横隔梁外形尺寸是否有利于模板的拆除；复核梁底楔形块位置及四个角的高度，计算桥梁横坡与图纸设计横坡是否相符。

2.1.2 根据施工方案、预制数量、进度等因素进行预制场总体布置规划设计，预制场地、箱梁存放场、底座平面位置、龙门轨道及其纵坡、运梁轨道及其纵坡、混凝土运输道路、场地排水、施工用水管线、供电线路规划设计、混凝土拌和站、钢筋加工场、模板加工场、钢绞线下料场规划设计等。

2.1.3 预制底座设计、计算（包括反拱设计）；存梁枕梁设计、计算；模板设计、计算；箱梁起重运输设计、计算；龙门轨道设计、计算等。

2.1.4 编制箱梁预制单项施工组织设计，对施工技术方案进行研讨、比较和完善。制定安全技术措施，向技术人员组进行一级技术交底及安全交底，向班组进行详细的二级技术、安全、操作交底，确保施工过程中的质量及人身安全。

2.1.5 混凝土配合比设计及试验：按照混凝土设计强度，进行理论配合比、施工配合比设计的试验。

2.2 材料准备

2.2.1 水泥、石子、砂、钢筋、钢绞线、外加剂等由持证材料人员和试验人员按规定进行检测，确保原材料的质量符合质量标准要求。

2.2.2 不同规格的材料应分开堆放；材料堆放场地要进行硬化，场地硬化混凝土厚度能满足施工机械的行驶；不同规格的石子、砂之间设置隔离墙，隔离墙高度不低于1.5m。钢筋、钢绞线存放时高出地面不小于30cm。各种材料设置30cm×50cm的标志标牌，标明材料名称、规格、产地、生产厂商等。

2.3 施工机具与设备

2.3.1 施工机具设备

（1）钢筋加工、安装设备：钢筋切断机、钢筋弯曲机、电焊机、对焊机、龙门吊、钢筋成形骨架、扁担钢梁。

（2）模板及其安装设备：外侧模板、端头模板、箱梁内模、防内模上浮横梁、对拉螺杆、模板螺旋支腿、螺旋斜撑杆及地锚、龙门吊及电动葫芦等。

（3）混凝土拌和设备：强制式混凝土拌和机、配料斗、装载机。

（4）混凝土运输设备：小翻斗车或混凝土罐车或运输平车。

（5）混凝土浇筑设备：混凝土料斗、附着式振捣器、插入式振捣器。

（6）吊运设备：龙门吊、运梁平车。

（7）预应力设备：砂轮切割机、手持式砂轮切割机、卷管机、千斤顶、油泵、油压表、空压机、压浆机、水泥浆拌和机等。

2.3.2　测量检测仪器：水准仪、钢卷尺、2m 直尺、读数放大镜、混凝土试模件等。

2.4　作业条件

2.4.1　预制场地已具备"三通一平"，满足施工要求并有防水、排水措施。

2.4.2　材料按需要已分批进场，并经检验合格。

3　操作工艺

3.1　工艺流程

清理底模、施工放样→侧模、端头模板拼装→绑扎底、腹板钢筋→安装预应力管道→安装内模→绑扎顶板钢筋→浇筑梁体混凝土→梁体养生→张拉、压浆→移梁→梁端封锚、堵头混凝土。

3.2　操作方法

3.2.1　清理底模、施工放样

（1）底模清理干净：底模表面无混凝土残存物，且线形平顺，表面平整。测量底板梁长，调整楔形块位置及四个角的高度，调整楔形块底面钢模板平整度。

（2）涂抹脱模剂：脱模剂涂抹必须均匀，无积油污染钢筋。底模两侧与侧模接触面安装直径不小于 3cm 的软塑料管，塑料管与底模顶面平行，接缝平整，防止漏浆。经自检合格后进行下道工序外侧模安装施工。

3.2.2　外侧模安装

（1）清理侧模表面浮浆，用钢丝刷打磨，清理干净，包括翼缘板边缘侧板、端头模板的清理。

（2）模板安装接缝平顺、严密，无错台，模内长、宽、高尺寸符合设计图纸及施工规范的要求，对拉螺杆齐全、拉紧，支撑稳固。

（3）横隔板位置准确。侧模与底模之间，侧模与侧模之间接缝不严密处用透明玻璃胶填补，确保模板接缝不漏浆。脱模剂涂抹均匀，无积油以免污染钢筋。经自检、抽检合格后进行下道工序绑扎底腹板钢筋施工。

3.2.3　绑扎底腹板钢筋

（1）钢筋原材料必须有标志、标牌，以避免不同型号的钢筋相互混用，更不得以直径较小的钢筋替代直径较大的钢筋。

（2）模板经自检及抽检合格后安放支座钢板、绑扎底腹板钢筋。绑扎底腹板钢筋前必须进行划线，以保证钢筋数量及间距。焊接钢筋使用的电焊条、焊接长度、钢筋搭接长度符合规范要求，焊接时焊缝饱满且不得烧伤主筋，清除干净焊缝表面的焊渣。

（3）用于工程实体的钢筋表面应无锈块或锈斑，有浮锈的钢筋必须经过除锈后方可用于工程实体。绑扎钢筋前要清除模板表面积油，防止钢筋受到污染。

（4）底板钢筋绑扎完成后，要检查钢筋保护层厚度，杜绝钢筋贴近模板而造成露筋现象的出现。

（5）张拉锚板下钢筋较密，当钢筋间互相干扰时，适当调整次要钢筋。

3.2.4　预应力管道安装

（1）严格按照图纸提供的坐标在钢筋加工场加工定位钢筋，以保证定位钢筋尺寸的准确性。预应力管道坐标应符合图纸及施工规范的要求，逐一检查、调整定位钢筋的坐标，以保证预应力管道坐标准确。

（2）穿波纹管前，检查波纹管径向承压力是否符合设计要求，压轮应咬合紧密。波纹管接头用直径相适的波纹管套管连接，再用胶布包封，谨防漏浆。波纹管应线型平顺，在张拉锚板处，沿波纹管切线方向与锚板平面尽量保持垂直状态。

（3）在波纹管内穿外径稍小的塑料管，以防漏浆堵塞波纹管管道。经自检、抽检合格后进行下道工序内模拼装施工。

3.2.5　内模拼装

（1）按照内模模板编号及内模骨架编号在场外拼装内模，内模模板及骨架拼装时，按照设计的螺栓孔用螺丝相互连接，不得少丝，不得放大螺丝间距。

（2）内模拼装完成后检查其尺寸必须符合设计图纸及规范要求，以保证箱梁底板及顶板混凝土厚度。内模接缝平顺，清除模板表面混凝土浮浆；在模板接缝处，用胶带密封，以防漏浆。然后涂抹脱模剂；脱模剂涂抹应均匀，不得有积油现象。

（3）安装内模：用龙门起吊安装内模；安装内模前要清理、冲洗底模及侧模表面的灰尘及杂物，同时设立支撑内模钢筋，以保证底板混凝土及其保护层厚度。

3.2.6　绑扎顶板钢筋

（1）绑扎顶板钢筋前必须进行划线以保证钢筋数量及间距，焊接钢筋使用的电焊条、焊接长度、钢筋搭接长度符合规范要求。焊接时焊缝饱满且不得烧伤主筋，要注意防止波纹管在焊接时被烧伤，清除干净焊缝表面的焊渣。

（2）用于工程实体的钢筋表面不得有锈块或锈斑，有浮锈的钢筋必须经过除锈后方可使用。绑扎钢筋前要清除模板表面积油，防止钢筋受到污染。

（3）由于施工人员需在钢筋骨架上行走，根据需要每 50 ~ 80cm 设置架立钢筋，确保顶层钢筋不坍陷。施工人员进入梁体内作业时，应将脚下杂物清理干净，以防污染钢筋。顶板钢筋绑扎完成后，检查钢筋保护层厚度，杜绝钢筋贴近模板而造成露筋现象的出现。

（4）安装防内模上浮横梁，确保内模不上浮，以保证箱梁顶板混凝土厚度。

3.2.7　浇筑箱梁混凝土

（1）箱梁混凝土施工应在侧模、底腹板钢筋、预应力管道、内模、顶板钢筋安装完毕，通过自检及抽检合格后，方可一次性浇筑底板、腹板和顶板混凝土。施工中不得间断，浇筑从一端开始到另一端；先浇筑底板混凝土，然后浇筑腹板、横隔板及顶板混凝土。如此向前推进至混凝土浇筑完成。

（2）混凝土浇筑过程中注意事项：

①严格控制混凝土配合比及其坍落度。混凝土坍落度一般控制在 8 ~ 10cm，不能满足施工要求的混凝土不得使用，确保混凝土的外观质量。

②箱梁的两端钢筋较密，用直径为 2.5cm 插入式振捣棒加强振捣，确保锚下混凝土密实。

③腹板宽度较小，在有预应力管道的地方，混凝土不易下落，用 2.5cm 插入式振捣棒将混凝土送到预应力管道处，使预应力管道处填满混凝土，然后通过高频附着式振捣器振捣密实。在浇筑混凝土施工过程中如发现管道偏位应及时调整。浇筑完腹板混凝土后，附着式振捣器不得再使用；也不得再对底板进行振动以防止混凝土捣空；顶板混凝土应连续浇筑、一次完成。

④混凝土浇筑完成收浆后，要进行第二次抹面收浆，以避免局部出现龟裂，并进行表面拉毛、清除浮浆；最后用土工布盖好，同时进行养生。

⑤在混凝土浇筑过程中应安排模板工、钢筋工值班，针对在施工中出现的问题及时处理，同时每间

隔15min将管道内塑管抽动一次,防止波纹管漏浆堵塞预应力管道。

⑥在养生期内要确保混凝土始终处于湿润状态。在梁体混凝土浇筑过程中留有足够混凝土试件,至少两组采取与梁体同条件养生,并以该试件强度决定张拉时间。及时将透气孔捅开及凿毛工作,凿毛时清除混凝土表面浮浆,露出新鲜的混凝土。

3.2.8　拆除侧模和内芯模并凿毛翼板侧面混凝土

侧模拆除以后,待表面强度达到2.5MPa左右,对翼板侧表面加密凿毛,并凿出钢筋,确保以后在进行桥面施工时,箱梁与箱梁能有效地连接成整体。内芯模在拆除过程中,注意通风和内芯模的倾覆,确保施工人员的安全。

3.2.9　预应力张拉

(1)施工前张拉设备应进行标定;所有张拉设备应至少每隔两个月进行一次标定和保养。在使用过程中,如出现异常情况,张拉设备必须进行重新标定。

(2)混凝土强度及龄期达到设计要求后即可进行张拉。张拉开始前,所有钢绞线在张拉点间应能自由移动,同时构件可以自由地适应施加预应力时产生的预应力钢绞线的水平和垂直运动。张拉时,应两端同时且交错张拉,张拉程序为0→初应力→控制应力(持荷2min)→锚固。

(3)张拉采用应力应变双控法,做好张拉记录。预应力钢绞线以均匀速度张拉,当预应力加至设计值,张拉控制应力达到稳定后,测量其实际伸长值,当伸长值不超出理论伸长值±6%范围后钢绞线方可锚固。否则应停止张拉,找出原因后方可继续。

(4)张拉施工注意事项:

①钢绞线下料应采用砂轮锯切割,砂轮锯的锯片应为增强型,以防锯片飞出伤人。严禁用气割切割钢绞线或已穿入钢绞线的波纹管。

②钢绞线进场后安排专职人员妥善保管,避免锈蚀,尤其确保张拉、锚固两端干净、清洁。如果钢绞线表面已经形成降低强度和延伸率的锈蚀坑,则不能使用。

③预应力钢绞线工作长度根据张拉千斤顶的型号确定。

④应按照技术规范的要求,对油表和千斤顶进行配套校验。

3.2.10　孔道压浆

压浆前应检查孔道是否通畅、清洁,水泥浆是否符合要求,如有条件应采用真空压浆技术。

(1)压力表在使用前要校正,作业过程中,最少每隔3h将所有设备清洗一次,每天用完也须清洗。

(2)孔道压浆应按自下而上的顺序进行。

(3)为保证钢束管道全部充浆,须压浆至出浆口水泥浆流出一段时间后再封闭进浆口。不掺外加剂时须进行二次压浆,直到水泥浆凝固前,均不得移动打开。

(4)压浆中加入膨胀剂以保证管道内密实。压浆完毕后,水泥浆达到一定强度后方可移梁。

3.2.11　移梁

在确保钢绞线不滑丝、不断丝的情况下,压浆前允许移梁。但压浆后必须满足水泥浆达到设计要求强度后方可移梁。用红漆记录编号、日期,标注位置不能暴露于结构物外露面。

4　质量标准

4.0.1　主控项目

结构表面不得出现超过设计和规范规定的受力裂缝。

检查数量:全数检查。

检验方法:观察或用读数放大镜观测。

4.0.2　一般项目

(1)预制箱梁偏差应符合表4.0.2的规定。

表 4.0.2　预制箱梁允许偏差

序号	项　目		允许偏差（mm）	检验频率		检验方法
				范围	点数	
1	断面尺寸	宽	0，−10	每个构件	5	用钢尺量，端部、$L/4$ 处和中间各 1 点
		高	±5		5	
		顶、底、腹板厚	±5		5	
2	长度		0，−10		4	用钢尺量，两侧上、下各 1 点
3	侧向弯曲		$L/1000$ 且 $\not> 10$		2	沿构件全长拉线，用钢尺量，左右各 1 点
4	对角线长度差		15		1	用钢尺量
5	平整度		2		2	用 2m 直尺、塞尺量

注：表中 L 为构件长度（mm）。

（2）混凝土表面应无空洞、露筋、蜂窝、麻面和宽度超过 0.15mm 的裂缝收缩等现象。

检查数量：全数检查。

检验方法：观察、读数放大镜观测。

5　质量记录

5.0.1　原材料（水泥、砂、石子、钢筋、钢绞线、外加剂）进场复验报告。

5.0.2　钢绞线、锚具复验报告。

5.0.3　千斤顶、油表检测报告。

5.0.4　混凝土强度试验报告。

5.0.5　张拉原始记录表（或按监理工程师的要求进行）。

5.0.6　压浆记录表。

5.0.7　钢筋、箱梁检查记录表。

6　冬、夏、雨季施工措施

6.1　冬季施工

6.1.1　雨雪天不得进行预应力张拉作业。

6.1.2　冬季孔道压浆过程中及压浆后 48h 内，结构混凝土的温度不得低于 5℃，否则应采取保温措施。

6.1.3　后张预应力混凝土工程冬季施工时应符合施工技术规范中低温施工混凝土的技术要求。

6.2　夏季施工

后张预应力混凝土工程夏季施工时应符合施工技术规范中高温施工混凝土的技术要求。

6.3　雨季施工

雨季波纹管就位后要将端口封严，以免灌入雨水而锈蚀预应力筋或波纹管。

7　安全、环保措施

7.1　安全措施

7.1.1　设立专职安全员并建立 24h 旁站制度，及时纠正和消除施工中出现的不安全苗头。

7.1.2 对施工人员定期进行安全教育和安全知识的考核。

7.1.3 各种临时的承重结构及模板应认真检算设计,确保强度、刚度和稳定性。

7.1.4 吊装作业时,起重机下严禁人员逗留,并设立明显的作业和禁入标志。

7.1.5 吊梁和移梁作业时,派专人检查起重设备各系统,确保万无一失。

7.1.6 各类机械设备的操作人员必须持证上岗,无证人员或非本机人员不得上机操作。

7.1.7 场内电路布置要规范化,电器开关设在防雨防晒的电器柜内,距离地面不小于1.5m。

7.1.8 张拉时,严禁非工作人员进场,操作人员不得站在张拉千斤顶后,以防飞锚伤人。高压油管接头要紧密,要随时检查,防止高压油喷出伤人。

7.1.9 压浆人员操作时要戴防护眼镜、口罩和安全帽。

7.2 环境保护

7.2.1 混凝土养护用水,应经过沉淀处理后,方可排入市政管道。

7.2.2 孔道灌浆作业时,加强水泥浆的保管,防止水泥浆污染现场;灌浆后剩余的水泥浆应集中处理。

8 主要应用标准和规范

8.0.1 中华人民共和国行业标准《公路桥涵施工技术规范》(JTG/T F50—2011)

8.0.2 中华人民共和国国家标准《环境空气质量标准》(GB 3095—2012)

8.0.3 中华人民共和国行业标准《城市桥梁工程施工与质量验收规范》(CJJ 2—2008)

8.0.4 中华人民共和国国家标准《混凝土结构工程施工质量验收规范》(GB 50204—2002)

8.0.5 中华人民共和国行业标准《公路工程施工安全技术规程》(JTJ 076—1995)

8.0.6 中华人民共和国行业标准《公路工程水泥及水泥混凝土试验规程》(JTG E30—2005)

编、校:谌乐强 姚倩

208 预应力空心板梁预制（后张法）

（Q/JZM – SZ208 – 2012）

1 适用范围

本施工工艺标准适用于市政桥梁工程中后张法预制空心板梁的施工作业。

2 施工准备

2.1 技术准备

2.1.1 组织技术人员、管理人员和施工人员学习桥梁施工技术规范，熟读设计图纸，进行岗前培训和技术交底，确保空心板结构尺寸正确无误。

2.1.2 做好混凝土的施工配合比设计，特别注意外加剂的检查和试验；同时做好原材料的进场取样试验，严格控制质量。在施工过程中，保持同一座桥梁的空心板用同一类型、规格的原材料，以保证受力均匀，外观一致。

2.2 材料准备

2.2.1 水泥、石子、砂、钢筋、钢绞线、外加剂等由持证材料人员和试验人员按规定进行检测，确保原材料的质量符合质量标准要求。

2.2.2 不同规格的材料应分开堆放，材料堆放场地要进行硬化，场地硬化混凝土厚度能满足施工机械的行驶。不同规格的石子、砂之间设置隔离墙，隔离墙高度不低于1.5m。钢筋、钢绞线存放时高出地面不小于30cm。各种材料设置30cm×50cm的标志标牌，标明材料名称、规格、产地、生产厂商等。

2.3 施工机具与设备

2.3.1 施工机具设备

（1）钢筋加工、安装设备：钢筋切断机、钢筋弯曲机、电焊机、对焊机、龙门吊、钢筋成形骨架、扁担钢梁等。

（2）模板及其安装设备：外侧模板、端头模板、空心板气囊内模、气囊充气泵、龙门吊及电动葫芦等。

（3）混凝土拌和设备：强制式混凝土拌和机、配料斗、装载机。

（4）混凝土运输设备：小翻斗车或混凝土罐车或运输平车。

（5）混凝土浇筑设备：混凝土料斗、附着式振捣器、插入式振捣器。

（6）吊运设备：龙门吊、运梁平车。

（7）预应力设备：砂轮切割机、手持式砂轮切割机、卷管机、千斤顶、油泵、油压表、空压机、压浆机、水泥浆拌和机等。

2.3.2 测量检测仪器：水准仪、钢卷尺、2m直尺、读数放大镜、混凝土试模件等。

2.4 作业条件

2.4.1 预制场地已具备"三通一平"，满足施工要求并有防水、排水措施。

2.4.2 材料按需要已分批进场，并经检验合格。

3 操作工艺

3.1 工艺流程

硬化场地、制作底座→绑扎底、腹板钢筋→侧模、端头模板拼装→安装预应力管道→安装内模气囊→绑扎顶板钢筋→浇筑梁体混凝土→梁体养生→张拉、压浆→移梁→梁端封锚、堵头混凝土。

3.2 操作方法

3.2.1 硬化场地、制作底座

(1)首先硬化场地,使台座在空心板生产过程中不至变形和下沉,根据施工计划的需要设置台座个数。

(2)台座宽度严格按照设计梁板底宽施工,台座基础中间设置拉筋;两端各2m范围内因张拉需要,混凝土台座应加厚且加密拉筋布置;浇筑台座混凝土时要保证台座顶面水平。

(3)台座底模如为钢板,则要焊接固定在台座基础两边的角钢上。为与底模基础能有较好的结合而不致使底模钢板跑位、起拱,在钢板底模中线每隔一定距离往台座基础下铆入铆钉,铆钉与钢板焊好、磨光。

(4)在台座两边的角钢上安放1cm厚的橡胶条,可使空心板侧模挤压固定于台座上后浇注混凝土时不致漏浆。台座两边相应布置排水沟和钢筋混凝土支撑边梁,支撑边梁每隔一定距离预埋钢筋环,用于固定空心板侧模的拉杆。

(5)整体台座两边铺设铁轨、架设龙门吊,用于混凝土浇筑、梁板吊移及其他施工辅助吊运。

3.2.2 绑扎底、腹板钢筋

(1)对底模进行打磨清理除锈,并涂刷脱模剂。

(2)把在钢筋加工场加工好的钢筋在底模上进行安装绑扎,先绑扎底板钢筋和腹板钢筋,并按设计图纸和规范要求布置安装、固定波纹管。

(3)波纹管用机械卷制,按设计长度连接,按设计位置安放并增加定位钢筋牢固固定,接头处用胶带缠牢,防止漏浆。

(4)钢筋安装绑扎过程中,注意空心板各预埋钢筋的位置和尺寸,钢筋绑扎要用木块垫起避免脱模剂(或脱模油)污染钢筋。

3.2.3 侧模、端头模板拼装

钢筋绑扎好后安装侧模,安装前在侧模内侧均匀刷上脱模剂(或脱模油)。侧模安装应支撑牢固,尺寸准确,保证顺直。两侧模顶上要用拉杆拉牢,下边每隔一定距离用坚固的木条支撑于边梁上,使侧模牢固、密实安装在台座上,保证不变形、不漏浆。为保证梁板的保护层厚度,在钢筋和模板之间设置垫块,垫块应错开布置,不准贯通截面全长。

3.2.4 安装预应力管道

(1)严格按照图纸提供的坐标在钢筋加工场加工定位钢筋,以保证定位钢筋尺寸的准确性。预应力管道坐标应符合图纸及施工规范的要求,逐一检查、调整定位钢筋的坐标。

(2)穿波纹管前,检查波纹管径向承压力是否符合设计要求,压轮应咬合紧密。波纹管接头用直径相适的波纹管套管连接,再用胶布包封,谨防漏浆。波纹管应线形平顺,在张拉锚板处,沿波纹管切线方向与锚板平面应尽量保持垂直状态。

(3)在波纹管内穿外径稍小的塑料管,在浇筑梁板混凝土时经常抽动,以防漏浆堵塞波纹管管道。

3.2.5 安装内模气囊

针对充气胶囊在浇筑混凝土时可能上浮的问题,应采取切实可行的措施防止芯模上浮。首先在绑扎钢筋时根据设计空心孔位置、尺寸预先绑扎圆形抗上浮钢筋,并绑扎牢固;抗上浮钢筋间距为50cm。

其次在浇注混凝土过程中,在气囊顶均匀垫上五道条形钢板,将特制卡具压于条形钢板上并与侧模用螺栓锁牢。卡具为在梁板宽度长的角钢条下焊上底口为弧形的厚铁板,用于防止芯模在浇注混凝土时上浮。卡具应在逐渐浇筑完顶板混凝土时,同步逐个拆除。

3.2.6 绑扎顶板钢筋

(1)用于工程实体的钢筋表面不得有锈块或锈斑,有浮锈的钢筋必须经过除锈后方可使用。绑扎钢筋前要清除模板表面积油,防止钢筋受到污染。

(2)由于施工人员需在钢筋骨架上行走,根据需要每 50～80cm 设置架立钢筋,确保顶层钢筋不坍陷。顶板钢筋绑扎完成后,检查钢筋保护层厚度,杜绝钢筋贴近模板而造成露筋现象的出现。

3.2.7 浇筑空心板梁体混凝土

模板安装、钢筋加工及安装、预埋件预埋等经检验合格后可浇筑混凝土。混凝土由搅拌站统一按批准的配合比拌制,由混凝土运输车运输并集中卸料于专门制作的料斗中,用龙门吊把料斗吊起移动卸料、浇筑空心板。混凝土拌制要严格按照设计、规范要求和批复的配合比进行,并按试验相关要求对拌制好的混凝土进行浇筑前抽检。浇注混凝土时应利用料斗下的出料闸门控制出料量,并注意浇筑顺序和分层厚度。先浇筑空心板孔底以下混凝土,当浇筑厚度达到要求后采用插入式振动棒振捣。振动棒插入时应避开波纹管和芯模,并防止因振捣不当而使芯模上浮、变形。

3.2.8 拆模、养生

(1)侧模拆除:在空心板混凝土达到设计要求强度,且保证混凝土不致因拆模而坍塌、被碰损、拉伤、粘模时进行。综合考虑施工质量、施工进度和施工难度,应掌握好抽出芯模的时间,在混凝土达到一定强度、保证不至塌陷、出现裂缝和被拉伤的前提下,应及时将芯模拆除。板梁浇筑后及时覆盖养生,保证混凝土的湿度。

(2)在养生期内要确保混凝土始终处于湿润状态。在梁体混凝土浇筑过程中留有足够混凝土试件;至少两组采取与梁体同条件养生,并以该试件强度决定张拉时间。

3.2.9 张拉、压浆、封锚

(1)张拉:空心板混凝土强度达到100%后,穿钢绞线,用两端张拉法进行张拉,张拉工序为:

0→初应力($10\% \sigma con$)→$20\% \sigma con$→$100\% \sigma con$→持荷 2min→锚固。

张拉采用应力和伸长量双控。当伸长量超过设计值 ±6% 时,应松张预应力,查明原因后再重新张拉。张拉初值控制在10%～25%之间,预应力钢材伸长量为初拉力以后测得的伸长量,加初应力时推算伸长值。如有滑丝、断丝应按规范规定处理。张拉设备应严格检测后方可使用,并且根据要求定期保养和检测。

(2)压浆、封锚:压浆按设计和规范相关要求进行。压浆前对波纹管孔道进行检查,必要时进行冲洗以清除有害物质。压浆机应能制造合格稠度的水泥浆,压浆机必须能以 0.7MPa 的常压连续作业,保证压浆缓慢、均匀进行。压浆孔道应保持压力,压浆必须充满所有的波纹管。按要求封锚,到强度后即可起吊架设。

3.2.10 移梁

在确保钢绞线不滑丝、不断丝的情况下,压浆前可允许移梁。但压浆后必须满足水泥浆达到设计要求强度后方可移梁。用红漆记录编号、日期,标注位置不能暴露于结构物外露面。

4 质量标准

4.0.1 主控项目

结构表面不得出现超过设计和规范规定的受力裂缝。

检查数量:全数检查。

检验方法:观察或用读数放大镜观测。

4.0.2 一般项目

（1）预制空心板梁偏差应符合表4.0.2的规定。

表4.0.2 预制空心板梁允许偏差

序号	项 目		允许偏差（mm）	检验频率		检 验 方 法
				范围	点数	
1	断面尺寸	宽	0，-10	全部	5	用钢尺量，端部、$L/4$处和中间各1点
		高	—		5	
		顶、底、腹板厚	±5		5	
2	长度		0，-10		4	用钢尺量，两侧上、下各1点
3	侧向弯曲		$L/1000$且≯10		2	沿构件全长拉线，用钢尺量，左右各1点
4	对角线长度差		15		1	用钢尺量
5	平整度		8		2	用2m直尺、塞尺量

注：表中L为构件长度（mm）。

（2）混凝土表面应无空洞、露筋、蜂窝、麻面和宽度超过0.15mm的收缩裂缝等现象。

检查数量：全数检查。

检验方法：观察、读数放大镜观测。

5 质量记录

5.0.1 原材料（水泥、砂、石子、钢筋、钢绞线、外加剂）进场复验报告。

5.0.2 钢绞线、锚具复验报告。

5.0.3 千斤顶、油表检测报告。

5.0.4 混凝土强度试验报告。

5.0.5 张拉原始记录表（或按监理工程师的要求进行）。

5.0.6 压浆记录表。

5.0.7 钢筋、空心板梁检查记录表。

6 冬、夏、雨季施工措施

6.1 冬季施工

6.1.1 雨雪天不得进行预应力张拉作业。

6.1.2 冬季孔道压浆过程中及压浆后48h内，结构混凝土的温度不得低于5℃，否则应采取保温措施。

6.1.3 后张预应力混凝土工程冬季施工时应符合施工技术规范中低温施工混凝土的技术要求。

6.2 夏季施工

后张预应力混凝土工程夏季施工时应符合施工技术规范中高温施工混凝土的技术要求。

6.3 雨季施工

雨季波纹管就位后要将端口封严，以免灌入雨水而锈蚀预应力筋或波纹管。

7　安全、环保措施

7.1　安全保护

7.1.1　设立专职安全员并建立 24h 旁站制度,及时纠正和消除施工中出现的不安全苗头。

7.1.2　对施工人员定期进行安全教育和安全知识的考核。

7.1.3　各种临时的承重结构及模板应认真检算设计,确保强度、刚度和稳定性。

7.1.4　吊装作业时,起重机下严禁人员逗留,并设立明显的作业和禁入标志。

7.1.5　吊梁和移梁作业时,派专人检查起重设备各系统,确保万无一失。

7.1.6　各类机械设备的操作人员必须持证上岗,无证人员或非本机人员不得上机操作。

7.1.7　场内电路布置要规范化,电器开关设在防雨防晒的电器柜内,距离地面不小于 1.5m。

7.1.8　张拉时,严禁非工作人员进场,操作人员不得站在张拉千斤顶后,以防飞锚伤人。高压油管接头要紧密,要随时检查,防止高压油喷出伤人。

7.1.9　压浆人员操作时要戴防护眼镜、口罩和安全帽。

7.2　环境保护

7.2.1　混凝土养护用水,应经过沉淀处理后,方可排入市政管道。

7.2.2　孔道灌浆作业时,加强水泥浆的保管,防止水泥浆污染现场;灌浆后剩余的水泥浆应集中处理。

8　主要应用标准和规范

8.0.1　中华人民共和国行业标准《公路桥涵施工技术规范》(JTG/T F50—2011)

8.0.2　中华人民共和国国家标准《环境空气质量标准》(GB 3095—2012)

8.0.3　中华人民共和国行业标准《城市桥梁工程施工与质量验收规范》(CJJ 2—2008)

8.0.4　中华人民共和国国家标准《混凝土结构工程施工质量验收规范》(GB 50204—2002)

8.0.5　中华人民共和国行业标准《公路工程施工安全技术规程》(JTJ 076—1995)

8.0.6　中华人民共和国行业标准《公路工程水泥及水泥混凝土试验规程》(JTG E30—2005)

编、校:章亮亮　吴玥楠

209 现浇预应力连续箱梁(满堂支架)

(Q/JZM – SZ209 – 2012)

1 适用范围

本施工工艺标准适用于市政桥梁工程中高架桥或互通立交桥连续箱梁施工作业,该类型桥梁一般都位于旱地,适宜采用满堂支架现浇施工。

2 施工准备

2.1 技术准备

2.1.1 熟悉和分析施工现场的地质、水文资料,并进行地基承载力试验,确定地基处理方法;选择合适的支架形式和模板的支撑类型,并对支架、模板系统进行受力验算,形成计算书,报监理工程师审批。支架的布置,应根据连续梁截面尺寸大小并通过计算确保强度、刚度、稳定性均满足要求;计算时除考虑梁体重量外,还需考虑模板、支架重量、施工荷载(人、料、机等)、作用在模板、支架上的风荷载等。计算时还应考虑箱梁混凝土收缩、施工温度、张拉压缩等对支座的影响和箱梁挠度的影响。

2.1.2 编制现浇预应力混凝土连续箱梁施工组织设计,并向相关技术人员进行书面和口头技术交底,再由技术人员向班组进行书面的技术交底和安全交底。

2.1.3 施工放样,测定桥梁中心线,撒石灰线标示,并请监理工程师复核签认。

2.1.4 对于超高弯桥,应根据桥梁的半径及纵坡等制订出标准横断面控制点的位置及控制横断面纵向间距的方案。一般桥的半径越小、纵坡越大,控制断面纵向间距越小,以便能很准确地控制连续箱梁的线形和高程。所有的坐标和高程计算资料必须由不同技术人员单独计算后进行复核,复核无误后方可使用。

2.1.5 根据设计图纸,计算每束钢绞线的平均张拉力和伸长量。

2.2 材料准备

2.2.1 原材料:水泥、碎石、砂、钢筋、钢绞线、锚具等,由持证材料员和试验员按规定检验或外委试验,确保原材料质量符合相应标准。

2.2.2 混凝土配合比设计及试验:按混凝土设计强度要求,分别做试验配合比、施工配合比设计,以满足泵送混凝土的要求。

2.3 施工机具与设备

主要施工机械设备如下:

(1)地基处理设备:压路机、装载机、平地机、灰土拌和机等。

(2)提升设备:吊车。

(3)安全设备:防护网、防落网、防破损电线、防水照明灯。

(4)支护设备:支架、钢管、扣件等。

(5)混凝土运输及浇筑设备:混凝土拌和站、混凝土运输罐车、混凝土泵车、振捣器等。

(6)钢筋加工、安装设备:钢筋对焊机、电焊机、弯曲机、钢筋断料机、吊车等。

(7)压浆、张拉设备:预应力张拉千斤顶、油泵、压力表、净浆搅拌机、压浆机等。

2.4　作业条件

2.4.1　按要求对地基已进行处理,地基处理的方法应根据连续箱梁断面尺寸及支架形式等对地基承载力的要求而决定。

2.4.2　所有用于施工的机械设备均已安装调试、加工、标定完成。

3　操作工艺

3.1　工艺流程

地基处理→支架搭设→支架预压→底模、侧模安装→底板和腹板钢筋、预应力管道安装→内模、内支架、顶模安装→顶层钢筋绑扎→浇筑混凝土→养生→预应力筋穿束→预应力筋张拉→管道压浆、封锚→支架拆除。

3.2　操作方法

3.2.1　支架现浇梁施工前,先对施工现场进行场地平整,对搭设支架的场地进行加固处理,确保地基承载力达到满布荷载的要求,使梁体混凝土浇筑后不产生沉降。

3.2.2　测量放样桥位中心线:依据设计资料,复核桥位轴线控制网和高程基准点。确定桥位轴线,布石灰线,经监理工程师核查、批准后准备搭设支架。

3.2.3　支架搭设:严格按照施工方案进行支架搭设,并对支架顶高程进行控制。支架和底模铺设后,在模板上布点测量高程,准备进行预压和沉降观测。

3.2.4　支架预压:支架应根据设计或技术规范的要求进行预压(一般为超载预压),以消除支架的非弹性变形并取得弹性变形的相关参数以设计预拱度。预拱度一般按二次抛物线设置。根据经验,一般采用小砂袋作预压物比较经济,重量容易控制,连续作业时也便于人工倒运。预压时间根据设计或规范要求执行,一般以连续两天沉降量小于5mm为宜。支架的卸落设备可根据支架的设计形式进行选择,如木楔、砂筒、千斤顶、U形托架等;卸架设备必须具有足够的强度和刚度。

3.2.5　模板工程

模板由底模、侧模及内芯模三部分组成,一般预先分别制作成组件,使用时再进行拼装。底模模板一般采用15mm厚防水竹胶合板,模板的楞木采用方木组成。具体的布置需根据连续箱梁截面尺寸确定,并通过计算对模板的强度、刚度进行验算。

(1)预压完成后,准确调整支架的底模高程,并在底模上进行连续箱梁线形放样。

(2)内芯模施工程序:焊接钢筋立杆→支组合底侧模板→连接纵横排架钢管扣件→顶板方木→模板铺设。

(3)侧模:腹板外模板可用防水胶合板,当侧模为非折线形时应加工成定型钢模板,根据梁体高度采用多道纵向方木或钢管及顶撑加固。

3.2.6　钢筋、预应力管道

(1)普通钢筋及预应力筋严格按设计图纸的要求布置,对于腹板和横隔梁钢筋一般根据其起吊能力,预先焊成钢筋骨架,吊装后再绑扎或焊接成型,钢筋绑扎、接头焊接要符合技术规范的要求。现场焊接时要保护波纹管不受破坏。为保证混凝土保护层厚度,应在钢筋骨架和模板之间,错开放置适当数量的、定制加工的、与混凝土颜色相同的塑料垫块。预应力管道的位置按设计要求准确布设,并采用每隔50cm(曲线段)或100cm(直线段)一道的定位筋固定牢固,保证在混凝土浇筑期间不产生位移。

(2)金属管道接头处的连接管采用大一个直径级别的同类管道,其长度为被连接管道内径的5~7倍。连接时接头处不能产生角度变化及在混凝土浇筑期间不发生管道的转动或移位,其外可采用胶布缠牢,防止水泥浆的渗入。

（3）所有管道均应设压浆孔,还应在最高点设排气孔及需要时在最低点设排水孔。压浆管、排气管和排水管,可采用最小内径为20mm的标准管或适宜的塑性管;与管道之间的连接可采用金属或塑料结构扣件,长度应足以从管道引出结构物以外。

（4）管道在模板内安装完毕后,将其端部盖好,防止水或其他杂物进入。

（5）锚垫板安装前,要检查锚垫板的几何尺寸是否符合设计要求,锚垫板要牢固地安装在模板上。要使垫板与孔道严格对中,并与孔道端部垂直,不得错位。锚下螺旋筋及加强钢筋应严格按图纸设置,喇叭口应与波纹管连接平顺、密封。对锚垫板上的压浆孔妥善封堵,防止浇筑混凝土时漏浆堵孔。

（6）预应力筋的下料长度通过计算确定,计算时应考虑孔道曲线长、锚夹具长度、千斤顶长度及外露工作长度等因素。预应力筋的切割采用砂轮锯切割;预应力筋编束时,梳理顺直,绑扎牢固,防止相互缠绞;束成后,统一编号、挂牌,按类堆放整齐,以备使用。施工前应将每一孔预应力筋的下料长度、伸长值编号列出一览表,以指导施工。

（7）对在混凝土浇筑之前穿束的管道,预应力筋安装完成后,进行全面检查,以查出可能被损坏的管道。在混凝土浇筑之前,将管道上一切非有意留的孔、开口或损坏之处修复,并检查力筋能否在管道内自由滑动。

3.2.7 混凝土的浇筑

（1）混凝土的浇筑顺序先进行底板浇筑,再进行腹板浇筑。腹板可采用分层浇筑,第一层一般以下倒角高度为宜。下倒角混凝土浇筑完毕后要采取措施(如延缓覆盖时间)在倒角处洒上干水泥,使该处加速凝固硬化,防止腹板第二层浇筑时出现翻浆现象。

（2）混凝土的配合比设计要考虑初凝时间,混凝土初凝时间必须超过混凝土的覆盖所用时间。同时,由于墩身处与非墩身处支架的沉降量是不一样的,因而混凝土的初凝时间应超过向前浇筑混凝土离开墩身的时间,并有必要在初凝前在墩顶处进行复振。这样可以避免随着混凝土的浇筑,支架不断发生变形,先浇筑的混凝土已初凝而产生裂缝的现象发生。

（3）混凝土的振捣采用插入式振捣器进行振捣,振捣器移动间距不超过其作用半径的1.5倍,并插入下层5～10cm。振捣时要避免振捣棒碰撞模板、钢筋,尤其是波纹管在钢筋较密的部位一定不能漏振,振捣时以混凝土面不再产生气泡为宜。

（4）混凝土浇筑过程中有专人对支架和模板进行检查监控,发现问题及时进行处理。

3.2.8 张拉、压浆、封锚

（1）混凝土浇筑完成后,对连续箱梁顶面及时进行二次抹面,并覆盖土工布湿润养生(一般养生时间为7d)。当梁体混凝土强度达到设计规定的张拉强度和弹性模量(以梁体同条件养生的试件为准)时,方可进行张拉。设计未规定时,按施工规范要求不低于设计强度75%。

（2）预应力筋张拉采用双控,即以张拉力控制为主,以伸长值进行校核,实测伸长值与理论伸长值的误差不得超过规范要求的±6%或设计要求;否则应停止张拉,分析原因,在查明原因并加以调整后,方可继续张拉。张拉程序按技术规范的要求进行,一般为:0→初应力→控制应力 σcon(持荷2min)→锚固。

（3）张拉过程中的断丝、滑丝不得超过规范或设计的规定,如超过应更换钢束或采取监理工程师同意的补救措施。

（4）张拉顺序按图纸要求进行,无明确规定时按分段、分批、对称的原则进行张拉。张拉完成后在切割端头多余的预应力筋时,严禁用电弧焊切割,强调用砂轮机切割。要尽快进行孔道压浆,压浆所用灰浆的强度、稠度、水灰比、泌水率、膨胀剂量等,按设计或施工技术规范及试验标准要求控制。一般宜采用同强度等级的普通硅酸盐水泥,水灰比为0.4～0.45,膨胀剂掺量按设计要求执行。压浆前将管道用高压水冲洗,清理管道,检查管道是否畅通。

（5）压浆采用活塞式灰浆泵缓慢均匀进行,压浆的最大压力一般为0.5～0.7MPa;当孔道较长或输浆管较长时,压力可大些,反之可小些。如有条件采用真空压浆机压浆则效果更为理想,每个孔道压浆到最大压力后,应有一定的稳定时间。压浆方向由低处往高处进行,待出浆孔流出稠浆后,将出浆孔堵塞,持压 2min,拔出进浆管。

（6）压浆完成后,应将锚具周围冲洗干净并凿毛,设置钢筋网,浇筑封锚混凝土。

3.2.9　拆除支架、模板

（1）在梁体张拉完成,压浆强度达到设计强度后,方可拆除支架和底模。梁底模及支架卸载顺序,严格按照从梁体挠度最大处的支架节点开始,逐步向两端卸落相邻节点;当达到一定卸落量后,支架方可脱落梁体。

（2）多跨箱梁分段浇筑或逐孔浇筑落架时,除考虑主梁混凝土强度外,同时应考虑邻跨未浇筑混凝土对本跨的影响。

（3）多跨连续箱梁整联浇筑时,落架脱模宜各跨同时均匀分次卸落;如必须逐跨落架时,宜由两边跨向中跨对称拆除。

（4）在柔性分段墩上浇筑的连续箱梁张拉或落架时,因支座存在偏心,故应验算桥墩的偏心荷载受力情况,如墩柱抗弯不足时需设临时支撑,待邻跨加载后方可拆除。

（5）独柱多跨连续梁或连续弯梁,宜整联连续浇筑,施加预应力后,脱模、落架;如需分段或逐孔浇筑、分段张拉、分段落架时,必须考虑已浇梁段的稳定性,防止偏载失稳或受扭现象。

（6）拆除支架时严禁上下同时作业,施工过程中应做好对支架材料及模板的保护。

4　质量标准

4.0.1　主控项目

（1）满堂支架现浇连续箱梁施工中涉及模板与支架、钢筋、混凝土、预应力混凝土的质量检验等,应遵守施工技术规范的有关规定。

（2）现浇箱梁混凝土强度等级必须符合设计要求。

检验数量:全数检查。

检验方法:混凝土抗压强度试验。

（3）现浇箱梁结构表面不得出现超过设计规定的受力裂缝。

检查数量:全数检查。

检验方法:观察或用读数放大镜观测。

4.0.2　一般项目

（1）支架现浇箱梁偏差应符合表 4.0.2 的规定。

表 4.0.2　支架现浇箱梁允许偏差

序号	检查项目		规定值或允许偏差（mm）	检查频率		检查方法
				范围	点数	
1	轴线偏位		10		3	用经纬仪测量
2	梁板顶面高程		±10		3～5	用水准仪测量
3	断面尺寸（mm）	宽	±5,−10	全部	1～3 个断面	用钢尺量
		高	±30			
		顶、底、腹板厚	+10,0			
4	长度		+5,−10		2	用钢尺量
5	横坡（%）		±0.15		1～3	用水准仪测量
6	平整度		8	每侧面每 10m 梁长测 1 点		用 2m 直尺、塞尺量

（2）结构表面应无空洞、露筋、蜂窝、麻面和宽度超过0.15mm的收缩裂缝等现象。

检查数量：全数检查。

检验方法：观察、用读数放大镜观测。

（3）所有预埋件、孔洞等设施的规格、种类、尺寸、位置应符合设计要求。

检查数量：全数检查。

检验方法：观察或用塞尺量，用钢尺量或用水准仪、经纬仪检测。

5 质量记录

5.0.1 原材料(钢筋、钢绞线、水泥、砂、碎石、外掺挤、锚具等)进场复验报告。

5.0.2 测量放样复核记录。

5.0.3 现浇连续箱梁施工记录。

5.0.4 后张法预应力施工记录。

5.0.5 钢筋施工记录。

5.0.6 混凝土强度试验报告。

5.0.7 千斤顶、油表标定报告。

5.0.8 沉降观测记录、冬季施工温度实测记录。

6 冬、雨季施工措施

6.1 冬季施工

6.1.1 应根据混凝土搅拌、运输、浇筑及养护的各环节进行热工计算，确保混凝土入模温度满足有关规范规定，确保混凝土在达到临界强度前不受冻。

6.1.2 冬季焊接的环境温度：低合金钢不得低于5℃，普通碳素结构钢不得低于0℃。大风、雪天、温度低于-15℃时不得进行张拉作业。

6.1.3 冬季为免受天气影响，现浇箱梁场地上空宜搭设固定或活动的作业棚，使梁段预制作业不受天气影响。

6.2 雨季施工

6.2.1 雨季施工中，连续梁支架地基要求排水顺畅，不积水。

6.2.2 模板涂刷脱模剂后，要采取覆盖措施避免脱模剂受雨水冲刷而流失；及时准确地了解天气预报信息，避免雨中进行混凝土浇筑。

6.2.3 预应力筋应在仓库内保管，不得直接堆放在地面上，必须采取垫以枕木并用苫布覆盖等有效措施，防止雨水锈蚀。

6.2.4 锚具、夹具和连接器均应设专人保管，防止雨水锈蚀。

6.2.5 波纹管就位后要将端口封严，以免灌入雨水而锈蚀预应力筋或波纹管。

7 安全、环保措施

7.1 安全措施

7.1.1 开工前，应先清除施工范围内障碍物，施工场地拉红线作警示，无关人员不得进入。

7.1.2 支架和模板支撑必须进行验算，并按规定程序审批。搭设、卸拆支架严格按施工方案进行，作业时严禁在下面站人,作业人员必须是专业架子工,系好安全带。

7.1.3 机械作业时必须掌握其安全性能,大型施工机械作业时,在其作业范围内不得站人。设立施工作业安全标志牌。

7.1.4 沿翼缘板边安装防护栏杆,外挂防护网,防止人员、杂物坠落。施工用电安排专业电工负责。振动器的操作人员应穿绝缘胶鞋并佩戴胶皮手套。

7.1.5 进场施工人员必须戴安全帽,不许跨班作业,严禁疲劳施工。

7.1.6 配备专职安全员,特殊工种持证上岗。

7.2　环境保护

7.2.1 施工现场应制定洒水防尘措施,指定专人负责及时清运废渣土。

7.2.2 施工中的废水应及时排入事先挖好的沉淀池。

7.2.3 原材料、半成品均摆放整齐有序,保持预制场整洁。

7.2.4 施工结束后场地清理干净,不得遗留杂物。

8　主要应用标准和规范

8.0.1 中华人民共和国行业标准《公路桥涵施工技术规范》(JTG/T F50—2011)

8.0.2 中华人民共和国国家标准《环境空气质量标准》(GB 3095—2012)

8.0.3 中华人民共和国行业标准《城市桥梁工程施工与质量验收规范》(CJJ 2—2008)

8.0.4 中华人民共和国国家标准《混凝土结构工程施工质量验收规范》(GB 50204—2002)

8.0.5 中华人民共和国行业标准《公路工程施工安全技术规程》(JTJ 076—1995)

8.0.6 中华人民共和国行业标准《公路工程水泥及水泥混凝土试验规程》(JTG E30—2005)

编、校:刘宙　张明锋

210 悬臂浇筑(挂篮法)

(Q/JZM - SZ210 - 2012)

1 适用范围

本施工工艺标准适用于市政桥梁工程中大跨径预应力混凝土悬臂梁桥、连续梁桥、T形刚构桥、连续刚构桥等结构。悬浇施工方法特别适用于宽深河流和山谷,或施工期水位变化频繁不宜水上作业的河流,以及通航频繁且施工时需留有较大净空的河流、湖泊、海域上桥梁的施工作业。

2 施工准备

2.1 技术准备

2.1.1 熟悉和分析施工图纸、施工现场的施工环境、气候资料等,编制悬浇施工的单项施工组织设计,向技术人员进行书面的一级技术交底和安全交底。

2.1.2 选择合适的墩顶梁段及附近梁段的施工方法,可采用托架或膺架为支架、就地浇筑混凝土。托架或膺架要经过专项设计,计算弹性及非弹性变形。连续梁结构的梁墩临时固结、解除也应进行专项施工设计计算。

2.1.3 选择合格的挂篮形式。挂篮要经过设计计算,挂篮质量与梁段混凝土的质量比值控制在0.3~0.5之间,特殊情况下也不应超过0.7。

2.1.4 悬浇施工前对作业班组进行全面的技术、操作、安全二级交底,确保施工过程的工程质量和人身安全。

2.2 材料准备

2.2.1 原材料:水泥、石子、砂、钢筋、钢绞线、锚具、波纹管等,由持证材料员和试验员按规定进行检验,确保其原材料质量符合相应标准。

2.2.2 混凝土配合比设计及试验:按混凝土设计强度要求,分别做泵送混凝土配合比及普通混凝土配合比的试验室配合比、施工配合比设计,并要满足悬浇施工的全部要求。

2.3 施工机具与设备

2.3.1 施工机械设备:

(1)起重设备:塔吊、吊车、浮吊、卷扬机等。

(2)安全设备:安全帽、防滑鞋、安全带、救生衣、灭火器、低压防破电线等。

(3)混凝土灌注设备、混凝土运输设备:混凝土拌和站(机)、混凝土输送泵、泵管、串筒、振捣器、吊斗、混凝土灌车等。

(4)挂篮、模板设备:模板、支撑架、挂篮等。

(5)钢筋加工安装设备:钢筋成套加工设备、电焊机等。

(6)张拉设备:油泵、千斤顶等。

2.3.2 测量检查仪器:全站仪、水准仪、传感器、振动频率测力计等。

2.4　作业条件

2.4.1　施工场地"三通一平"完成,所有的机具设备(挂篮、拌和站、灌车、泵车等)准备就绪。

2.4.2　悬浇施工前应由工长或现场技术人员对参与施工的工人进行培训、技术安全交底。做到熟练掌握起重、立模、钢筋绑扎、浇筑、振捣、张拉、压浆等技术,要有应对安全紧急救援的措施,操作人员要保持稳定。

2.4.3　遇到大风、暴雨等天气情况,应停止一切起重及高空作业。

2.4.4　混凝土施工配合比已审批。

3　操作工艺

3.1　工艺流程

支架上立模现浇 0 号和 1 号块→拼装联体挂篮→对称浇筑 2 号梁段→联体挂篮分解前移→对称悬浇梁段→依次对称悬浇梁段混凝土→合拢段合拢。

3.2　操作方法

3.2.1　支架上立模现浇 0 号和 1 号块

(1)底模铺设

调整支架高程后铺底模,底模采用竹胶板。在支架顶小横杆上铺方木,方木应立放,其上铺大块竹胶板,空隙用小块竹胶板补齐,竹胶板用铁钉与方木钉牢,板间拼缝应严密,不得有错台、翘曲或较大缝隙,防止浇筑混凝土时漏浆及底板不平顺。0 号块底模完成后进行等载预压,消除非弹性变形,并设观测点测量弹性变形,作为施工高程控制的依据。

(2)临时支座、永久支座安装

临时支座浇筑时在支座顶、底面涂隔离剂,便于体系转换时凿除;临时支座通过预埋筋与墩柱及梁体固结。根据施工进度安排,参照当地气象资料,推测各墩顶 0 号段施工时的气温与合拢段施工时气温之间的差值。根据当地最高与最低气温,计算由此产生的连续梁伸缩量和支座位移量,确定 0 号段底部永久支座安装时预留的偏移量。永久支座垫石必须严格抹平,以确保支座安装水平。支座螺栓通过环氧树脂砂浆与墩柱固结牢靠。

(3)立模

用全站仪精确定出梁中心线及底板边线后架立侧模,侧模面板可采用竹胶板,外钉 8cm×8cm 方木横肋,方木肋间距为 20cm。侧模加固采用钢管支架。

钢筋绑扎及预应力管道定位:钢筋绑扎按设计图纸及规范要求进行;由于肋块钢筋较多,纵横向及腹板三向交织在一起,首先要严格控制钢筋的下料、加工,做到钢筋出厂验收合格。钢筋绑扎中,事先要安排好钢筋的绑扎先后次序,选择好钢筋保护层的支垫方式,底板采用高强度规格的混凝土垫块,侧面保护层采用标准尺寸的塑料垫块。注意各种预埋件及预留孔的位置、尺寸、规格,不得遗漏。0 号段波纹管较多且集中,又是以后悬浇段预应力束的基础段,所以要定位准确,定位筋焊接必须牢固。为避免混凝土施工中波纹管进浆堵塞,在波纹管内穿直径稍小的硬质塑料管防止堵塞。内模采用组合钢模,内模加固采用钢管支架加固,确定梁体几何形状。

(4)混凝土浇筑

混凝土浇筑采用泵送方式。搭设混凝土作业平台,在顶板上预留天窗,布置输送混凝土的漏斗和串筒。从底板开始前后、左右对称浇筑 0 号段混凝土,混凝土浇筑顺序由 0 号段中心分别向 1 号段分层浇筑,先底板后顶板。待底板浇筑完毕后将腹板、顶板一次性浇筑完成。

(5)养护及预应力施工

混凝土浇筑完毕后,加强对梁段尤其是箱体内侧与外侧的洒水养护。当混凝土强度达到设计强度的95%时,张拉预应力束并封头压浆。

3.2.2 挂篮组拼及试压

墩顶现浇段完成后,依据挂篮设计资料,确定挂篮组拼控制线。依据实际起重能力选择合理的起重方案。然后按照先主桁架、次底篮、再模板,最后其他附属结构的顺序进行挂篮的组拼。

挂篮组拼完成后,为了检验挂篮的性能和安全,消除结构的非弹性变形,获取挂篮弹性变形曲线的参数,为箱梁施工提供数据,应对挂篮进行预压,预压通常采用试验台座加压法、水箱加压法等。

3.2.3 调整立模高程、轴线

依据设计资料,复核悬浇梁段轴线控制网和高程基准点,确定并调整立模的轴线及高程。经驻地监理工程师检查、批准后才能绑扎钢筋。立模时应预留预拱度,预拱度包含挂篮的弹性变形及通过计算软件分析而得的施工及后期预拱度值。

3.2.4 绑扎底板、腹板钢筋

依据设计资料,先在加工场将钢筋制作成形,然后用塔吊、吊车或浮吊将钢筋运到已完成的箱梁顶面,先绑扎底腹板钢筋,再绑扎顶板钢筋。在施工过程中,施工负责人根据设计图纸,合理地确定不同种类钢筋的绑扎顺序,自检人员再检查钢筋种类、根数、间距及保护层控制是否满足要求。

3.2.5 安装竖向预应力筋

安装底板预应力管道及定位钢筋等一般在钢筋绑扎过程中安装完成,在预应力管道布设过程中,应用胶带将锚头与波纹管连接及波纹管接头处密封,封住压浆管管口,将压浆管和钢筋绑扎连接牢固,并在纵向波纹管内插入PVC管,以免浇混凝土时振动脱落而进浆。预应力管道布设时,要注意按施工设计方案布置出气孔、出浆孔。

3.2.6 通常挂篮设计时要考虑安装腹板内模模板,挂篮行走时能使内模与挂篮其余部分分两次行走到位的构造。底板及腹板钢筋、预应力安装经驻地监理工程师检查、批准后,才可安装腹板内模板。

3.2.7 绑扎顶板钢筋、安装顶板横向预应力筋及纵向预应力管道

按3.2.4条、3.2.5条要求绑扎钢筋,安装预应力管道及需要张拉钢丝索的锚垫板。另外,还要预埋护栏筋、翼板和底板泄水孔以及挂篮预埋孔。护栏预埋钢筋和翼板钢筋同时绑扎,挂篮预埋孔位置要准确,以免影响挂篮的使用。为便于以后箱室内底板预应力张拉,在顶板上适当位置预留适当尺寸的人孔,以利于人员上下和设备的运输。以上工作完成后,支堵头模板。

3.2.8 混凝土浇筑

试验室工作人员将原材料检验报告单、混凝土配合比等报监理工程师签认。待模板、钢筋及预应力系统和各种预埋件施工完毕,经监理工程师检查认可后,即可进行混凝土浇筑。桥墩两侧梁段悬臂施工应对称、平衡,实际不平衡偏差不得超过设计要求值。

箱形截面混凝土浇筑顺序应按设计要求办理,当采用两次浇筑时,各梁段的施工应错开。箱体分层浇筑时,底板可一次浇筑完成,腹板可分层浇筑,分层间隔时间宜控制在混凝土初凝之前且要确保覆盖。

3.2.9 养生、拆堵头模板、凿毛

在混凝土浇筑完毕后,及时在顶板表面拉毛并进行混凝土养护。用土工布、麻布等覆盖,并经常洒水,养护时间不小于7d;气温较低时表面覆盖棉被,保证混凝土强度。当混凝土强度达到2.5MPa后方可拆除堵头模板,进行凿毛。经凿毛处理的混凝土面,应用水冲洗干净。

3.2.10 清孔穿束

箱梁混凝土浇筑后,应对预应力管道进行冲洗后用空压机吹干,然后人工穿入合格的钢绞线,当管道较长时采用卷扬机穿束,安装锚具。

3.2.11 张拉

(1)待混凝土强度达到设计要求时(设计无要求时按设计强度的75%控制),即可开始张拉。张拉要严格按照设计规定顺序进行。如设计无要求时,应注意上下、左右对称张拉,张拉时注意梁体和锚具的变化。

（2）施加预应力所用的机具设备及仪表应由专人使用和管理，并定期维护和校验。千斤顶与压力表应配套校验，以确定张拉力与压力表之间的关系曲线，校验需经主管部门授权的法定计量机构定期进行。当千斤顶使用超过6个月或200次或在使用过程中出现不正常现象，应重新检验。

（3）预应力筋采用应力控制方法张拉时，应以伸长值进行校验，实际伸长值与理论伸长值的差值应控制在6%以内，否则应暂停张拉，待查明原因并采取措施予以调整后，方可继续张拉。

（4）必要时，应对孔道摩阻损失进行测定，并向有关单位反映，张拉时予以调整。

（5）预应力筋的锚固应在张拉控制应力处于稳定状态下进行。锚固阶段张拉端预应力的内缩量，应不大于设计规定或规范容许值。

3.2.12　压浆

预应力筋张拉后，孔道应尽早压浆：

（1）水泥浆的强度应符合设计规定，设计无具体规定时，应不低于30MPa，对截面较大的孔道，水泥浆中可掺入适量的细砂。水泥浆的技术条件应符合下列规定：

①水灰比宜为0.40～0.45，掺入适量减水剂时，水灰比可减小到0.35。

②水泥浆的泌水率最大不得超过3%，拌和后3h泌水率宜控制在2%，泌水应在24h内重新全部被浆吸回。

③通过试验后，水泥浆中可掺入适量膨胀剂（严禁用铝粉），但其自由膨胀率应小于10%。

（2）水泥浆自拌制至压入孔道的延续时间，视气温情况而定。水泥浆在使用前和压注过程中应连续搅拌。对于因延迟使用所致的流动度降低的水泥浆，不得通过加水来增加其流动度。

（3）压浆时，对曲线孔道和竖向孔道应从最低点的压浆孔压入，由最高点的排气孔排气和泌水。压浆宜先压注下层孔道。

（4）压浆应均匀地进行，不得中断，并应将所有最高点的排气孔依次放开和关闭，使孔道内排气通畅。

（5）当采用真空压浆时，要使用专用塑料波纹管及接头，用配套锚具，按真空压浆的要求配制水泥浆，并按真空压浆流程进行施工。

（6）挂篮移动工序必须在水泥浆初凝后或压浆强度达到规定值后进行。

3.2.13　落模板

预应力张拉完成后即可拆除腹板模板对拉杆，卸落吊锚杆。安装行走小车，拆除后锚杆，使挂篮由锚固状态转换为行走状态。

3.2.14　移挂篮

挂篮完成体系转换后即可进行挂篮的前移。挂篮行走时，首先控制好轨道的中线和间距，防止挂篮走偏。主梁轨道必须要放水平，轨道与箱梁必须固定牢靠。为保证挂篮就位时不扭曲、偏移，在主梁上设置垂直于主梁纵向轴线的标记线，用仪器观测来控制。如相差过大要及时调整。挂篮行走到位后安装后锚杆，拆除行走小车，完成挂篮的体系转换。

4　质量标准

4.0.1　主控项目

（1）悬臂现浇混凝土主梁强度等级必须符合设计要求。

检验数量：全数检查。

检验方法：混凝土抗压强度试验。

（2）现浇箱梁结构表面不得出现超过设计规定的受力裂缝。

检查数量：全数检查。

检验方法:观察或用读数放大镜观测。

4.0.2　一般项目

(1)悬臂浇筑混凝土梁偏差应符合表4.0.2的规定。

表4.0.2　悬臂浇筑混凝土梁允许偏差

序号	检查项目		允许偏差	检验频率		检验方法
				范围	点数	
1	轴线偏位	$L \leq 100m$	10	节段	2	用经纬仪测量,纵向计2点
		$L > 100m$	$L/10000$			
2	顶面高程	$L \leq 100m$	±20	节段	2	用水准仪测量
		$L > 100m$	±$L/5000$			
		相邻节段高差	10		3~5	用钢尺量
3	断面尺寸	高度	+5,-10	节段	1个断面	用钢尺量
		宽度	±30			
		顶、底、腹板厚	+10,0			
4	合龙后同跨对称点高程差	$L \leq 100m$	20	每跨	5~7	用水准仪测量
		$L > 100m$	$L/5000$			
5	横坡(%)		±0.15	节段	1~2	用水准仪测量
6	平整度		8	检查竖直、水平两个方向,每侧面每10m梁长	1	用2m直尺、塞尺量

注:L为节段长度。

(2)混凝土结构表面应无空洞、露筋、蜂窝、麻面和宽度超过0.15mm的收缩裂缝等现象。

检查数量:全数检查。

检验方法:观察、用读数放大镜观测。

(3)所有预埋件、孔洞等设施的规格、种类、尺寸、位置应符合设计要求。

检查数量:全数检查。

检验方法:观察或用塞尺量,用钢尺量或用水准仪、经纬仪检测。

5　质量记录

5.0.1　挂篮设计图及计算书。

5.0.2　挂篮预压测量记录。

5.0.3　原材料出厂合格证和进场复验记录。

5.0.4　钢筋、预应力筋安装验收记录及评定。

5.0.5　箱梁质量检查记录。

5.0.6　混凝土试件强度记录、预应力张拉、压浆记录。

5.0.7　千斤顶、油泵标定报告。

5.0.8　测量放样记录。

6　冬、夏、雨季施工措施

6.1　冬季施工

6.1.1　进入冬季施工前后,密切注意天气变化,重视天气预报,以防突然降温,并提前提出防寒材料、设备、劳保用品计划。

6.1.2 冬季施工时混凝土试块不少于三组,重要部分还要视情况再增加。

6.1.3 严格掌握冬季施工的混凝土水灰比,骨料中不能夹带冰霜,拌合水要加热,但不能超过80℃。入模温度不能低于5℃,投骨料的顺序为骨料→热水→水泥。

6.1.4 混凝土灌注前,应清除模板和钢筋上的冰雪、污垢。

6.1.5 混凝土在灌注过程中加强测温,并及时做好记录。

6.1.6 冬季施工时对混凝土质量的检查除应遵守常温施工的规定外,还应检查外加剂的掺量,水、骨料的加热温度,以及拌和时间延长度。

6.2　夏季施工

在炎热气候下进行混凝土施工时,浇筑前的混凝土温度不应超过32℃;可采取以下措施以保持混凝土温度不超过32℃:

6.2.1 集料及其他组成成分的遮荫或围盖和冷却。

6.2.2 在生产及浇筑时对配料、运送及其他设备的遮荫或冷却。

6.2.3 喷水以冷却集料。

6.2.4 用制冷法或埋水箱法或在部分拌和水中加碎冰以冷却拌和水,但在拌和完后,冰应全部融化。

6.2.5 与混凝土接触的模板、钢筋及其他表面,在浇混凝土前应冷却至32℃以下,其方法有盖以湿麻布或棉絮、喷雾状水,用保护罩覆盖或其他认可的方法。

6.3　雨季施工

6.3.1 施工场地的排水:施工现场应根据地形对场地排水系统进行疏通,以保证水流畅通、不积水,并防止四邻地区地面水倒流进入场地。

6.3.2 混凝土开盘前根据混凝土含水率调整施工配合比,适当减少加水量。

6.3.3 现场要有足够的覆盖材料,要保证浇灌混凝土不被雨水冲刷,已喷脱模剂的模板不被雨水冲掉。

6.3.4 雨季来临前做好沟谷地带、存料场地的防洪工作;对防水材料,重点加强防潮工作。

7　安全、环保措施

7.1　安全措施

7.1.1 进入工地的工作人员,上岗前必须进行安全教育,专业工种要经专业培训合格后才能上岗作业。工长在安全生产的同时应进行安全交底,明确安全技术操作规程,并针对本工程的工序及工种特点,提出安全要求,做到每个操作人员心中有数。

7.1.2 现场设专职安全检查员,负责生产中的安全监督检查工作,发现工地有不安全因素要及时处理解决。

7.1.3 严格管理出入工地的施工运输车辆,注意安全,避免在工地出现交通运输意外伤害事故。

7.1.4 特殊工种人员要经专业培训,考试合格后发给操作证,并要求持证上岗,定期复检。

7.1.5 进入施工现场的所有人员必须戴安全帽,不得擅自拆移现场的脚手架,所有施工现场都要有防护设施、安全标志及警告牌。

7.1.6 高空作业人员必须系安全带,严禁高空抛物;高空操作人员必须经过身体检查合格才能进行操作。

7.1.7 雨季施工中,脚下泥浆必须清除干净,以防滑倒。

7.1.8 临时施工用电安全管理：现场施工用高低压设备及线路,要编制"临时用电施工组织设计",并按照此设计进行安装和架设。严禁使用破损或绝缘性能不良的电线,严禁电线随地走,所有电闸箱应有门有锁,有防漏雨盖板,有危险标志。各种用电机械、机具都装有灵敏有效的漏电保护装置。

7.1.9 安全使用施工现场中的各种机械设备。定期检查卷扬机、搅拌机械、木工机械、钢筋加工机械、手持电动工具等安全装置是否齐全有效。操作人员要持证上岗,防止机械伤害事故的发生。

7.2 环境保护

7.2.1 施工场地及道路要进行硬化,适时洒水,减轻扬尘污染。石子、砂子、水泥等粉状材料的运输和堆放应有遮盖,减轻对空气的污染。

7.2.2 施工场地清理物,如表土、草皮和垃圾应及时运到指定地点废弃,不得妨碍施工及环境保护。

7.2.3 在工作场地内设置沉淀池,对施工废水进行沉淀净化。

7.2.4 优先选用噪音比较小的机械,控制施工噪音;同时尽可能避免夜间施工。

8 主要应用标准和规范

8.0.1 中华人民共和国行业标准《公路桥涵施工技术规范》(JTG/T F50—2011)
8.0.2 中华人民共和国国家标准《环境空气质量标准》(GB 3095—2012)
8.0.3 中华人民共和国行业标准《城市桥梁工程施工与质量验收规范》(CJJ 2—2008)
8.0.4 中华人民共和国国家标准《混凝土结构工程施工质量验收规范》(GB 50204—2002)
8.0.5 中华人民共和国行业标准《公路工程施工安全技术规程》(JTJ 076—1995)
8.0.6 中华人民共和国行业标准《公路工程水泥及水泥混凝土试验规程》(JTG E30—2005)

编、校:曾水泉　张明锋

211 移动模架造桥机制梁

（Q/JZM – SZ211 – 2012）

1 适用范围

本施工工艺标准适用于市政桥梁工程中桥梁跨径不大于32m、采用移动模架造桥机整跨（含先简支、后连续的简支阶段）制梁的施工作业。

2 施工准备

2.1 技术准备

2.1.1 根据设计施工图、环境条件、运输条件等因素，制定施工组织设计，获得批准后方可实施。

2.1.2 造桥机在使用前，应根据造桥机的使用说明书，编制专门的施工组织设计和施工工艺流程。

2.1.3 明确流水作业划分；确定原材料供应、运输工作计划；确定混凝土机械设备规格型号、数量；确定水电保障、工具、材料、劳动力等需要量。

2.1.4 确定并培训造桥机操作作业人员，进行安全技术交底；落实组织、指挥系统。

2.2 材料准备

2.2.1 造桥机制梁所需材料（钢筋、混凝土原材料及钢绞线等），应符合设计要求及施工技术规范要求。

2.2.2 造桥机组装所用材料（预埋件、预埋锚栓、钢筋、混凝土原材料等）质量标准，应符合制造厂家的要求。

2.3 施工机具与设备

2.3.1 施工机械设备

（1）制梁设备：可根据梁体结构、现场条件，选择不同形式的造桥机（上承式或下承式）。

（2）确定预拌混凝土供应商，搅拌站（拌和站）生产保障能力满足要求。

（3）钢筋加工设备：钢筋切断机、钢筋弯曲机、钢筋调直机、电焊机、对焊机、钢筋网焊接设备等。

（4）安装设备：汽车吊、运输汽车等。

（5）混凝土运输、泵送浇筑设备：混凝土运输车（罐车）、泵车、混凝土输送泵及钢管、软泵管等。

2.3.2 检查检测仪器工具：全站仪、水准仪、水准尺、读数放大镜、线坠、盒尺等。

2.4 作业条件

2.4.1 墩台已完成施工，桥梁下部结构经验收合格。

2.4.2 墩台预埋件安装位置和数量符合设计要求，根据工艺要求在墩台结构上设置的预埋件、预留孔、局部加固构件，均应取得设计单位认可。

2.4.3 模板厂内制作已完成，试拼装合格。

2.4.4 材料按需要已分批进场，并经检验合格，机械设备状况良好。

2.4.5 架设墩旁托架、临时支架所需作业面已完成，满足施工要求。

2.4.6 造桥机现场安装所占现况路面已完成交通导行,并有可靠的交通导行保证措施。

3 操作工艺

3.1 工艺流程

安装支承结构→安装造桥机→设备调试、试运行→调整底、外模及梁底预拱度→安放支座,吊放底板和腹板钢筋骨架→安装内模、吊放顶板钢筋骨架→浇筑梁体混凝土→混凝土养护→预应力张拉→灌浆封锚→落架(拆外模)→造桥机纵移过墩到位,同步横移合龙模架→进入下一施工循环。

3.2 操作方法

3.2.1 墩柱施工时做好预埋件或预留孔的埋设工作。对于墩身上安装牛腿支架临时支撑点和锚固点的位置安装方式,应做出详细的施工设计方案报审,以确保结构物安全。

3.2.2 安装支承结构

(1)支承结构应根据造桥机的形式及性能,并应根据桥梁跨度、梁体(节段)质量等选择确定,设计支承结构时应与设计部门对桥梁主体结构(含桥墩、台)的受力状态进行确认。

(2)支承结构根据设计可支于梁顶(0号块)、墩顶或在墩身上安装牛腿支架临时支撑点。

(3)安装造桥机

①造桥机可在台后路基或桥梁边孔上安装,也可搭设临时支架。组装造桥机应按设计使用说明书及出厂使用说明书进行规范拼装。

②造桥机的形式及性能应根据桥梁跨度、梁体(节段)质量等选择确定。造桥机可由主桁结构、支承结构(支腿)、节段混凝土模板结构、动力、驱动及控制系统等组成。

③造桥机的主桁结构(承重梁)可选择桥面上支承或桥面下支承,也可选择穿式结构。造桥机跨墩移动时,可采用无横梁式、活动横梁式和墩顶跨越式等。

(4)主桁结构为承重结构,其上设有浇筑混凝土的模板支架或节段移动机构的通道,必要时加装前、后导梁。主桁结构可新制,亦可用常备式杆件拼装。

(5)节段移动机构有移梁小车或起重小车,可用电动或液压卷扬机牵引。

(6)造桥机的移位可在梁(墩)顶设置滑道用电动卷扬机拖动前移。

(7)造桥机应按现行国家标准《起重机械安全规程》(GB 6067—2010)的有关规定,安装卷扬机起重量超载自动保护装置、卷扬机过缠绕和欠缠绕自动保护装置及起重或移梁小车限位装置等。

(8)滑道和支架支腿应能保证支(模)架的稳定和移动的正常进行。

3.2.3 调试、试运行

造桥机拼装完成后,应进行全面检查,按不同工况进行试运转和试吊,并应进行应力测试,确认符合设计要求,方可投入使用。

3.2.4 造桥机制梁

(1)造桥机形式的确定,应联系设计部门对桥梁主体结构(含桥墩、台)的受力状态进行确认。

(2)施工时应考虑造桥机的弹性变形对梁体线形的影响。

(3)造桥机支腿在梁上或桥墩上的位置应符合设计要求,造桥机的中线与桥梁的中线应一致。

(4)当造桥机向前移动时,起重或移梁小车在造桥机上的位置应符合设计要求,其抗倾覆安全系数应大于1.5。

(5)在桥墩高度较低、地形平坦、地基坚实且无障碍的情况下,预应力混凝土梁的施工可选择地面支承的移动支(模)架进行,但应采取措施预先消除地基及支(模)架基础上非弹性变形。

3.2.5 移动模架造桥机的底模应设置预拱度:预拱度应计入造桥机主梁荷载作用后的弹性变形影响,此弹性变形应根据混凝土实际重度计算并结合有关实验数据修正后得出。

3.2.6　移动模架预压

移动模架在安装完成第一次使用前,通过等载预压消除非弹性变形、确定弹性变形值并据此进行预拱度设置,同时检验模架的安全性能。

为保证预压荷载的合理分布,采用等荷载砂袋进行预压。自跨中开始向两侧每隔 5m 设沉降观测点,每排设 7 个点,布设于底板及翼板并进行编号。预压前,调好模板抄平所有点高程后加载,加载顺序同混凝土浇筑顺序(悬臂段和配重段同时加载、同时卸载),以后每天观测一次,直到支撑变形稳定为止。支撑变形稳定后,将预压砂袋卸除,将模板清理干净后测量各观测点高程。根据每次沉降记录绘制沉降曲线,并根据沉降值进行计算,确定合理的施工预拱度。根据梁的挠度和支撑的变形所计算出的预拱度之和,为预拱度的最大值。其他各点的预拱度应以中间点为最大值,以梁的两端点为零点,按二次抛物线进行分配设置。

3.2.7　移动模架造桥机梁体混凝土宜采用泵送混凝土连续浇筑,并应在初凝时间内一次浇筑完成。每次浇筑前应对所有生产系统进行全面检查。

3.2.8　移动模架造桥机用于多跨预应力混凝土连续箱梁需要浇筑接长时,应对其接缝面凿毛、清洗,连接孔道,绑扎钢筋,核对移动模架的位置及高程,接缝面涂水泥浆后浇混凝土。

3.2.9　造桥机制梁原材料的检验、钢筋加工及架立、制孔、预应力筋制作、真空压浆、拆模时间要求等内容,应符合本工艺标准"现浇预应力连续箱梁(满堂支架)"的相关规定。

3.2.10　移动模架造桥机制梁,在分批张拉预应力筋时应注意混凝土梁的反拱度是否与设计相符,不得出现由于造桥机主梁的反弹而使混凝土梁体上翼缘超拉应力的现象,必要时应配合预应力的张拉而分级调低底模高程。

3.2.11　模板调整

(1)内模为纵向分段、横向分块制造的拴接结构,浇筑梁体混凝土时设水平和竖向支撑。拆模时用专用台车及台车上的油顶,将每段内模的各分块分别拆下并收缩贴紧台车,可通过混凝土箱梁的端隔板孔运至下一孔待制梁安装。

(2)外模分段制造用螺栓连成整体,它通过螺杆支撑固定在主梁上,用螺杆可调整外模准确就位;外模和底模间用螺栓连接。

(3)底模铺设在两主梁间的横向桁架上,底模与横向桁架之间设有若干竖向螺旋顶,用以调整底模拱度,底模仅在桥梁纵向中心线处设置拼接缝由螺栓连接,可随主梁横向分开。

3.2.12　施工注意事项

(1)墩旁托架的安装质量直接影响支承台车的动作效果,安装前必须对支承托架的承台面进行找平,保证托架顶面两轨道的纵向高差不超过 5mm,横向高差不超过 10mm。

(2)为保证造桥机内模顺利从前一孔梁拖出,箱梁隔墙处需留一施工槽口,方便内模小车轨道的铺设和模板的进出。

(3)第一孔箱梁混凝土浇筑完成后,应立即实测造桥机主梁挠度;在张拉后应实测实际上拱度,以此调整底模反拱值。宜通过 2~3 孔箱梁的实测资料进行对比,不断调整使其箱梁上拱度达到设计要求。

(4)在大跨度滑动模板支架系统使用过程中,应对支架系统所有钢结构件作随时检查,尤其是支腿、主导梁和横梁等关键部件的检查:检查内容主要是构件本身的焊缝有无开裂,构件在承受荷载过程中挠度值是否在允许范围内,以及构件之间的高强螺栓是否牢靠,螺栓有无松动现象。

4　质量标准

4.0.1　主控项目

(1)造桥机制梁混凝土施工中涉及模板与支架、钢筋、混凝土、预应力混凝土的质量检验等应符合施工技术规范的有关规定。

（2）混凝土结构表面不得出现超过设计规定的受力裂缝。

检查数量：全数检查。

检验方法：观察或用读数放大镜观测。

4.0.2 一般项目

（1）现浇混凝土梁偏差应符合表4.0.2的规定。

表4.0.2　整体浇筑钢筋混凝土梁允许偏差

序号	检查项目		规定值或允许偏差	检查频率		检查方法
				范围	点数	
1	轴线偏位（mm）		10	每跨	3	用经纬仪测量
2	梁板顶面高程（mm）		±10		3～5	用水准仪测量
3	断面尺寸（mm）	宽	±5 −10		1～3个断面	用钢尺量
		高	±30			
		顶、底、腹板厚	+10 0			
4	长度（mm）		+5 −10		2	用钢尺量
5	横坡（%）		±0.15		1～3	用水准仪测量
6	平整度（mm）		8		每侧面每10m 梁长测1点	用2m直尺、塞尺量

（2）结构表面应无空洞、露筋、蜂窝、麻面和宽度超过0.15mm的收缩裂缝等现象。

检查数量：全数检查。

检验方法：观察、用读数放大镜观测。

（3）所有预埋件、孔洞等设施的规格、种类、尺寸、位置应符合设计要求。

检查数量：全数检查。

检验方法：观察或用塞尺量，用钢尺量或用水准仪、经纬仪检测。

5　质量记录

5.0.1　测量复核记录。

5.0.2　造桥机制梁质量记录。

6　冬、雨季施工措施

6.1　冬季施工

6.1.1　冬季造桥机作业平台和墩台顶工作平台等作业面应有防滑保护设施。

6.1.2　造桥机制梁梁体混凝土宜采用蒸汽养护。

6.1.3　冬季现浇混凝土梁体施工应按照相关规定执行。

6.2　雨季施工

6.2.1　雨季为免受天气影响，造桥机上空宜搭设固定或活动的作业棚。

6.2.2 雨季梁体现浇混凝土和张拉预应力应符合施工技术规范的有关规定。

7 安全、环保措施

7.1 安全措施

7.1.1 造桥机制梁施工中涉及模板与支架、钢筋、混凝土、预应力混凝土的安全等应符合设计和施工技术规范的有关规定。

7.1.2 支承千斤顶工作时,必须上好保险箍。

7.1.3 造桥机横纵移位时,保持对称和同步,相差不得超过油缸的一个行程。

7.1.4 注意天气情况,风力大于六级时,不得进行造桥机的横纵移位工作。

7.1.5 对张拉设备、电气、液压管路进行保护,防止施工误伤。施工前要检查所有液压系统,保证其都处于适应工作的状态。

7.2 环境保护

7.2.1 施工场地及道路要进行硬化,适时洒水,减轻扬尘污染,石子、砂子、水泥等粉状材料的运输和堆放应有遮盖,减轻对空气的污染。

7.2.2 施工场地清理物,如表土、草皮和垃圾等应及时运到指定地点废弃,不得妨碍施工及环境保护。

7.2.3 在工作场地内设置沉淀池,对施工废水进行沉淀净化。

7.2.4 优先选用噪声比较小的机械装置,控制施工噪声,同时尽可能避免夜间施工。

8 主要应用标准和规范

8.0.1 中华人民共和国行业标准《公路桥涵施工技术规范》(JTG/T F50—2011)

8.0.2 中华人民共和国国家标准《环境空气质量标准》(GB 3095—2012)

8.0.3 中华人民共和国行业标准《市政桥梁工程施工与质量验收规范》(CJJ 2—2008)

8.0.4 中华人民共和国国家标准《混凝土结构工程施工质量验收规范》(GB 50204—2002)

8.0.5 中华人民共和国行业标准《公路工程施工安全技术规程》(JTJ 076—1995)

8.0.6 中华人民共和国行业标准《公路工程水泥及水泥混凝土试验规程》(JTG E30—2005)

编、校:江林 谌洁君

212 现浇钢筋混凝土主拱圈

（Q/JZM – SZ212 – 2012）

1 适用范围

本施工工艺标准适用于市政桥梁工程中拱形桥就地现浇钢筋混凝土主拱圈的施工作业,其他拱形桥梁的主拱圈现浇施工可参照使用。

2 施工准备

2.1 技术准备

2.1.1 根据施工图设计、环境条件、运输条件等因素,编制就地浇筑钢筋混凝土拱圈施工组织设计,获得批准后方可实施。

2.1.2 明确流水作业划分、浇筑顺序;确定机械设备规格型号、数量,确定水电保障、工具、材料、劳动力需要量。

2.1.3 确定混凝土配合比,进行原材料(水泥、砂、石材等)性能检验;确定检验方法及试件组数。

2.1.4 确定并培训关键工序的作业人员和试验检验人员,进行安全技术交底;落实组织、指挥系统。

2.2 材料准备

2.2.1 就地浇筑钢筋混凝土拱圈所用材料应符合设计要求、现行产品标准及环保规定。

2.2.2 就地浇筑钢筋混凝土拱圈所用各种材料(模板、拱架、钢筋、混凝土原材料等),应按照施工技术规范要求进行检验,并且满足要求。

2.3 施工机具与设备

2.3.1 施工机械

(1)混凝土拌和设备:混凝土搅拌站。

(2)钢筋加工设备:钢筋切断机、钢筋弯曲机、钢筋调直机、电焊机、对焊机、钢筋网焊接设备等。

(3)安装设备:汽车吊、运输汽车等。

(4)混凝土运输、泵送浇筑设备:混凝土运输车(罐车)、泵车、混凝土输送泵及钢管、软泵管。

2.3.2 测量检测仪器:全站仪、水准仪、水准尺、读数放大镜、线坠、靠尺、方尺、盒尺等。

2.4 作业条件

2.4.1 墩台(拱脚)经验收合格。

2.4.2 拱架、支架地基承载力(和地基处理结果)符合设计要求。

2.4.3 拱架、模板厂内制作已完成、试拼装合格。

2.4.4 材料按需要已分批进场,并经检验合格,机械设备状况良好。

2.4.5 拱架、支架现场安装所占现况路面已完成交通导行,并有可靠的交通导行保证措施。

3　操作工艺

3.1　工艺流程

拱架制作→墩台验收→测量复核→拱架地基处理→拱架安装→拱圈模板安装→拱架预压→钢筋绑扎→分条分段对称浇筑→合龙段浇筑→模板、拱架拆除→养生。

3.2　操作方法

3.2.1　拱架制作

（1）拱架宜采用标准化、系列化、通用化的构件拼装；拱架可采用木拱架、钢木组合拱架、工字钢拱架、钢桁架拱架（万能杆件拱架、贝雷梁拱架、军用梁拱架）、钢管拱架、扣件式钢管拱架等，无论使用何种拱架，均应进行施工图设计，并验算其强度和稳定性。

（2）拱架杆件制作、节点板制作完成后，应进行试装，检验拱架制作质量，合格后方可投入使用。

3.2.2　墩台验收

拱架安装前，必须对墩台进行验收，合格后方可进行拱架安装。

3.2.3　地基处理

（1）拱架基础可采用原状地基、混凝土条形基础、扩大基础、桩基等形式。当采用原状土时，架设拱架的地基土承载力必须符合施工组织设计的规定。

（2）采用混凝土条形基础、扩大基础、桩基等其他形式时，其结构尺寸、强度等应符合施工组织设计的规定。

3.2.4　拱架安装

（1）安装拱架时，对拱架立柱和拱架支承面应详细检查，准确调整拱架支承面和顶部高程，并复测跨度。各片拱架在同一节点处的高程应尽量一致，以便于拼装平联杆件。在风力较大的地区，应设置风缆。

（2）拱架安装应考虑拱架受载后的沉陷、弹性变形等因素，预留施工预拱度。

拱圈施工应按设计规定预留预拱度，中小跨径拱桥亦可根据跨度大小、恒载挠度、拱架及支架变形等因素分析计算预拱度，其值一般宜取 $L/500 \sim L/1000$（L 为跨径）。预拱度的设置一般在拱顶取最大值，拱脚为零，跨间按抛物线分配。

（3）拱架应稳定坚固，应能抵抗在施工过程中有可能发生的偶然冲撞和振动。安装时应注意以下几点：

①支架立柱必须安装在有足够承载力的地基上，并保证砌筑后不发生超过允许的沉降量。

②汽车通行孔的两边支架应加设护桩，夜间应用灯光标明行驶方向。

③为便于拱架的拆卸，应根据结构形式、承受的荷载大小及需要的卸落量，在拱架适当部位设置相应的木楔、木马、砂筒或千斤顶等落架设备。

④拱架安装完毕后，应对其平面位置、顶部高程、节点连接及纵、横向稳定性进行全面检查，符合要求后，方可进行下一工序。

3.2.5　拱圈模板（底模、侧模）安装

（1）拱圈模板（底模）宜采用竹胶板，也可采用组合钢模板。

（2）采用多层板时，板背后加弧形木或横梁，多层板板厚依弧形木或横梁间距的大小来定。模板接缝处粘贴双面胶条填实，保证板缝拼接严密，不漏浆。

（3）侧模板应按拱圈弧线分段制作，间隔缝处设间隔缝模板并应在底板或侧模上留置孔洞，待分段浇筑完成、清除杂物后再封堵。

（4）在拱轴线与水平面倾角较大区段，应设置顶面盖板，以防混凝土流失。模板顶面高程误差不应

大于计算跨径的 1/1000，且不应超过 30mm。

3.2.6 拱架预压

拱圈浇筑之前，应对拱圈支架进行等载预压，消除非弹性变形，确定弹性变形值并据此进行预拱度设置，同时检验拱架的安全性能。

3.2.7 钢筋绑扎

（1）拱圈的钢筋加工应符合施工技术规范的有关规定。

（2）拱脚接头钢筋预埋：钢筋混凝土无铰拱拱圈的主筋一般伸入墩台内，因此在浇筑墩台混凝土时，应按设计要求预埋拱圈插筋，伸出插筋接头应错开，保证同一截面钢筋接头数量不大于 50%。

（3）钢筋接头布置：为适应拱圈在浇筑过程中的变形，拱圈的主钢筋或钢筋骨架一般不应使用通长的钢筋，宜在适当位置的间隔缝中设置钢筋接头。但最后浇筑的间隔缝处必须设钢筋接头，直至其前两段混凝土浇筑完毕且沉降稳定后再进行连接。

（4）绑扎顺序：分环浇筑拱圈时，钢筋可分环绑扎。分环绑扎时各种预埋钢筋应临时加以固定，并在浇筑混凝土前进行检查和校正。

3.2.8 拱圈混凝土浇筑

（1）拱圈浇筑前，应测量检查桥墩、台高程、轴线及跨径、拱架安装轴线、高程及安装质量。检测高程、轴线合格后，在底模上放线标明拱圈（拱肋）中线、边线、分段浇筑位置。

（2）混凝土连续浇筑

跨径小于 16m 的拱圈或拱肋混凝土，应按拱圈全宽度从两端拱脚向拱顶对称地连续浇筑，并在拱脚混凝土初凝前全部完成。如预计不能在限定时间内完成，则应在拱脚预留一个隔缝并最后浇筑隔缝混凝土。

（3）跨径大于或等于 16m 的拱圈或拱肋，尽量保证一次性浇筑完成。对于一次不能浇完的，应沿拱跨方向分段浇筑。分段位置应能使拱架受力对称、均匀和变形小为原则，拱式拱架宜设置在拱架受力反弯点、拱架节点、拱顶及拱脚处；满布式拱架宜设置在拱顶、$L/4$ 部位、拱脚及拱架节点等处。

（4）分段浇筑程序应符合设计要求，应对称于拱顶进行，使拱架变形保持均匀和尽可能的小，并应预先做出设计。

分段长度视混凝土浇筑能力和拱架结构及支架情况而定，其分段长度和分段浇筑程序应符合设计要求，拱段长度一般取 6～15m。

分段浇筑时，各分段内的混凝土应一次性连续浇筑完毕。因故中断时，应浇筑成垂直于拱轴线的施工缝；如已浇筑成斜面，应凿成垂直于拱轴线的结合面或台阶式结合面。

（5）各分段点应预留间隔槽，其宽度一般为 0.5～1.0m；但布置有钢筋接头时，其宽度尚满足钢筋接头的需要，各段的接缝面应与拱轴线垂直。间隔缝的位置应避开横撑、隔板、吊杆及刚架节点。

（6）浇筑间隔槽混凝土时，应待已完成分段拱圈混凝土强度达到设计强度的 75% 和结合面按施工缝处理后，由拱脚向拱顶对称进行。拱顶及两拱脚间隔槽混凝土应在最后封拱时浇筑。封拱合龙温度应符合设计要求，当设计无规定时，宜在接近当地年平均温度或 5～15℃ 时进行。为缩短工期，间隔槽混凝土可采用比拱圈混凝土高一级的半干硬性混凝土。封拱合龙前用千斤顶施加压力的方法调整拱圈应力时，拱圈（包括已浇间隔槽）的混凝土强度应达到设计强度。

（7）浇筑大跨径钢筋混凝土拱圈（拱肋）时，纵向钢筋接头应安排在设计规定的最后浇筑的几个间隔槽内，并应在这些间隔槽浇筑时再连接。

（8）预计拱架变形较小，可减少或不设间隔槽，而采取分段间隔浇筑。

（9）浇筑大跨径箱形截面拱圈（拱肋）混凝土，当采用分环（层）、分段法浇筑时，宜分成 2～3 环进行分段浇筑，第一环宜浇筑底板，第二环浇筑腹板、横隔板和顶板（或将顶板作为第三环）混凝土。其合龙可随每环浇筑完成后按环进行，这样虽工期长，但已合龙的环层能够起到拱架的作用；也可待所有节段浇筑完成后，一次性填充各段间隔缝进行合龙。在合龙过程中，上、下环的间隔缝位置需互相对应和贯通,其宽度一般为2m左右,有钢筋接头的间隔缝一般为4m左右。箱形拱主拱圈分环分段浇筑程序应按设计要求或施工方案进行。

(10)浇筑大跨径箱形截面拱圈(拱肋)混凝土,可沿纵向分成若干条幅,中间条幅先行浇筑合龙,达到设计要求后,再按横向对称、分次浇筑合龙其他条幅。

其浇筑顺序和养护时间应根据拱架荷载和各环负荷条件通过计算确定,并应符合设计。

(11)大跨径钢筋混凝土箱形拱圈(拱肋)可采取在拱架上组装与现浇相结合的施工方法。先在拱架上安装底模板,再将预制好的腹板、横隔板在底模上组装,待组装完成后,立即浇筑接头和拱箱底板混凝土。组装和现浇混凝土时应从两拱脚向拱顶对称进行,浇底板混凝土时应按拱架变形情况设置少量间隔缝并于底板合龙时填筑。待接头和底板混凝土强度达到设计强度的75%以上后,安装预制盖板,然后铺设钢筋,现浇顶板凝土。

(12)对分环浇筑的钢筋可分环绑扎,但各种预埋钢筋在浇筑混凝土前应予以临时固定并校正准确。

3.2.9　模板、拱架拆除

(1)拱架拆除应根据结构形式及拱架类型制定拆除程序和方法,编制专项施工方案。拆除应按拟定的卸落程序进行,拱架不得突然卸除。为保证拱架拆除时拱肋内力变化均匀,应对称于拱顶,自拱中部向两侧同时拆除。

(2)模板拆除

顶部扣压模板在混凝土初凝后即可拆除。当混凝土达到设计要求抗压强度方可拆除侧模,若设计无要求时,混凝土抗压强度达到2.5MPa时方可拆除侧模。底模必须等到拱圈最后施工段混凝土抗压强度达到100%设计强度方可拆除。

(3)应在接头(间隔槽)及横系梁混凝土强度达到设计强度75%以上或满足设计规定后方可开始卸落。

(4)为避免一次卸架突然发生较大变形,可在主拱安装完成时,分两次或多次卸架,使拱圈及墩、台逐渐成拱受力。

(5)拱架卸落前应对已合龙拱圈混凝土质量、强度、拱轴线坐标、卸落设备及台后填土等进行全面检查,全部符合要求后方可卸架。

(6)卸架时应观测拱圈挠度和墩、台变位情况。

(7)多跨拱桥卸架应在各孔拱肋合龙后进行。若必须提前卸架时,应验算桥墩承受不平衡推力后确定。

3.2.10　养护

浇筑完成后及时进行防风覆盖,保证不发生干裂,及时洒水养护。

4　质量标准

4.0.1　主控项目

(1)拱架及模板安装完成后,应经有关人员检查验收合格后方可使用。

检查数量:全数检查。

检验方法:对照专项施工方案观察检查,检查施工记录;钢尺检查。

(2)混凝土的浇筑,应分层对称地按设计规定的顺序进行,无空洞和露筋现象,并严格按设计要求,采取保证骨架稳定的措施。

检查数量:全数检查。

检验方法:对照专项施工方案观察检查,检查施工记录。

(3)浇筑混凝土过程中,要加强对拱轴线、模板的观测。

检查数量:全数检查。

检验方法:对照专项施工方案观测检查,检查观测记录。

(4)混凝土的强度等级应符合设计要求。

检查数量:按抽样检验方案确定,进行混凝土试件取样。

检验方法:检查试件试验报告。

4.0.2 一般项目

(1)拱架上浇筑混凝土拱圈允许偏差见表4.0.2规定。

表4.0.2 拱架上浇筑混凝土拱圈允许偏差

序号	项 目		允许偏差 (mm)	检验频率		检验方法
				范围	点数	
1	轴线偏位	板拱	10	每跨每肋	5	用经纬仪测量拱脚、拱顶、L/4各1处
		肋拱	5			
2	内弧线偏离设计弧线	跨径 L≤30m	±20			用水准仪测量拱脚、拱顶、L/4各1处
		跨径 L>30m	±L/1500			
3	断面尺寸	高度	±5			用钢尺量拱脚、拱顶、L/4处
		顶、底腹板厚	+10,-0			
4	拱肋间距		±5			用钢尺量
5	拱宽	板拱	±20			用钢尺量拱脚、拱顶、L/4处
6		肋拱	±10			

注:表中 L 为跨径。

(2)混凝土拱圈外形轮廓应清晰、顺直,表面平整,施工缝修饰光洁,不得有蜂窝、麻面,表面无受力裂缝或裂缝宽度不应超过0.15mm。

检查数量:全数检查。

检验方法:观察或用读数放大镜观测。

5 质量记录

5.0.1 测量复核记录。

5.0.2 原材料产品合格证、进场检验记录和原材料试验报告。

5.0.3 支架、拱架原材料产品合格证、进场检验记录和原材料试验报告;支架、拱架加工制作检验记录;支架、拱架支撑体系成品进场检验记录。

5.0.4 支架、拱架、支撑体系安装质量检验记录。

5.0.5 就地浇筑混凝土施工质量记录。

5.0.6 隐蔽工程检查记录。

5.0.7 工序质量评定表。

6 冬、雨季施工措施

6.1 冬季施工

6.1.1 冬季施工应预先做好冬季施工组织计划及准备工作,对各项设施和材料应提前采取防雪、防冻等措施,还应专门制定施工工艺要求及安全措施。

6.1.2 拱架支架基础应有排水系统、不得受冻胀影响。

6.2　雨季施工

6.2.1　加强和完善拱架支架基础排水系统,不得使基础被雨水浸泡。

6.2.2　下雨、大风、大雾等天气情况不宜进行施工。

7　安全、环保措施

7.1　安全措施

7.1.1　建立健全安全机构,设置专职安全员,严格遵守操作规程。

7.1.2　施工人员上班必须戴安全帽,高空作业必须系安全带;手持工具必须系挂安全绳并系在腰间。

7.1.3　大雨、大风、大雾天气及夜间应停止作业。

7.1.4　支架、拱架支撑体系必须在施工前进行设计,其强度、刚度、稳定性必须符合规定要求,必须考虑拆除安全,对拆除程序进行规定。

7.1.5　支搭、拆除施工应由专业架子工担任,并按现行国家标准考核合格持证上岗。凡不适于高处作业者,不得操作。支搭拆除施工,施工人员必须戴安全帽、系安全带、穿防滑鞋。

7.2　环境保护

7.2.1　建立环保管理领导小组,设置专职或兼职水资源保护、环保员。

7.2.2　严格控制临时用地数量,雨季汛期禁止在最高水位之下的滩地、岸坡设置物料场地、施工营地。

7.2.3　施工废水、生活污水必须收集处理,沉淀达标后排放。

7.2.4　加强油料的储存、使用、保管,防止油料跑、冒、滴、漏污染土壤和水体。

7.2.5　施工弃土、废渣、废料和垃圾等不得随意堆放或弃于河滩、河道处,造成水体污染。

8　主要应用标准和规范

8.0.1　中华人民共和国行业标准《公路桥涵施工技术规范》(JTG/T F50—2011)

8.0.2　中华人民共和国国家标准《环境空气质量标准》(GB 3095—2012)

8.0.3　中华人民共和国行业标准《市政桥梁工程施工与质量验收规范》(CJJ 2—2008)

8.0.4　中华人民共和国国家标准《混凝土结构工程施工质量验收规范》(GB 50204—2002)

8.0.5　中华人民共和国行业标准《公路工程施工安全技术规程》(JTJ 076—1995)

8.0.6　中华人民共和国行业标准《公路工程水泥及水泥混凝土试验规程》(JTG E30—2005)

编、校:吴玥楠　章亮亮

213 单导梁安装预制梁板

（Q/JZM－SZ213－2012）

1 适用范围

本施工工艺标准适用于市政桥梁工程中不宜采用大型架桥机、跨径 16～20m 梁板的安装施工，或用于因地形条件限制、单一采用吊机无法完成安装的小跨径(8～16m)梁板安装施工。本工艺标准需采用吊车配合单导梁安装作业。

2 施工准备

2.1 技术准备

2.1.1 熟悉和分析施工现场的地理情况，编制梁板安装施工组织设计，向施工班组进行书面的一级施工技术交底和安全技术交底。正式吊装前要对施工人员进行全面的技术、操作、安全等二级技术交底，确保安装质量及人身安全。

2.1.2 选择适合地理情况的吊装方案类型、安全防护措施及安全施工应急处理预案。

2.1.3 试验及测量放样：梁板安装前要确定梁板强度不低于设计强度标准值，孔道灰浆的强度不低于 30MPa，支座垫石强度不低于设计强度的 100%。安装前必须检查墩、台帽及支座垫石的平面位置、高程及尺寸等；校核时，应在墩台帽上画出架设安装板线、板端线及临时支座的位置，以便安装时使梁板准确就位，并报请驻地监理工程师复核、签认。

2.2 材料准备

2.2.1 清理堆放梁板的预制场地，检查核实梁板的几何尺寸。

2.2.2 准备好安装梁板所需的支座、不锈钢板、调平钢板、硅脂润滑剂、环氧树脂及试验标准砂等材料。

2.3 施工机具与设备

2.3.1 施工机械设备：

(1)运输设备：拖车、平板车。

(2)预制场备有龙门吊，前场备有汽车起重机、手拉葫芦、绞车、导梁及小型门架。

(3)安全设备：安全帽、安全网、安全带、防滑鞋等。

(4)其他设备：贝雷片、风缆、钢丝绳、锤、撬棍、电焊机等。

2.3.2 测量检测仪器：全站仪、水准仪等。

2.4 作业条件

2.4.1 各起重设备均经相关质量技术监督局检验，特种操作驾驶员均持证上岗，汽车起重机起吊重量能达到设计起重额，钢丝绳、贝雷片、风缆及导梁设备等都应经过计算，其安全系数达到施工技术规范的规定要求;运输设备能力满足拖运要求。

2.4.2 场地要求及根据场地情况确定安装方案:由预制场至安装现场的运输道路平整,无陡坡或急弯,被交路口设专人指挥行车;查看安装地形,以便采用不同的安全、经济型吊装方案。

2.4.3 吊装人员:吊装时必须配备专业起重指挥人员,每台吊车操作员及拖车操作员必须持证上岗,且有丰富的行车经验。安装工人经过专业的训练,专职安全员及技术员各要配备一人;在正式吊装前应由技术员及安全员对安装工人及操作员进行技术培训、安全交底,做到熟悉安装、起吊过程中的每一个工作步骤,对待任何紧急事情要冷静对待,并有对应的安全紧急救援预案。

3　操作工艺

3.1　工艺流程

测量放样、弹出板线及支座位置→支座安装→拼装导梁或门架→梁板出厂运输→吊梁→滑梁→移梁→落梁→检查梁板轴线偏位→检查梁板底平整度、检查支座位置是否移动或松动→依次循环逐块安装→报检、验收。

3.2　操作方法

3.2.1　试验及测量放样

安装前必须用仪器检查并校核墩、台帽及支座垫石的平面位置、高程及尺寸等,以便安装时使预制的梁板准确就位。

3.2.2　安装支座及临时支座

(1)桥台处按设计图纸首先将 A3 钢板锚固于支座垫石的预埋螺丝上(如未预埋可用 16 膨胀螺栓固定),如果钢板与支座垫石间有空隙则需要用环氧树脂砂浆垫实。将不锈钢板顺桥向用环氧树脂粘于 A3 钢板上方,支座四氟板的储油凹坑内应涂满不会挥发的硅脂润滑剂,平放于不锈钢板中间,以降低四氟滑板与不锈钢板的摩擦系数,然后把调平钢板按桥的横坡方向放于支座上方。

(2)桥墩处的临时支座采用砂筒,砂筒内装入试验标准砂,然后将砂筒准确放置于临时支撑点的位置。用水准仪测定高程,砂筒顶面的高程即为空心板底面高程 $+ h$ mm(h:应根据梁板自重和吊装设备重量来取值,一般将砂筒内装入 10cm 的标准砂,用压力机进行预压,压力分别为 200kN、250kN、300kN,砂筒高度按压力大小分别降低 1mm、1.5mm 及 2mm);高程确定后,将砂筒周边用沥青或玻璃胶进行密封,防止砂受潮,给卸载造成困难。

3.2.3　导梁、门架的拼装及梁板安装

(1)导梁的安装

①导梁是采用贝雷片、槽钢、铁轨、平车、风缆等构件组拼而成,导梁的主体结构采用装配式公路钢桥加强的单层双排结构形式,每节贝雷高、长为 150cm × 300cm,其容许弯矩可达 975kN·m。

②首先将导梁各构件在地面上拼装成一整体,导梁长度为标准跨径 +4m,然后将汽车吊停在桥头牛腿处(路基填方已进人 95 区顶,以下简称汽车吊1);另一台汽车吊停于桥下汽车通道处(以下简称汽车吊2),并靠近墩帽,用两台汽车吊配合工作。将导梁一端放置于台帽一侧,紧靠桥台背墙,另一端顺桥向放置于墩帽的同一侧,并确保导梁上两钢轨平行顺直,间距为 144cm ± 1cm,然后用风缆进行加固。平车采用四轮轨道平车,正前方两轮间距为 143.5cm,侧面两轮间距为 100cm,将平车平稳地放置于贝雷轨道上、来回滑动,测试平车是否平稳顺畅;绞车安装要加以固定,其位置与导梁的距离不宜过大(可以放置于相邻的墩帽顶),并使绳索在运转中向左右偏移的角度不大于 2°。要确保导梁上的钢轨在同一高程上,不要有坡度。

(2)第一孔梁板的架设(图 3.2.3-1)

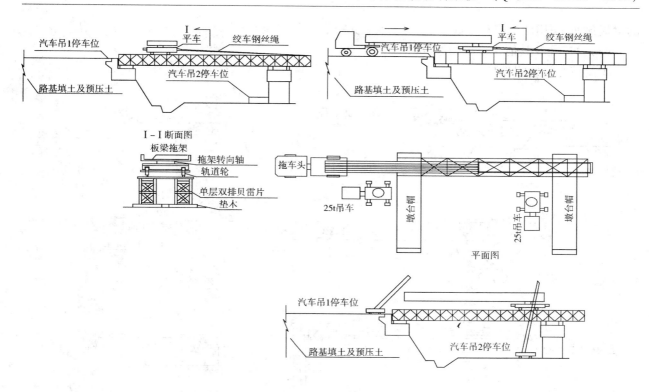

图 3.2.3-1　第一孔梁板的架设

①梁板运输时，车长应能满足梁板支承点间距的要求。梁板装车时需平衡放正，使车辆承重对称均匀，并确保梁板处于简支状态。为防拖车在行驶或上坡过程中梁板滑落，可以在拖车转盘顶部固定一根20cm×30cm方木，长度为150cm，待梁板平放于拖车转盘顶时，用一根φ12的钢丝绳加上2t的导链将梁板固定于拖车转盘顶部。在装车前要对梁板进行检查，清理干净梁板上所夹带的杂物。由于运输过程避免不了的颠簸会造成梁体局部混凝土受损，在梁体与车辆运输支撑点的四周接触位置要垫些方木或毡类的织物，以防止硬接触伤害梁体混凝土。

②拖车到达安装现场后，由专人指挥将运梁车停于桥台处，尾部正对导梁的端头。将汽车吊1停在桥台处导梁的一侧，汽车吊2停于桥墩处，并靠近墩帽。根据梁板的自重荷载及起升高度（由工作地面至板顶＋2m工作高度），查汽车吊起重特性表及起升高度曲线图，并检查汽车吊各支腿支撑是否稳固；汽车吊的起重量应满足下式要求：

$$(Q_1 + Q_2)K \geq N$$

式中：Q_1——汽车吊1的起重量(t)；

Q_2——汽车吊2的起重量(t)；

K——起重机的降低系数，一般取0.8；

N——梁板的重量(t)。

③汽车吊就位后，开始吊装梁板。首先由汽车吊1将梁板的一端（运梁车尾部）吊起，指挥拖车向后倒车（拖车后面一节应进行制动，防止向前滑动），然后将梁板平稳地放置于导梁上的平车上，并用钢丝绳固定；指挥拖车开始向后倒车，当倒至拖车的后一节且距离达到汽车吊的工作幅度时，用汽车吊1将梁板的另一端吊起（运梁车头部一端），将拖车驶出工作区，并将绞车的钢丝绳钩在导梁上的轨道平车端头，指挥汽车吊和绞车同时运动。当梁板到达另一墩帽位置，且距离满足汽车吊2的工作幅度时，用两台汽车吊同时将梁板稳稳抬起。指挥汽车吊将梁板按板位线平稳地放置于支座上方，检查支座及临时支座是否与梁贴紧、底板是否平整；就位不准或底板不平整或支座与梁板不密贴时，必须吊起，采取垫钢板的方法，但不得用撬棍移动梁板。采用此方案依次安装三块板梁后，可将拖车直接开至已安装好

的梁板顶面,采用两台汽车吊起吊安装,依次将第一孔梁板安装完毕。

（3）第二孔及其他孔梁板的架设（图3.2.3-2）

①简易龙门架的拼装

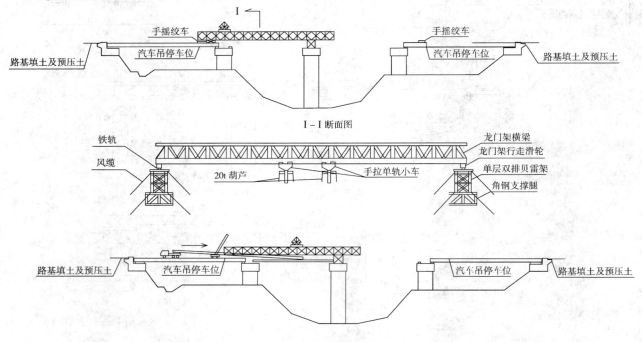

图3.2.3-2　第二孔及其他孔梁板的架设

龙门架由工字钢及槽钢焊接加工而成的横梁、贝雷片、槽钢、铁轨、风缆等构件拼组而成;龙门架行走滑车处于横梁底部,底部支撑有单层双排贝雷两组、槽钢及钢轨等构件。

龙门架底部行走纵梁由单层双排贝雷组拼而成。首先将贝雷片在地面上拼装,用水准仪将两组贝雷架顶测平,每组测5个点,用线垂测竖直度≤1%;两组贝雷架中心间距为1478cm,即为龙门架横梁下两行走滑轮的间距,偏差应≤2cm,两组贝雷架的两端及中间各用一组（一组为4根,分别是上、下、左和右侧各一根）风缆（可用φ1.2cm的钢丝绳配5t的导链）进行加固,在中间部位用φ1.2cm钢丝绳与地面成60°角拉紧纵梁,并锚固于地面,以减小纵梁的摆动幅度。纵梁安装后要测高程,两端高差不得大于2cm,要基本保持纵梁水平,并检查贝雷架顶槽钢及铁轨,对有松动的地方进行加固,不顺直的地方进行调整,以确保底部行走纵梁稳固。

纵梁加固完毕后,开始安装龙门架横梁及牵引设备（绞车）。首先用汽车吊将龙门架横梁吊起,安装至行走纵梁的铁轨上;横梁设两个吊点,即在龙门架下安装两台手拉单轨小车,将两台20t的手拉葫芦钩在手拉单轨小车上;安装横梁时注意横梁要与桥梁的斜度相吻合,要检查横梁行走部分是否完好,转动灵活。然后开始安装绞车:首先是固定基础,将绞车安装在第一孔的梁板顶,即为1号墩顶,用钢丝绳将绞车拴在梁板端头的预埋吊筋上。两台绞车分别平行于龙门架的两个行走滑轮;手摇绞车在使用时要按指挥统一行动,要用力均匀,转速不宜太快,以防止手摇柄脱落。如中途停止工作,必须以制动瓣卡住棘轮。安装完毕后,来回滑动测试龙门架横梁滑动是否顺畅及手动绞车运行情况。

②梁板的吊装

一切准备就绪后,指挥拖车倒车至龙门架横梁底部,用吊车将梁的一端吊起,撤离拖车的后轮,将梁垫支在架好的梁上（用10cm方木垫支即可）,然后将两台手拉葫芦钩在梁板端的预埋吊环上,开始拉动葫芦直至将梁板吊离垫支方木20cm;汽车吊停在拖车的旁边,即将汽车吊停放在第二孔梁板一端、3号墩墩帽顶处;依靠拖车倒车的动力及绞车的牵引力将梁板缓缓向中间推移。在推进过程中前半段,到跨中时,由于贝雷纵梁的挠度足有5cm,致使横梁向前滑移受阻加大,这时要停止移动,并采用两吊车的吊臂分别顶推横梁的两端行走部分,使之驶离跨中部位;只要离开跨中1.5~2.0m,用拖车倒车加绞车牵引向后移动没有任何问题。随时检查横梁底两行走滑轮有无跳槽及轴线变形现象。

当横梁运行到2号墩时,开始将梁板放低;首先拉动手拉葫芦,开始将梁板下落。汽车吊随着手拉葫芦下落的速度均匀下降,当距临时支座还有10cm左右时,停止下落,拉动手拉单轨小车横向移动梁板,直至梁板到达板位线后,开始下落;并检查临时支座是否密实、倾斜。

用此方法架第二片梁,在架梁时注意要让第二片梁在第一片梁上3cm的位置上向前滑行。在第二片梁和第一片梁上铺设导轨,把轨道平车放置在轨道上,把第三片梁一端放在轨道平车上,另一端还放在拖车上,利用拖车倒车的动力将梁推移到2号墩的墩顶位置,利用横梁起吊后横移到指定位置。这里要注意的是:架第一片和第二片的梁为中间两片梁即第四片和第五片。

利用此方法只要架两片梁后其余的问题就迎刃而解,不再需要横梁在纵梁上滑行,危险系数会大大降低。

3.2.4 吊装注意事项

(1)梁板在出场之前要进行检验,合格后方可吊梁。检验内容有断面尺寸、封锚端及梁板两侧胀模现象、梁板角度方向、梁板表面的清洁等事项。若超出规范要求,则应采取措施进行修整,然后准确画出构件轴线,以利于构件能顺利安装就位。

(2)在起吊和安装梁板构件的各个阶段中,要对梁板的重心位置、系点位置和起吊梁板的瞬间予以注意,并时刻检查钢丝绳、吊钩、卡环及其他吊装设备安全使用情况。

(3)四氟滑板橡胶支座安装后,若发现问题时,可吊起梁端,在支座垫石与A3钢板之间涂一层环氧树脂砂浆来调节;落梁时,为防止梁板与支座发生横向滑移,宜用木制三角垫块在梁板两侧加以定位,待梁板安装完毕后拆除。

4 质量标准

4.0.1 主控项目

(1)预制梁场内移动或安装时的混凝土强度和预应力混凝土构件的孔道水泥浆强度应达到设计规定强度。

检验数量:全部。

检验方法:检查混凝土和水泥浆强度检测报告。

(2)梁、板安装前墩台支座垫板必须稳固。

检查数量:全数检查。

检验方法:观察,检查施工记录。

(3)梁板就位后,梁两端支座应位置准确,梁板与支座必须密合,不得有虚空现象。

检查数量:全数检查。

检验方法:观察或用塞尺量。

(4)梁板之间连接方式及接缝填充材料的规格和强度应符合设计要求。

检查数量:按检验方案确定。

检验方法:观察,检查施工记录;检查连接材料的试验报告和产品合格证书等。

(5)混凝土预制梁安装后构件不得有损坏或裂纹等缺陷。

检验数量:全部。

检验方法:观察。

4.0.2 一般项目

梁、板安装允许偏差应符合表4.0.2的规定。

表 4.0.2　梁、板安装允许偏差

序号	项目		允许偏差	检验频率		检验方法
				范围	点数	
1	平面位置	顺桥纵轴线方向(mm)	10	每个构件	1	用经纬仪测量
		垂直桥纵轴线方向(mm)	5		1	
2	焊接横隔板相对位置(mm)		10	每处	1	用钢尺量
3	湿接横隔板相对位置(mm)		20		1	
4	伸缩缝宽度(mm)		+10, -5		1	
5	支座板	每块位置(mm)	5	每个构件	2	用钢尺量,纵、横各1点
		每块边缘高差(mm)	1		2	用钢尺量,纵、横各1点
6	焊缝长度		不小于设计要求	每处	1	抽查焊缝的10%
7	相邻两构件支点处顶面高差(mm)		10	每个构件	2	用钢尺量
8	块体拼装立缝宽度(mm)		+10, -5		1	
9	垂直度		1.2%	每孔2片梁	2	用垂线和钢尺量

5　质量记录

5.0.1　测量复核记录。

5.0.2　构件吊装记录。

5.0.3　吊装质量检验记录。

6　冬、雨季施工措施

预制梁板安装作业应避开大风及雨雪天施工。

7　安全、环保措施

7.1　安全措施

7.1.1　市政桥梁工程构件的运输和吊装施工作业必须符合国家或行业相关的技术规范和安全标准。

市政桥梁工程构件的运输和吊装作业施工前,应建立统一的组织指挥系统。所有参加施工作业的人员应明确职责、分工明确、相互配合。构件的运输和吊装应有专人负责指挥。

7.1.2　市政桥梁工程构件的运输和吊装施工作业前应进行安全作业指导书交底或安全技术交底,并应有签认手续。

7.1.3　参加构件的运输和吊装作业人员应进行专业安全技术培训、经考试合格后,方可持证上岗。无证人员不得参加构件的运输和吊装作业。

7.1.4　市政桥梁工程构件的运输和吊装必须经过有关部门的审批、备案程序,在指定的时间内、在确定的路线和确定的吊装场地上进行市政桥梁工程构件的运输和吊装。必要时应请交通管理部门进行开道督运。

7.1.5　市政桥梁工程构件的运输和吊装应严格按专业安全操作规程施工作业。在高处作业时,必须执行《建筑施工高处作业安全技术规范》(JGJ 80—1991)有关的规定。施工作业现场所有可能坠落的物件,应一律先行撤除或加以固定。

7.1.6 市政桥梁工程构件运输前必须进行行驶道路调查。运行道路应有足够的车行宽度和符合规定的转弯半径。应安全通过行车路线沿线的桥涵、隧道、铁路箱涵、人行天桥等限高构筑物和跨路电气线及施工现场的临时架空电线。应与沿线的高压线保持安全距离。沿线经过的道路、桥涵、管渠、临时便道、临时便桥等应有足够的承载力。

7.1.7 混凝土预制构件在起吊装车前,其混凝土强度必须达到规定的强度,在构件验收合格后,方可吊装、起运、出厂。

7.1.8 构件移运时的起吊(支承)点位置应符合设计给定位置,不得随意变更其位置;如需变更必须同设计协商确定。构件运输时的支承位置应与吊点位置一致。

较长简支梁板构件运输时,车长应能满足支承点间的距离要求,严禁采用悬臂式运输。构件装车时应平衡放置,使车辆承载对称均匀。构件支承点下及相邻构件之间需放置橡胶垫支承物并固定牢固,防止构件相互碰撞损坏车辆和构件。

7.1.9 起重吊装作业前必须对施工现场作业环境、架空电线、地上建筑物、地下构筑物以及构件质量和分布等情况进行全面了解。吊装作业应在平整坚实的场地上进行,应有足够的工作场地满足吊装作业。起重臂杆起落及作业有效半径和高度的范围内不得有障碍物。起重吊装作业必须保持与高压线的安全距离。

7.1.10 起重吊装作业时应绑扎平稳、牢固,应先将构件吊起20cm后停止提升,进行安全检查:检查起重机的稳定性、制动器的可靠性、重物的平稳性、绑扎的牢固性,确认无误后方可再行提升。构件起吊提升和降落速度应匀速平稳,严禁忽快忽慢和突然制动;左右回转动作应平稳,当回转未停稳前不得反向动作。严禁带载自由下降。

7.2　环境保护

7.2.1 要防止人为敲打、野蛮施工等产生噪声,减少噪声扰民现象。

7.2.2 当采用夜间运梁、夜间吊梁时,尽可能使用低噪声设备,严格控制噪声,尽量做到施工噪声小于60dB。对于特殊设备采取降噪消声措施,以尽可能减少噪声对周边环境的影响。

8　主要应用标准和规范

8.0.1 中华人民共和国行业标准《公路桥涵施工技术规范》(JTG/T F50—2011)

8.0.2 中华人民共和国国家标准《环境空气质量标准》(GB 3095—2012)

8.0.3 中华人民共和国行业标准《市政桥梁工程施工与质量验收规范》(CJJ2—2008)

8.0.4 中华人民共和国行业标准《建筑施工高处作业安全技术规范》(JGJ 80—1991)

8.0.5 中华人民共和国行业标准《公路工程施工安全技术规程》(JTJ 076—1995)

编、校:周辅昆　刘小勤

214 双导梁架桥机安装预制梁

（Q/JZM – SZ214 – 2012）

1 适用范围

本施工工艺标准适用于市政桥梁工程中桥跨不大于40m、预制梁重不大于150t、采用双导梁架桥机架设预制梁的施工作业。

2 施工准备

2.1 技术准备

2.1.1 认真熟悉图纸,进行现状调查,根据现场条件、确定吊车站位。

2.1.2 召开预制梁吊装相关单位施工配合会并会同有关人员对方案进行论证,对有关数据进行计算复核、优化,确定施工方案、绘制预制梁安装顺序图,并报监理审批。

2.1.3 对操作人员进行培训,向班组进行技术、安全交底。

2.1.4 组织施工测量放线。

2.2 材料准备

2.2.1 架桥机轨道铺设所用原材料(石渣、枕木、钢轨等)其规格、数量等应符合施工组织设计或专项方案规定。

2.2.2 预制梁吊装前必须验收合格;混凝土预制梁的几何尺寸、混凝土强度应符合设计要求。预制梁应按专项方案规定的吊装顺序编号。

2.3 施工机具与设备

2.3.1 施工机械设备

(1)运梁车辆:拖车、轮胎式平板运输车等。运梁车辆应根据预制梁长度、重量及几何尺寸以及运输线路现况条件选用,其载重能力及技术性能必须满足运输预制梁的要求。

(2)吊装设备:双导梁架桥机,其起吊重量及技术性能必须满足吊装预制梁段的要求。

2.3.2 测量检测仪器:钢尺、角尺、全站仪、水准仪、线坠等。

2.4 作业条件

2.4.1 预制梁制造完成,并对预制梁的强度、规格、尺寸、质量验收等符合设计要求。

2.4.2 支座安装完成并验收合格。

2.4.3 双导梁架桥机拼装场地的准备工作已完成,拼装场地平整坚实、有足够承载力,能够满足架桥机安装及试运行荷载的要求。

3 操作工艺

3.1 工艺流程

运梁线路调查→架桥机组装准备→轨道铺设→架桥机组装、试运行→架桥机行走就位、安前支腿→运梁车辆到场→喂梁、试吊→纵向移动→带梁横移→落梁及固定→重复其余孔架梁。

3.2 操作方法

3.2.1 运梁线路调查

市政桥梁工程构件运输前必须进行行驶道路调查：

（1）构件运输道路应有足够的车行宽度和符合规定的转弯半径。

（2）应安全通过行车路线沿线的桥涵、隧道、铁路箱涵、人行天桥等限高构筑物。

（3）应安全通过沿线跨路电气线及施工现场的临时架空电线，应与沿线的高压线保持安全距离。

（4）沿线经过的道路、桥涵、管渠、临时便道、临时便桥等应有足够的承载力。

3.2.2 架桥机组装准备

（1）检查架梁桥头路基填筑质量，应符合规定要求。

（2）确定组装架桥机的安放位置。

（3）确定桥头备渣、堆料、存放机具等具体位置。

（4）落实电源、照明、通信设施。

3.2.3 轨道铺设

（1）运梁轨道通常根据桥梁的长度，现场需准备好充足的枕木、钢轨（43kg/m）、道钉等附属配件。运梁轨道钢轨内、外侧用道钉固定在枕木上，枕木中心距不得大于600mm。中支腿横移轨道钢轨两头加装限位开关和轨道挡铁。纵向运梁轨道、天车轨道、前支腿轨道、中支腿轨道铺设要求钢轨接头平顺，轨距正确，支垫平稳牢固；两条横向轨道间（前、中支腿）距离尺寸严格控制平行。

（2）前、中支腿的横向运行轨道铺设必须保持水平，并严格控制间距，两条轨道必须平行。架桥机行走前，检查轨道铺设情况，轨距误差小于2mm，相邻轨道接头高差不大于1mm，轨道用道钉固定在枕木上，保证所有枕木处于受力状态，已报废的枕木禁止使用，限位块安装牢固。架桥机工作状态，必须安装轨道两头的挡块和限位开关，并随时检查限位开关是否正常。

（3）盖梁（或台帽）上枕木根据桥梁横坡调整，保证钢轨横坡小于0.5%，枕木垛搭设视具体情况确定，要求稳固可靠，枕木间距宜小于300mm。

3.2.4 架桥机组装、试运行

（1）组装架桥机应按设计使用说明书及出厂使用说明书进行规范拼装。架桥机完成组装后应按规定进行静、动载试验和试运行，合格后方可进行架梁。

（2）架桥机在组装前应确认前后端的位置与架桥方向相符。

（3）组装架桥机应在直线段进行，有效长度不宜短于120m。

（4）组装架桥机程序：测量定位→对称安装左右主梁及导梁→安装前后框架及临时支撑→安装前、中支腿、顶高支腿→主梁前支腿→铺设运梁平车轨道→安装运梁平车→安装起吊天车→安装液压系统→安装电器系统→调试、试运行。

（5）调试及试运行

①将两台起吊平车后退至后支腿附近，测量导梁前端悬臂挠度，是否满足过前墩帽的要求。

②如果满足要求，将前支腿调整就位，调整各机构至正常，将起吊天车吊钩降至地面，检查卷筒上的剩余钢丝绳不得少于3圈。

③运梁平车安装完毕后，在轨道上来回运行3次；如有故障及时排除，正常后投入使用。

④完成上述调试后,检查各机械、机构、液压及电气部分有无异常;若正常,方可进行下道工序。

(6)架桥机空载纵向、横向前移就位

①先把两台运梁平车开到架桥机后部,前起吊天车把前运梁平车吊起作为配重,后运梁平车和主梁连接牢固。利用中支腿上的驱动机构及后运梁平车的动力,驱动架桥机主梁前移至导梁前支腿就位于前墩帽上,通过导梁前支腿千斤顶,调整导梁和主梁水平。主梁前支腿通过吊挂装置运行至前墩帽预定位置处,下落行走箱及钢轨(前支腿可带钢轨),调整至要求高度,将前支腿与墩帽连接牢固。

②收起导梁前支腿,依靠中支腿上的驱动机构和运梁平车的动力,继续驱动主梁前移至工作位置。然后,将前支腿上部与主梁下弦连接牢固,中支腿下部与主梁下弦连接牢固,此时架桥机完成了主梁的空载前移。

③架桥机空载横向试运行:架桥机空载横向全行程移动两次,运行平稳、制动可靠后方可进行下道工序。

3.2.5　运梁(运梁车辆到场)

(1)运梁可采用运梁平车、拖车、轮胎式平板运输车等设备,运梁车载梁经运梁便道进入路基上行驶至架桥机后待架,运梁车行驶速度不得大于 3km/h。

(2)现场采用运梁平车运梁时,预制梁吊装到安装运梁平车上,装好斜撑,用捯链拉紧后才能摘除吊具。运梁时两台运梁平车采用小于 500m/h 的速度,每台运梁车配备 1 名驾驶员和 3 名工人,3 名工人拿木楔分别跟随四组行走轮,观察电机运行情况,并在运梁过程中检查支撑是否松动。

3.2.6　喂梁及纵向移动

运梁平车前行,进入架桥机后部主梁内。后运梁平车距架桥机后支腿 300mm 时,运梁车停止前进并设止轮器,前起吊天车运行至梁吊点处停车。安装吊具应与前起重吊具连接牢靠。解除梁前端支撑,前起吊天车吊起梁前端,然后同时开动前起吊天车、后运梁平车,两车以不大于 25cm/min 的速度前进。当后运梁平车运行至前运梁平车净距 300mm 时,两车同时停止前进并设止轮器。后起吊平车运行至梁尾端吊点处,安装吊具,并与起吊天车连接牢靠,解除梁后端支撑。后起吊平车吊起梁后端,此时,两起吊平车已将预制梁吊起。预制梁吊起后应进行试吊,检查架桥机各部位情况,检查架梁机具设备的可靠性,确认安全后,运梁车退至梁场,准备运送下一片梁。

3.2.7　架桥机带梁横移

前、后起吊天车将外边梁纵向运行至前跨位,落梁距支座垫石 50mm 时停止,注意保持梁的稳定;整机带梁横移至距外边梁最近的一片梁的位置,落梁,做好翼缘板处的支撑;改用架桥机边主梁吊架起吊边梁,整机携梁移至外边梁位置(距落梁位置 150mm)停车。继续横移时用捯链带住梁体,随横移过程同步放松捯链。对于内边梁,直接横移至相对应的落梁位置。

前、中支腿横移轨道上用油漆每 100mm 标识距离,以观察前、中支腿是否同步。横移时,前、中支腿处派专人手持木楔观察运行情况,如有异常现象,及时停车垫木楔检查。横向移动速度不得大于 25cm/min。

3.2.8　落梁及固定

架设内梁,直接落梁就位。架设边梁,横移至指定位置后,在桥墩外侧用捯链拉在梁体的上两端,然后操纵架桥机边梁吊架内的千斤顶松钩,同时逐渐收紧捯链,直到最后边梁落到正确位置。梁安放时必须细致稳妥,就位准确且与支座密贴,不得使支座产生剪切变形。就位不准时,预制梁吊起重放。落梁后,经自检合格及时通知监理验收签证,T 形梁安装后要利用垫木或临时支撑将梁固定。

3.2.9　架桥机架梁一般规定

(1)双导梁架桥机架设预制梁,应根据架桥机性能,按国家有关规定、架桥机设计要求和架桥机使用说明书要求,制定架梁工艺细则及安全操作细则,严禁超范围使用。

(2)架梁施工辅助结构应按设计或施工组织设计施工,并经检查验收后方可使用。

(3)主机悬臂走行时必须锁紧摆头机构,严禁前大臂相对中大臂有任何偏摆。

（4）前大臂采用托臂台车支护走行时,必须解开摆头机,后大臂必须由后托臂台车支护。

（5）横移梁时,机身两侧支腿、零号柱和中柱不应产生位移和下沉。

4　质量标准

4.0.1　主控项目

（1）预制梁场内移动或安装时的混凝土强度和预应力混凝土构件的孔道水泥浆强度应达到设计规定强度。

检验数量:全部。

检验方法:检查混凝土和水泥浆强度检测报告。

（2）预制梁安装前墩台支座垫板必须稳固。

检查数量:全数检查。

检验方法:观察,检查施工记录。

（3）预制梁就位后,梁两端支座应位置准确,梁与支座必须密合,不得有虚空现象。

检查数量:全数检查。

检验方法:观察或用塞尺量。

（4）预制梁之间连接方式及接缝填充材料的规格和强度应符合设计要求。

检查数量:按检验方案确定。

检验方法:观察,检查施工记录;检查连接材料的试验报告和产品合格证书等。

（5）混凝土预制梁安装后构件不得有损坏或裂纹等缺陷。

检验数量:全部。

检验方法:观察。

4.0.2　一般项目

梁安装允许偏差应符合表 4.0.2 的规定。

表 4.0.2　预制梁安装允许偏差

序号	项　目		允许偏差	检验频率		检验方法
				范围	点数	
1	平面位置	顺桥纵轴线方向（mm）	10	每个构件	1	用经纬仪测量
		垂直桥纵轴线方向（mm）	5		1	
2	焊接横隔板相对位置（mm）		10	每处	1	用钢尺量
3	湿接横隔板相对位置（mm）		20		1	
4	伸缩缝宽度（mm）		+10,－5		1	
5	支座板	每块位置（mm）	5	每个构件	2	用钢尺量,纵、横各1点
		每块边缘高差（mm）	1		2	用钢尺量,纵、横各1点
6	焊缝长度		不小于设计要求	每处		抽查焊缝的10%
7	相邻两构件支点处顶面高差（mm）		10	每个构件	2	用钢尺量
8	块体拼装立缝宽度（mm）		+10,－5		1	
9	垂直度（%）		1.2	每孔2片梁	2	用垂线和钢尺量

5　质量记录

5.0.1　测量复核记录。

5.0.2 构件吊装记录。

5.0.3 吊装质量检验记录。

6 冬、雨季施工措施

预制梁安装作业应避开大风及雨雪天施工。

7 安全、环保措施

7.1 安全措施

7.1.1 市政桥梁工程构件的运输和吊装施工作业必须符合国家或行业相关的技术规范和安全标准。

市政桥梁工程构件的运输和吊装作业施工前,应建立统一的组织指挥系统。所有参加施工作业人员应明确职责、分工明确、相互配合。进行构件的运输和吊装应有专人负责指挥。

7.1.2 市政桥梁工程构件的运输和吊装施工作业前应进行安全作业指导书交底或安全技术交底,并应有签认手续。

7.1.3 参加构件的运输和吊装作业人员应进行专业安全技术培训、经考试合格后,方准持证上岗。无证人员不得参加构件的运输和吊装作业。

7.1.4 市政桥梁工程构件的运输和吊装必须经过有关部门的审批、备案程序,在指定的时间内、确定的路线和确定的吊装场地上进行市政桥梁工程构件的运输和吊装。必要时应请交通管理部门进行开道督运。

7.1.5 市政桥梁工程构件的运输和吊装应严格按专业安全操作规程施工作业。在高处作业时,必须执行《建筑施工高处作业安全技术规范》(JGJ 80—1991)有关的规定。施工作业现场所有可能坠落的物件,应一律先行撤除或加以固定。

7.1.6 市政桥梁工程构件运输前必须进行行驶道路调查。运行道路应有足够的车行宽度和符合规定的转弯半径。应安全通过行车路线沿线的桥涵、隧道、铁路箱涵、人行天桥等限高构筑物和跨路电气线及施工现场的临时架空电线。应与沿线的高压线保持安全距离。沿线经过的道路、桥涵、管渠、临时便道、临时便桥等应有足够的承载力。

7.1.7 混凝土预制构件在起吊装车前,其混凝土强度必须达到规定的强度,在构件验收合格后,方可吊装、起运、出厂。

7.1.8 构件移运时的起吊(支承)点位置应符合设计给定位置,不得随意变更其位置,如需变更必须同设计协商确定。构件运输时的支承位置应与吊点位置一致。

较长简支梁构件运输时,车长应能满足支承点间的距离要求,严禁采用悬臂式运输。构件装车时应平衡放置,使车辆承载对称均匀。构件支承点下及相邻构件之间需放置橡胶垫支承物并固定牢固,防止构件相互碰撞损坏车辆和构件。

7.1.9 起重吊装作业前必须对施工现场作业环境、架空电线、地上建筑物、地下构筑物以及构件质量和分布等情况进行全面了解。吊装作业应在平整坚实的场地上进行,应有足够的工作场地满足吊装作业。起重臂杆起落及作业有效半径和高度的范围内不得有障碍物。起重吊装作业必须保持与高压线的安全距离。

7.1.10 起重吊装作业时应绑扎平稳、牢固,应先将构件吊起20cm后停止提升,进行安全检查。检查起重机的稳定性、制动器的可靠性、重物的平稳性、绑扎的牢固性,确认无误后方可再行提升。构件起吊提升和降落速度应匀速平稳,严禁忽快忽慢和突然制动;左右回转动作应平稳,当回转未停稳前不得反向动作。严禁带载自由下降。

7.2 环境保护

7.2.1 要防止人为敲打、野蛮施工等产生噪声,减少噪声扰民现象。

7.2.2 当采用夜间运梁、夜间吊梁时,尽可能使用低噪声设备,严格控制噪声,尽量做到施工噪声小于60dB。对于特殊设备采取降噪消声措施,以尽可能减少噪声对周边环境的影响。

8 主要应用标准和规范

8.0.1 中华人民共和国行业标准《公路桥涵施工技术规范》(JTG/T F50—2011)

8.0.2 中华人民共和国国家标准《环境空气质量标准》(GB 3095—2012)

8.0.3 中华人民共和国行业标准《市政桥梁工程施工与质量验收规范》(CJJ 2—2008)

8.0.4 中华人民共和国行业标准《建筑施工高处作业安全技术规范》(JGJ 80—1991)

8.0.5 中华人民共和国行业标准《公路工程施工安全技术规程》(JTJ 076—1995)

编、校:刘小勤　周辅昆

215 桥梁支座安装

(Q/JZM – SZ215 – 2012)

1 适用范围

本施工工艺标准适用于市政桥梁工程中各种橡胶支座安装的施工作业。

2 施工准备

2.1 技术准备

2.1.1 认真审核支座安装图纸,编制分项工程施工方案,并报监理审批。

2.1.2 进行各种原材料的取样试验工作,进行环氧砂浆配合比设计。

2.1.3 支座进场后取样送有资质的检测单位进行检验。

2.1.4 对操作人员进行培训,向班组进行技术、安全交底。

2.1.5 组织施工测量放线。

2.2 材料准备

2.2.1 支座:进场应有装箱清单、产品合格证及支座安装养护细则,型号、规格、质量和有关技术性能指标符合国家现行桥梁支座标准的规定并满足设计要求。

2.2.2 配制环氧砂浆材料:二丁酯、乙二胺、环氧树脂、二甲苯等应有合格证及使用说明书,拌制砂质量应符合施工技术规定和要求。

2.3 施工机具与设备

2.3.1 主要机械:空压机、发电机、电焊机、其他小型工具等。

2.3.2 测量检测工具:全站仪、水准仪、钢卷尺、水平尺、线坠等。

2.4 作业条件

2.4.1 桥墩混凝土强度已达到设计要求,墩台(含垫石)轴线、高程等复核完毕并符合设计尺寸要求。

2.4.2 墩台顶面已清扫干净,并设置护栏。

3 操作工艺

3.1 工艺流程

支座垫石凿毛清理→测量放线→找平修补→拌制环氧砂浆→支座安装。

3.2 操作方法

3.2.1 支座垫石凿毛清理

采用人工铁錾凿毛,将墩台垫石处清理干净。

3.2.2 测量放线

根据设计图上标明的支座中心位置,分别在支座及垫石上画出纵横轴线,在墩台上放出支座控制高程。

3.2.3 找平修补

支座安装前应将垫石顶面清理干净,用干硬性水泥砂浆将支承面缺陷修补找平,并使其顶面高程符合设计要求。

3.2.4 拌制环氧砂浆

（1）将细砂烘干后,依次将细砂、环氧树脂、二丁酯、二甲苯放入铁锅中加热并搅拌均匀。

（2）环氧砂浆的配制严格按配合比进行,强度不低于设计规定,设计无规定时不低于40MPa。

（3）在粘结支座前将乙二胺投入砂浆中并搅拌均匀,乙二胺为固化剂,不得放得太早或过多,以免砂浆过早固化而影响粘结质量。

3.2.5 支座安装

（1）安装前按设计要求及国家现行标准有关规定对产品进行确认。

（2）安装前对桥台和墩柱盖梁（或台帽）轴线、高程及支座面平整度等进行再次复核。

（3）在找平层砂浆硬化后进行支座安装;粘结时,宜先粘结桥台和墩柱盖梁（或台帽）两端的支座,经复核平整度和高程无误后,挂基准小线进行其他支座的安装。

（4）当桥台和墩柱盖梁（或台帽）较长时,应加密基准支座防止高程误差超标。

（5）粘结时先将砂浆摊平拍实,然后将支座按高程就位,支座上的纵横轴线与垫石纵横轴线要对应。

（6）严格控制支座平整度,每块支座都必须用铁水平尺测其对角线,误差超标应及时予以调整。

（7）支座与支承面接触应不空鼓,如支承面上放置钢垫板时,钢垫板应在桥台和墩柱盖梁施工时预埋,并在钢板上设排气孔,保证钢垫板底混凝土浇筑密实。

（8）坡道上使用板式橡胶支座时,当坡度在6%以下时,可采用环氧砂浆垫层调整;当坡度在6%及以上时,必须在支座与梁底支承钢板间加焊一块与坡度相同的楔形钢板。

3.2.6 板式支座安装要求

（1）各类板式橡胶支座安装应按设计要求及相关产品标准对支座进行检验,合格后方可使用。在大气污染、粉尘严重地区应采用封闭型支座。

（2）寒冷地区宜选用天然橡胶材料制成品。

（3）墩、台顶支座支承面应平整,高程符合设计要求,支承面缺陷宜采用环氧砂浆找平层修补。

（4）支座应水平放置,如桥梁纵横坡度较大时,宜在支座支承面设置垫石找平,垫石构造应符合设计要求。

（5）梁、板安放时应位置准确,且与支座密贴。如就位不准或与支座不密贴时,必须重新起吊,采取垫钢板等措施,使支座位置控制在允许偏差内。不得用撬棍移动梁、板。

3.2.7 盆式橡胶支座安装要求

（1）盆式支座安装前应按设计要求及相关规范对成品进行检验,合格后方可使用。

（2）现浇梁底部预埋钢板或滑板应根据浇筑时气温、预应力筋张拉、混凝土收缩和徐变等对梁长的影响设置相对于设计支承中心的预偏值。

（3）活动支座安装前应用丙酮或酒精液体清洗其各相对滑移面,擦净后在四氟板顶面满注硅脂。重新组装时应保持精度。

（4）支座安装后,支座与墩台顶钢垫板间应密贴。

3.2.8 球形支座安装要求

（1）支座出厂时,应由生产厂家将支座调平,并拧紧连接螺栓,防止运输安装过程中发生转动和倾覆。支座可根据设计需要预设转角和位移,但需在厂内装配时调整好。

（2）支座安装前应开箱检查配件清单、检验报告、支座产品合格证及支座安装养护细则。施工单位开箱后不得拆卸、转动连接螺栓。

（3）下支座板与墩台采用螺栓连接时，应先用钢楔块将下支座板四角调平，使其高程、位置符合设计要求，用环氧砂浆灌注地脚螺栓孔及支座底面垫层。环氧砂浆硬化后，方可拆除四角钢楔，并用环氧砂浆填满楔块位置。

（4）当下支座板与墩台采用焊接连接时，应用对称、间断焊接方法将下支座板与墩台上预埋钢板焊接。焊接时应采取防止烧伤支座和混凝土的措施。

（5）当梁体安装完毕或现浇混凝土梁体达到设计强度后，在梁体预应力张拉之前，应拆除上、下支座板连接板，撤除支座锁定装置，解除支座约束。

4 质量标准

4.0.1 主控项目

（1）支座安装前，应检查跨距、支座位置及预埋锚栓孔位置、尺寸和墩台支承垫石顶面高程、平整度，应符合设计要求（梁底支承垫石的坡度、坡向应符合设计要求）。

检查数量：全数检查。

检验方法：用经纬仪、水准仪和钢尺量检查；检查施工记录。

（2）支座的规格、质量、技术性能指标必须符合设计要求，外观不得有影响使用的硬伤。

检查数量：全数检查。

检验方法：观察或用钢尺量检查；检查产品合格证书、进场验收记录。

（3）支座与梁底及垫石之间必须密贴无间隙，垫层材料和强度应符合设计要求。支座配件必须齐全，水平各部件之间应密贴无间隙。

检查数量：全数检查。

检验方法：观察或用塞尺检查。

（4）支座锚栓质量及埋置深度和螺栓的外露长度应符合设计要求。支座锚栓固结应在锚栓位置调整准确后进行施工，预留锚栓孔必须填捣密实。

检查数量：全数检查。

检验方法：观察。

（5）支座的黏结灌浆、润滑材料应符合设计要求。

检查数量：全数检查。

检验方法：检查黏结灌浆材料的配合比报告，检查润滑材料的产品合格证书、进场验收记录。

4.0.2 一般项目

支座安装允许偏差应符合表4.0.2规定。

表4.0.2 支座安装允许偏差

序号	项 目	允许偏差(mm)	检 验 频 率		检 验 方 法
			范围	点数	
1	支座高程	±5	每个支座	1	用水准仪测量
2	支座偏位	3		2	用经纬仪、钢尺量

注：支座安装偏差应符合设计要求和产品说明书规定。

5 质量记录

5.0.1 支座检测记录、产品合格证等。

5.0.2 环氧砂浆或补偿收缩砂浆及混凝土强度试验报告。

6　冬、雨季施工措施

6.1　冬季施工

6.1.1 冬季施工时应采取有效保温措施,确保环氧砂浆在达到强度前不受冻。

6.1.2 采用焊接连接时,温度低于－10℃时不得进行焊接作业。

6.2　雨季施工

6.2.1 雨天不得进行支座安装。

6.2.2 盆式支座及球形支座安装完毕后,在上部结构混凝土浇筑前对其采取覆盖措施,以免雨水浸入。

7　安全、环保措施

7.1　安全措施

7.1.1 高处作业时要系好安全带。需设工作平台时,防护栏杆高于作业面不应小于1.2m,且用密目安全网封闭。

7.1.2 安装大型盆式支座时,墩上两侧应搭设操作平台,墩顶作业人员应待支座吊至墩顶稳定后再扶正就位。

7.2　环境保护

7.2.1 对乙二胺挥发性较强且属有毒物质,操作人员要按要求戴口罩、眼罩、手套并选择通风良好的位置进行环氧砂浆拌制。

7.2.2 要防止人为敲打、叫嚷、野蛮施工等产生噪声,减少噪声扰民现象。

8　主要应用标准和规范

8.0.1 中华人民共和国行业标准《公路桥涵施工技术规范》(JTG/T F50—2011)

8.0.2 中华人民共和国国家标准《环境空气质量标准》(GB 3095—2012)

8.0.3 中华人民共和国行业标准《城市桥梁工程施工与质量验收规范》(CJJ 2—2008)

8.0.4 中华人民共和国行业标准《公路桥梁盆式橡胶支座》(JT/T 391—2009)

8.0.5 中华人民共和国行业标准《公路桥梁板式橡胶支座规格系列》(JT/T 663—2006)

编、校:朱琼毅　王　强

216   桥梁伸缩缝安装

（Q/JZM－SZ216－2012）

1   适用范围

本施工工艺标准适用于市政桥梁工程中沥青混凝土桥面铺装层毛勒伸缩缝安装的施工作业，其他类型桥面铺装层及模数支承式伸缩缝安装施工可参照使用。

2   施工准备

2.1   技术准备

2.1.1   熟悉设计图纸和技术要求以及相关规范规定，收集当地气象资料，编制伸缩缝单项施工组织设计，并向技术人员进行书面一级技术交底和安全交底。

2.1.2   提供伸缩缝的订货技术资料：根据设计图纸的要求，把全桥每道伸缩缝的长度、伸缩量、桥面纵横坡度等基本资料和要求准备齐全，作为向厂家订货的依据。

2.1.3   计算沥青桥面铺装层在影响伸缩缝安装质量范围内（伸缩缝两侧各20m）的高程、纵横坡，以便控制面层的铺装质量。

2.1.4   伸缩缝安装前的测量：测放桥梁中心线，测量伸缩缝两侧桥面高程、纵横坡度及平整度。

2.1.5   伸缩缝安装前，对作业班组进行全面的技术、安全、操作二级交底，以确保施工工艺、工程质量、作业安全和环境保护的实施。

2.2   材料准备

2.2.1   原材料：水泥、石子、砂、钢筋等，由持证材料员和试验员按规定进行检验，确保材料质量符合相关标准。

2.2.2   混凝土配合比设计及试验：按混凝土设计强度要求，做试验室配合比、施工配合比试验，以满足伸缩缝两侧过渡段灌注混凝土的要求。

2.3   施工机具与设备

2.3.1   主要施工机械：混凝土切割机、空压机、电焊机、水车、吊车、钢筋切断机、混凝土拌和及运输设备等。

2.3.2   主要测量检测仪器：水准仪、钢卷尺、3m直尺、游标卡尺等。

2.4   作业条件

2.4.1   在浇筑有伸缩缝处梁端混凝土时，按设计要求预留伸缩缝槽口，并埋设伸缩缝连接钢筋。

2.4.2   应用松木、软木或其他可伸缩的材料临时堵塞梁端缝隙，或在预留槽口底的梁缝上铺盖钢板，并在其上回填砂、碎石，然后在其上铺厚度不小于5cm的水泥混凝土，混凝土等级宜为10MPa，且高度应与桥面铺装层底面高程齐平。

2.4.3 在进行沥青混凝土桥面铺装层铺筑时，一般在伸缩缝两侧各 20m 影响范围内连续作业，不得停机，铺筑面层的高程、纵横坡度应符合设计要求。

2.4.4 伸缩缝进场验收合格后，应选择平稳的场地存放，并支垫覆盖好。吊装时应多点吊装，避免变形。

2.4.5 施工作业人员要求：由技术负责人向现场技术人员、作业工人进行安全、技术交底，使其严格掌握工艺标准和操作要求。

2.4.6 伸缩缝安装前应将电力线路、吊装设备、运输车辆、提升架、测量仪器、试验设备等准备齐全完好。

3 操作工艺

3.1 工艺流程

测量→画线→切缝→凿除混凝土及杂物→安装梁缝间泡沫板→伸缩缝吊装就位→调整伸缩缝平面位置→调整伸缩缝高程→锚固→解除锁定→浇筑混凝土→抹面养生。

3.2 操作方法

3.2.1 测量

测量伸缩缝范围内的桥面铺装层表面的高程、纵横坡度、平整度，一般顺桥向测 3～4 个断面，并与计算值进行核对，以确定毛勒伸缩缝的安装高程及缝侧混凝土过渡段的宽度。

3.2.2 切缝

（1）当桥面铺装层碾压完成后，必须及时在伸缩缝位置中心处开凿沟缝，以避免梁体伸缩引起铺装层破坏，影响毛勒伸缩缝安装质量。凿除沟缝宽度一般为 5～10cm。

（2）待沥青混凝土桥面养护成型后，放出伸缩缝中心线位置，并由中心线向两侧量出毛勒伸缩缝侧水泥混凝土过渡段浇筑边线，据此画出切割边线。

（3）用混凝土切割机沿标线位置切割沥青混凝土铺装层，为了保证切缝顺直，切缝机必须沿专设轨道行进。

3.2.3 凿除及清理伸缩缝标线范围内的混凝土及杂物

（1）用空压机配合人工清理切割线范围内的沥青混凝土及杂物。凿除的厚度必须保证毛勒伸缩缝两侧待浇筑的混凝土厚度大于 12cm。操作时要确保沥青混凝土断面的边角整齐。

（2）凿除工作要彻底干净，确保梁间要求的缝宽，严禁梁端缝间有连堵的混凝土及杂物。凿除的杂物清理干净后，再用空压机吹除碎屑及尘土，然后用水车彻底清洗。

3.2.4 伸缩缝安装及调整

（1）伸缩缝槽口清洗完毕后，人工配合吊车将伸缩缝吊装入位，然后用钢提升架吊住伸缩缝，调整伸缩缝槽口处预埋钢筋，使伸缩缝能顺利就位。

（2）伸缩缝平面位置调整。整个伸缩缝的位置调整宜先粗后细。横向位置调整应在就位过程中完成，纵向位置调整采用拉线的方法进行控制，拉线位置为伸缩缝中心线，且拉线与梁体伸缩缝中心位置重合。调整过程中应防止伸缩缝被扭偏。

（3）伸缩缝的平面位置调整正确后，在提升架上用捯链把伸缩缝吊起来，在梁端缝隙内安装聚乙烯泡沫板，其高度应与伸缩缝底面高度齐平，并与预埋钢筋连接固定，伸缩缝底部 V 形橡胶条下面也应用聚乙烯泡沫板堵塞。

（4）将伸缩缝放回预留槽口内，并检查平面位置是否正确，然后用提升架上捯链调整伸缩缝高程，用 3m 直尺沿纵桥向控制伸缩缝高度，一般横桥向每 2m 一个控制点。操作时伸缩缝高度宜比两侧混凝土浇筑层顶面低 1mm。

（5）伸缩缝平面位置及高程调整正确后，用两台电焊机由中间向两端将伸缩缝的一侧与纵向预埋钢筋点焊定位，点焊的间距宜控制在1m左右。如果位置、高程有变化，宜采取边调整边焊的办法使其临时固定。点焊完成后，再进行加焊固定。

（6）焊完一侧后，用气割解除伸缩缝的锁定，并按计算值调整伸缩缝上口宽度。

（7）采用专门夹具调整伸缩缝上口宽度。用夹具一边卡住伸缩缝的固定边，用其另一边顶丝推动伸缩缝活动边。上口宽度调整准确后，将伸缩缝的活动侧与锚固钢筋点焊牢固，其他操作同前。

（8）全部焊完后，应仔细检查梁缝及伸缩缝V形橡胶条下堵塞的泡沫板是否紧密，如有孔隙或破坏，应重新封堵紧密。以防浇筑混凝土时进入伸缩缝底部的橡胶缝中及梁端缝隙中，造成以后梁体不能自由伸缩。

3.2.5 浇筑混凝土及养生

（1）在伸缩缝两侧过渡段上铺一层或两层钢筋网，并控制混凝土保护层的厚度在2.5~3.0cm。

（2）在浇筑混凝土前将伸缩缝橡胶条上口封盖，防止混凝土落入其内难以清理。将沥青混凝土边角用胶带粘贴，然后用土工布覆盖槽口两侧混凝土路面，防止浇筑过渡段混凝土时污染和破坏路面。

（3）浇筑混凝土：混凝土强度应满足设计要求，且不小于30MPa，并具有缓凝、早强、耐久性能。混凝土应均匀浇筑在伸缩缝的两侧，振捣应密实，然后表面收浆。混凝土表面高度应与两侧沥青混凝土层一致。

（4）待混凝土接近初凝时，应及时进行二次压抹收浆，使混凝土表面平整光滑。二次抹面结束后，用土工布覆盖，并按要求及时洒水养护14d，养护期内严禁车辆通行。

4 质量标准

4.0.1 主控项目

（1）伸缩缝的形式和规格必须符合设计要求，缝宽应根据设计规定和安装时的气温进行调整。

检查数量：全数检查。

检验方法：观察、量测。

（2）伸缩缝安装时焊接必须牢固，应保证焊缝长度，严禁采用点焊连接。

检查数量：全数检查。

检验方法：观察。

（3）伸缩缝混凝土强度应符合设计要求，浇筑时应振捣密实、表面平整，与路面衔接平顺，并应作拉毛处理。

检查数量：全数检查。

检验方法：观察、量测、检查试验报告。

4.0.2 一般项目

伸缩缝安装允许偏差应符合表4.0.2的规定。

表4.0.2 伸缩缝安装允许偏差

序号	检查项目	允许偏差	检验频率		检验方法
			范围	点数	
1	顺桥平整度	符合道路标准	每条缝	每车道1点	按道路检验标准检测
2	相邻板差（mm）	2			用钢板尺和塞尺量
3	缝宽	符合设计要求			用钢尺量，任意选点
4	与桥面高差（mm）	2			用钢尺和塞尺量
5	长度	符合设计要求		2	用钢尺量

5　质量记录

5.0.1　伸缩缝产品合格证书、进场验收记录、安装记录。

5.0.2　混凝土记录、隐蔽工程验收记录。

5.0.3　分项工程质量检验评定记录。

6　冬、雨季施工措施

6.1　冬季施工

6.1.1　安装伸缩缝装置时应按安装时气温确定安装定位值,保证设计伸缩量。

6.1.2　伸缩装置在5℃以下气温时,不宜进行安装。

6.2　雨季施工

6.2.1　预留槽内不得有积水,雨天应对预留槽及伸缩装置进行覆盖、雨后清除槽内积水。

6.2.2　严禁在雨雪天气施工,现场环境温度应在5~35℃范围内,六级风以上不得施工。

7　安全、环保措施

7.1　安全措施

7.1.1　制订吊装、电焊、破除、混凝土浇筑等各项安全操作细则,并对现场施工人员进行安全、技术交底。

7.1.2　设置现场安全员,加强安全管理,严禁从桥上向桥下乱丢材料、机具和杂物,采取措施严防桥上坠落、触电等事故发生。

7.1.3　对所使用的设备进行检查,保证处于完好使用状态。

7.1.4　起重工、电焊工、驾驶员等各工种必须持证上岗,并严格按操作规程进行作业。

7.1.5　六级以上大风停止作业;高温施工应按劳动保护规定做好防暑降温措施,适当调整作息时间,尽量避开高温时间;夜间施工必须有符合操作要求的照明设备;雨季施工要有防雨、防洪措施。

7.2　环境保护

7.2.1　电焊工焊接时必须戴防护眼罩,电工必须穿绝缘胶鞋,钢筋工、混凝土工应戴手套。

7.2.2　破除和清扫的废渣、杂物等,应运到指定的地点弃放,严禁由桥上向桥下乱抛弃。

7.2.3　切缝、凿毛、清理时应采取洒水降尘措施,防止粉尘污染。

8　主要应用标准和规范

8.0.1　中华人民共和国行业标准《公路桥涵施工技术规范》(JTG/T F50—2011)

8.0.2　中华人民共和国国家标准《环境空气质量标准》(GB 3095—2012)

8.0.3　中华人民共和国行业标准《城市桥梁工程施工与质量验收规范》(CJJ 2—2008)

8.0.4　中华人民共和国交通行业标准《公路桥梁伸缩装置》(JT/T 327—2004)

编、校:何娱　朱琼毅

217　金属栏杆安装

（Q/JZM－SZ217－2012）

1　适用范围

本施工工艺标准适用于市政桥梁工程中桥面系钢栏杆、钢扶手或不锈钢栏杆、不锈钢扶手加工、工地安装的施工作业。

2　施工准备

2.1　技术准备

2.1.1　认真熟悉图纸，根据现场条件编制施工方案，报有关部门批准。

2.1.2　对操作人员进行培训，向班组进行技术、安全交底。

2.1.3　组织施工测量放线。

2.2　材料准备

2.2.1　金属栏杆所用原材料的品种、规格、性能等应符合设计要求和现行国家产品标准规定。

2.2.2　金属栏杆所用焊接材料的质量应符合现行国家产品标准的要求。

2.2.3　金属栏杆所用涂装材料等应符合设计要求和国家现行标准规定。

2.3　施工机具与设备

2.3.1　施工机械设备

（1）加工制造机械：冲床、剪板机、平板机、弯板机、弯管机、锯床、砂轮切割机、砂轮机等。

（2）焊接设备：氩弧焊机。

2.3.2　测量检测工具：全站仪、水准仪、钢尺、角尺、卡尺、直尺等。

2.4　作业条件

2.4.1　金属栏杆加工制造宜在车间内或在平整坚实的加工平台上进行。

2.4.2　金属栏杆安装前，桥梁地袱、预埋件等已完成，并验收合格。

3　操作工艺

3.1　工艺流程

金属栏杆原材料进场验收→加工准备→放样、下料→零件加工→节段装配→节段焊接→防腐涂装→验收出厂→工地测量放线→工地安装→工地焊接→工地涂装。

3.2　操作方法

3.2.1　金属栏杆原材料进场检验

（1）进厂的材料除应有生产厂家的出厂质量证明书外，还应按设计要求和有关现行国家产品标准进行进场检查、复验，并做好记录。

（2）原材料进场时应采用三级检验制度，即首先由材料保管员进行初步常规的量检和外观检验，再由材料工程师进行定尺检验并进行厂内理化检测，最后进行由监理工程师在指定位置取样、第三方完成的检测。

3.2.2　放样、下料

（1）金属栏杆按设计图规定进行放样，按桥梁线形放出扶手弧度；立柱数量较多时，先做出样杆；当采用锯床或砂轮切割机下料时，宜采用限位板、定尺锯割。

（2）下料后清除飞边、毛刺；当采用圆管扶手时、宜采用砂轮机（或铣床）加工出立柱端头圆弧。

3.2.3　扶手加工

（1）按桥梁线形在加工平台（组装平台）上，严格按1:1弧形进行节段放样，放出扶手弧度，并做弧形样板。

（2）设计要求采用方形、长方形薄钢板加工扶手时，以钢板料长为制作模数，使用剪板机裁板下料、平板机平板、弯板机折弯、在弯管机上通过模具煨弯、组对后焊接。

（3）设计要求采用圆管扶手时，以钢管料长为制作模数、采用弯管机煨弯。

3.2.4　节段组装

（1）金属栏杆制作，宜按两个伸缩缝之间的长度、钢管料长确定节段长度。

（2）在组装平台上依据定位板控制立柱间距，依次依序摆放立柱、控制立柱与扶手的组装间隙，进行定位焊。

3.2.5　焊接

（1）不锈钢栏杆扶手采用氩弧焊焊接；先进行焊接工艺评定，确定焊接工艺、焊条直径、焊接电流、焊接速度等，编制焊接作业指导书，指导焊接作业。

（2）焊前检查组装间隙是否符合要求，定位焊是否牢固，焊缝周围不得有油污、锈物。

（3）构件之间的焊缝应饱满，焊缝金属表面的焊波应均匀，不得有裂纹、夹渣、焊瘤、烧穿、弧坑和针状气孔等缺陷，焊接区不得有飞溅物。

（4）不锈钢栏杆应选用较细的不锈钢焊条（焊丝）和较小的焊接电流。

3.2.6　金属栏杆防腐涂漆

金属栏杆组焊检查验收后，及时进行喷砂除锈，并分别进行底漆涂装和面漆涂装。

3.2.7　不锈钢栏杆打磨抛光

不锈钢栏杆用手提砂轮打磨机（角磨机）将焊缝打磨，磨平后再进行抛光，抛光时采用绒布砂轮或毛毡进行抛光，同时采用相应的抛光膏，抛光后应使外观光洁、平顺、无明显的焊接痕迹。

3.2.8　钢箱梁栏杆扶手

应尽可能在制作厂内完成钢箱梁与栏杆的组焊，以减少施工现场工作量，增加施工安全性。当接缝处栏杆间距模数调整困难时，只进行中间主梁段栏杆组焊，留出边梁段栏杆在工地现场焊接。

3.2.9　钢箱梁栏杆扶手工地现场安装

（1）钢箱梁栏杆扶手应在钢梁安装全部完成、钢梁支墩已落架后进行。

（2）栏杆扶手工地现场安装应从中间位置向两侧排序，由中央按间距模数依次依序向两侧伸缩缝位置安装。

（3）栏杆扶手安装线形应与主梁一致，拉尼龙线（或小线）控制直顺度，吊铅垂方向控制垂直度，用样板（靠尺）控制间距。

（4）现场采用氩弧焊机焊接不锈钢栏杆扶手。

4　质量标准

4.0.1　主控项目

（1）栏杆的品种、规格应符合设计要求。

检查数量：全数检查。

检查方法：观察、用钢尺量、检查产品合格证、检查进场检验记录。

（2）栏杆安装应符合设计要求，安装应牢固、可靠。

检查数量：全数检查。

检查方法：观察、用钢尺量、用焊缝量规检查，手扳（摇）检查，检查施工记录。

4.0.2　一般项目

栏杆、扶手安装允许偏差应符合表 4.0.2 规定。

表 4.0.2　栏杆、扶手安装允许偏差表

序号	项　目		允许偏差（mm）	检验频率		检验方法
				范围	点数	
1	直顺度	扶手	4	每跨侧	1	用 10m 小线量取最大值
2	垂直度	栏杆柱	3	每柱	2	用垂线检验，顺、横桥轴方向各 1 点
3	杆间距		±3	每处（抽查 10%）		钢尺量
4	相邻栏杆扶手高差	有柱	4	每处（抽查 10%）	1	
5		无柱	2			
6	栏杆平面偏位		4	每 30m	1	用经纬仪和钢尺量

5　质量记录

5.0.1　测量复核记录。

5.0.2　金属栏杆加工记录。

5.0.3　栏杆构件吊装安装记录。

5.0.4　安装质量检验记录。

5.0.5　工序质量评定表。

6　冬、雨季施工措施

6.1　冬季施工

冬季雪天或风力超过五级不得进行安装作业。

6.2　雨季施工

6.2.1　雨季应注意天气情况，电焊机设置地点应防潮、防雨水、防漏电。栏杆施焊不得在有水或直接雨淋的条件下施工。零件潮湿时不得进行焊接作业。

6.2.2　雨天及相对湿度大于 85% 不进行除锈、涂装作业。

7　安全、环保措施

7.1　安全措施

7.1.1　工地现场主梁在未安装栏杆前必须有防护栏、防护网等高处作业防护设施。

7.1.2　现场安装栏杆扶手拆除一段防护栏后，应立即安装一段栏杆扶手。每次拆除防护栏的长度

以一个厂内加工段为准,不得留空挡。每段栏杆扶手安装牢固后,方可进行下一段安装。安装时应依序连续进行,不得跳挡安装。

7.1.3 工地现场安装栏杆扶手时,应在桥下相应位置设置防护栏,并设专人疏导社会交通。

7.1.4 工地现场安装栏杆扶手时,作业人员应佩戴安全带,手持工具应系安全绳。

7.2 环境保护

要防止人为野蛮施工等产生噪声,以减少噪声扰民现象。

8 主要应用标准和规范

8.0.1 中华人民共和国行业标准《公路桥涵施工技术规范》(JTG/T F50—2011)

8.0.2 中华人民共和国行业标准《市政桥梁工程施工与质量验收规范》(CJJ 2—2008)

8.0.3 中华人民共和国国家标准《碳素结构钢和低合金结构钢热轧厚钢板和钢带》(GB/T 3274—2007)

8.0.4 中华人民共和国国家标准《热轧钢棒尺寸、外形、重量及允许偏差》(GB/T 702—2008)

8.0.5 中华人民共和国国家标准《碳素结构钢和低合金钢热轧薄钢板和钢带》(GB 912—2008)

8.0.6 中华人民共和国国家标准《结构用不锈钢无缝钢管》(GB/T 14975—2002)

8.0.7 中华人民共和国国家标准《结构用不锈钢复合管》(GB/T 18704—2008)

编、校:刘宙 吴勇

218 钢筋混凝土栏杆安装

（Q/JZM – SZ218 – 2012）

1 适用范围

本施工工艺标准适用于市政桥梁工程中钢筋混凝土栏杆施工作业，其他桥梁可参照使用。

2 施工准备

2.1 技术准备

2.1.1 认真熟悉图纸、根据现场条件编制施工方案，报有关部门批准。

2.1.2 对操作人员进行培训，向班组进行技术、安全交底。

2.1.3 组织施工测量放线。

2.2 材料准备

2.2.1 钢筋混凝土栏杆所用原材料的品种、规格、性能等应符合设计要求和现行国家产品标准规定。

2.2.2 钢筋混凝土栏杆所用焊接材料的质量应符合现行国家产品标准的要求。

2.2.3 钢筋混凝土栏杆预制构件应符合设计要求和国家现行标准规定。

2.3 施工机具与设备

2.3.1 机具工具：电焊机、手推车、限位板、橡胶锤、铁板、平锹、灰槽、钢丝刷、钢筋卡子、线坠等。

2.3.2 测量检测仪器：全站仪、水准仪、钢尺、靠尺等。

2.4 作业条件

2.4.1 钢筋混凝土栏杆加工应在预制场内进行，其堆放场地应平整坚实。

2.4.2 钢筋混凝土栏杆质量符合要求，并有出厂质量证明书，对于有裂缝、平整度不够或有蜂窝、麻面等质量缺陷的构件不得进场。

2.4.3 钢筋混凝土栏杆安装前，桥梁地袱、挂板、预埋件等已完成，并验收合格。

3 操作工艺

3.1 工艺流程

钢筋混凝土栏杆预制→进场验收→测量放位置线→安装→榫槽固定（或焊接固定）→现浇扶手支模板→扶手钢筋绑扎→现浇混凝土→养护→拆模→交工检查验收。

3.2 操作方法

3.2.1 测量放线

（1）用经纬仪放出栏杆立柱中线，并在榫槽两侧或预埋件两侧放出两道位置线。

（2）各种护栏安装宜采用50m或两个伸缩缝之间为单元放线，如有条件各种扶手安装长度（包括现浇）宜更长，以便于调整。

3.2.2 栏杆立柱安装

（1）栏杆立柱应采用从高处向低处、从中央向两侧依次依序进行。

（2）栏杆立柱应选择桥梁伸缩缝附近的端部立柱等作为控制点，当间距出现零数，可用分配办法使之符合规定的尺寸，立柱宜等距设置。

（3）安装前榫槽内的浆皮、浮灰、杂物等应彻底清除干净；清除预埋件上的铁锈。

（4）安装宜采用限位板（靠尺）定尺安装；依据定位板控制立柱间距，依次依序摆放立柱、控制立柱与扶手的组装间隙，然后进行榫槽固定或定位焊接。

（5）栏杆扶手安装线形应与主梁一致，拉尼龙线（或小线）控制直顺度、吊铅垂方向控制垂直度、用限位样板（靠尺）控制间距。

（6）混凝土栏杆采用榫槽连接时，安装调顺就位后应用硬木塞块两面塞严挤紧，灌注豆石混凝土固结。塞块拆除时，豆石混凝土强度应不低于设计强度的 75%，并二次补灌塞孔。

（7）采用电焊连接时，使用材料和焊接方法应符合设计要求，并焊接牢固。

（8）栏杆的连接必须牢固。栏杆立柱就位和嵌固是施工的重点，必须严格保证填充豆石混凝土（或水泥砂浆）的强度、捣实及养护工作符合要求。

3.2.3 扶手施作

（1）扶手模板采用在立柱间立方木做支撑，采用竹胶板做两侧外露面模板，以保证现浇扶手外露面光洁度。模板应支牢、卡紧，保护层应严格控制，安装尺寸应符合设计要求。

（2）混凝土浇筑采用人工送料入模，采用小型振捣棒或人工钢筋插捣时，避免碰撞模板。

（3）加强养护，达到规定强度后方可拆除模板。

3.2.4
栏杆必须全桥对直、校平（弯桥、坡桥要求平顺），其高程应符合设计要求，线形顺适，外表美观，不得有明显下垂和拱起。

3.2.5
栏杆的伸缩缝设置应与主梁伸缩缝同一位置。

4 质量标准

4.0.1 主控项目

（1）栏杆的品种、规格应符合设计要求。

检查数量：全数检查。

检查方法：观察、用钢尺量、检查产品合格证、检查进场检验记录。

（2）栏杆安装应符合设计要求，安装应牢固、可靠。

检查数量：全数检查。

检查方法：观察、用钢尺量、用焊缝量规检查，手扳（摇）检查，检查施工记录。

4.0.2 一般项目

栏杆、扶手安装允许偏差应符合表 4.0.2 规定。

表 4.0.2　栏杆、扶手安装允许偏差表

序号	项　目		允许偏差（mm）	检验频率		检验方法
				范围	点数	
1	直顺度	扶手	4	每跨侧	1	用 10m 线和钢尺量
2	垂直度	栏杆柱	3	每柱（抽查 10%）	2	用垂线和钢尺量，顺、横桥轴线方向各 1 点
3	栏杆间距		±3	每处（抽查 10%）	2	用钢尺量
4	相邻栏杆扶手高差	有柱	4	每处（抽查 10%）	1	用钢尺量
5		无柱	2			
6	栏杆平面偏位		4	每 30m	1	用经纬仪和钢尺量

5　质量记录

5.0.1　栏杆、扶手加工质量记录。

5.0.2　栏杆、扶手现场安装质量记录。

6　冬、雨季施工措施

6.1　冬季施工

冬季雪天或风力超过五级不得进行安装作业。

6.2　雨季施工

雨季应注意天气情况,电焊机设置地点应防潮、防雨水、防漏电。栏杆钢筋施焊不得在有水或直接雨淋的条件下施工。零件潮湿时不得进行焊接作业。

7　安全、环保措施

7.1　安全措施

7.1.1　钢筋混凝土栏杆预制加工、运输和安装应符合施工技术规范的规定。

7.1.2　工地现场主梁在未安装栏杆前必须有防护栏、防护网等高处作业防护设施。

7.1.3　工地现场安装栏杆扶手时,应在桥下相应位置设置防护栏,并设专人疏导社会交通。

7.1.4　工地现场安装栏杆扶手时,作业人员应穿戴安全带,手持工具应系安全绳。

7.2　环境保护

7.2.1　要防止人为野蛮施工等产生噪声,以减少噪声扰民现象。

7.2.2　施工产生的建筑垃圾不能随意往河道丢弃或清扫,应集中收集堆放,每天及时处理。

8　主要应用标准和规范

8.0.1　中华人民共和国行业标准《公路桥涵施工技术规范》(JTG/T F50—2011)

8.0.2　中华人民共和国国家标准《环境空气质量标准》(GB 3095—2012)

8.0.3　中华人民共和国行业标准《城市桥梁工程施工与质量验收规范》(CJJ 2—2008)

8.0.4　中华人民共和国国家标准《混凝土结构工程施工质量验收规范》(GB 50204—2002)

8.0.5　中华人民共和国行业标准《公路工程施工安全技术规程》(JTJ 076—1995)

8.0.6　中华人民共和国行业标准《公路工程水泥及水泥混凝土试验规程》(JTG E30—2005)

编、校:刘红艳　梁万里

219 钢筋混凝土桥面铺装层

（Q/JZM－SZ219－2012）

1 适用范围

本施工工艺标准适用于市政桥梁工程中钢筋混凝土桥面铺装层的施工作业，其他工程可参照使用。

2 施工准备

2.1 技术准备

2.1.1 认真熟悉图纸、根据现场条件编制施工方案，报有关部门批准。

2.1.2 对操作人员进行培训，向班组进行技术、安全交底。

2.1.3 桥梁梁板顶面已清理凿毛和梁板板面高程复测完毕；对最小厚度不能满足设计要求的地方，会同设计人员已进行桥面设计高程的调整和测量放样。

2.2 材料准备

2.2.1 市政桥梁工程的钢筋混凝土桥面铺装层所用材料（砂、石、水泥、钢筋、外加剂等）应符合设计要求、现行产品标准及环保规定。

2.2.2 市政桥梁工程的钢筋混凝土桥面铺装层所用材料配合比应符合设计和试验的有关规定。

2.3 施工机具与设备

2.3.1 施工主要机械：

（1）模板加工机具：电锯、电刨、手电钻等。

（2）钢筋加工设备：钢筋弯曲机、钢筋调直机、钢筋切断机、电焊机、砂轮切割机等。

（3）混凝土施工机具：混凝土运输车、汽车吊、混凝土浇筑料斗、混凝土振捣器、振捣棒、平板振捣器、振捣梁等。

（4）工具：振捣梁行车轨道（导轨梁）、操作平台、扳手、直尺、铁锹、钢抹子、木抹子、切缝机、手锤、大锤等。

2.3.2 测量检测仪器：水准仪、3m 直尺、钢卷尺、混凝土试模、坍落度仪等。

2.4 作业条件

2.4.1 桥梁梁板铰缝或湿接头施工完毕；桥面系预埋件及预留孔洞的施工，如桥面排水口、止水带、照明电缆钢管、照明手孔井、波形护栏及防撞护栏处渗水花管等安装作业已完成并验收合格。

2.4.2 钢筋混凝土桥面铺装层的厚度应符合设计规定；对施工中可能造成桥面铺装层不能满足设计厚度时，应保证最小铺装层厚度为 8cm 的要求；其使用材料、铺装层结构、混凝土强度、防水层设置等均应符合设计要求。

3　操作工艺

3.1　工艺流程

梁板(基面)顶面处理→桥面混凝土高程测设→弹线分格→铺设并绑扎钢筋网片→立模→混凝土的拌制、运输→浇筑桥面混凝土铺装→整平→抹面→拉毛→养护→检查验收。

3.2　操作方法

3.2.1　基面处理

(1)基面的浆皮、浮灰、油污、杂物等应彻底清除干净;基面应坚实、平整、粗糙,不得有积水;不得有空鼓、开裂、起砂和脱皮等缺陷。

(2)基面混凝土强度应达到设计强度要求。

3.2.2　高程测设:桥面混凝土高程可按振捣梁行走轨道顶面测设,振捣梁行走轨道可采用钢管或槽钢架设。轨道沿桥面横向铺设间距不大于3m,铺装面两侧轨道支立位置距每次浇筑铺装作业面外侧300mm 左右。

3.2.3　弹线分格:轨道纵向定位后弹墨线,每2m 设置高程控制点。在控制点处用电锤钻孔,打入钢筋,锚固深60~80mm,外露30mm。设定钢筋顶面高程与桥面设计高程一致,用水准仪在锚固钢筋上测放,然后焊接顶托,架立钢筋网。为保证轨道刚度,将轨道支撑加密,支撑间距不宜大于2m。

3.2.4　铺设、绑扎钢筋网片

(1)成品钢筋网片大小应根据每次铺筑宽度和长度确定,确保网片伸入中央隔离带的宽度满足设计要求,并应考虑运输和施工方便。

(2)成品钢筋网片要严格按照图纸要求铺设,横、纵向搭接部位对应放置,搭接长度为30d,采用10号火烧丝全接点绑扎,扎丝头朝下。

(3)现场绑扎成型的钢筋网片,其横、纵向钢筋按设计要求排放,钢筋的交叉点应用火烧丝绑扎结实,必要时,可用点焊焊牢。绑扎接头的搭接长度应符合设计及规范要求。

(4)钢筋网片的下保护层采用塑料耐压垫块或同强度等级砂浆垫块支垫,呈梅花形均匀布设,确保保护层厚度及网片架立刚度符合设计及规范要求。对采用双层钢筋网时,两层钢筋网片之间要设置足够数量的定位撑筋。

3.2.5　立模

(1)模板安装前梁板顶面高程要经精确测量,确保铺装层浇筑宽度、桥面高程、横纵坡度。

(2)模板可根据混凝土铺装层厚度选用木模或钢模两种材质。木模板应选用质地坚实、变形小、无腐朽、无扭曲、无裂纹的木料;侧模板厚度宜为50mm 宽木条,端模可采用100mm×100mm 方木。模板坐在砂浆找平层上,后背用槽钢、钢管架做三角背撑。模板间连接要严密合缝,缝隙中填塞海绵条防止漏浆。浇筑混凝土铺装前,模板内侧要涂刷隔离剂。

3.2.6　混凝土的拌制、运输

(1)混凝土应按批准后的配合比进行拌制,各项原材料的质量应符合设计要求。

(2)混凝土的拌制应符合设计要求。

(3)混凝土的运输应符合设计要求。

3.2.7　浇筑桥面混凝土铺装

(1)混凝土浇筑前准备:混凝土浇筑前,应对支架、模板、钢筋网片和预埋件进行查核,清除作业面杂物后,将梁体表面用水湿润,但不得有积水。

(2)混凝土浇筑要连续;如有纵坡,宜从下坡向上坡进行浇筑;混凝土浇筑自由下落高度不宜大于2m。进行人工局部布料、摊铺时,应用锹反扣,严禁抛掷和楼耙;靠边角处应先用插入式振捣器振捣、辅助布料。

（3）混凝土的振捣：首次插入振捣时间不宜少于20s，使粗细集料分布均匀后，再用平板振捣器纵横交错全面振捣，振捣面重合100～200mm；平板振捣时间不宜少于30s；然后用振捣梁沿导轨进行全幅振捣，直至水泥浆上浮表面。

（4）混凝土的整平

①采用振捣梁操作时，设专人控制行驶速度、铲料和填料，确保铺装层表面饱满、密实。垂直下料与整平作业面应控制在2m左右。

②振捣梁行走轨道随浇筑、振实、整平的进度及时拆除，清洗干净后前移。轨道抽走留下的空隙，随同铺筑作业及时采用同强度等级混凝土填补找平。

（5）施工缝的处理：桥面混凝土铺装层应连续浇筑不留施工缝。若需留施工缝时，横缝宜设置在伸缩缝处，纵缝应设在标线下面。处理施工缝时，应去掉松散石子，并清理干净，润湿，涂刷界面剂。

（6）伸缩缝处的浇灌：浇筑前可采用无机料做填缝垫平处理，桥面铺装混凝土浇筑作业时连续通过。

3.2.8　试件制作及试验：混凝土强度试验项目包括抗压强度试验、抗折强度试验、碱含量试验、抗渗试验。施工试验频率为同一配合比、同一原材料混凝土、每一工作班至少应制取两组，见证取样频率为施工试验总次数的30%。

3.2.9　抹面

（1）第一次抹面：振捣梁作业完毕，作业面上架立钢筋焊制的马凳支架操作平台，人工采用木抹子进行第一次抹面，用短木抹子找边和对桥上排水口、手孔井进行修饰抹平。第一次抹面应将混凝土表面的水泥浆抹出。

（2）二次抹面：混凝土初凝后、终凝前，采用钢抹子进行二次抹面。施工人员可在作业面上平铺木板作为操作台，操作时应先用3m刮杠找平，再用钢抹子收面。

3.2.10　拉毛：二次抹面后，选用排刷笔等专用工具沿横坡方向轻轻拉毛，拉毛应一次完成，拉毛和压槽深度为1～2mm，线条应均匀、直顺，面板平整、不粗糙。

3.2.11　养护：混凝土拉毛成型后，采用塑料布或保水材料覆盖。开始养护时不宜洒水过多，可采用喷雾器洒水，防止混凝土表面起皮；待混凝土终凝后，再浸水养护。养护期应在7d以上。

4　质量标准

4.0.1　主控项目

面层与梁板顶面必须结合牢固。桥面铺装层与附属构筑物应接顺，桥面不得积水。

检查数量：全数检查。

检验方法：观测。

4.0.2　一般项目

（1）桥面铺装层的允许偏差应符合表4.0.2规定。

表4.0.2　钢筋混凝土桥面铺装层允许偏差表

序号	检查项目	允许偏差	检验频率		检验方法
			范围	点数	
1	厚度	±5mm	每20延米	3	用水准仪对比浇筑前后高程
2	横坡	±0.15%		1	用水准仪测量1个断面
3	平整度	符合城市道路面层标准	按城市道路工程检测规定执行		
4	抗滑构造深度	符合设计要求	每200m	3	铺砂法

注：跨度小于20m时，检验频率按20m计算。

（2）外观检查应符合下列规定：

①钢筋混凝土桥面铺装层表面应坚实、平整、无裂缝，并有足够的粗糙度；面层伸缩缝直顺，灌缝密实，不漏灌；

②桥面铺装层与桥头路面接茬紧密、平顺。

检查数量：全数检查。

检验方法：观察。

5　质量记录

5.0.1　钢筋或钢筋网片出厂合格证、质量证明书及试（检）验报告。

5.0.2　水泥、外加剂掺和料等质量证明文件、产品合格证，碱含量检测报告和复试报告。

5.0.3　砂、石试验报告和碱活性报告。

5.0.4　混凝土配合比申请单、通知单，混凝土浇筑申请书，混凝土开盘鉴定、混凝土浇筑记录、混凝土养护测温记录等。

5.0.5　预拌混凝土出厂合格证。

5.0.6　混凝土抗压、抗折强度试验报告。

5.0.7　混凝土抗渗、抗冻试验报告。

5.0.8　混凝土试块强度统计、评定记录。

5.0.9　见证记录和见证试验汇总表。

5.0.10　预检工程记录和隐蔽工程检查记录。

5.0.11　施工记录、工序质量评定表。

6　冬、雨季施工措施

6.1　冬季施工

6.1.1　混凝土的抗折强度尚未达到1.0MPa或抗压强度尚未达到5.0MPa时，成型铺装面要采取保温材料覆盖，不得受冻。

6.1.2　混凝土拌和物的入模温度不应低于5℃，当气温在0℃以下或混凝土拌和物的浇筑温度低于5℃时，应将水加热搅拌（砂、石料不加热）；如水加热仍达不到要求时，应将水和砂、石料都加热。加热搅拌时，水泥应最后投入。加热温度应使混凝土拌和物温度不超过35℃，水温不应超过60℃，砂、石料不应超过40℃。

6.1.3　混凝土拌和物的运输、摊铺、振捣、抹面等工序，应紧密衔接，缩短工序间隔时间，减少热量损失。

6.1.4　冬季作业面采用综合蓄热法施工养护。混凝土浇筑完后的头两天内，应每隔6h测一次温度；7d内每昼夜应至少测两次温度。混凝土终凝后，采用保温材料覆盖养护。

6.2　高温、雨季施工

6.2.1　雨天不宜混凝土浇筑作业。若需在雨天施工时，要采取必要的防护措施。

6.2.2　暑期气温过高时，混凝土浇筑应尽可能安排在夜间施工，若必须在白天浇筑混凝土时，应采取降温措施。

7 安全、环保措施

7.1 安全措施

7.1.1 桥面铺装作业时,防撞护栏外侧要安装安全网及操作架,防止人及物体高空坠落。

7.1.2 钢筋网片及混凝土吊装作业时,由专人指挥;吊装设备不得碰撞桥梁结构,吊臂下不得站人。

7.1.3 电焊机、混凝土振捣机具的接电应有漏电保护装置,由专职电工操作。

7.1.4 操作人员要经过专业培训并按操作规程操作,操作时要戴安全帽及使用相关劳动保护用品。

7.2 环境保护

7.2.1 施工中的中小机具要由专人负责,集中管理、维修,避免机油污染结构。

7.2.2 施工垃圾要分类处理、封闭清运,混凝土罐车要在指定地点清洗料斗,防止遗洒和污物外流。

7.2.3 在邻近居民区施工作业时,尽量避免夜间施工。要采取低噪声振捣棒,混凝土拌和设备要搭设防护棚,降低噪声污染。同时,施工中采用声级计定期对操作机具进行噪声监控。

8 主要应用标准和规范

8.0.1 中华人民共和国行业标准《公路桥涵施工技术规范》(JTG/T F50—2011)

8.0.2 中华人民共和国行业标准《公路工程质量检验评定标准》(土建工程)(JTG F80/1—2004)

8.0.3 中华人民共和国行业标准《城市桥梁工程施工与质量验收规范》(CJJ 2—2008)

8.0.4 中华人民共和国行业标准《公路工程水泥及水泥混凝土试验规程》(JTG E30—2005)

编、校:张红芹　刘金萍

220　沥青混凝土桥面铺装层

（Q/JZM – SZ220 – 2012）

1　适用范围

本施工工艺标准适用于市政桥梁工程中的沥青混合料桥面铺装层施工，其他工程可参照使用。

2　施工准备

2.1　技术准备

2.1.1　认真熟悉图纸、根据现场条件编制施工方案，报有关部门批准。

2.1.2　对操作人员进行培训，向班组进行技术、安全交底。

2.1.3　组织施工测量放线。

2.2　材料准备

2.2.1　沥青混合料桥面铺装层所用原材料的品种、规格、性能等应符合设计要求和现行产品标准规定。

2.2.2　沥青混合料桥面铺装层所用原材料应符合《城镇道路工程施工与质量验收规范》（CJJ 1—2008）及本施工工艺标准中沥青混合料面层的有关规定。

2.3　施工机具与设备

2.3.1　主要施工机具和设备

（1）铺筑机械：沥青混合料摊铺机、沥青洒布车等。

（2）压实机械：双钢轮压路机、轮胎压路机、小型压路机等。

（3）运输机械：沥青混合料运输自卸车、装载机等。

2.3.2　测量检测仪器

（1）检测仪器：温度计、红外线测温仪、路面平整度检测仪、路面无核密度仪或核子密度仪等。

（2）工具：铁锹、火箱、水准仪、钢丝绳、紧线器、铝合金导轨、调直器、夹紧器等。

2.4　作业条件

沥青混合料桥面铺装层应在桥面水泥混凝土铺装层施工完毕、桥面防水层、排水系统、人行步道等作业已完成并验收合格后进行施工。

3　操作工艺

3.1　工艺流程

桥面防水层、排水系统验收合格→摊铺、压实设备就位→摊铺机预热→混合料运输到场→混合料温

度检测→摊铺→压实→温度检测→降温→开放交通。

3.2 操作方法

3.2.1 下承层检验

沥青混凝土铺装层施工前应对桥面进行检查,桥面基层(水泥混凝土铺装)应平整、粗糙、干燥、整洁,桥面横坡度符合要求。

3.2.2 沥青混合料

(1)沥青混合料的种类、组成、原材料质量应符合《城镇道路工程施工与质量验收规范》(CJJ 1—2008)、设计及本工艺标准的有关规定。沥青的品种、标号,粗集料、细集料、矿粉、纤维稳定剂等其质量及规格应符合设计要求及现行国家产品标准规定。

(2)桥面铺装用沥青混合料(热拌沥青混合料、热拌改性沥青混合料、SMA 混合料)的拌和温度、出厂温度、拌和质量应符合道路工程施工工艺规程有关规定。

3.2.3 沥青混合料运输、摊铺、碾压

(1)沥青混合料桥面铺装层的铺筑、碾压应符合道路工程施工工艺规程有关规定。

(2)沥青混凝土桥面铺装层应采用有电脑自动控制高平装置的轮胎式或履带式摊铺机铺筑。

(3)沥青混凝土桥面铺装层应与道路沥青混凝土面层同时、连续铺筑;不宜单独铺筑。

(4)沥青混合料桥面铺装层碾压不宜采用振动碾压;初压压路机紧跟摊铺机后立即碾压,复压采用重碾静压(25t 以上轮胎压路机);终压适量增加碾压遍数。

(5)加强防水层保护,在摊铺机履带行进位置,预铺混合料行进带。

4 质量标准

4.0.1 主控项目

(1)所用沥青的品种、标号应符合国家现行有关标准规定。

检查数量:按同一生产厂家、同一品种、同一标号、同一批号连续进场的沥青(石油沥青每 100t 为一批,改性沥青每 50t 为一批)每批次抽检一次。

检验方法:查出厂合格证,检验报告并进场复检。

(2)沥青混合料所选用粗集料、细集料、矿粉、纤维稳定剂等的质量及规格应符合道路施工规程规定。

检查数量:按不同品种产品进场批次和产品抽样检验方案确定。

检验方法:观察、检查进场检验报告。

(3)热拌沥青混合料、热拌改性沥青混合料、SMA 混合料的拌和温度、出厂温度应符合现行标准规程的有关规定。

检查数量:全数检查。

检验方法:查测温记录,现场检测温度。

(4)沥青混合料品质应符合马歇尔试验配合比技术要求。

检查数量:每日每品种检查一次。

检验方法:现场取样试验。

4.0.2 一般项目

(1)铺装层表面应平整、坚实,接缝紧密,无枯焦;不得有明显轮迹、推挤裂缝、脱落、烂边、油斑、掉渣等现象,不得污染其他构筑物。面层与路缘石及其他构筑物应接顺,不得有积水现象。

检查数量:全数检查。

检验方法:观测。

(2)沥青混凝土桥面铺装层偏差应符合表 4.0.2 的规定。

表 4.0.2　热拌沥青混合料桥面铺装层允许偏差

序号	项　目	允许偏差	检验频率		检验方法
			范围	点数	
1	厚度	±5mm	20m	3	用水准仪对比浇筑前后高程
2	横坡	±0.3%	100m	1	用经纬仪测量1个断面
3	平整度	符合道路面层标准	按城市道路工程检测规定执行		
4	抗滑构造深度	符合设计要求	每200m	3	铺砂法

5　质量记录

5.0.1　沥青混凝土桥面铺筑质量记录应符合现行道路工程相关规范的规定。

5.0.2　沥青混凝土桥面铺筑工序质量评定应与道路沥青面层检验批质量验收记录共同进行,按道路桩号评定。

6　冬、雨季施工措施

6.1　冬季施工

沥青混凝土桥面铺筑冬季施工措施应符合市政道路工程相关施工工艺标准的有关规定。

6.2　雨季施工

沥青混凝土桥面铺筑雨季施工措施应符合市政道路工程相关施工工艺标准的有关规定。

7　安全、环保措施

7.1　安全措施

7.1.1　沥青混凝土桥面铺筑安全措施应符合市政道路工程相关施工工艺标准的规定。

7.1.2　火箱等工具应放置在桥外部位,并设专人看管。

7.2　环境保护

7.2.1　要避免人为野蛮施工等产生噪声,减少噪声扰民现象。

7.2.2　沥青混凝土桥面铺筑的环保措施应符合道路工程施工工艺标准的规定。

8　主要应用标准和规范

8.0.1　中华人民共和国行业标准《公路沥青路面施工技术规范》(JTG F40—2004)

8.0.2　中华人民共和国行业标准《公路工程集料试验规程》(JTG E42—2005)

8.0.3　中华人民共和国行业标准《公路工程沥青及沥青混合料试验规程》(JTG E20—2011)

8.0.4　中华人民共和国行业标准《城镇道路工程施工与质量验收规范》(CJJ 1—2008)

8.0.5　中华人民共和国国家标准《环境空气质量标准》(GB 3095—2012)

8.0.6　中华人民共和国行业标准《城市桥梁工程施工与质量验收规范》(CJJ 2—2008)

编、校:曾水泉　刘勇

221　桥面防水

（Q／JZM－SZ221－2012）

1　适用范围

本施工工艺标准适用于市政桥梁工程中桥面防水涂层施工作业,其他工程项目可参照使用。

2　施工准备

2.1　技术准备

2.1.1　认真熟悉图纸,根据现场条件编制施工组织设计,确定桥涵防水涂层范围、施工顺序、施工工法,报有关部门批准。

2.1.2　对操作人员进行培训,向班组进行技术、安全交底。

2.1.3　组织施工测量放线。

2.2　材料准备

2.2.1　桥面防水涂层所需原材料(聚氨酯防水涂料、聚氨酯嵌缝膏、聚合物水泥防水涂料、聚酯无纺布、化纤无纺布等),应符合设计要求,符合现行产品标准及环保规定。

2.2.2　桥面防水材料应抗冻融、耐融冰盐、耐高温、耐刺穿、抗碾压;与水泥混凝土及沥青混凝土黏结力强,不起泡,不分层,不滑动;应有良好的延伸率及低温柔韧性。

2.2.3　防水涂料其性能应符合《道桥用防水涂料》(JC/T 975—2005)要求;聚合物水泥防水涂料其技术指标应符合《聚合物水泥防水涂料》(GB/T 23445—2009)要求。

2.2.4　桥面用嵌缝防水材料技术性能应符合《道桥接缝用密封胶》(JC/T 976—2005)要求。采用的材料首选为聚硫密封膏、也可采用聚氨酯密封膏和硅酮密封膏,不宜采用水性密封膏。

2.2.5　当桥面防水材料为防水涂料时,根据设计要求,需增加增强材料(聚酯无纺布、化纤无纺布)时,其性能指标应符合现行产品标准规定。

2.3　施工机具与设备

主要机具:电动搅拌器、搅拌桶、小漆桶、塑料刮板、铁皮小刮板、橡胶刮板、弹簧秤、毛刷、滚刷、小抹子、油工铲刀、扫帚、暖风机等。

2.4　作业条件

2.4.1　用于桥面防水的混凝土基面已验收合格,满足施工要求。

2.4.2　各种预埋构件已进行必要的处理并涂刷防锈漆;泄水管等已完成安装。

2.4.3　桥面防水涂料等原材料已进行复试检验并合格。

3　操作工艺

3.1　工艺流程

基面处理及清理→涂刷(刮涂或喷涂)第一层涂料→干燥→清扫→涂刷第二层涂料→干燥养护。

3.2　操作方法

3.2.1　基面清理

(1)基面的浆皮、浮灰、油污、杂物等应彻底清除干净;基面应坚实、平整、粗糙,不得有尖硬接茬、空鼓、开裂、起砂和脱皮等缺陷。

(2)基面阴阳角应做成弧形($R>50mm$)或折角(135°钝角),以避免防水材料折断造成局部渗水。

(3)防水涂料施工时,基面混凝土强度应达到设计强度要求,含水率不得大于9%。

(4)采用水泥基渗透结晶型防水材料或聚合物水泥防水涂料,基面必须保持湿润;必要时洒水湿润,但不得有明水,以保证涂料与基面黏结牢固。

3.2.2　涂刷

(1)可采用涂刷法、刮涂法或喷涂法施工,将防水涂料倒在基面上用棕毛刷或滚刷进行均匀涂刷;用刮板刮涂或直接喷涂。第一层找平时应使其厚薄一致,细部节点用排刷细心涂刷均匀。

(2)涂刷应先涂转角处、伸缩缝部位,后进行大面积涂刷。

(3)涂料应多遍完成,后一遍涂刷应待前一遍涂层干燥成膜后方能进行。

(4)防水涂料施工应分层涂刷,纵横交错必须均匀,不得漏刷,也不可堆积。涂层施工要保障固化时间,应待先涂刷的涂层干燥后,才能进行后一涂层施工。每一涂层要厚薄一致、表面平整。

(5)涂刷遍数应以保证涂层厚度为准,防水涂料涂刷总厚度应符合设计要求。

(6)防水涂料层施工不能一次完成需留接茬时,其甩茬应注意保护,预留茬应大于300mm以上,搭接宽度应大于100mm。下次施工前需先将甩茬表面清理干净,再涂刷涂料。

(7)在增强材料上涂布涂料时,应将涂料浸透、完全覆盖,不得有增强材料外露现象。

(8)涂料防水层的增强材料,应顺桥方向铺贴(若纵坡很大时亦可横向铺贴),铺贴顺序应自边缘最低处开始顺流水方向搭接,搭接宽度长边不小于50mm,短边不小于70mm,上下层搭接缝应错开1/3幅宽。

(9)对缘石、伸缩缝、泄水管水落口等部位应按设计要求与防水规程细部要求做增强处理。

(10)防水涂料施工时,除符合上述要求外,还需按各类涂料的特点参照该产品使用说明书进行施工。

4　质量标准

4.0.1　主控项目

(1)桥面防水涂层材料的品种、规格、性能、质量应符合国家产品标准和设计要求;

检查数量:全数检查。

检验方法:对照设计文件,检查材料合格证书、进场验收记录和质量检验报告。

(2)防水材料涂刷前,基面必须干燥。

检查数量:全数检查。

检验方法:观察检查。

(3)涂料防水层的厚度应符合设计要求,最小厚度不得小于设计厚度。

检查数量:按铺筑面积每100㎡抽查1处、每处检查10㎡,且不少于3处。

检验方法:针测法或割取$20mm×20mm$实样用卡尺量。

4.0.2　一般项目

防水材料涂刷外观质量应符合下列要求:

(1)涂料防水层的厚度应均匀一致,不得有漏涂处。

(2)防水层与泄水口、伸缩缝等接合部位应密封,不得有漏封处。

检查数量:全数检查。

检验方法:观察。

5　质量记录

5.0.1　防水涂料出厂合格证、质量检验报告、防水增强材料试验报告及相关质量证明文件。

5.0.2　隐蔽工程检查记录。

5.0.3　检验批质量验收记录。

6　冬、雨季施工措施

6.1　冬季施工

6.1.1　严禁在雨雪天气及0℃以下施工；现场环境温度应在5～35℃范围内；五级风以上不得施工。

6.1.2　冬季应在暖棚内作业，现场环境温度应在5℃以上。

6.2　雨季施工

6.2.1　施工前必须保证基面干燥，含水率小于等于9%。高温季节应避开烈日下施工。

6.2.2　经过雨雪后的基面必须晾干，经现场含水率检测合格后方可进行下一步施工。

7　安全、环保措施

7.1　安全措施

7.1.1　施工用的材料和辅助材料多属易燃物品，在存放材料的仓库与施工现场必须严禁烟火，同时备有消防器材。材料存放场地应保持干燥、阴凉、通风且远离火源。

7.1.2　操作人员必须穿戴工作服、安全帽和其他必备的安全防护用具。操作时应通风，夜间有足够的照明。

7.1.3　施工现场严禁烟火。

7.1.4　防水作业区应封闭施工，严禁闲杂人员等入内。

7.1.5　有毒、易燃物品应盛入密闭容器内，并入库存放，严禁露天堆放。

7.2　环境保护

7.2.1　施工下脚料、废料、余料要及时清理回收。

7.2.2　防水涂层施工时做好周围构筑物的遮盖防护，避免污染。

8　主要应用标准和规范

8.0.1　中华人民共和国行业标准《公路桥涵施工技术规范》（JTG/T F50—2011）

8.0.2　中华人民共和国行业标准《城市桥梁工程施工与质量验收规范》（CJJ 2—2008）

8.0.3　中华人民共和国行业标准《道桥用防水涂料》（JC/T 975—2005）

8.0.4　中华人民共和国行业标准《道桥接缝用密封胶》（JC/T 976—2005）

8.0.5　中华人民共和国行业标准《聚合物水泥防水涂料》（GB/T 23445—2009）

编、校：廖青龙　陈义想

222 浆砌圬工工程

(Q/JZM – SZ222 – 2012)

1 适用范围

本施工工艺标准适用于市政桥梁工程中一般地质条件下砌筑墩身、台身及其附属工程的施工作业;其他工程可参照使用。

2 施工准备

2.1 技术准备

2.1.1 图纸会审已经完成并进行了设计交底。

2.1.2 根据施工部位、结构形式、施工温度、环境条件、砂浆拌制、运输条件、石料强度等级、性能要求、砌筑方量等因素,制定砌筑方案并获得批准后方可实施。

2.1.3 明确流水作业划分、砌筑顺序;确定石料供应、运输、砌筑、养护工作计划;确定机械设备规格型号、数量,确定水电保障、工具、材料、劳动力需要量。

2.1.4 确定砂浆配合比,进行原材料(水泥、砂、石材等)性能检验。

2.1.5 确定保证工程质量、施工安全、完成进度计划的措施;确定检验方法及试件组数。确定并培训关键工序的作业人员和试验检验人员。

2.1.6 进行安全技术交底;落实组织、指挥系统。

2.2 材料准备

2.2.1 砌体所用水泥、砂、外加剂、水等应符合砂浆的质量标准。

2.2.2 砂浆用砂:宜采用中砂或粗砂。砂的最大粒径:当用于砌筑片石时,不宜超过 5mm;当用于砌筑块石、粗料石时,不宜超过 2.5mm。砂的含泥量:当砂浆强度等级不小于 M5 时,应不得大于 5%;小于 M5 时应不得大于 7%。

2.2.3 石料:石料应符合设计规定的类别和强度,石质应均匀、耐风化、无裂纹。

2.2.4 混凝土砌块:混凝土砌块的预制应符合有关规定,规格应与粗料石相同,尺寸应根据砌体形状确定

2.3 施工机具与设备

2.3.1 主要施工机具

(1)砂浆拌制机械:强制性砂浆拌和机,砂浆、石料运输机械(罐车、反斗车、手推车等)。

(2)砌筑工具:备有大铲、手锤、手凿、皮数杆、小水桶、灰槽、勾缝条、扫帚等。

2.3.2 测量检验仪器工具:全站仪、水准仪、水平尺、线坠、小白线、卷尺、砂浆试模。

2.4 作业条件

2.4.1 砌体工程(扩大基础)施工前,基坑支护和基坑开挖质量检查合格,基坑应保证稳定;基底原状土无扰动;如基坑扰动超挖,应按规定处理至不低于基底原状土状态。

2.4.2 地基承载力（或地基处理结果）符合设计要求。天然地基上的基础砌体,砌筑前应对地基进行检验,验收合格后方可施工。

2.4.3 基底在砌筑前应清理干净,无任何杂物。

2.4.4 基坑应保证稳定和干燥,砌筑应在基底无水情况下施工。

2.4.5 测量放线:放出基础的轴线和边线,测出基础高程,立好皮数杆,两皮数杆间距不大于15m为宜,在砌体的转角处和交接处均应设置皮数杆。

2.4.6 拉线找平基础垫层的水平高程,第一皮水平灰缝厚度超过20mm时,应用小石子混凝土找平,不得用水泥砂浆中掺加碎石找平。

2.4.7 常温砌石的前一天将石料浇水湿润。

2.4.8 校好计量设备,备好砂浆试模。

3　操作工艺

3.1　工艺流程

基底验收→基底清理→砂浆拌制→立杆挂线→石材砌筑→勾缝。

3.2　操作方法

3.2.1　基底验收

(1)浆砌圬工扩大基础施工前,基坑支护和基坑开挖质量检查合格,基坑应保证稳定;基底原状土无扰动;如基坑扰动超挖,应按规定处理至不低于基底原状土状态。

(2)地基承载力（或地基处理结果）符合设计要求。

3.2.2　基底清理

基底在砌筑前应清理干净,无任何影响砌筑质量的杂物;基坑应保证稳定和干燥,砌筑应在基底无水情况下施工。

3.2.3　砂浆拌制

市政桥梁工程宜采用预拌砂浆(集中拌和砂浆)。

(1)砂浆配合比应采用质量比,水泥计量精度在±2%以内。

(2)采用机械搅拌,投料顺序为砂子→水泥→掺和料→水。搅拌时间不少于90s。

(3)砂浆随拌随用,已拌好的砂浆应在3h内使用完毕;如气温超过30℃,应在2h内用完。严禁使用已凝结砂浆。

(4)砂浆试块按每100m³砌体(不足100m³按100m³砌体计)做一组砂浆强度试块组(6块)。当水泥品种、强度等级、材料配合比等有变更时,均应另做试块。为确定施工措施而检查试块,应另行制作,并与砌体一起养护。

3.2.4　立杆挂线

在基础、垫层表面已弹好轴线及墙身线,立好皮数杆,其间距约15m为宜。转角处也应立皮数杆,皮数杆上应注明砌筑皮数及砌筑高度等。砌筑前,应对弹好的线进行复查,位置、尺寸应符合设计要求。根据进场石料的规格、尺寸、颜色进行试排、摆底,确定组砌方法。

3.2.5　石材砌筑一般规定

(1)砌筑前应将石料表面污物清扫干净。

(2)在地下水位以下或处于潮湿土壤中的石砌体应用水泥砂浆砌筑。遇有侵蚀性水时,水泥应按设计规定选择。

(3)砌翼墙和桥墩时,应按测量外边线立好线杆,按线杆挂线砌筑。

砌挡土墙和桥台应两面挂线,即外露面和隐蔽面,外面线应直顺整齐,内面线可大致直顺,保证砌体符合设计结构物断面尺寸要求。砌筑中应经常校正线杆以减少偏差。

（4）采用分段砌筑时，相邻段的高差不宜超过1.2m；工作段位置宜在伸缩缝或沉降缝处。同一砌体当天连续砌筑高度不宜超过1.2m。

（5）砌体应分层砌筑，各层石块应安放稳固，且石块间的砂浆饱满，黏结牢固，石块不得直接贴靠或留有空隙。砌筑过程中，不得在砌体上用大锤修凿石块。

（6）在已砌筑的砌体上继续砌筑时，应将已砌筑的砌体表面清扫干净和湿润。

（7）砌体外露部分需要勾缝时，应将外露砌石的砂浆缝刮深10～20mm，以便用砂浆填充勾缝。砌体隐蔽部分可边砌边将挤出的砂浆刮平。

3.2.6　浆砌片石

（1）片石尺寸应加以选择，宜优选大块的。砌筑时砌体下部宜选用较大的石块，转角及外缘处应选用较大方正的石块。

（2）片石应分层砌筑，宜以2～3层石块组成一工作层；每工作层的水平缝应大致找平。竖缝应错开，不得贯通。灰缝宽度宜不大于40mm。

（3）第一层片石应砌筑在已处理的基底上，先选择大块平整的石料干砌，缝隙用砂浆和小石块填塞密实；填满空隙后，即可分层向上平砌。以上各层砌筑均应采取坐浆法砌筑，不得采取先干砌后灌浆的方法。

（4）砌筑工作均应自最外边开始，砌筑时应符合下列要求：

①砌筑外边时应选择有平面的石块，使砌体表面整齐，不得用小石块镶砌；

②砌体中的石块应大小搭配、相互错叠、咬接密实，较大石块应宽面朝下；

③为节约水泥，应备足各种小石块供挤浆填缝用，宜将小石块挤入较大的缝隙中使其紧密；

④砌块石墙必须设置拉结石，拉结石应均匀分布，相互错开，每0.7m²墙面至少应设置一块。

3.2.7　浆砌块石

（1）用作镶面的块石，表面四周应加以修整，其修整进深不应小于7cm；尾部可不加修整，但应较修整的断面略小，以易于安砌；镶面丁石的长度不应短于顺石宽度的1.5倍。

（2）每层块石的高度应尽量一致，并应每砌筑0.7～1.0m时找平一次。

（3）砌筑镶面石其错缝应按规定排列方法，同一层用一丁一顺或用一层丁石一层顺石。灰缝宽度宜为20～30mm。上下层立缝错开的距离应大于80mm。

（4）砌筑填心石其灰缝应彼此错开。水平灰缝不得大于30mm，垂直灰缝不得超过40mm，个别空隙较大时，应在砂浆中填塞小块石。

（5）其他砌筑方法和要求与浆砌片石相同。

3.2.8　浆砌料石

（1）料石砌体的石料，在同一部位上宜使用同一种类岩石。

（2）桥墩分水体镶面石的抗压强度不得低于40MPa；其他部位的料石，其抗压强度不得低于填心石料的强度。

（3）料石规格

丁石：宽度不小于石料的厚度，长度不小于厚度的1.5倍，并应比相邻顺石宽度大150mm以上。

顺石：宽度不小于石料的厚度，长度不小于厚度的1.5倍。

角石：一边长不得小于石料的厚度，另一边长不得小于100mm；粗料石不小于150mm。所有修凿应平整，四角方正，尾部大致凿平。

（4）镶面石的加工正面应平整，凿切式样完全一致；加工蘑菇石时，中间突出部分的高度不得大于20mm，周围细凿边缘的宽度为30～50mm。

（5）每层镶面石均应先按规定灰缝宽及错缝要求配好石料，再用铺浆法顺序砌筑，并应随砌随填塞立缝。

（6）砌筑墩台镶面石应从曲线部分开始，并应先安砌角石。

（7）一层镶面石砌筑完毕，方可砌填心石，其高度应与镶面石平；如用混凝土填心，则镶面石可先砌2~3层后再浇筑混凝土。

（8）每层镶面石均应采用一丁一顺砌法，砌缝宽度应均匀，宜为10~15mm。相邻两层立缝应错开不小于100mm；在丁石的上层和下层不得有立缝，所有立缝均应垂直。

（9）砌筑时应随时用水平尺及铅垂线校核。

3.2.9 砌体勾缝及养护

（1）石砌体表面勾缝，其形状、深度与砂浆强度等级应符合设计规定。砌石时应留有20mm深的空隙不填砂浆，砌筑完1~2d内应用水泥砂浆勾缝。

砌体如规定不勾缝，则应随砌随将灰缝砂浆刮平。

（2）勾缝前应做好下列准备工作：

①清除砌体表面粘结的砂浆、灰尘和杂物等，并将砌体表面洒水湿润。

②瞎缝或缝宽尺寸不足者，均应凿开、凿宽。

③清剔脚手架眼并用与原砌体相同的材料堵砌严密。砌体表面如有石块缺棱掉角，用砂浆修补齐整。

（3）设计无特殊要求时，砌体勾缝应符合下列规定：

①块石砌体宜采用凸缝或平缝，细料石及粗料石应采用凹缝。

②砂浆强度等级不得低于M10。

（4）料石砌体表面勾缝要横平竖直、深浅一致；十字缝搭接平整，不得有瞎缝、丢缝、裂缝和黏结不牢等现象；勾缝深度应较墙面凹进5mm。

（5）块石砌体勾缝应保持砌筑的自然缝，勾凸缝时要求灰缝整齐，拐弯圆滑流畅、宽度一致，不出毛刺，不得空鼓脱落。

（6）浆砌砌体在砌筑或勾缝砂浆初凝后，应立即覆盖洒水，湿润养护7~14d；养护期间应避免碰撞、振动或承重。

3.2.10 石砌重力式墩台

（1）基础砌石时，基底应按本规程相关规定处理。

墩台砌筑时应按设计图测量放线，依测量标志在边角处设置线杆，显示坡度和层数。砌筑时必须挂线施砌。桥台隐蔽面也应挂线施砌。

（2）各种石料墩台砌筑时应分层砌筑。

（3）石料墩台砌体均应采取坐浆法砌筑，应先砌外圈面石后砌内圈填心。内外圈砌体缝均应错开，不得贯通。

片石、块石作外镶面用料时，大面应作适当修整后施砌。料石砌筑应丁顺有序排列，采用丁顺砌法，上下两层竖缝错开不应小于100mm。砌筑的石料应清洗干净，保持湿润。混凝土预制块砌筑按料石要求办理。

（4）砌石时不得在砌好的砌体上加工石料或用重锤敲击石料，搬运石料时不得抛掷撞击砌体。

（5）砌石墩台如内圈采用混凝土填心时，宜在外圈砌筑2~3层后浇筑一次混凝土。

（6）砌石灰缝宽度应保持均匀，片石、块石灰缝宜为20~30mm；料石缝宽宜为10~15mm。混凝土预制块应按料石规定办理。外圈镶面石料每层砌完后应及时把灰缝向内剔深10~20mm，方便勾缝。

3.2.11 砌体沉降缝、伸缩缝、泄水孔及防水层的设置，应符合设计及有关规定。

4 质量标准

4.0.1 主控项目

（1）砌筑材料：砌筑基础所用石材、混凝土砌块其规格和强度等级应符合设计要求。砂浆配合比应符合设计要求。

检查数量：同产地石材至少抽验一组试件进行抗压强度检验（每组试件不少于 5 个）；混凝土砌块每工作班同一配合比、同规格、每台搅拌机至少抽验一次；对同类型、同强度等级的砂浆至少进行一次砂浆配合比设计。

检验方法：观察或用钢尺量，检查试验报告。

（2）砌筑工程所用砂浆的强度等级必须符合设计要求。

检查数量：同类型、同强度等级每 $100m^3$ 砌体为一批，不足 $100m^3$ 的也按一批计，每批检验一次。

检查方法：砂浆试件应在搅拌机出料口随机抽样制作，检查试验报告。

（3）砂浆的饱满度应达到 80% 以上。

检查数量：每一砌筑段、每步架抽查不少于 5 处。

检验方法：观察检查。

4.0.2　一般项目

（1）砂浆砌体砌缝宽度、位置和砌筑方式应符合表 4.0.2-1 的规定。

表 4.0.2-1　砂浆砌体砌缝宽度、位置和砌筑方式

序号	项目		允许偏差（mm）	检验频率		检验方法
				范围	点数	
1	表面砌缝宽度	浆砌片石	≤40	每个构筑物、每个砌筑面或两条缩缝之间为一批	量测 10 点，观察全数检查	用钢尺量或观察
		浆砌块石	≤30			
		浆砌料石	15～20			
2	每找平一次的砌筑高度	浆砌片石	≤1200			
3	三块石料相接处的空隙		≤70			
4	两层间竖向错缝		≥80			
5	砌筑方式	浆砌块石	一丁一顺或两顺一丁			
		浆砌料石	一丁一顺			

（2）砌筑完成后及时覆盖养护。

检查数量：全数检查。

检验方法：观察。

（3）砌体表面应砂浆饱满、砌缝整齐。宽度和错缝距离符合规定，无脱落和裂纹。

检查数量：全数检查。

检验方法：观察，用钢尺量。

（4）砌筑基础允许偏差应符合表 4.0.2-2 规定

表 4.0.2-2　砌筑基础允许偏差

序号	项目		允许偏差（mm）	检验频率	检验方法
1	顶面高程		±25	4	用水准仪测量
2	轴线偏位		15	4	用经纬仪测量，纵、横各计2点
3	基础厚度	片石	+30,0	每座基础　4	用钢尺量，长、宽各2点
		料石、砌块	+15,0	4	

5　质量记录

5.0.1　测量复核记录。

5.0.2 施工通用记录。

5.0.3 材料产品合格证、进场检验记录和原材料试验报告。

5.0.4 砌体工程质量检验记录。

5.0.5 砂浆试块试验报告。

6 冬、雨季施工措施

6.1 冬季施工

6.1.1 当工地昼夜平均气温连续 5d 低于 5℃或最低气温低于 –3℃时,砌筑施工应符合本条有关规定。

6.1.2 砂浆强度未达到设计强度的 70%时,不得使其受冻。

6.1.3 砌块应干净,无冰雪附着。砂中不得有冰块或冻结团块。遇水浸泡后受冻的砌块不得使用。

6.1.4 砂浆宜采用普通硅酸岩水泥,水温不得超过 80℃,砂的温度不得超过 40℃;在暖棚内机械拌制,搅拌时间不少于 2min;砂浆的稠度宜较常温适当增大,砌石砂浆的稠度应在 40～60mm。

6.1.5 砂浆应采用保温容器运输,中途不宜倒运。

6.1.6 砂浆应随拌随用,每次拌和量宜在 0.5h 内用完。已冻结的砂浆不得使用。

6.1.7 应根据施工方法、环境气温,通过热工计算确定砂浆砌筑温度。石料、混凝土砌块表面与砂浆的温差不宜大于 20℃。

6.2 雨季施工

6.2.1 雨季砌筑施工前,要检测各种砌块的含水率;砂浆应随拌随用,如气温超过 30℃,应在 2h 内用完,严禁用已凝结砂浆。受雨冲刷而失浆的砂浆,不得使用。

6.2.2 雨季施工应防止雨水冲刷墙体,下班收工时应覆盖砌体上表面,每天砌筑高度不宜超过 1.2m。

7 安全、环保措施

7.1 安全措施

7.1.1 砌体工程施工前应制定详细的安全措施,经批准后方可实施。

7.1.2 使用翻斗车运输砂浆、石材时,运输道路要平整。石料运输采用人力车时,两车前后距离为:在平道上不得小于 2m,在坡道上不得小于 10m。石材运送采用放坡滚运或机械吊运时,下方严禁站人。

7.1.3 砌筑时,应戴安全帽、带工作手套。修整石料时应戴防护眼镜。

7.1.4 砌筑高度超过 1.2m 时,必须搭设牢固的脚手架,且材质应符合要求。脚手架上堆放石块时,严禁超载。

7.1.5 严禁操作人员在刚砌筑的基础上边缘走动或检查靠角。

7.2 环境保护

7.2.1 严禁路拌砂浆,避免砂浆污染路面及其他构筑物;如施工有掉落的水泥砂浆应及时清理。

7.2.2 每天施工段落收工,应及时清理工作现场的垃圾,并按要求处理。

8 主要应用标准和规范

8.0.1 中华人民共和国行业标准《公路路基施工技术规范》(JTG F10—2006)

8.0.2 中华人民共和国行业标准《公路工程施工安全技术规程》(JTJ 076—1995)

8.0.3 中华人民共和国行业标准《城市桥梁工程施工与质量验收规范》(CJJ 2—2008)

8.0.4 中华人民共和国行业标准《城镇道路工程施工与质量验收规范》(CJJ 1—2008)

8.0.5 中华人民共和国国家标准《砌体工程施工及验收规范》(GB 50203—2002)

编、校：刘红艳 张红芹

223 台背回填

（Q/JZM－SZ223－2012）

1 适用范围

本施工工艺标准适用于市政桥梁工程中桥梁和涵洞的台背回填施工作业,其他工程可参照使用。

2 施工准备

2.1 技术准备

2.1.1 认真熟悉图纸、根据现场条件编制施工方案,报有关部门批准。

2.1.2 向班组进行技术、安全交底。

2.1.3 组织施工测量放线。

2.2 材料准备

用于台背回填的填料宜采用透水性材料;不得使用淤泥、沼泽土、泥炭土、冻土、有机土、生活垃圾杂填土等。

2.3 施工机具与设备

2.3.1 施工主要设备

(1)填料运输机具:装载机、手推车或翻斗车、自卸车。

(2)填筑压实机具:手扶振动压路机、振动压路机、振动平板夯、冲击夯。

2.3.2 测量检测仪器:水准仪、压实度检测仪、钢卷尺等

2.4 作业条件

2.4.1 墩台结构已完成,混凝土强度已达到规定要求,填料检验已合格。

2.4.2 按设计规定桥头部位软土地基处理已完成。施工区域内的地上、地下障碍物清除、清表完毕。

3 操作工艺

3.1 工艺流程

测量→清表→软土地基处理(按设计规定)→填料选用→分层填筑→平整找平→分层压实→压实度检测→验收。

3.2 操作方法

3.2.1 清表

对桥台(涵台)及挡墙后背地表所有非适用材料彻底清除,包括桥台及挡墙施工所遗留的施工垃圾。

3.2.2 台后地基如为软土应按设计要求处理,软土地基处理宜与桥台基础施工工序衔接,应参照有关规定执行。

3.2.3 台背的填料应选用透水性好、易于压实的砂砾类土;不得使用含杂质、腐殖质或冻土块的土类。

3.2.4 加强对桥台及挡墙基槽回填土控制,严格控制填土质量和密实度,严格按规定检验。

3.2.5 台背填土宜与路基填土同时进行,宜采用机械碾压;机械碾压时,离墙边0.5~1.0m范围应采用小型振动压实机械或内燃夯实机械压实,并应同步。

3.2.6 施工时应将台身与回填施工统筹安排,要给回填留有充分的时间;填土预压沉降量控制应在施工桥头搭板前完成。

填筑沿路基方向长度上部应大于搭板长至少2.0m,下部应根据台高按1:2坡度计算,且不得小于20m,亦应横向分层填筑。

当工期安排采用缺口填筑时,上部缺口长度不小于台高增加2.0m;下部距基础内缘不小于2.0m;结合部位路基土应做压实层开挖台阶,台阶宽度大于1.0m,横向分层填筑。

3.2.7 当为柱、肋式桥台时,在桥台基础完成后,要彻底清除淤泥,换填砂砾、洒水压实。承台应建在密实的砂砾层上,桥台建成后,应暂不施工台帽,以便于压路机或小型压实机具能顺畅地压实;待回填完成后,在填方上直接施工台帽。柱式桥台台背填土宜在柱侧对称、平稳地进行。

3.2.8 轻型桥台台背填土应待盖板和支撑梁安装完成后,两台对称均匀回填。

3.2.9 刚构桥桥台应对称(两端)均匀回填。

3.2.10 拱桥台背填土可在主拱安装或砌筑前完成。

3.2.11 在施工中尽量扩大施工场地,尽可能使用大型压实设备。当台背支撑桥头搭板的牛腿妨碍机械压实时,可将难于压实的部分用贫混凝土填筑。

4 质量标准

4.0.1 主控项目

填筑应分层回填、分层压实(夯实)。

检查数量:全数检查。

检验方法:观察检查,检查回填压实度报告。

4.0.2 一般项目

回填一般检测项目见表4.0.2。

表4.0.2 回填一般检测项目

序 号	检查项目	规定值或允许偏差	检查方法
1	回填厚度(mm)	≤300	尺量
2	两侧回填高差(mm)	≤500	水准仪测
3	回填压实度质量	符合设计要求	压实度检测仪器

5 质量记录

5.0.1 地基处理记录、地基钎探记录、填料试验报告、回填压实度报告。

5.0.2 测量复核记录。

6　冬、雨季施工措施

6.1　冬季施工

台背填土不宜在冬季施工。如在冬季施工时,填筑土层不得受冻,应在基底高程以上预留适当厚度的松土(不小于300mm)或用其他保温材料覆盖。

6.2　雨季施工

雨季施工应保证作业面的排水坡度,确保台背不积水。

7　安全、环保措施

7.1　安全措施

7.1.1　施工作业前,主管人员必须对作业人员进行安全技术交底。

7.1.2　台背回填作业,必须设专人指挥。机械作业时,配合作业的人员严禁处在机械作业和走行范围内。配合人员在机械走行范围内作业时,机械必须停止作业。

7.1.3　台背回填碾压时,应严格监控压路机的振动对结构物造成的影响;如压实困难,可采取其他特殊手段处理。

7.2　环境保护

填料宜使用封闭式车辆运输,装料后应清除车辆外露面的遗土、杂物,减少扬尘对城市的污染。

8　主要应用标准和规范

8.0.1　中华人民共和国行业标准《公路工程质量检验评定标准》(土建工程)(JTG F80/1—2004)

8.0.2　中华人民共和国行业标准《公路路基施工技术规范》(JTG F10—2006)

8.0.3　中华人民共和国行业标准《城镇道路工程施工与质量验收规范》(CJJ 1—2008)

编、校:梁万里　刘红艳

224 钢筋制作

(Q/JZM – SZ224 – 2012)

1 适用范围

本施工工艺标准适用于市政桥梁工程中钢筋加工、制作、安装的施工作业。

2 施工准备

2.1 技术准备

2.1.1 认真审核结构图纸和钢筋材料表,绘制钢筋节点大样图。

2.1.2 编制钢筋安装方案,并对操作人员进行培训,向有关人员进行安全和技术交底。

2.2 材料准备

2.2.1 钢筋:品种、规格、性能等应符合国家现行标准规定和设计要求,应有出厂合格证及检测报告,进入现场应进行复验,确认合格后使用。

经检验合格的钢筋在加工和安装过程中出现异常现象(如脆断、焊接性能不良或力学性能显著不正常等)时,应作化学成分分析或其他专项检验。

2.2.2 电焊条:应有产品出厂合格证,品种、规格和技术性能等应符合国家现行标准规定和设计要求,选用的焊条型号应与主体金属强度相适应。

2.2.3 其他材料:绑扎丝、氧气、乙炔等。

2.3 施工机具与设备

2.3.1 主要机具设备:钢筋弯曲机、钢筋调直机、钢筋切断机、电焊机、对焊机、卷扬机、砂轮切割机等。

2.3.2 工具:气焊割枪、钢筋扳手、锤子、钢筋钩、撬棍、钢丝刷、粉笔、手推车、钢卷尺等。

2.4 作业条件

2.4.1 所需材料机具及时进场,机械设备状况良好。

2.4.2 钢筋加工厂场地平整、道路畅通,供电等满足施工需求。

2.4.3 钢筋安装方案已审批,作业面已具备安装条件。

3 操作工艺

3.1 工艺流程

钢筋进场检查→钢筋储存→钢筋取样试验→钢筋加工→钢筋接头连接→钢筋绑扎、安装→检查、检测。

3.2 操作方法

3.2.1 钢筋进场检查

（1）钢筋进场时,应附有出厂质量证明书或出厂检验报告单,应按表3.2.1进行外观检查,并将外观检查不合格的钢筋及时剔除。

表3.2.1 钢筋外观要求

序号	钢筋种类	外观要求
1	热轧钢筋	表面无裂缝、结疤和折叠,如有凸块不得超过螺纹的高度;其他缺陷的高度或深度不得超过所在部位的允许偏差,表面不得沾有油污
2	热处理钢	表面无肉眼可见的裂纹、结疤和折叠,如有凸块不得超过横肋的高度,表面不得沾有油污
3	冷拉钢筋	表面不得有裂纹和局部缩颈,不得沾有油污

（2）核对每捆或每盘钢筋上的标志是否与出厂质量证明书的型号、批号（炉号）相同,规格及型号是否符合设计要求。

3.2.2 钢筋储存

（1）钢筋的外观检验合格后,应按钢筋品种、等级、牌号、规格及生产厂家分类堆放,不得混杂,且应设立识别标志。

（2）钢筋在储存过程中应避免锈蚀和污染,宜在库内或棚内存放,露天堆置时,应架空存放,离地面不宜小于300mm,应加以遮盖。

3.2.3 钢筋取样试验

（1）按不同批号和直径,按照表3.2.3规定抽取试样作力学性能试验。

表3.2.3 钢筋力学性能试验

序号	钢筋种类	验收批钢筋组成	每批数量	取样数量
1	热轧钢筋	1. 同一截面尺寸和同一炉号 2. 同一厂别、同一交货状态	≤60t	每批在任取两根钢筋上,每根取一个拉力试样和一个冷弯试样
2	热处理钢筋	1. 同一截面尺寸、同一热处理和炉号、同一牌号、同一交货状态 2. 同钢号组成的混合批,不超过6个炉号	≤60t	每批任选2根钢筋切取,数量2个
3	冷拉钢筋	同级别、同直径	≤20t	每批在任取两根钢筋上,每根取一个拉力试样和一个冷弯试样

（2）检验合格的判定标准:如有一个试样一项指标试验不合格,则应另取双倍数量的试样进行复验;如仍有一个试样不合格,则该批钢筋判为不合格。

3.2.4 钢筋加工

（1）配料单编制:钢筋加工前,依据图纸进行钢筋翻样并编制钢筋配料单;配料单应结合钢筋来料长度和所需长度进行编制,以使钢筋接头最少和节约钢筋;钢筋的下料长度应考虑钢筋弯曲时的弯曲伸长量,在允许误差范围内尺寸宜小不宜大,以保证保护层厚度及施工方便。

（2）钢筋调直:钢筋应平直、无局部弯折,对弯曲的钢筋应调直后使用。调直可采用冷拉法或调直机调直,冷拉法多用于较细钢筋的调直,调直机多用于较粗钢筋的调直。采用冷拉法调直时应匀速慢拉,I级钢筋冷拉率应不大于2%,HRB335、HRB400牌号钢筋冷拉率应不大于1%。

（3）钢筋除锈去污:钢筋加工前要清除钢筋表面油漆、油污、锈蚀、泥土等污物,有损伤和锈蚀严重的应剔除不用。

（4）钢筋宜在加工棚内集中加工,运至现场绑扎成型。

（5）钢筋下料

①下料前认真核对钢筋规格、级别及加工数量,无误后按配料单下料。

②钢筋的切割宜采用钢筋切断机进行;在钢筋切断前,先在钢筋上用粉笔按配料单标注下料长度在切断位置上做明显标记;切断时,切断标记对准刀刃将钢筋放入切割槽将其切断;钢筋较细时,可用铁钳人工切割;个别情况下也可用砂轮锯进行钢筋切割。

（6）钢筋弯制

①钢筋的弯制应采用钢筋弯曲机或弯箍机在工作平台上进行。

②钢筋弯制和末端弯钩均应符合设计要求；设计未作具体规定时，应符合表 3.2.4-1 的规定。

③箍筋的末端应做弯钩，弯钩的形式应符合设计要求；设计未作具体规定时，应符合表 3.2.4-2 的规定。

表 3.2.4-1　钢筋弯制及末端弯钩形状

弯曲部位	弯曲角度	形　状　图	钢筋牌号	弯曲直径 D	平直部分长度	备　　注
末端弯钩	180°		HPB235	≥2.5d	≥3d	d 为钢筋直径
	135°		HRB335	$\phi8 \sim \phi25 \geq 4d$	≥5d	
			HRB400	$\phi28 \sim \phi40 \geq 5d$		
	90°		HRB335	$\phi8 \sim \phi25 \geq 4d$	≥10d	
			HRB400	$\phi28 \sim \phi40 \geq 5d$		
中间弯制	90°以下		各类	≥20d		

注：采用环氧树脂涂层钢筋时，除应满足表内规定外，当钢筋直径 $d \leq 20$mm 时，弯钩内直径 d 不得小于 4d；当 $d > 20$mm 时，弯钩内直径 D 不得小于 6d；直线段长度不得小于 5d。

表 3.2.4-2　箍筋末端弯钩

结　构　类　别	弯　曲　角　度	图　　示
一般结构	90°/180°	
	90°/90°	
抗震结构	135°/135°	

　　箍筋弯钩的弯曲直径应大于被箍主钢筋的直径，且 HPB235 钢筋不得小于箍筋直径的 2.5 倍，HRB335 不得小于箍筋直径的 4 倍；弯钩平直部分的长度，一般结构不宜小于箍筋直径的 5 倍，有抗震

要求的结构不得小于箍筋直径的 10 倍。

3.2.5　钢筋接头连接

（1）钢筋接头连接形式有焊接接头、绑扎接头及机械连接接头，具体接头形式、焊接方法、适用范围应符合现行国家标准的规定。

（2）普通混凝土中钢筋直径等于或小于 25mm 时，在没有焊接条件时，可以采用绑扎接头。但对轴心受拉或小偏心受拉构件中的主钢筋均应焊接，不得采用绑扎接头。

（3）对轴心受压和偏心受压柱中的受压钢筋接头，当直径大于 32mm 时，应采用焊接；冷拉钢筋的接头应在冷拉前焊接。

（4）焊工必须经考试合格后持证上岗。钢筋焊接前，必须根据施工条件进行试焊，试焊合格方可成批焊接。

（5）钢筋连接应优先选用电弧焊，包括帮条焊、搭接焊、坡口焊、窄间隙焊和熔槽帮条焊 5 种接头形式，选择接头形式应符合现行国家标准的有关规定。

（6）钢筋电弧焊所用焊条牌号应符合设计要求，其性能应符合现行国家标准的有关规定。若设计无规定时，可按表 3.2.5-1 选用。

表 3.2.5-1　钢筋电弧焊焊条型号

序号	钢筋级别	电弧焊接头形式			
		帮条焊、搭接焊	坡口焊、熔槽帮条焊、预埋件穿孔塞焊	窄间隙焊	钢筋与钢板搭接焊、预埋件 T 型角焊
1	I 级	E4303	E4303	E4316　E4315	E4303
2	HRB335	E4303	E5003	E5016　E5015	E4303
3	HRB400	E5003	E5003	E6016　E6015	—

（7）手工电弧焊施焊准备

①检查电源、焊机及工具。焊接地线应与钢筋接触良好，防止引弧而烧伤钢筋。

②选择焊接参数。根据钢筋级别、直径、接头形式和焊接位置选择焊条、焊接工艺和焊接参数。

③试焊、做模拟试件。在每批钢筋正式焊接前，应焊接 3 个模拟试件做拉力试验，经试验合格后，方可按确定的焊接参数成批生产。

（8）手工电弧焊施焊操作

①引弧：带有垫板或帮条的接头，引弧应在垫板、帮条或形成焊缝部位进行，不得烧伤主筋。

②定位：焊接时应先焊定位点再施焊。

③运条：运条时的直线前进、横向摆动和送进焊条 3 个动作应协调平稳。

④收弧：收弧及拉灭电弧时，应将熔池填满，注意不要在表面造成电弧擦伤。

⑤多层焊：如钢筋直径较大，需要进行多层施焊时，应分层间断施焊，每焊一层后，应清渣再焊接下一层；应保证焊缝的长度和高度。

⑥熔合：焊接过程中应有足够的熔深。主焊缝与定位焊缝应结合良好，避免气孔、夹渣和烧伤等缺陷，并防止产生裂纹。

⑦平焊：平焊时应注意熔渣和铁水混合不清的现象，防止熔渣流到铁水前面，熔池也应控制成椭圆形。一般采用右焊法，焊条与工作表面成 70°夹角。

⑧立焊：立焊时，铁水与熔渣易分离，要防止熔池温度过高使铁水下坠形成焊瘤。操作时焊条应与垂直面成 60°～80°角，使电弧略向上，吹向熔池中心；焊第一道时，应压住电弧向上运条，同时作较小的横向摆动，其余各层用半圆形横向摆动加挑弧法向上焊接。

⑨横焊：焊条倾斜 70°～80°角，防止铁水在自重作用下坠到下坡口上。运条到上坡口处不作运弧停顿，迅速带到下坡口根部做微小横拉稳弧动作，依次匀速焊接。

⑩仰焊：仰焊时宜用小电流短弧焊接，熔池宜薄，且应确保与母材熔合良好；第一层焊缝用短电弧做

前后推拉动作,焊条与焊接方向成80°～90°角;其余各层焊条横摆,并在坡口侧略停顿稳弧,保证两侧熔合。

⑪焊接过程中应及时清渣,焊缝表面应光滑,焊缝余高应平缓过渡,弧坑应填满。

(9)采用帮条焊或搭接焊连接钢筋时,还应符合下列要求:

①接头焊缝宜采用双面焊,当不能进行双面焊时,可采用单面焊,其帮条或搭接长度应符合表3.2.5-2的规定。

表3.2.5-2　钢筋帮条长度

序号	钢筋级别	焊缝形式	帮条长度
1	I级 HPB235	单面焊	≥8d
		双面焊	≥4d
2	HRB335 HRB400	单面焊	≥10d
		双面焊	≥5d

注:d为主筋直径(mm)。

②应保证焊接母材轴线一致:采用搭接焊时,两搭接钢筋的端部应预先折弯,见图3.2.5-1。采用帮条焊时,帮条直径宜与接头钢筋直径相同;与接头钢筋直径不同时,帮条直径可允许小一个规格;两主筋端头之间应留2～5mm的间隙。

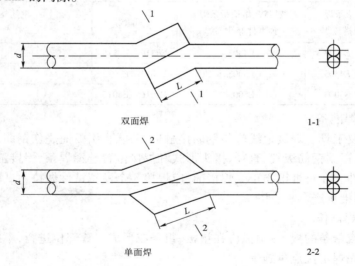

d-钢筋直径;L-搭接长度

图3.2.5-1　钢筋搭接焊接头

③帮条焊或搭接焊接头的焊缝厚度s不应小于主筋直径的0.3倍;焊缝宽度b不应小于主筋直径的0.7倍,见图3.2.5-2。

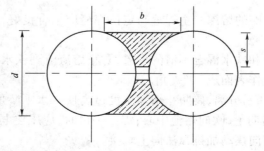

d-焊缝宽度;s-焊缝厚度;d-钢筋直径

图3.2.5-2　焊缝尺寸示意图

（10）对钢筋接头的质量必须分批抽样检查和验收,合格后方可使用。

（11）各受力钢筋之间的焊接接头位置应相互错开,在构件中的位置应符合下列规定:

①在任一焊接接头中心至长度为钢筋直径 d 的 35 倍且不小于 500mm 的区段 L 内,同一根钢筋不得有两个接头。有接头的受力钢筋截面面积与受力钢筋总面积的百分率,应符合下列规定:受压区及装配式构件的连接处不限制;受拉区不大于 50%。区段划分和焊接接头设置见图 3.2.5-3。

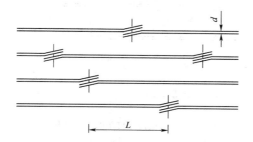

注:图中所示 L 区段内有接头的钢筋面积按两根计
图 3.2.5-3　搭接焊接头位置

②在同一根钢筋上宜少设接头,接头宜设置在受力较小的部位;接头距钢筋的弯折处,不应小于钢筋直径的 10 倍,且不宜位于构件的最大弯矩处。

（12）钢筋的绑扎接头应符合下列规定:

①受拉区域内,Ⅰ级钢筋绑扎接头的末端应做成弯钩,HRB335、HRB400 牌号钢筋可不做弯钩。

②直径不大于 12mm 的受压Ⅰ级钢筋的末端,以及轴心受压构件中任意直径的受力钢筋的末端,可不做弯钩,但搭接长度不应小于钢筋直径的 35 倍。

③在搭接头中心和两端至少 3 处用铁丝绑扎牢,钢筋不得滑移。

④受拉钢筋绑扎接头的搭接长度,应符合表 3.2.5-3 的规定;受压钢筋绑扎接头的搭接长度,应取受拉钢筋绑扎接头长度的 0.7 倍。

⑤施工中钢筋受力分不清拉、压的按受拉处理。

表 3.2.5-3　受拉钢筋绑扎接头的搭接长度

序号	钢筋级别		混凝土强度		
			C20	C25	>C25
1	Ⅰ级		35d	30d	25d
2	月牙纹	HRB335	45d	40d	35d
		HRB400	55d	50d	45d

注:①当 HRB335、HRB400 牌号钢筋直径 d 大于 25mm 时,其受拉钢筋的搭接长度应按表中数值增加 5d 采用。
②当螺纹钢筋直径 d 不大于 25mm 时,其受拉钢筋的搭接长度应按表中值减少 5d 采用。
③当混凝土在凝固过程中受力钢筋易受扰动时,其搭接长度应适当增加。
④在任何情况下,纵向受拉钢筋的搭接长度不应小于 300mm;受压钢筋的搭接长度不应小于 200mm。
⑤轻集料混凝土的钢筋绑扎接头搭接长度应按普通混凝土搭接长度增加 5d。
⑥当混凝土强度等级低于 C20 时,Ⅰ级、HRB335 牌号钢筋的搭接长度应按表中 C20 的数值相应增加 10d,HRB400 牌号钢筋不宜采用。
⑦当有抗震要求的受力钢筋的搭接长度,对一、二级抗震等级应增加 5d。
⑧两根直径不同的钢筋的搭接长度,以较细钢筋的直径计算。

（13）各受力钢筋之间的绑扎接头应互相错开,其在构件中的位置应符合下列规定:

①从任一绑扎接头中心至搭接长度 L_1 的 1.3 倍区段 L 范围内(见图 3.2.5-4),有绑扎接头的受力钢筋截面面积占总面积的百分率满足以下要求:受拉区不得超过 25%;受压区不得超过 50%。

②搭接长度的末端距钢筋弯折处,不得小于钢筋直径的 10 倍,接头不宜位于构件最大弯矩处。

③绑扎接头中的钢筋横向净距 s 不应小于钢筋直径且不应小于25mm。

④对焊接骨架和焊接网在构件宽度内,其接头位置应错开,在绑扎接头区段 L 内(见图3.2.5-4),有绑扎接头受力钢筋截面面积不得超过受力钢筋总面积的50%。

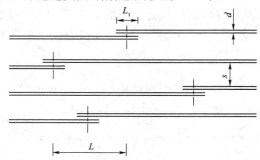

图中所示 L(1.3 倍 L_1)区段内有接头的钢筋面积按两根计

图3.2.5-4 钢筋搭接示意图

注:(1)采用绑扎骨架的现浇柱,在柱中及柱与基础交接处,当采用搭接接头时,其接头面积允许百分率,经设计单位同意,可适当放宽。

(2)绑扎接头区段 L 的长度范围,当接头受力钢筋截面面积百分率超过规定时,应采取专门措施。

3.2.6 钢筋绑扎及安装

(1)钢筋的级别、种类和直径应按设计要求采用。当需要替换时,应征得设计同意和监理工程师的签认。预制构件的吊环,必须采用未经冷拉的 I 级热轧钢筋制作,严禁以其他钢筋代替。

(2)在结构配筋情况和现场运输起重条件允许时,可先预制成钢筋骨架或钢筋网片,入模就位后再进行焊接或绑扎。

钢筋骨架应具有足够的刚度和稳定性,以便运输和安装。为使骨架不变形、松散,必要时可在钢筋的某些交叉点处加以焊接或添加辅助钢筋(斜杆、横撑等)。

(3)焊接钢筋网片宜采用电阻点焊,所有焊点应符合设计要求。当设计无要求时,可按下列规定进行点焊:

①焊接骨架的所有钢筋交叉点必须焊接。

②当焊接网片只有一个方向受力时,受力主筋与两端边缘的两根锚固横向钢筋的全部相交点必须焊接;当焊接网为两个方向受力时,则四周边缘的两根钢筋的全部交点均应焊接;其余的相交点可间隔焊接。

(4)钢筋骨架的焊接应在坚固的工作支架上进行,操作时应注意下列各点:

①拼装骨架应按设计图纸放大样,放样时梁板结构应考虑焊接变形和预留拱度,简支梁的预拱度可参考表3.2.6-1 的数值。

表3.2.6-1 简支梁钢筋骨架预拱度

构件跨度(m)	工作台上预拱度(mm)	骨架拼装拱度(mm)	构件预拱度(mm)
7.5	30	10	0
10~12.5	30~50	20~30	10
15	40~50	30	20
20	50~70	40~50	30

注:当跨度大于20m时应按设计规定预留拱度。

②拼装前应检查所有焊接接头的焊缝有无开裂,如有开裂应及时补焊。

③拼装时可在需要焊接点位置,设置楔形卡卡住,防止焊接时局部变形。待所有焊点卡好后,先在焊缝两端点焊定位,然后再施焊。

④施焊次序应由中到边或由边到中,采用分区对称跳焊,不得顺方向一次焊成。

（5）焊接骨架和焊接网片需要绑扎连接时,应符合下列规定:

①焊接骨架和网片的搭接接头,不宜位于构件的最大弯矩处。

②焊接网片在非受力方向的搭接长度,宜为100mm。

③受拉焊接骨架和焊接网在受力钢筋方向的搭接长度应符合表3.2.6-2的规定,受压焊接骨架和焊接网在受力钢筋方向的搭接长度,可取受拉焊接骨架和焊接网在受力钢筋方向的搭接长度的0.7倍。

表3.2.6-2　受拉焊接骨架和焊接网绑扎接头的搭接长度

序号	钢筋级别		混凝土强度		
			C20	C25	＞C25
1	I 级		30d	25d	20d
2	月牙纹	HRB335	40d	35d	30d
		HRB400	45d	40d	45d

注:①搭接长度除符合本表规定外,在受拉区不得小于250mm,在受压区不得小于200mm。

②当混凝土强度等级低于C20时,I级钢筋的搭接长度不得小于40d,HRB335牌号钢筋的搭接长度不得小于50d。

③当月牙纹钢筋直径d大于25mm时,其搭接长度应按表中数值增加5d。

④当螺纹钢筋直径d不大于25mm时,其搭接长度应按表中数值减少5d。

⑤当混凝土在凝固过程中受力钢筋易受扰动时,其搭接长度宜适当增加。

⑥轻集料混凝土的焊接骨架和焊接网绑扎接头的搭接长度,应按普通混凝土搭接长度增加5d。

⑦当有抗震要求时,对一、二级抗震等级应增加5d。

（6）现场安装钢筋应符合下列要求:

①钢筋的交叉点应采用铁丝扎牢。

②板和墙的钢筋网,除靠近外围两行钢筋交叉点全部绑扎牢外,中间部分交叉点可间隔交错绑扎牢,但必须保证受力钢筋不产生偏移;双向受力的钢筋,必须全部扎牢。

③梁和柱的箍筋,除设计有特殊要求外,应与受力钢筋垂直设置;箍筋弯钩叠合处,应沿受力钢筋方向错开设置;在柱中应沿柱高方向交错布置,对方柱则必须位于柱角竖向筋交接点上;但有交叉式箍筋的大截面柱,可在与任何一根中间纵向筋的交接点上。螺旋形箍筋的起点和终点均应绑扎在纵向钢筋上。有抗扭要求的螺旋箍筋,钢筋应伸入核心混凝土中。

④在墩、台及墩柱中的竖向钢筋搭接时,角部钢筋的弯钩平面与模板面的夹角,对矩形柱应为45°角,对多边形柱应为模板面的夹角的平分角;对圆柱形钢筋弯钩平面应与模板的切平面垂直;中间钢筋的弯钩平面应与模板平面垂直;当采用插入式振捣器浇筑小型截面柱时,弯钩平面与模板面的夹角不得小于15°。

⑤在绑扎骨架中非焊接的搭接接头长度范围内的箍筋间距:当钢筋受拉时应小于5d,且不应大于100mm;当钢筋受压时应小于10d（d为受力钢筋的最小直径）,且不应大于200mm。

⑥受力钢筋的混凝土保护层厚度,应符合设计要求。为保证钢筋保护层厚度的准确性,应采用不同规格的垫块,并应将垫块与钢筋绑扎牢固,垫块应交错布置。

4　质量标准

4.0.1　主控项目

（1）钢筋、焊条的品种、牌号、规格和技术性能应符合国家现行标准规定和设计要求。

检查数量:全数检查。

检验方法:检查产品合格证、出厂检验报告。

(2)钢筋进场时,必须按批抽取试件做力学性能和工艺性能试验,其质量必须符合国家现行标准的规定。

检查数量:以同牌号、同炉号、同规格、同交货状态的钢筋,每60t为一批,不足60t也按一批计,每批抽检1次。

检验方法:检查试件检验报告。

(3)当钢筋出现脆断、焊接性能不良或力学性能显著不正常等现象时,应对该批钢筋进行化学成分检验或其他专项检验。

检查数量:该批钢筋全数检查。

检验方法:检查专项检验报告。

(4)钢筋弯制和末端弯钩均应符合设计要求和《城市桥梁工程施工与质量验收规范》(CJJ 2—2008)第6.2.3、6.2.4条的规定。

检查数量:每工作日、同一类型钢筋抽查不少于3件。

检验方法:用钢尺量。

(5)受力钢筋的连接形式必须符合设计要求;

检查数量:全数检查。

检验方法:观察。

(6)钢筋接头位置、同一截面的接头数量、搭接长度应符合设计要求和《城市桥梁工程施工与质量验收规范》(CJJ 2—2008)第6.3.2条和6.3.5条的规定。

检查数量:全数检查。

检验方法:观察、用钢尺量。

(7)钢筋焊接接头质量应符合国家现行标准《钢筋焊接及验收规程》(JGJ 18—2012)的规定和设计要求。

检查数量:外观质量全数检查;力学性能检验按《城市桥梁工程施工与质量验收规范》(CJJ 2—2008)第6.3.4、6.3.5条规定抽样做拉伸试验和冷弯试验。

检验方法:观察、用钢尺量、检查接头性能检验报告。

(8)HRB335和HRB400带肋钢筋机械连接接头质量应符合国家现行标准《钢筋机械连接通用技术规程》(JGJ 107—2010)的规定和设计要求。

检查数量:外观质量全数检查;力学性能检验按《城市桥梁工程施工与质量验收规范》(CJJ 2—2008)第6.3.8条规定抽样做拉伸试验。

检验方法:外观用卡尺或专用量具检查、检查合格证和出厂检验报告、检查进场验收记录和性能复验报告。

(9)钢筋安装时,其品种、规格、数量、形状等,必须符合设计要求。

检查数量:全数检查。

检验方法:观察、用钢尺量。

4.0.2　一般项目

(1)预埋件的规格、数量、位置等必须符合设计要求。

检查数量:全数检查。

检验方法:观察、用钢尺量。

(2)钢筋表面不得有裂纹、结疤、折叠、锈蚀和油污,钢筋焊接接头表面不得有夹渣、焊瘤。

检查数量:全数检查。

检验方法:观察。

(3)钢筋加工允许偏差应符合表4.0.2-1的规定。

表 4.0.2-1　钢筋加工允许偏差

项　　目	允许偏差（mm）	检验频率		检查方法
		范围	点数	
受力钢筋顺长度方向全长的净尺寸	±10	按每工作日同一类型钢筋、同一加工设备抽查3件	3	用钢尺量
弯起钢筋的弯折	±20			
箍筋内净尺寸	±5			

（4）钢筋网允许偏差应符合表4.0.2-2的规定。

表 4.0.2-2　钢筋网允许偏差

检查项目	允许偏差（mm）	检验频率		检查方法
		范围	点数	
网的长、宽	±10	每片钢筋网	3	用钢尺量两端和中间各1处
网眼尺寸	±10			用钢尺量任意3个网眼
网眼对角线差	15			用钢尺量任意3个网眼

（5）钢筋成型和安装允许偏差应符合表4.0.2-3的规定。

表 4.0.2-3　钢筋成型和安装允许偏差

检查项目			允许偏差（mm）	检验频率		检查方法
				范围	点数	
受力钢筋间距	两排以上排距		±5	每个构筑物或每个构件	3	用钢尺量，两端和中间各一个断面，每个断面连续量取钢筋间（排）距，取其平均值计1点
	同排	梁板、拱肋	±10			
		基础、墩台、柱	±20			
	灌注桩		±20			
箍筋、横向水平钢筋、螺旋筋间距			±10		5	连续量取5个间距，其平均值计1点
钢筋骨架尺寸	长		±10		3	用钢尺量，两端和中间各1处
	宽、高或直径		±5		3	
弯起钢筋位置			±20		30%	用钢尺量
钢筋保护层厚度	基础、墩台		±10		10	沿模板周边检查，用钢尺量
	梁、柱、桩		±5			
	板、墙		±3			

4.0.3　外观鉴定

（1）钢筋表面不应有锈皮、油污及焊渣。

（2）焊缝应表面平整，不得有较大的凹陷、焊瘤，接头处不得有裂纹。

（3）多层钢筋网应有足够的钢筋支撑，保证能承受自重及施工荷载。

5　质量记录

5.0.1　钢筋产品合格证和出厂检验报告。

5.0.2　电焊条合格证。

5.0.3　钢筋成型网片出厂合格证。

5.0.4　钢筋（原材、连接）试验报告。

5.0.5　质量验收记录。

5.0.6 钢筋工程质量检查记录。

6 冬、雨季施工措施

6.1 冬季施工

6.1.1 冬季钢筋的闪光对焊宜在室内进行,焊接时的环境气温不宜低于0℃。

6.1.2 钢筋应提前运入车间,焊毕后的钢筋应待完全冷却后才能运往室外。在困难条件下,对以承受静力荷载为主的钢筋,闪光对焊的环境气温可适当降低,但最低不应低于-10℃。

6.1.3 冬季电弧焊接时,应有防雪、防风及保温措施,并应选用韧性较好的焊条。焊接后的接头严禁立即接触冰雪。

6.2 雨季施工

雨天不得进行钢筋焊接、安装作业。

7 安全、环保措施

7.1 安全措施

7.1.1 在编制施工组织设计时应对钢筋材料的进场码放、钢筋加工、钢筋焊接、钢筋吊运、钢筋安装等安全措施加以规定。施工现场应单独设置钢筋加工场,钢筋加工场地应平整坚实,现场周围应设置防护栏及警示标志,钢筋加工场内不得有架空线路。

7.1.2 钢筋在运输、储存和使用时,不得锈蚀和污染,应保留标牌。钢筋材料应按平面布置图规定,按规格、牌号分类堆垛,整齐码放。

加工成型的钢筋笼、钢筋网和钢筋骨架等应水平放置,堆垛码放高度不得超过2m,码放层次不宜超过3层,大型钢筋笼(灌注桩钢筋笼等)不得双层码放。

7.1.3 钢筋加工设备应按平面布置图,确定安装位置。钢筋加工设备周围不得有障碍物,安装稳固。

钢筋加工机械和钢筋加工工具应在允许的使用范围内使用,必须按规定操作程序操作。

钢筋加工设备的安全装置必须有效,缺少安全装置或安全装置已失效的设备不得使用。

7.1.4 钢筋加工机械的操作人员应经专业培训,经考试合格后上岗。

7.1.5 钢筋接头采用焊接工艺应遵守下列规定:

(1)焊接作业前应检查操作环境,在焊接作业点10m范围内不得有易燃、易爆物。

(2)在高处进行焊接作业,其高处作业下方5m位置不得有易燃、易爆物,要有专职看火人员,并备有消防器材。

(3)钢筋接头采用电弧焊工艺应遵守《焊接与切割安全》(GB 9448—1999)的规定。

(4)钢筋接头作业还应执行《钢筋焊接及验收规程》(JGJ 18—2012)第4章的规定。

(5)市政桥梁工程中钢筋焊接应按作业指导书规定的程序操作。焊接人员不得随意改变焊接参数。

7.1.6 运输和吊装大型钢筋笼或钢筋骨架时应加临时加固装置。吊装钢筋前应检查施工现场地上、地下构筑物的情况,严禁在高压线下进行吊装;在高压线附近进行吊装时,应确保与高压线的安全距离。

7.1.7 向模板内吊装钢筋时,模板内的钢筋应分散放置,应边使用边运送,不得在同一部位大量堆放超过模板和支架承载能力的钢筋。高处作业的钢筋不得在临边部位存放。

7.1.8 钢筋绑扎应有专人指挥,严格按施工程序操作。绑扎钢筋时,应按规定安放钢筋支架、马凳,铺设走道板。作业人员应在走道板上行走,不得直接踩踏钢筋。在临边部位进行钢筋绑扎时,操作人员必须系好安全带,并设专人进行监护。绑扎好的钢筋骨架应采用临时支撑加以稳定。绑扎钢筋的绑丝头应弯回至钢筋骨架内侧。

7.1.9 在高处进行钢筋作业时,应按规定搭设防护操作平台和挂安全网并悬挂警示标志,应搭设上下马道或扶梯,严禁沿钢筋骨架攀登上下。

7.1.10 在深槽(坑)进行钢筋作业前,必须检查槽壁的稳定性,槽边不得有易坠物,确认安全后方可作业。

7.1.11 钢筋绑扎、运送和安装,在任何时间、任何场合严禁在同一垂直方向上操作。

7.2　环境保护

7.2.1 对所用机械设备进行检修,防止带故障作业,产生噪声扰民。

7.2.2 要防止人为敲打、叫嚷、野蛮装卸产生噪声等现象。

7.2.3 发电机等强噪声机械必须安装在工作棚内,工作棚四周必须严密围挡。

8　主要应用标准和规范

8.0.1 中华人民共和国行业标准《公路桥涵施工技术规范》(JTG/T F50—2011)

8.0.2 中华人民共和国行业标准《公路工程施工安全技术规程》(JTJ 076—1995)

8.0.3 中华人民共和国行业标准《城市桥梁工程施工与质量验收规范》(CJJ 2—2008)

8.0.4 中华人民共和国国家标准《钢筋混凝土用热轧光圆钢筋》(GB 1499.1—2008)

8.0.5 中华人民共和国国家标准《钢筋混凝土用热轧带肋钢筋》(GB 1499.2—2007)

8.0.6 中华人民共和国国家标准《冷轧带肋钢筋》(GB 13788—2008)

8.0.7 中华人民共和国国家标准《低碳钢热轧圆盘条》(GB/T 701—2008)

8.0.8 中华人民共和国行业标准《环氧树脂涂层钢筋》(JG 3042—1997)

8.0.9 中华人民共和国行业标准《钢筋机械连接通用技术规程》(JGJ 107—2010)

8.0.10 中华人民共和国行业标准《钢筋焊接及验收规程》(JGJ 18—2012)

8.0.11 中华人民共和国行业标准《钢筋焊接网混凝土结构技术规程》(JGJ 114—2003)

编、校:谌洁君　张明锋

225 钢模板安装

(Q/JZM – SZ225 – 2012)

1 适用范围

本施工工艺标准适用于市政桥梁工程中通道台身、立柱、预制梁板等钢筋混凝土结构的构筑物钢模板安装作业。

2 施工准备

2.1 技术准备

2.1.1 详细阅读工程图纸,根据工程结构形式、荷载大小、地基土类别、施工设备和材料供应等条件编制钢模板安装施工方案,确定模板类别、配置数量、流水段划分以及特殊部位的处理措施等。

2.1.2 设计计算模板结构,确保模板、支撑及其辅助配件具有足够的承载能力、刚度和稳定性,能可靠地承受浇筑混凝土的重量、侧压力以及施工荷载;必要时对模板及其支撑体系进行力学计算。

2.1.3 根据设计图纸及工艺标准要求,确定施工方法,向班组进行书面的技术、安全交底,确保施工过程中的工程质量和人身安全。

2.2 材料准备

2.2.1 钢模板:大型钢模板的主要部件有组合钢模板(面板、边框、横竖肋)、模板背楞、支撑架、浇筑混凝土工作平台、对拉螺栓等。

2.2.2 钢模板面板采用6mm热轧钢板,边框采用80mm宽、6~8mm厚的扁钢或钢板,横竖肋采用6~8mm扁钢。

2.2.3 模板背楞采用槽钢;支撑架采用钢管或槽钢焊接而成;工作平台可采用钢管焊接并搭设木板构成;对拉螺栓采用T16×6~20×6的螺栓,长度根据结构具体尺寸而定。

2.2.4 模板面板的配板应根据具体情况确定,一般采用横向或竖向排列,也可以采用横、竖向混合排列。

2.2.5 模板与模板之间采用M16的螺栓连接。

2.2.6 组装后的模板应配置支撑架和工作平台,以确保混凝土浇筑过程中模板体系的稳定性。

2.3 施工机具与设备

锤子、活动扳手、撬棍、电钻、水平尺、靠尺、线坠、爬梯、吊车、磨光机、砂轮机、钢丝刷、电焊机;安全设备、漏电保护器、安全帽;脱模剂、除锈剂等。

2.4 作业条件

2.4.1 确定所建工程的施工流水段划分。

2.4.2 根据工程的结构形式、特点和现场施工条件,合理确定模板施工的流水段划分,以减少模板投入,增加周转次数,均衡各工序工程(钢筋、模板、混凝土)的作业量。

2.4.3 确定模板的配板原则并绘制模板平面施工总图。在总图中标示出各种构件的位置、型号、数量等,明确模板的流水方向、位置以及特殊部位的处理措施,以减少模板种类和数量。

2.4.4 确定模板配板的平面布置及支撑布置。根据工程的结构形式设计模板支撑的布置,标示出支撑系统的间距、数量、模板排列组合尺寸、组装模板与其他模板的关系等。

2.4.5 在对模板配板的平面布置及支撑布置的设计基础上,对其强度、刚度、稳定性进行验算,合格后绘制全套模板设计图;包括模板平面布置配板图、分块图、组装图、节点大样图及非定型拼接件加工图。

2.4.6 轴线、模板线放线,引测水平高程到预留插筋或其他过渡引测点,并做好检测报批手续。

2.4.7 模板底部宜铺垫海绵条堵缝。模板根部应根据高程设置模板承垫方木和海绵条,以保证高程准确和不漏浆。

2.4.8 设置模板定位基准,即在钢筋网距地面50～80mm处,根据模板线按保护层厚度焊接水平支杆,防止模板水平位移。

3 操作工艺

3.1 工艺流程

3.1.1 通道台身墙体模板安装工艺流程:

弹墙体位置线→安装台身内模板→安装一字墙模板→安装外模板→安装对拉螺栓→安装斜撑→墙体及一字墙模板固定→质量检查。

3.1.2 柱模施工工艺流程

搭设安装支架→吊装组拼柱模→检查对角线、垂直度和位置→设置风缆绳→柱模固定→模板安装→质量检查。

3.1.3 梁模板安装施工工艺流程

底模制作→外侧模板打磨→安装外模→安装侧向支撑或对拉螺栓→钢筋绑扎→安装内模→绑扎顶板钢筋→安装顶部对拉螺栓并支撑加固、防内模上浮措施→总体质量检查。

3.2 操作方法

3.2.1 通道台身墙体钢模板安装施工工艺要点

(1)在底板混凝土强度不低于7.5MPa后,可以开始安装台身模板。

(2)立内模前先放样,弹线后搭设钢管扣件支撑。

(3)一字墙模板必须带线立模,同一侧的两个一字墙必须在同一直线上。

(4)安装外侧模板时模板内应设置内支撑,待混凝土浇筑至此位置时,再拆除此支撑,紧固穿墙螺栓。施工过程中要保证相邻模板连接处严密,牢固可靠;拼缝中设置双面胶条,防止出现错台和漏浆现象。

(5)通道台身墙体组合大钢模板的拆除

①在常温下,模板应在混凝土强度能够保证结构不变形、棱角完整时方可拆除;冬季施工时要按照设计要求和施工方案确定拆模时间。

②模板拆除时首先拆下穿墙螺栓,使模板向后倾斜并与墙体脱开。如果模板与混凝土墙面吸附或黏结不能脱离开时,可用撬棍撬动模板下口;不得在台身上口撬模板或用大锤砸模板。应保证拆模时不扰动混凝土墙体,尤其是在拆一字墙模板时不得用大锤砸模板。

③模板拆除后,应清扫模板平台上的杂物,检查模板是否有钩挂兜绊的地方,然后将模板吊出。

④大模板吊至存放地点,必须一次放稳,及时进行板面清理,涂刷隔离剂,防止粘连灰浆。

⑤大模板应定时进行检查和维修,保证使用质量。

3.2.2　柱子大钢模板的安装操作

(1)柱子位置放样要准确,柱子模板的下口用砂浆找平,以保证模板下口的平直。

(2)柱箍要有足够的刚度,防止在浇筑过程中模板变形;柱箍的间距布置合理,一般为600mm或900mm。

(3)风缆绳安装牢固,防止在浇筑过程中柱身整体发生变形。

(4)模板拼缝螺丝安装牢固、严密,可设置双面胶条,以防止漏浆。

(5)组拼柱模的安装:对于高度超过10m的立柱模板安装宜采用现场组拼柱模,将立柱模板就位组拼好,并检查拼缝处每一个螺丝有无松动现象;用定风缆绳将模板拉紧,使之固定;对模板的轴线位移、垂直偏差、对中、扭向等全面校正,并安装保护层垫块。

(6)整体吊装柱模的安装:对于高度低于10m的立柱模板安装宜采用整体吊装;吊装前,先检查整体预组拼的柱模板拼缝、模板打磨情况,连接件、螺丝的数量及紧固程度。检查钢筋笼是否妨碍柱模套装,用铅丝将柱顶筋预先内向绑拢,以利柱模从顶部套入;当整体柱模安装于基准面上时,用四根风缆绳进行拉紧;另一端锚于地面,校正其对中及垂直度后,固定风缆。

(7)柱子模板的拆除:分散拆除柱模时,应自上而下、分层拆除。拆除第一层时,用木锤或带橡皮垫的锤向外侧轻击模板上口,使之松动,脱离柱混凝土。依次拆下一层模板时,要轻击模板边肋,不可用撬棍从柱角撬离。整体拆除柱模时,先拆除风缆绳,然后拆模板拼缝螺丝,用吊车吊紧柱模上部,用撬棍撬离每面柱模,然后用吊车吊离。使用后的模板及时清理,按规格进行码放。

3.2.3　梁体模板安装工艺要点

(1)底模制作:底模可采用水磨石底板,中间预设设计要求的反拱。底模的高度要高出工作场地地面20~30cm,以便侧模安装及拆卸。

(2)外侧模板打磨:对侧模板表面进行打磨,清除模板表面的油污、混凝土渣,并对模板破损处进行修复,确保侧板表面平整;然后对模板表面涂抹脱模剂,抹涂要均匀。

(3)安装外模:腹板钢筋绑扎完毕后,开始安装外侧模,每节模板长为4~6m。外模安装宜从中间向两侧开始安装,安装前在底模侧面设置足够厚度的橡胶条或橡胶管(底模制作时,如采用槽钢口向外,则采用橡胶管,如果底模边采用角钢,则在角钢边粘贴有足够厚度的橡胶条),以防止漏浆;相邻模板的连接必须全部安装螺丝,且拼缝内要设置双面胶条。通过底部螺栓调节侧模板高度(也可采用木楔进行调节)。用对拉螺杆将两侧模板底部进行对拉(位于底座处预埋PVC管)。

(4)安装内模:首先将内模按4~6m分节,在外侧组拼完毕,然后吊入模内。在安装前,在底板及腹板钢筋上均需绑扎保护层垫块,设置间距为每米24块。模板拼装要牢固,线形顺直;模板及模板间采用螺丝拧紧,不可松动。

(5)支撑加固:顶板钢筋绑扎完毕后,即可安装顶部对拉螺杆,顶部对拉杆和底部的对拉杆要同步设置拉紧;同时检查模内尺寸、钢筋保护层等。

(6)防上浮措施:内模顶部设置槽钢进行反压,防止内模上浮;槽钢中部焊有"U"形钢筋顶在内模上,槽钢两端用紧线器拉在地锚环上,等腹板混凝土浇筑完毕开始浇筑顶板时,拆除此槽钢。

(7)梁体模板的拆除

①先拆除内模的拉杆和剪刀撑;然后拆除上下对拉螺杆,并松开地脚螺丝(或木楔),以使外侧模板和混凝土分离开。

②内模模板拆除时,从两端向中间进行拆除,用钢钎轻轻撬动模板拆下第一块,用人工将模板拉出,然后逐块拆除。不得用钢棍或铁锤猛击乱撬。

③外模拆除时,要先用吊钩钩住模板,用钢钎轻轻撬动模板,使模板向外移动,以防模板碰撞翼板。

④拆除后的模板应存放有序,并进行清洗、涂油,防止锈蚀。

4 质量标准

4.0.1 主控项目

（1）模板及其支撑必须有足够的强度、刚度和稳定性,其支撑部分必须有足够的支撑面积。

检查数量:全数检查。

检验方法:对照模板设计文件和施工技术方案观察。

（2）模板拼缝内要设置双面胶条,无错台,拼缝不大于2mm。

检查数量:全数检查。

检验方法:对照模板设计文件和施工技术方案观察。

（3）涂刷模板脱模剂时,不得沾污钢筋与混凝土接茬处。

检查数量:全数检查。

检验方法:观察。

4.0.2 一般项目

（1）梁体模板安装应满足下列要求:

①模板的接缝不应漏浆;在浇筑混凝土前,全面检查拼缝大小、有无错台。

②模板与混凝土的接触面应清理干净并涂刷脱模剂,但不得采用影响结构性能或影响外观质量的脱模剂。

③浇筑混凝土前,模板内的杂物应清理干净。

检查数量:全数检查。

检查方法:观察。

（2）固定在模板上的预埋件、预留孔和预留洞均不得遗漏,且应安装牢固。

检查数量:全数检查。

检验方法:钢尺检查。

（3）钢模板制作允许偏差

模板制作应根据设计要求确定模板的型式及精度要求,在设计无规定时,可按表4.0.2-1执行。

表4.0.2-1 钢模板制作允许偏差

序号	项 目		允许偏差（mm）	检验频率		检验方法
				范围	点数	
1	外形尺寸	长度和宽度	0,－1	每个构筑物或每个构件	4	用钢尺量
		肋高	±5		2	
2	面板端偏斜		0.5		2	用水平尺量
3	连接配件（螺栓、卡子等）的孔眼位置	孔中心与板面的间距	±0.3		4	用钢尺量
		板端中心与板端的间距	0,－0.5			
		沿板长、宽方向的孔	±0.6			
4	板面局部不平		1.0			用2m直尺和塞尺量
5	板面和板侧挠度		±1.0		1	用水准仪和拉线量

（4）模板安装允许偏差

模板安装的允许偏差在设计无要求时,应符合表4.0.2-2规定。

表 4.0.2-2　模板安装允许偏差

序号	项　目		允许偏差（mm）	检验频率		检验方法
				范围	点数	
1	模板内部尺寸	基础	±10	每个构筑物或每个构件	3	用钢尺量,长、宽、高各1点
		墩、台	+5,-8			
		梁、板、墙、柱、桩、拱	+3,-6			
2	轴线偏位	基础	15		2	用经纬仪测量,纵、横向各1点
		墩、台、墙	10			
		梁、柱、拱、塔柱	8			
		悬浇各梁段	8			
		横隔梁	5			
3	支承面高程		+2,-5	每支承面	1	用水准仪测量
4	悬浇各梁段底面高程		+10,0	每个梁段	1	用水准仪测量
5	模板相邻两板表面高低差		2	每个构筑物或每个构件	4	用钢尺量或塞尺量
6	模板表面平整		3		4	用2m直尺和塞尺量
7	预埋件中心线位置		3	每个预埋件	1	用钢尺量
8	预留孔洞中心线位置		8	每个预留孔洞	1	用钢尺量
9	预留孔洞截面内部尺寸		+10,0		1	用钢尺量
10	支架和拱架	纵轴的平面位置	$L/2000$ 且 ≤ 30	每根梁、每个构件、每个安装段	3	用经纬仪测量
		拱架高程	+20,-10		3	用水准仪测量
11	垂直度	墙、柱	$H/1000$,且 ≤ 6	每个构筑物或每个构件	2	用经纬仪或垂线和钢尺量
		墩、台	$H/500$,且 ≤ 20			
		塔柱	$H/3000$,且 ≤ 30			

5　质量记录

5.0.1　测量放样记录。

5.0.2　分项工程质量记录及评定。

6　冬、雨季施工措施

6.1　冬季施工

6.1.1　冬季施工时,大模板背面的保温措施应保持完好。

6.1.2　冬季施工应防止混凝土受冻;当混凝土达到规范规定的拆模强度后方能拆模,否则会影响混凝土质量。

6.2　雨季施工

注意预留钢模板内的排水孔,如遇大雨及时排出内模积水。

7　安全、环保措施

7.1　安全措施

7.1.1　支模过程中应遵守安全操作规程,如遇中途停歇,应将就位的支顶、模板链接稳固,不得空架浮搁。拆模间歇时应将松开的部件和模板运走,防止坠下伤人。

7.1.2　模板安装、拆除过程中要严格按照设计要求的步骤进行,全面检查支撑系统的稳定性,在操作过程中应设置专人指挥。

7.1.3　拆模时,应有防高空坠落及防止模板向外倾倒的措施。

7.1.4　放置模板时应满足自稳要求,两块大模板应采取板面相对的存放方法。

7.1.5　模板起吊前,应检查吊装用绳索、卡具及每块模板上的吊钩是否完整有效,并应拆除一切临时支撑,检查无误后方可起吊;起重工必须持证上岗。

7.2　环境保护

7.2.1　模板所用的脱模剂在施工现场不得乱扔,以防止影响环境质量。

7.2.2　模板内清理、清除的所有杂物,必须按要求集中处治,不得随意倾倒。

7.2.3　模板油(或脱模剂)应按规定的量涂刷,避免多余油迹污染施工现场和周围环境。

8　主要应用标准和规范

8.0.1　中华人民共和国国家标准《混凝土结构工程施工质量验收规范》(GB 50204—2002)

8.0.2　中华人民共和国国家标准《组合钢模板技术规范》(GB 50214—2001)

8.0.3　中华人民共和国行业标准《公路桥涵施工技术规范》(JTG/T F50—2011)

8.0.4　中华人民共和国行业标准《城市桥梁工程施工与质量验收规范》(CJJ 2—2008)

编、校:陈义想　梁万里

226 支架、拱架

（Q/JZM－SZ226－2012）

1 适用范围

本施工工艺标准适用于市政桥梁工程中就地浇筑拱架及支架的施工作业,其他工程项目可参照使用。

2 施工准备

2.1 技术准备

2.1.1 支架、拱架的设计

(1)支架和拱架的设计,应根据结构形式、设计跨径、荷载大小(含风荷载)、地基土类别、施工方法、施工设备、材料供应及有关的设计、施工规范等进行。

(2)支架和拱架的设计应包括下列主要内容:

绘制拱架和支架总装图、细部构造图;

在施工荷载作用下按拱架、支架的结构受力体系,分别验算其强度、刚度及稳定性;编制拱架、支架结构的安装程序;

编制拱架、支架结构的运输、安装、加载、保养、拆卸等有关技术安全措施和注意事项;编制拱架和支架结构的设计说明书。

(3)拱架及支架设计须经批准后方可施工。

2.1.2 支架和拱架的设计应分别编制关键的分项工程专项施工方案;对危险性较大的分部分项工程,应组织专家对专项方案进行论证。

2.2 材料准备

支架、拱架支撑体系所用型钢、钢管、连接件、焊接件、预埋件等的材料、规格、型号应符合设计要求及相关标准规定。

2.3 施工机具与设备

2.3.1 主要施工机具

(1)支架和拱架加工制作设备、焊接设备。

(2)支架和拱架的运输车辆,吊装机械(吊车、塔吊),提升设备(液压、油泵、油缸、千斤顶等),安装工具(扳手、撬杠、手锤等)。

2.3.2 检查检测仪器工具:全站仪、水准仪、水平尺、线坠、靠尺、方尺、盒尺等。

2.4 作业条件

2.4.1 现场道路畅通,施工场地已清理平整,现场用水、用电接通,备有夜间照明设施。

2.4.2 支架和拱架所需的工程材料已备足、进场。

2.4.3 支架体系(排架)安装支设前,基础(基底、平台)坚固、可靠,基础表面已清理。

2.4.4 模板安装（支设）前，测量放线已完成。

2.4.5 地下构筑物调查已完成，地下构筑物的保护措施已落实。

3 操作工艺

3.1 工艺流程

施工准备→基础处理→安装支架（或拱架）、模板→支架（或拱架）预压→使用之后的支架拆除。

3.2 操作方法

3.2.1 支架安装技术要求

（1）支架、拱架必须安置于可靠的基底上或牢固地固定在承台、混凝土扩大基础、桩基础等已建构筑物上，并有足够的支承面积，以及有防水、排水和保护地下管线的措施。支架地基严禁被水浸泡，冬季施工应采取防止冻融引起的冻涨及沉降。

（2）支架、拱架制作宜采用标准化、系列化和通用化的构件拼装。无论使用何种材料的支架和拱架，均应进行施工图设计，并应验算其强度、刚度和稳定性。

（3）市政桥梁工程所用支架体系宜采用集中加工、工厂化生产或在基地内制作，支架体系制作时应按支架设计加工图加工，成品检验合格后方可使用。

（4）支架体系（支撑排架）可用碗扣支架、万能杆件、军用制式器材（军用墩、军用梁）支架、贝雷片或钢桁架组成；支撑排架顶部横托可用方木、型钢等材料，支撑排架底部应垫方木、木板、型钢或可调底座（可调底托）等。

（5）支架、拱架的弹性变形、非弹性变形和地基沉陷等形成的沉降，都必须在混凝土浇筑之前采取有效的措施予以消除，以保证工程结构和构件各部形状尺寸和相互位置的正确。支（拱）架还应有高程的调整措施。

3.2.2 支架基础基底处理

（1）支架的支承部分必须安置于可靠的基底（地基）上。基底不得受水浸泡和受冻，基底下的淤泥必须清除干净，其他不符合施工方案规定要求的杂物必须清理干净。支架基础应高于现状地面，支架周边应设置排水措施。

（2）采用换填法进行基底处理时，应先将地基表面不适宜材料彻底清理干净，然后铺筑换填材料；每层松铺厚度不应大于300mm，摊铺时用推土机推平，然后用压路机碾压，人工配合施工，压实度和平整度等指标达到专项施工方案规定要求。

（3）采用压实法进行基底处理时，应先将地基表面不适宜材料彻底清理干净，用推土机推平，然后用压路机碾压，人工配合施工；压实度和平整度等指标达到专项施工方案规定要求。

3.2.3 支架基础

（1）支架基础形式应本着经济、施工方便的原则通过计算确定，一般可采用原状地基土、稳定粒料基底、混凝土或钢筋混凝土底板、混凝土或钢筋混凝土条形基础及桩基础等形式，以及铺设枕木、木板、方木、型钢等方法。

（2）当采用钢筋混凝土基础时，其断面尺寸及强度等级应依据施工荷载及地基情况等因素计算确定。

（3）当采用枕木、木板或型钢等作基础时，枕木、木板或型钢规格应依据施工荷载及地基情况等因素计算确定，但其顶宽不宜小于200mm。

3.2.4 碗扣式钢管支架安装

碗扣式钢管支架的设计、施工、安装及安全技术措施应符合《建筑施工扣件式钢管脚手架安全技术规范》（JGJ 130—2011）的规定。

(1)支架安装前必须依照施工图设计、现场地形、浇筑方案和设备条件等编制施工方案,按施工阶段荷载验算其强度、刚度及稳定性,报批后实施。

(2)横桥向按照支架的拼装要求,严格控制立杆的垂直度以及扫地杆和剪力撑的数量和间距。顺桥向支架和墩身(或台身)连接,以抵消顺桥向的水平力。

(3)碗扣式支架的底层组架最为关键,其组装质量直接影响支架整体质量,要严格控制组装质量;在安装完最下两层水平杆后,应首先检查并调整水平框架的方正和纵向直顺度;其次应检查水平杆的水平度,并通过调整立杆可调底座使水平杆的水平偏差小于$L/400$(L为水平杆长度);同时应逐个检查立杆底脚,并确保所有立杆不悬空和松动;当底层架子符合搭设要求后,检查所有碗扣接头并锁紧。在搭设过程中应随时注意检查上述内容,并予以调整。

(4)支架搭设应严格控制立杆垂直度和水平杆水平度,整架垂直度偏差不得大于$h/500$(h为立杆高度),但最大不超过100mm;纵向直线度应小于$L/200$(L为纵向水平杆总长)。

(5)纵、横向应每5~7根立杆设剪刀撑一道,每道宽度不小于4跨且不应小于6m,与地面的夹角宜控制在45°~60°之间,在剪刀撑平面垂直方向应每3~5排设一组;剪刀撑与水平杆或立杆交叉点均应采用旋转扣件扣牢;钢管长度不够时可用对接扣件接长;剪刀撑的设置须上到顶下到底,剪刀撑底部与地基之间应垫实,以增强剪刀撑承受荷载的能力。

(6)支架应设专用螺旋千斤顶托,用于支模调整高程及拆模落架使用。顶托应逐个顶紧,达到所有立杆均匀受力;顶托的外悬长度不应小于50mm,且不宜大于自身长度的1/2。

(7)顶排水平杆至底模距离不宜大于500mm。

(8)支架高度超过其宽度5倍时,应设缆风绳拉牢。

3.2.5 军用制式器材的拼装

(1)军用墩的拼装:拼装前要检查基础顶面平整度,其误差要不大于3mm。为减少高空作业量,拼装立柱前应上满接头板;立柱安装过程中随时检查立柱的垂直、方正与水平,立柱安装完毕后紧接着上拉撑。军用墩顶架设垫梁,立柱与垫梁间上满螺栓,垫梁挑出梁体外边缘1m,作为施工完毕后军用梁的吊卸平台;垫梁上铺设枕木以便与军用梁柔性铰接。

(2)军用梁的拼装:施工前先搭设组装平台,将标准构件拼装成整体后,用汽车吊提升至支墩顶,按设计位置就位。军用梁按简支梁使用,其支点放置在端构架的竖杆处。

(3)墩梁式支架的整体性处理:墩梁式支架通常采用军用梁或贝雷片作为纵梁,军用墩或其他形式支墩作为临时支墩。军用梁或贝雷片作为受力纵梁,其横向刚度通常较弱,在使用前,军用墩采用型钢和U形卡将各片连接成整体,军用梁全部吊装就位后安装联系杆,使各片梁予以固定。然后沿梁横向铺设钢枕,钢枕两端挑出梁体外边缘各1m作为施工作业平台。

3.2.6 钢支架(组合钢支柱、钢桁架)

(1)组合钢支柱在组装前,应根据平面施工图支撑点的分布进行测量放线;对单元柱、顶托进行质量检查,不准使用有开裂、锈蚀或长度不够的部件。对每个可调顶托要注入润滑油,保持旋转灵活。

(2)为了保证组合钢支柱的安全、稳定、可靠,在施工时,单列横向间距不宜超过3m,纵向间距不超过4.5m。单根组合钢支柱高度,最高不宜超过8m。

(3)组合钢支柱一般采用人工配合吊车安装。每个单元柱采用绳索吊运,单元柱吊运时下方严禁站人。下层组装支搭完成后,作业面必须支搭临时脚手架、铺脚手板,方可进行上层支搭。组合钢支柱支搭组装施工,应按排、列顺序施工,每排第一层组装时,应随支随用水平钢管拉杆连接牢固。当高度达到4m时,必须在纵、横两个方向钢柱的排距间加剪刀撑,以保证支撑系统下部的稳定可靠。

(4)当组合钢支柱支撑达到设计高程时,上部顶托必须用水平拉杆加固。吊放钢桁架或工字钢后,应采用连接板、连接螺栓或U形螺栓固定。钢桁架采用在基地(加工厂)内组合,人工配合吊车现场安装。

3.2.7 钢拱架

常备式钢拱架纵、横向应根据实际情况进行合理组合,以保证结构的整体性。钢管拱架排架的纵、横距离应按承受拱圈自重计算,各排架顶部高程应符合拱圈底的轴线要求。

3.2.8　安装拱架前,应对拱架立柱和拱架支承面进行详细检查,准确调整拱架支承面和顶部高程,并复核跨度,确认无误后方可进行安装。各片拱架在同一节点的高程应尽量一致,以便于拼装平联杆件。在风力较大的地区,应设置风缆。

3.2.9　支架、拱架结构应稳定、坚固,应能抵抗在施工过程中有可能发生的偶然冲撞和振动,架立时应遵守以下要求:

(1)支架立柱必须落在有足够承载力的地基或支架基础上,立柱底端应放置垫木或混凝土预制块来分布和传递压力,应保证浇筑混凝土后不发生超过允许的沉降量。支架地基严禁被水浸泡,冬季施工必须采取措施防止冻融引起的冻胀及沉降。

(2)支架安装可从盖梁一端开始向另一端推进,也可从中间开始向两端推进,工作面不宜开设过多且不宜从两端开始向中间推进,应从纵横两个方向同时进行,以免支架失稳。

(3)施工用的支架及便桥不得与结构物的拱架或支架连接。支架通行孔的两边应加护桩,夜间应用灯光标明行驶方向。施工中易受漂流物冲撞的河中支架应设牢固的防护设施。

(4)安设支架过程中,应随安装进度架设临时支撑,确保在施工过程中支架、拱架的牢固和稳定,待施工完后再拆除临时支撑。

3.2.10　当支架和拱架的高度大于5m时,可使用桁架支模或多层支架支模。当采用多层支架支模时支架的横垫板应平整,支柱应铅直,上下层支柱应在同一中心线上。

3.2.11　支架的立柱在排架平面内和平面外均应有水平横撑及斜撑(或剪刀撑),水平横撑及斜撑应根据支架形式全高布置,斜撑与水平交角以45°左右为宜。立柱高度在5m以内时,水平撑不少于两道,立柱高于5m时,水平撑间距应不大于2m,并在两横撑之间加双向剪刀撑,保持支架稳定。高度在20m以上的高支架宜采用大型型钢制作成的装配式钢桁节,现场拼装成桁架梁和塔架。

3.2.12　为便于拆除拱架和支架,可根据跨度大小采用如下方法:板式桥、梁式桥和拱桥的跨径不超过10m者可用木楔法。梁式桥跨径不超过30m或跨径为10~15m的拱桥,宜用木凳或砂箱法,跨径大于30m的梁式桥或跨径大于15m的拱桥宜用砂箱法或其他设备。

3.2.13　支架或拱架安装完后应对其平面位置、顶部高程、节点联系、各向稳定性进行全面检查,符合要求后方可进行下一道工序。

3.2.14　工厂化生产的定型产品支架,架设时应遵守产品说明书规定。

3.2.15　拆除期限的原则规定:支架和拱架拆除的时间应根据结构物的特点、部位和混凝土所达到的强度决定。

3.2.16　浆砌片石、混凝土砌块拱桥拱架的卸落应符合下列要求:

(1)浆砌片石、混凝土砌块拱桥应在砂浆强度达到设计要求强度后才能卸落拱架;设计未规定时,砂浆强度须达到设计标准值的80%以上。

(2)跨径小于10m的拱桥宜在拱上建筑全部完成后才能卸落拱架;中等跨径实腹式拱桥宜在护拱砌完后卸落拱架;大跨径空腹式拱桥宜在主拱上小拱横墙砌好(未砌小拱圈)时卸落拱架。

(3)当需要进行裸拱卸落拱架时,应对主拱圈进行强度及稳定性验算并采取必要的稳定措施。

3.2.17　拆除时的技术要求

(1)支架拆除应按设计规定的程序进行;设计无要求时,应遵循先支后拆、后支先拆的顺序;拆卸时严禁抛扔。

(2)卸落拱架和支架,应按施工组织设计规定的程序进行;分几个循环卸完,卸落量开始时宜小,以后逐渐增大;拱架和支架横向应同时卸落,纵向应对称均衡卸落。在拟定卸落程序时应按下列要求:

①在卸落前应在卸架装置上画好每次卸落量的标记。

②满布式拱架卸落时,可从拱顶向拱脚依次循环卸落,拱式拱架可在支座处同时卸落。

③简支梁、连续梁宜从跨中向支座处依次循环卸落;悬臂梁应先卸挂梁及悬臂的支架,再卸无铰跨内的支架。

④多孔拱桥卸架时,若桥墩允许承受单向推力,可单孔卸落,否则应多孔同时卸落,或各连续孔分阶段卸落。

⑤卸落拱架时,应设专人用仪器观测拱圈挠度和墩台变位情况并详细记录。

3.2.18 卸落支架、拱架时不得用猛烈敲打和强扭等方法。支架和拱架拆除后,应维护整理,分类妥善存放。

4 质量标准

4.0.1 主控项目

(1)支架和拱架应符合下列规定:

①支架和拱架必须满足稳定性、刚度、强度要求,能可靠地承受施工荷载。

②支架和拱架应按施工组织设计、专项施工方案支搭和安装。

③支架和拱架拆除的顺序及安全措施应按施工方案执行。

检查数量:全数检查。

检验方法:对照施工组织设计、专项施工方案观察检查,检查施工记录。

(2)承重模板、支架和拱架的拆除,其混凝土必须达到设计规定的强度。

检查数量:全数检查。

检验方法:检查同条件养护的试件报告。

(3)浆砌片石、混凝土砌块拱桥拱架的卸落应符合设计要求和本规程的规定。

检查数量:全数检查。

检验方法:对照专项施工方案检查。

4.0.2 一般项目

支架和拱架安装允许偏差见表4.0.2。

表4.0.2 支架和拱架安装允许偏差

序号	项 目		允许偏差(mm)	检 验 频 率		检 查 方 法
				范围	点数	
1	支架、拱架	纵轴线的平面偏位	$L/2000$ 且≤30	每个安装段	3	用经纬仪测量
2	拱架	高程	+20,-10		3	用水准仪测量

5 质量记录

5.0.1 测量复核记录。

5.0.2 支架、拱架原材料产品合格证、进场检验记录和原材料试验报告。

5.0.3 支架、拱架加工制作检验记录。

5.0.4 支架、拱架,支撑体系(外购、外租)成品进场检验记录。

6 冬、雨季施工措施

6.1 冬季施工

支架、拱架冬季施工应注意大风影响,达到6级及以上风力时应禁止作业。

6.2　雨季施工

支架、拱架的施工应禁止在雨天作业。

7　安全、环保措施

7.1　安全措施

7.1.1　支架、拱架、模板及支撑体系必须在施工前进行设计,其强度、刚度、稳定性必须符合规定要求,必须考虑拆除安全,并对拆除程序进行规定。

7.1.2　支搭、拆除施工应由专业架子工担任,并按国家相关标准考核合格,持证上岗。凡不适于高空作业者,不得操作。支搭拆除施工,施工人员必须戴安全帽、系安全带、穿防滑鞋。

7.1.3　6级及6级以上大风和雨、雪、雾天气,应停止作业。

7.1.4　支架及模板支搭完成后,应建立安全、质量检查验收制度,安全质量标准必须达到施工组织设计的要求。

7.1.5　支架和拱架安装完成后,应对节点和各向支撑进行检查,符合安全规定,方可进行下道工序。

7.1.6　标准模板应具有出厂检验合格证;非标准模板在使用前应进行荷载试验,符合设计要求后方可使用。工具式脚手架及配件应具有出厂合格证,其抗拉强度、伸长值、屈服点应符合设计要求。钢管和扣件不得有裂纹、气孔、砂眼、疏松或其他影响使用性能的缺陷。钢管应涂有防锈漆。旧扣件使用前,应进行质量检查,并进行防锈处理。有裂缝或变形的,严禁使用。出现滑丝的螺栓必须更换。

7.1.7　严禁在高压线下设置各种模板、拱架、支架及支撑件堆放场地或各种模板、拱架、支架作业区。

7.1.8　支立排架时应由专人指挥,立柱应竖直,随支随撑,调整安装完成后,必须及时紧固形成整体。

7.1.9　组合钢支柱、钢管支架必须按专项施工组织设计(专项施工方案)的规定架设。

7.2　环境保护

7.2.1　原材料、半成品均摆放整齐有序,保持工作现场整洁。施工结束后场地清理干净,不得遗留杂物。

7.2.2　控制施工现场的噪声;在市区施工运输车辆进入场地禁止鸣笛;材料装卸要轻拿轻放,减少噪声污染。

8　主要应用标准和规范

8.0.1　中华人民共和国行业标准《公路桥涵施工技术规范》(JTG/T F50—2011)

8.0.2　中华人民共和国行业标准《城市桥梁工程施工与质量验收规范》(CJJ 2—2008)

8.0.3　中华人民共和国行业标准《建筑施工高处作业安全技术规范》(JGJ 80—1991)

8.0.4　中华人民共和国行业标准《公路工程施工安全技术规程》(JTJ 076—1995)

8.0.5　中华人民共和国行业标准《建筑施工碗扣式脚手架安全技术规范》(JGJ 166—2008)

编、校:张红芹　张明锋

第三篇　市政管道工程

301　明排井降水

（Q/JZM－SZ301－2012）

1　适用范围

本施工工艺标准适用于市政工程施工中以下情况的基坑降水：

1.0.1　不易产生流沙、流土、浅蚀、管涌、掏空、塌陷等现象的黏性土、砂土、碎石土的地层，渗透系数小于5m/d。

1.0.2　基槽地下水位浅，水量小。

1.0.3　能采取其他措施稳定槽坡、槽底时，如支撑、盲沟、防渗墙等。

1.0.4　施工场地宽阔，槽上通行便利，排水井组容易设置。

2　施工准备

2.1　技术准备

2.1.1　收集施工现场地质勘察和水文地质资料等，并根据以往降水资料、技术资料和排水井布置原则进行降水设计。

2.1.2　明确降水任务，编写专项施工技术方案并对操作人员进行技术、安全交底。

2.2　材料准备

碎石或卵石、砖、挡土板、混凝土排水管。

2.3　施工机具与设备

2.3.1　主要施工机具

(1)挖掘设备：挖土机、平头铁锹、手锤、手推车、梯子、铁镐、撬棍、钢尺。

(2)抽水设备：离心泵或潜水泵，特殊情况可采用深井泵。

(3)计量设备：宜选用明渠堰槽计量设施或电磁流量计等。

2.3.2　测量检测仪器

全站仪、水准仪、钢卷尺等。

2.4　作业条件

施工现场应落实通水、通电、通路和整平场地，并已满足设备、设施就位和进出场条件。

3　操作工艺

3.1　工艺流程

3.1.1　集水沟开挖→底部、侧壁塑土夯实或砖砌；

3.1.2　排水井开挖→封底→下管→进水口制作→安放抽水设备→试抽→正式抽水。

3.2 操作方法

3.2.1 沿排水沟纵向每隔30～50m设置一个小跨井,每隔75～150m设置大型排水井以便用水泵将水排出基槽外。小跨井采用人工挖井,井需跨在槽底边外,井深0.5～1.0m。土质较好时采用自然削壁;土质如出现砂性或涌水量较大时,需采用混凝土花管或无砂混凝土管保护井壁。

3.2.2 普通排水井采用人工挖井,井深2m左右。土质较好时采用自然削壁;土质较差如出现砂性或涌水量较大时,可采用密板桩或企口板桩作为井身支撑,边挖井边打入或边打入边挖井。

3.2.3 排水井开挖后要立即封底,排水井封底必须迅速准确,防止涌塌。封底可采用木盘麻袋,上压块石或铺设卵石、碎石。

3.2.4 集水沟可根据地层选择自然沟、梯形或V形明沟;采用铁或混凝土排水管(管径为200～500mm)时,应离开坡脚0.3m左右,坡度为0.1%～0.5%。

3.2.5 进水口连接排水沟与排水井,施工采用梯形断面,根据排水沟的深度确定进水口深度,深度一般为20～30cm,进水口长度大于1.2m。

3.2.6 进水口侧壁采用短板支撑,或采取别的措施防止塌移。进水口也可采用无砂混凝土管,管口覆盖卵石。进水口与排水井之间做提拉板门控制进水量。

3.2.7 排水井、进水口、排水沟组成排水井排水系统,施工完毕后安放水泵进行试抽,试抽满足要求后进行正式抽水。

4 质量标准

4.0.1 主控项目
结构尺寸符合降水设计要求,并严禁扰动基础。

4.0.2 一般项目
排水沟纵坡宜控制在0.3以上。
检查方法:目测坑内不积水,沟内排水畅通。

5 质量记录

5.0.1 排水井布置图。

5.0.2 试抽记录。

6 冬、雨季施工措施

6.1 冬季施工

冬季施工应对水泵机组和管路系统采取防冻措施,停泵后必须立即把内部积水放净。

6.2 雨季施工

6.2.1 雨季施工需连续作业,材料供应必须及时,不得停工待料。

6.2.2 雨季施工应做好地下水位监测工作,防止地下水位突变,影响降水施工。

7 安全、环保措施

7.1 安全措施

7.1.1 排水井上部支撑必须牢固,随时注意观察支撑的变化,防止塌移;并做好交通组织,保证抽水设备安装、维护、排水井掏挖方便。

7.1.2　注意疏通上部排水沟,保证抽出去的水不致反流或反渗回沟槽。

7.1.3　注意泵座、井身的稳定,观察水质的变化,防止井壁水土流失而毁井。应保持清水抽升,不准井壁渗流泥沙或由于存水量不足而扰动井底,随时调整泵的抽水量。

7.1.4　进水口应加固支撑,防止塌槽。

7.1.5　排水井应安全、防雨、防漏电,保证运行安全、连续。

7.2　环保措施

7.2.1　应在每一排水口处修建容积不小于 $4m^3$ 的沉砂池,所有外排水都应经过沉砂池。

7.2.2　施工降水终止抽水后,集水沟以及排水井所留孔洞应及时用砂石等填实;地下水静水位以上部分,可采用黏土填实。

8　主要应用标准和规范

8.0.1　中华人民共和国国家标准《建筑地基基础工程施工质量验收规范》(GB 50202—2002)

8.0.2　中华人民共和国国家标准《给水排水管道工程施工及验收规范》(GB 50268—2008)

8.0.3　中华人民共和国国家标准《工程测量规范》(GB 50026—2007)

编、校:黄文卓　黄昆

302　管井井点降水

（Q/JZM - SZ302 - 2012）

1　适用范围

本施工工艺标准适用于市政工程施工中以下地质情况的基坑降水：

1.0.1　第四系含水层厚度大于 5.0m。

1.0.2　基岩裂隙和岩溶含水层厚度小于 5.0m。

1.0.3　含水层渗透系数 k 值大于 1.0m/d。

2　施工准备

2.1　技术准备

2.1.1　明确降水任务，编写施工技术方案并对操作人员进行技术、安全交底。

2.1.2　收集降水资料

（1）地质勘察资料齐全，包括施工现场水文地质条件。

（2）工程基础平面图、剖面图，包括相邻建筑物、构筑物位置及基础资料；基坑、基槽开挖支护设计和施工现状。

（3）降水设计

①确定降水井位置、计算基坑涌水量和降水深度；

②编制降水工程量统计表、设备材料表、加工计划表、工期安排表、工程概预算表；

③绘制降水施工布置图、降水设施结构图、降水水位预测曲线平面与剖面图。

2.2　材料准备

2.2.1　壁厚不小于 8mm 的无缝钢管、焊接钢管、铸铁管或钢筋混凝土管均可用作井身。

2.2.2　填料过滤器骨架可采用穿孔管、穿孔缠丝管或钢筋骨架缠丝管。

2.2.3　填料采用大小均匀砾石，直径为 5～10mm。

2.3　施工机具与设备

根据施工现场地质条件以及管井设计，成孔采用回转钻机、冲击钻机、正反循环钻机、潜水泵、流量计、滤水井管、吸水管等。

2.4　作业条件

施工现场应落实通水、通电、通路和整平场地，并应满足设备、设施就位和进出场条件。

3　操作工艺

3.1　工艺流程

井位放线→钻孔→井孔清洗→封底下管→填砾石→洗井→安放潜水泵→试抽→正式抽水。

3.2　操作方法

3.2.1　成孔钻进方法的选择应综合考虑地层岩性、井身结构和钻进工艺等因素。例如,砂土类及黏性土类松散层宜采用回转钻进;碎石土类松散层宜采用冲击钻进;除漂石、卵石外的松散层以及基岩地质条件下宜采用反循环钻进。

3.2.2　在松散破碎或水敏性地层中钻进一般采用泥浆护壁。泥浆的性能应根据地层的稳定情况、含水层的富水程度及水头高低、井的深浅以及施工周期等因素确定;制作泥浆应测定相对密度、含砂量、黏度、失水量四项泥浆指标。

3.2.3　制作泥浆宜采用膨润土;当制作的泥浆性能不能满足钻进要求时应对泥浆进行处理。

3.2.4　在松散层覆盖的基岩中钻进上部松散层及下部易坍塌岩层可采用管材护壁,护壁管需要起拔时,每套护壁管与地层的接触长度宜小于40m。

3.2.5　钻孔达到设计深度后宜多钻0.3~0.5m,经质量检验合格后应立即清孔,接着下管进行井管安装。

3.2.6　井管安装前应作好下列准备工作:

(1)检查井身的圆度和深度,井身直径不得小于设计井径,井深偏差不得超过设计井深的±0.2%。

(2)泥浆护壁的井身除自流井外应先清理井底沉淀物并适当稀释泥浆。

3.2.7　下管方法应根据下管深度、管材强度及钻探设备等因素选择。

(1)井管自重浮力不超过井管允许抗拉力或钻探设备安全负荷时宜用直接提吊下管法。

(2)井管自重浮力超过井管允许抗拉力或钻机安全负荷时宜用托盘下管法或浮板下管法。

(3)井身结构复杂或下管深度过大时宜用多级下管法。

3.2.8　井管安装方法根据管道材质和下管方法选用不同的连接方法;主要连接方法有:管箍丝扣连接、对口拉板焊接和螺栓连接。

3.2.9　下管注意事项:

(1)提吊井管时要轻拉慢放,下管受阻时应查明原因,不得强行压入。

(2)提吊井管前应检查管材的质量,采用管箍连接应检查接口螺纹,焊接连接钢管应检查坡口及管道垂直度。

(3)井口垫木应用水平尺找平、放置稳定;管卡子必须紧靠管箍或管台,下管时注意使井管居于井口正中,避免倾斜。

3.2.10　下管后应注入清水,稀释泥浆相对密度接近1.05后,投入滤料不少于计算量的95%,滤料填至含水层顶板以上3~5m。

3.2.11　填砾应一次填完,如有特殊情况需间断填砾,时间不应超过1h。

3.2.12　填砾方法一般采用静水填砾法或循环水填砾法,必要时可采用管道将砾石送入井内。

3.2.13　填砾时砾石应沿井管四周均匀连续地填入,填砾的速度应适当,随填随测填砾深度,发现砾石中途堵塞应及时排除。

3.2.14　对要求井管外永久性封闭部位,一般采用黏土球封闭,其方法与填砾方法相同,但应注意防止因黏土球受压缩而错位,一般应比实际封闭需要的多填25%左右。

3.2.15　安装水泵前应进行洗井,洗井介质应根据地质特点与施工条件合理选择。例如黏土稳定地层采用清水洗井,松散破碎或水敏性地层采用泥浆洗井,用大泵量冲洗泥浆,减少沉淀。渗漏地层缺水地区采用空气洗井,富水地层严重漏失地层采用泡沫洗井。

3.2.16　完成管井施工和洗井后,应进行单井试验性抽水,目的在于检验管井的出水性能。试抽满足设计要求后,正式进行抽水。

(1)试验抽水的下降次数为1次,抽水量不小于管井设计出水量。

(2)稳定抽水时间为6~8h。

(3)试验抽水稳定标准:在抽水稳定的连续时间内,井的出水量、动水位仅在一定范围内波动,没有持续上升或下降的趋势,即可认为抽水已稳定。

(4)试验抽水结束前,应进行井水含砂量测定,井水含砂量应小于1/20 000(体积比)。

4　质量标准

4.0.1　主控项目

管井应按国家现行的有关规定进行验收。井身质量应符合下列要求:

(1)井身应圆正。

(2)井的顶角及方位角不能突变。

4.0.2　一般项目

(1)实测井管的斜度不能超过1°。

(2)检查井身的圆度和深度,井身直径不得小于设计井径。

(3)井管内沉淀物的高度应小于井深的0.5%。

5　质量记录

5.0.1　管井出水量测定。

5.0.2　试抽记录。

6　冬、雨季施工措施

6.1　冬季施工

冬季施工应做好主干管保温,防止受冻。

6.2　雨季施工

6.2.1　雨季施工时,基坑周围上部应挖好截水沟,防止雨水流入基坑。

6.2.2　雨季施工应做好地下水位监测工作,防止地下水位突变,影响降水施工。

7　安全、环保措施

7.1　安全措施

7.1.1　对降水影响范围内的地上、地下建筑物加强监测:

(1)加强水位观测,使靠近建筑物的深井水位与附近水位之差保持不大于1.0m,防止建筑物出现不均匀沉降。

(2)在建筑物、构筑物、地下管线受降水影响范围的不同部位应设置固定变形观测点,观测点不宜少于4个,观测点的设置应符合有关规范的规定。另在降水影响范围以外应设置固定基准点。

(3)降水前应对设置的变形观测进行二等水准测量,测量不少于2次,测量误差允许为±1mm。

(4)降水开始后,在水位未达到设计深度以前,对观测点应每天观测一次,达到降水深度以后可每2~5d观测1次,直至变形影响稳定或降水结束为止;对重要建筑物和构筑物在降水结束后15d内应连续观测3次,查明回弹量。

7.1.2　施工现场应采用两路供电线路或配备发电设备,正式抽水后干线不得停电、停泵。

7.1.3 定期检查电缆密封的可靠性,以防磨损后水渗入电缆芯内,影响正常运转。

7.1.4 符合有关安全施工技术规范的规定,严禁带电作业。

7.1.5 降水期间,必须24h有专职电工值班,持证操作。

7.2 环保措施

7.2.1 含泥沙的污水应在污水出口处设置沉淀池或用泥浆车及时运出场外;池内泥砂应及时清理,并做妥善处理,严禁随地排放。施工单位应在每一排水口处修建容积不小于4m³的沉砂池,所有外排水都应经过沉砂池。

7.2.2 施工期间应加强环境噪声的监测,并指定专人负责实施噪声监测;监测设备应校准、检定合格,且在有效期内。测量方法、条件、频度、目标、指标、测点的确定等需符合有关国家噪声管理规定。对噪声超标有关因素及时进行调整,发现不符合时,应采取纠正与预防措施,并做好记录。

7.2.3 泥浆车及车轮携带物应及时进行清洗,洗车污水应经沉淀后排出。

7.2.4 井点降水终止抽水后,降水井及拔出井管所留孔洞,应及时用砂石等填实;地下水静水位以上部分,可采用黏土填实。

8 主要应用标准和规范

8.0.1 中华人民共和国行业标准《建筑与市政降水工程技术规范》(JGJ/T 111—1998)

8.0.2 中华人民共和国国家标准《工程测量规范》(GB 50026—2007)

8.0.3 中华人民共和国国家标准《给水排水管道工程施工及验收规范》(GB 50268—2008)

编、校:张希博 王艮洲

303　轻型井点降水

（Q/JZM – SZ303 – 2012）

1　适用范围

本施工工艺标准适用于市政工程施工中以下地质条件的基坑降水：

1.0.1　黏土、粉质黏土、粉土的地层；

1.0.2　基坑(槽)边坡不稳,易产生流土、流沙、管涌等现象；

1.0.3　基坑场地有限或在涵洞、水下降水的工程,根据需要可采用水平、倾斜井点降水。

2　施工准备

2.1　技术准备

2.1.1　明确降水任务,编写施工技术方案并对操作人员进行技术、安全交底。

2.1.2　详细查阅工程地质勘察报告,了解工程地质情况,分析降水过程中可能出现的技术问题和采取的对策。

2.1.3　凿孔设备与抽水设备检查。

2.2　材料准备

2.2.1　滤管:$\phi 38 \sim 55$mm,壁厚3.0mm无缝钢管或镀锌管,长2.0m左右;一端用厚为4.0mm钢板焊死,在此端1.4m长范围内,在管壁上钻$\phi 15$mm的小圆孔,孔距为25mm,外包两层滤网,滤网采用编织布,外再包一层网眼较大的尼龙丝网,每隔$50 \sim 60$mm用10号钢丝绑扎一道;滤管另一端与井点管进行联结。

2.2.2　井点管:$\phi 38 \sim 55$mm,壁厚为3.0mm无缝钢管或镀锌钢管,或者采用无砂混凝土管。

2.2.3　连接管:透明管或胶皮管与井点管和总管连接,采用8号钢丝绑扎,应扎紧以防漏气。

2.2.4　总管:钢管选用由抽水量确定,用法兰盘加橡胶垫圈连接,防止漏气、漏水。

2.2.5　蛇形高压胶管:压力应达到1.50MPa以上。

2.2.6　粗砂与豆石:不得采用中砂,严禁使用细砂,以防堵塞滤管网眼。

2.3　施工机具与设备

2.3.1　抽水设备:根据设计配备离心泵、真空泵或射流泵,以及机组配件和水箱。

2.3.2　移动机具:自制移动式井架、牵引力为6t的绞车。

2.3.3　凿孔冲击管:$\phi 219 \times 8$mm的钢管,其长度为10m。

2.3.4　水枪:$\phi 50 \times 5$mm无缝钢管,下端焊接一个$\phi 16$mm的枪头喷嘴,上端弯成大约直角,且伸出冲击管外,与高压胶管联结。

2.3.5　高压水泵:100TSW—7高压离心泵,配备一个压力表,作下井管之用。

2.3.6　计量装置宜选用电磁流量计。

2.4　作业条件

施工现场应落实通水、通电、通路和整平场地,并应满足设备、设施就位和进出场条件。

3　操作工艺

3.1　工艺流程

井点放线定位→凿孔安装(埋设)井点管→布置安装总管→灌填滤料→井点管与总管连接→安装抽水设备→试抽→正式投入降水程序。

3.2　操作方法

3.2.1　根据测量控制点,测量放线确定井点位置,然后在井位先挖一个小土坑,深大约500mm,以便于冲击孔时集水、埋管时灌砂,并用水沟将小坑与集水坑连接,以便于排泄多余水。

3.2.2　用绞车将简易井架移到井点位置,将套管水枪对准井点位置,启动高压水泵,水压控制在0.4～0.8MPa,在水枪高压水射流冲击下套管开始下沉,并不断地升降套管与水枪。一般含砂的黏土,按经验,套管落距在1 000mm之内。在射水与套管冲切作用下,大约在10～15min时间之内,井点管可下沉10m左右。若遇到较厚的纯黏土时,沉管时间要延长,此时可采取增加高压水泵的压力,以达到加速沉管的速度。冲击孔的成孔直径应达到300～350mm,保证管壁与井点管之间有一定间隙,以便于填充砂石。冲孔深度应比滤管设计安置深度低500mm以上,以防止冲击套管提升拔出时部分土塌落,并使滤管底部存有足够的砂石。

3.2.3　凿孔冲击管上下移动时应保持垂直,这样才能使井点降水井壁保持垂直。若在凿孔时遇到较大的石块和砖块,会出现倾斜现象,此时成孔的直径也应尽量保持上下一致。

3.2.4　井孔冲击成型后,应拔出冲击管,通过单滑轮,用绳索拉起井点管插入。井点管的上端应用木塞塞住,以防砂石或其他杂物进入,并在井点管与孔壁之间填灌砂石滤层。该砂石滤层的填充质量直接影响轻型井点降水的效果,应注意以下几点:

(1)砂石必须采用粗砂或豆石,以防止堵塞滤管的网眼。

(2)滤管应放置在井孔的中间,砂石滤层的厚度应在60～100mm之间,以提高透水性,并防止土粒渗入滤管堵塞滤管的网眼。填砂厚度要均匀,速度要快,填砂中途不得中断,以防孔壁塌土。

(3)滤砂层的填充高度,至少要超过滤管顶以上1 000～1 800mm,一般应填至原地下水位线以上,以保证土层水流上下畅通。

(4)井点填砂后,井口以下1.0～1.5m用黏土封口压实,防止漏气而降低降水效果。

3.2.5　冲洗井管

将φ15～30mm的胶管插入井点管底部进行注水清洗,直至流出清水为止。应逐根进行清洗,避免出现"死井"。

3.2.6　管路安装

首先沿井点管线外侧,铺设集水毛管,并用胶垫螺栓把干管连接起来,主干管连接水箱水泵;然后拔掉井点管上端的木塞,用胶管与主管连接好,再用10号钢丝绑好,防止管路不严、漏气,而降低整个管路的真空度。主管路的流水坡度按坡向泵房0.5%的坡度并用砖将主干管垫好,并做好冬季降水防冻、保温。

3.2.7　检查管路

检查集水干管与井点管连接的胶管各个接头,并在正式运转抽水之前进行试抽,以检查抽水设备运转是否正常、管路是否存在漏气现象。如有漏气现象,应重新连接或用油腻子堵塞,重新拧紧法兰盘螺栓和胶管的钢丝,直至不漏气为止。为了观测降水深度是否达到施工组织设计所要求的降水深度,在基坑中心设置一个观测井点,以便于通过观测井点测量水位,并描绘出降水曲线。在试抽时,可在水泵进水管上安装一个真空表,在水泵的出水管上,安装一个压力表,以检查整个管网的真空度,应达到550mmHg(73.33kPa),方可进行正式抽水。

3.2.8　抽水试验

(1)选定若干个抽水井同时开泵启动,以同时抽水的一瞬间作为群井抽水的起始时间计算抽水的累计时间,同时测定各观测井的水位,并定时测定各抽水井的流量和井内的动水位。

(2)逐个启动抽水井。启动第一个井抽水的时间 t_1 作为群井抽水的起始时间,并据此计算累计时间;抽水进行一段时间,观测井水位趋于稳定后,继续第一个井抽水;启动第二个井抽水,t_2 作为第二个井的抽水起始时间,并据此计算累计时间;…;t_n 作为第 n 个井的抽水起始时间,并据此计算累计时间。

(3)通过以上方法得到各观测井的"时间—下降曲线",进而制订降压降水的运行方案。

4　质量标准

4.0.1　主控项目
(1)井点管间距、埋设深度应符合设计要求;一组井点管和接头中心应保持在一条直线上。
(2)井点埋设应无严重漏气、淤塞、出水不畅或"死井"等情况。

4.0.2　一般项目
(1)埋入地下的井点管及井点连接总管均应除锈并刷防锈漆一道;各焊接口处焊渣应凿掉,并刷防锈漆一道。
(2)各组井点系统的真空度应保持在 55.3~66.7kPa,压力应保持在 0.16MPa。

5　质量记录

5.0.1　井点管施工记录。
5.0.2　井点降水记录,包括出水量及水位观测记录。

6　冬、雨季施工措施

6.1　冬季施工
6.1.1　冬季施工时,井点联结总管上要覆盖保温材料,或回填 30cm 厚以上干松土,以防冻坏管道。
6.1.2　冬季施工时,应做好主干管保温,防止受冻。

6.2　雨季施工
雨季施工时,基坑周围上部应挖好截水沟,防止雨水流入基坑。

7　安全、环保措施

7.1　安全措施
7.1.1　对降水影响范围内的地上、地下建筑物加强监测:
(1)加强水位观测,使靠近建筑物的深井水位与附近水位之差保持不大于 1.0m,防止建筑物出现不均匀沉降。

　（2）在建筑物、构筑物、地下管线受降水影响范围的不同部位应设置固定变形观测点,观测点不宜少于4个,观测点的设置应符合《工程测量规范》（GB 50026—2007）的有关规定;另在降水影响范围以外设置固定基准点。

　（3）降水前应对设置的变形观测点进行二等水准测量,测量不少于2次,测量误差允许为±1mm。

　（4）降水开始后,在水位未达到设计深度以前,对观测点应每天观测1次,达到降水深度以后可每2~5d观测1次,直至变形影响趋于稳定或降水结束为止。对重要建筑物和构筑物在降水结束后15d内应连续观测3次,以查明回弹量。

7.1.2 冲、钻孔机操作时应安放平稳,防止机具突然倾倒或钻具下落,避免人员伤亡或设备损坏。

7.1.3 已成孔但尚未下井点前,井孔应用盖板封严,以免掉土或发生人员安全事故。

7.1.4 各机电设备应由专人看管,电气必须一机一闸。严格接地、接零和安漏电保护器,水泵和部件检修时必须切断电源,严禁带电作业。

7.2　环保措施

7.2.1 做好井点降水出水的处理与综合利用,保护环境、节约用水。

7.2.2 试抽过程中产生的泥水不能随意排放,应收集并沉淀后再排出或回收利用。施工时应在每一排水口处修建容积不小于$4m^3$的沉砂池,所有外排水都应经过沉砂池。

7.2.3 井点降水终止抽水后,降水井及拔出井点管所留孔洞,应及时用砂石等填实;地下水静水位以上部分,可采用黏土填实。

7.2.4 对于应进行地下水回灌的地区应在施工结束后及时进行回灌。

8　主要应用标准和规范

8.0.1 中华人民共和国行业标准《建筑与市政降水工程技术规范》（JGJ/T 111—1998）

8.0.2 中华人民共和国国家标准《工程测量规范》（GB 50026—2007）

8.0.3 中华人民共和国国家标准《给水排水管道工程施工及验收规范》（GB 50268—2008）

编、校:朱小菊　刘国玉

304 大口井降水

（Q/JZM - SZ304 - 2012）

1 适用范围

本施工工艺标准适用于市政工程施工中以下地质条件的基坑降水：

1.0.1 第四系含水层，地下水补给丰富，渗透性强的砂土、碎石土；

1.0.2 地下水位埋藏深度在 15m 以内，且厚度大于 3m 的含水层。当大口井施工条件允许时，地下水位深度可大于 15m；

1.0.3 布设管井受场地限制，机械化施工有困难。

2 施工准备

2.1 技术准备

2.1.1 明确降水任务，编写施工技术方案并对操作人员进行技术、安全交底。

2.1.2 收集降水资料

（1）地质勘察资料齐全，包括施工现场水文地质条件。

（2）工程基础平面图、剖面图，包括相邻建筑物、构筑物位置及基础资料。

（3）基坑、基槽开挖支护设计和施工影像进度计划。

2.1.3 降水设计

（1）确定降水井位置、计算基坑涌水量和降水深度。

（2）编制降水工程量统计表、设备材料表、加工计划表、工期安排表、工程概预算表。

（3）绘制降水施工布置图、降水设施结构图、降水水位预测曲线平面与剖面图。

2.2 材料准备

2.2.1 滤管：采用无砂混凝土管作滤管。

2.2.2 滤网：宜采用双层滤网，内层用筛网号 2.5 ~ 1.24（0.24 孔/cm² ~ 40.96 孔/cm²，即 8 ~ 16 目）尼龙丝筛网，外层用尼龙或塑料窗纱（约 1.6mm 孔），滤网也可用双层棕皮代替。

2.2.3 滤料：宜采用粗砂或 3 ~ 8mm 砂砾混合料，要求滤料级配合理，孔隙率较小。

2.3 施工机具与设备

潜水钻机（或冲击钻机）、泥浆泵、清水泵、潜水泵、流量计。

2.4 作业条件

施工现场应落实通水、通电、通路和整平场地，并应满足设备、设施就位和进出场条件。

3 操作工艺

3.1 工艺流程

定位→钻孔→清孔→下滤管→封底→填砾→安放潜水泵→洗井→试抽→正式降水。

3.2 操作方法

3.2.1 定位：根据设计的井位及现场实际情况，准确定出各井位置，并做好标记。

3.2.2 钻孔：宜采用沉井法或正反循环钻成孔，条件允许亦可人工成井。井体宜采用混凝土或钢筋混凝土结构，有时也用石砌或砖砌结构。

3.2.3 清孔：钻孔完毕，应立即将潜水泵放置在井的底部，抽出井内泥浆，以防井内淤泥积沉井底，影响井深。清孔过程中，随着井内水位下降，不断向井内注入等量清水，确保井内满水，稀释泥浆浓度。

3.2.4 下滤管：井深达到设计要求并清孔完毕后，立即开始下滤管。每节滤管之间应绑扎牢固，不得错位。最后一节滤管管口高出自然地坪50cm，以防施工过程中，泥土进入井内。

3.2.5 封底：如采用井壁进水时，大口井底部应封底。采用不排水方法封底时，应灌注水下混凝土封底。采用排水方法封底时，应将水降至井底下50cm，且必须连续进行，待底板混凝土达到设计强度，并满足抗浮要求后，方可停止抽水。

3.2.6 回填滤料：滤料可采用粗砂或砾石，经筛选检验合格，并应按不同规格、数量、层次分别堆放，保持干净，含泥量不得大于3%（质量比）。回填滤料时，首先向井内滤管中回填20cm厚的滤料，作为反滤层。然后再回填滤管四周，滤料填至地坪高程处。在降水过程中，如发现滤料下沉，应及时补充新的滤料。

3.2.7 大口井施工完毕后应立刻冲洗和试抽，抽水试验的水位和水量应稳定延续；抽水试验时间：基岩地区为8～24h，松散层地区为4～8h。

3.2.8 降水：试抽稳定后开始正式降水，要求昼夜专人值班，见水就抽，始终保持井内处于低水位状态。降水过程中，要定时测量观察井内水位降深，填写降水记录和绘制水位降深曲线，以便准确掌握降水范围内地下水位降低情况。

4 质量标准

4.0.1 主控项目

管井应按国家现行有关技术规范、规定进行验收。井身质量应符合下列要求：

(1)井身应圆正。

(2)井的顶角及方位角不能突变。

4.0.2 一般项目

(1)井的最终直径应比沉淀管的外径大50mm。

(2)井深100m以内井身顶角倾斜不能超过1°。

(3)井深误差不大于0.2%。

5 质量记录

5.0.1 大口井施工记录。

5.0.2 大口井降水记录。

6 冬、雨季施工措施

6.1 冬季施工

冬季施工应做好主干管保温，防止受冻。

6.2 雨季施工

6.2.1 雨季施工时,基坑周围上部应挖好排水沟,防止雨水流入基坑。

6.2.2 雨季施工应做好地下水位监测工作,防止地下水位突变,影响降水施工。

7 安全、环保措施

7.1 安全措施

7.1.1 对降水影响范围内的地上、地下建筑物加强监测:

(1)加强水位观测,使靠近建筑物的深井水位与附近水位之差保持不大于 1.0m,防止建筑物出现不均匀沉降。

(2)在建筑物、构筑物、地下管线受降水影响范围的不同部位应设置固定变形观测点,观测点不宜少于 4 个,观测点的设置应符合施工技术规范的有关规定;另在降水影响范围以外设置固定基准点。

(3)降水前应对设置的变形观测点进行二等水准测量,测量不少于 2 次,测量误差允许为 ±1mm。

(4)降水开始后,在水位未达到设计深度以前,对观测点应每天观测 1 次,达到降水深度以后可每 2~5d 观测 1 次,直至变形影响趋于稳定或降水结束为止;对重要建筑物和构筑物在降水结束后 15d 内应连续观测 3 次,以查明回弹量。

7.1.2 施工现场应采用两路供电线路或配备发电设备,正式抽水后干线不得停电、停泵。

7.1.3 定期检查电缆密封的可靠性,以防磨损后水渗入电缆芯内,影响正常运转。

7.1.4 符合安全施工技术规范的规定,严禁带电作业。

7.1.5 降水期间,必须 24h 有专职电工值班,且持证操作。

7.1.6 井顶要加井盖,防止行人坠入。

7.2 环保措施

7.2.1 含泥沙的污水应在污水出口处设置沉淀池或用泥浆车及时运出场外;池内泥沙应及时清理,并做妥善处理,严禁随地排放。施工时应在每一排水口处修建容积不小于 4m³ 的沉砂池,所有外排水都应经过沉砂池。

7.2.2 施工期间应加强环境噪声的监测,并指定专人负责实施噪声监测,监测设备应校准、检定合格,且在有效期内。测量方法、条件、频度、目标、指标、测点的确定等需符合有关国家噪声管理规定。对噪声超标有关因素及时进行调整,发现不符合,应采取纠正与预防措施,并做好记录。

7.2.3 泥浆车及车轮携带物应及时进行清洗,洗车污水应经沉淀后排出。

7.2.4 井点降水终止抽水后,降水井及拔出井点管所留孔洞应及时用砂石等填实;地下水静水位以上部分,可采用黏土填实。

8 主要应用标准和规范

8.0.1 中华人民共和国行业标准《建筑与市政降水工程技术规范》(JGJ/T 111—1998)

8.0.2 中华人民共和国国家标准《工程测量规范》(GB 50026—2007)

8.0.3 中华人民共和国国家标准《给水排水管道工程施工及验收规范》(GB 50268—2008)

编、校:刘国玉 朱小菊

305　引渗井降水

（Q/JZM－SZ305－2012）

1　适用范围

本施工工艺标准适用于市政工程施工中以下地质条件的基坑降水：

1.0.1　需要疏干滞水层或弱透水层以上的滞水。

1.0.2　当基坑、沟槽土层中有 2 个以上含水层，含水层的下层水位低于上层水位时，上含水层的重力水可通过钻孔引导渗入到下部含水层后，其混合水位满足降水要求时，可采用引渗自降。

1.0.3　上层水质不会污染下含水层水质。

2　施工准备

2.1　技术准备

2.1.1　明确降水任务：该工程降水的技术要求，包括降水范围、降水深度、降水时间、工程环境影响等。

2.1.2　收集降水资料

（1）地质勘察资料齐全，包括施工现场水文地质条件。

（2）工程基础平面图、剖面图，包括相邻建筑物、构筑物位置及基础资料。

（3）基坑、基槽开挖支护设计和施工计划。

2.2　材料准备

砂、砾或沙砾混合料，无砂混凝土滤水管、钢筋笼、铁滤水管。

2.3　施工机具与设备

根据不同的施工地质条件，成孔可采用螺旋钻、回转钻、冲击钻、正反循环钻机、流量计。

2.4　作业条件

施工现场应落实通水、通电、通路和整平场地，并应满足设备、设施就位和进出场条件。

3　操作工艺

3.1　工艺流程

井位放线→钻孔→下管（管井）→填砾→正式降水。

3.2　操作方法

3.2.1　成孔钻进方法根据地层岩性可采用螺旋钻、回转钻、冲击钻、正反循环钻机等。孔壁自稳定性好时，可采用裸井，反之应设管井。对易缩易塌地层可用套管钻进成孔，钻进中自造泥浆。

3.2.2　裸井：成孔直径宜 200～500mm，成孔后，将孔内泥浆排净，再直接填入洗净的砂、砾或沙砾混合滤料，含泥量应小于 0.5%。

3.2.3 管井:成孔后置入无砂混凝土滤水管或外包网片的钢筋笼、铁滤水管,井周根据实际情况确定填滤料。

4　质量标准

检查井身的圆度和深度,井身直径不得小于设计井径。

5　质量记录

渗水井的渗水记录。

6　雨季施工措施

雨季施工应做好地下水位监测工作,防止地下水位突变,影响降水施工。

7　安全、环保措施

7.1　安全措施

7.1.1 冲、钻孔机操作时应安放平稳,防止机具突然倾倒或钻具下落,避免人员伤亡或设备损坏。

7.1.2 已成孔但尚未下井点前,井孔应用盖板封严,以免掉土或发生人员安全事故。

7.1.3 各机电设备应由专人看管,电气必须一机一闸。严格接地、接零和安漏电保护器,水泵和部件检修时必须切断电源,严禁带电作业。

7.1.4 钻孔采用套管成孔,吊拔套管时,应垂直向上,边吊边拔边填滤料;不得一次填满后吊拔和强拔。

7.1.5 渗井滤料回填后,道路范围内的渗井上端,应恢复道路结构;道路以外的渗井上端应夯填厚度不小于 50cm 的非渗透性材料,并与地面同高。

7.2　环境保护

7.2.1 含泥沙的污水应在污水出口处设置沉淀池或用泥浆车及时运出场外;池内泥沙应及时清理,并做妥善处理,严禁随地排放。

7.2.2 施工期间应加强环境噪声的监测,并指定专人负责实施噪声监测,监测设备应校准、检定合格,且在有效期内。测量方法、条件、频度、目标、指标、测点的确定等需符合有关国家噪声管理规定。对噪声超标有关因素及时进行调整,发现不符合时,应采取纠正与预防措施,并做好记录。

7.2.3 泥浆车及车轮携带物应及时进行清洗,洗车污水应经沉淀后排出。施工时应在每一排水口处修建容积不小于 $4m^3$ 的沉砂池,所有外排水都应经过沉砂池。

8　主要应用标准和规范

8.0.1 中华人民共和国行业标准《建筑与市政降水工程技术规范》(JGJ/T 111—1998)

8.0.2 中华人民共和国国家标准《工程测量规范》(GB 50026—2007)

8.0.3 中华人民共和国国家标准《给水排水管道工程施工及验收规范》(GB 50268—2008)

编、校:张希博　王艮洲

306 帷幕降水

（Q/JZM－SZ306－2012）

1 适用范围

本施工工艺标准适用于市政工程中以下地质条件的基坑采用帷幕降水的施工作业：

1.0.1 淤泥、淤泥质土、流塑、软塑或可塑黏性土、粉土、砂土、黄土、素填土和碎石土等地基采用注浆法处理施工时。

1.0.2 正常固结的淤泥与淤泥质土、粉土、饱和黄土、素填土、黏性土以及无流动地下水的饱和松散砂土等地基采用水泥土搅拌法处理施工时。当地基土的天然含水率小于3%（黄土含水率小于25%）、大于70%或地下水的pH值小于4时不宜采用此法。

2 施工准备

2.1 技术准备

2.1.1 明确降水任务，编写施工技术方案并对操作人员进行技术、安全交底。

2.1.2 施工前应搜集拟处理区域内详尽的岩土工程资料。尤其是软土层的厚度和组成；软土层的分布范围、分层情况；地下水位及pH值；土的含水率、塑性指数和有机质含量等。

2.1.3 施工前应当根据设计资料，结合工程实际情况进行现场试验或试验性施工（即试桩）。通过试桩确定施工参数，包括注浆压力、浆液配合比、钻机提升速度、注浆量等。

2.2 材料准备

普通硅酸盐水泥、水、外掺剂。

2.3 施工机具与设备

高压注浆泵、钻机、注浆管（底部带喷嘴）、输浆管。

2.4 作业条件

施工现场应落实通水、通电、通路和整平场地，必须清除地上和地下的障碍物。遇有明渠、池塘及注地时应抽水和清淤，回填黏性土并予以压实，不得回填杂填土或生活垃圾；并应满足设备、设施就位和进出场条件。

3 操作工艺

3.1 工艺流程

钻机就位→对中、调平→配制水泥浆→喷浆搅拌下沉→喷浆搅拌提升→复搅→清洗管路→（下一循环）。

3.2 操作方法

3.2.1 高压喷射注浆法

（1）钻机就位、成孔：钻机就位应准确，偏差不大于50mm；调平基座，倾斜率不大于0.5%，成孔时应保持成孔的垂直度，倾斜度不大于1%；成孔深度必须满足设计要求。

（2）浆液配制搅拌：注浆材料主要为水泥浆液，强度等级为 32.5 及以上的普通硅酸盐水泥；可以根据设计要求加入适量的外加剂（如早强剂 $CaCl_2$、速凝剂水玻璃等）。水泥浆液的水灰比应按设计要求确定，可取 0.8～1.5，常用 1.0。

（3）为了保证浆液的浓度，应当采用二次搅拌配制浆液，即在第一只搅拌桶中按确定的水灰比配制并搅拌水泥浆液，搅拌 3～5min 后放入第二只搅拌桶中待用。在实际施工时，还可以使用相对密度计随时测量浆液相对密度。

（4）下注浆管、喷射注浆：注浆管必须下到成孔深度（即设计深度）后，开启注浆泵，边喷浆边旋转。喷射注浆时注浆压力、提升速度、旋转速度、浆液水灰比必须按照经过试桩后确定的施工参数值，由下而上地进行。喷射管分段提升的搭接长度不得小于 100mm。

（5）喷浆搅拌提升：当钻进至设计深度时，停钻并灌注水泥浆 30s，直至孔口返浆，反向旋转提升钻杆，继续注浆，保持孔口微微返浆。当搅拌头提至设计桩顶时，停止提升，搅拌、喷浆数秒，以保证桩头均匀密实。

（6）复搅：搅拌、喷浆数秒后搅拌头正向转动向下推进至设计深度，再反向转动提至桩顶。此时灌注水泥浆量适当控制（以不堵塞管路为准）。

（7）清洗管路：向集料斗中注入清水，开启灰浆泵清洗管路中残留的水泥浆，直到搅拌头出浆孔喷出清水，人工清除黏附在搅拌头上的软土。然后，移机进行下一个桩的施工，高压喷射注浆法检测标准见表 4.0.2-1。

表 4.0.2-1　高压喷射注浆法检验标准

序　号	检查项目	允许偏差或允许值		检查方法
		单位	数值	
1	钻孔位置	mm	≤50	用钢尺量
2	钻孔垂直度	%	≤1.5	经纬仪测钻杆或实测
3	孔深	mm	±200	用钢尺量
4	注浆压力	按设定参数指标		查看压力表
5	桩体搭接	mm	>200	用钢尺量
6	桩体直径	mm	≤50	开挖后用钢尺量
7	桩身中心允许偏差	≤0.2D		开挖后桩顶下 500mm 处用钢尺量，D 为桩径

3.2.2　水泥土搅拌法

（1）水泥浆配置：所使用的水泥都应过筛，制备好的浆液不得离析，泵送必须连续，拌制水泥浆液的罐数、水泥和外掺剂用量以及泵送浆液的时间等应有专人记录；喷浆量及搅拌深度必须采用检测仪器进行自动记录。

（2）预搅下沉至设计加固深度：搅拌机喷浆提升的速度和次数必须符合施工工艺的要求，并应有专人记录。当水泥浆液到达出浆口后，应喷浆搅拌 30s，在水泥浆与桩端土充分搅拌后，再开始提升搅拌头，重复搅拌下沉至设计加固深度。搅拌机预搅下沉时不宜冲水，当遇到硬土层下沉太慢时，方可适量冲水，但应考虑冲水对桩身强度的影响。

（3）关闭搅拌机械：在预（复）搅下沉时，也可采用喷浆（粉）的施工工艺，但必须确保全桩长上下至少再重复搅拌一次，水泥土搅拌法检验标准见表 4.0.2-2。

表 4.0.2-2　水泥土搅拌法检验标准

序　号	检查项目	允许偏差或允许值		检查方法
		单位	数值	
1	机头提升速度	m/min	≤0.5	量机头上升距离及时间
2	桩底高程	mm	±200	测机头深度
3	桩顶高程	mm	+200，−50	水准仪（最上部 500mm 不计入）
4	桩位偏差	mm	<50	用钢尺量
5	桩径		<0.04D	用钢尺量，D 为桩径
6	垂直度	%	≤1.5	经纬仪
7	搭接	mm	>200	用钢尺量

4 质量标准

4.0.1 主控项目

包括水泥及外加剂质量、水泥用量、桩体强度或完整性、复合地基承载力。

4.0.2 一般项目

包括钻孔位置、钻孔垂直度、孔深、注浆压力、桩体搭接、桩体直径、桩身中心允许偏差等。

5 质量记录

旋喷桩施工记录表。

6 冬、雨季施工措施

6.1 冬季施工

6.1.1 止水帷幕施工尽量不安排在冬季进行。如果安排在雨季或冬季施工时，应采取防雨、防冻措施，防止土料和水泥受雨水淋湿或冻结。

6.1.2 冬季抽水时应做好主干管保温，防止受冻，若中途停止抽水应将水管内水排空。

6.2 雨季施工

6.2.1 雨季施工时，基坑周围上部应挖好排水沟，防止雨水流入基坑。

6.2.2 雨季施工应做好地下水位监测工作，防止地下水位突变，影响降水施工。

7 安全、环保措施

7.1 安全措施

当处理既有建筑地基时，应采用速凝浆液或跳孔喷射和冒浆回灌等措施，以防喷射过程中地基产生附加变形和地基与基础间出现脱空现象。同时，应对既有建筑物进行变形监测。

7.2 环保措施

施工中应做好泥浆处理，及时将泥浆运出或在现场短期堆放后将土方运出。

8 主要应用标准和规范

8.0.1 中华人民共和国国家标准《建筑地基基础工程施工质量验收规范》（GB 50202—2002）

8.0.2 中华人民共和国行业标准《建筑与市政降水工程技术规范》（JGJ/T 111—1998）

8.0.3 中华人民共和国国家标准《工程测量规范》（GB 50026—2007）

8.0.4 中华人民共和国国家标准《给水排水管道工程施工及验收规范》（GB 50268—2008）

编、校：熊国辉 黄文卓

307 沟槽开挖

（Q/JZM – SZ307 – 2012）

1 适用范围

本施工工艺标准适用于市政工程施工中各类基坑(槽)和管沟的土方作业。

2 施工准备

2.1 技术准备

2.1.1 根据业主和勘查部门提供的信息,摸清地下管线等障碍物位置、埋深、大小及使用情况等,并应根据地下管线及构筑物的特点制定保护措施。

2.1.2 应根据施工区域的地形与作业条件、土的类别与厚度、总工程量和工期综合考虑后,再选择土方机械,并以能发挥施工机械的效率来确定和编制施工方案。

2.1.3 根据作业区域工程的大小、机械性能、运距和地形起伏等情况确定施工区域运行路线的布置。

2.1.4 熟悉图纸,做好技术、安全交底。

2.1.5 沟槽挖深大于5m或复杂地质条件下的挖槽方案要经过专家论证。

2.2 施工机具与设备

挖土机、推土机、铲运机、自卸汽车、平头铁锹、手锤、手推车、梯子、铁镐、撬棍、钢尺、坡度尺、小线或20号铁丝等。

2.3 作业条件

2.3.1 已确定建筑物或构筑物的位置或场地的定位控制线(桩),以及标准水平桩及基槽的灰线尺寸,并经过检验合格,办完预检手续。

2.3.2 场地表面要清理平整,做好排水坡度;在施工区域内,要挖临时性排水沟。

2.3.3 夜间施工时,应合理安排工序,防止错挖或超挖。施工场地应根据需要安装照明设施,在危险地段应设置明显标志。

2.3.4 开挖低于地下水位的基坑(槽)、管沟时,应根据当地工程地质资料,采取适当措施降低地下水位,一般要降至低于开挖底面以下50cm,然后再开挖。

2.3.5 施工机械进入现场所经过的道路、桥梁和卸车设施等,应事先经过检查,必要时要进行加固或加宽等准备工作。

3 操作工艺

3.1 工艺流程

确定开挖的顺序和坡度→沿灰线切出槽边轮廓线→分层开挖→修整槽边→人工清底。

3.2 操作方法

3.2.1 地质条件良好,地质均匀,地下水位低于沟槽底面高程,且开挖深度在 5m 以内,沟槽不设支撑时,沟槽边坡最陡坡度应符合表 3.2.1。

表 3.2.1 深度在 5m 以内的沟槽边坡最陡坡度

序号	土 的 类 别	边坡坡度（高∶宽）		
		坡顶无荷载	坡顶有静载	坡顶有动载
1	中密的砂土	1∶1.00	1∶1.25	1∶1.5
2	中密的碎石类土（填充物为砂土）	1∶0.75	1∶1.00	1∶1.25
3	硬塑的粉土	1∶0.67	1∶0.75	1∶1.00
4	中密的碎石类土（填充物为黏性土）	1∶0.50	1∶0.67	1∶0.75
5	硬塑的粉质黏土、黏土	1∶0.33	1∶0.50	1∶0.67
6	老黄土	1∶0.10	1∶0.25	1∶0.33
7	软土（经井点降水后）	1∶1.25		

挖方经过不同类别土（岩）层或深度超过 10m 时,其边坡可做成折线形或台阶形。挖方因邻近建筑物的限制,而采用护坡桩时,可以不放坡,但要有护坡桩的施工方案。

3.2.2 开挖的顺序确定

（1）开挖应从上到下分层分段进行,人工开挖基坑（沟槽）的深度超过 3m 时,分层开挖的每层深度不宜超过 2m。

（2）采用机械开挖基坑（槽）或管沟时,应合理确定开挖顺序、路线及开挖深度,分层深度应按机械性能确定。挖土机沿挖方边缘移动时,机械距离边坡上缘的宽度不得小于基坑（槽）或管沟深度的 1/2。

3.2.3 在开挖过程中,应随时检查槽壁和边坡的状态。深度大于 1.5m 时,根据土质变化情况,应做好基坑（槽）或管沟的支撑准备,以防塌陷。在天然湿度的土中,开挖基坑（槽）和管沟时,当挖土深度不超过下列数值的规定,可不放坡、不加支撑;超过下列数值规定深度,但在 5m 以内时,当土具有天然湿度、构造均匀、水文地质条件好且无地下水时,可不加支撑的基坑（槽）和管沟必须放坡。

（1）密实、中密的砂土和碎石类土（充填物为砂土）－1.0m。

（2）硬塑、可塑的黏质粉土及粉质黏土－1.25m。

（3）硬塑、可塑的黏土和碎石类土（充填物为黏性土）－1.5m。

（4）坚硬的黏土－2.0m。

3.2.4 如挖土深度超过 5m 时,应按专业性施工方案来确定。

3.2.5 采用人工挖土时,一般黏性土可自上而下分层开挖,每层深度以 60cm 为宜,从开挖端逆向倒退,按踏步型挖掘。碎石类土先用镐翻松,正向挖掘,每层深度视翻土厚度而定。每层应清底和出土,然后逐步挖掘。

3.2.6 开挖基坑（槽）和管沟,不得挖至设计高程以下。如不能准确地挖至设计基底高程时,可在设计高程以上暂留一层土不挖,以便在抄平时,由人工挖出。

3.2.7 暂留土层厚度:一般铲运机、推土机挖土时,为 20cm 左右;挖土机用反铲、正铲和拉铲挖土时,为 30cm 左右为宜。

3.2.8 在开挖过程和敞露期间应防止塌方,必要时应加以保护。

3.2.9 在开挖槽边弃土时,应保证边坡的稳定。当土质良好时,抛于槽边的土方（或材料）应距槽（沟）边缘 1m 以外,高度不宜超过 1.5m;在 1m 以内也不准堆放材料和机具。槽边堆土应考虑土质、降水等不利因素影响,制定相应的防护措施。

4 质量标准

4.0.1 主控项目

基槽、管沟和场地的基土土质必须符合设计要求,并严禁扰动。

4.0.2 一般项目

允许偏差项目,见表4.0.2。

表4.0.2 沟槽开挖和场地平整允许偏差值

序 号	项 目	允许偏差(mm)	检 验 方 法
1	表面高程	+0 −50	用水准仪检查
2	长度、宽度	−0	用经纬仪、拉线和尺量检查
3	边坡偏陡	不允许	观察或用坡度尺检查

5 质量记录

5.0.1 工程地质勘察报告。

5.0.2 工程定位测量记录。

6 冬、雨季施工措施

6.1 冬季施工

6.1.1 土方开挖不宜在冬季施工。如必须在冬季施工时,其施工方法应按冬施方案进行。

6.1.2 采用防止冻结法开挖土方时,可在冻结前用保温材料覆盖或将表层土翻耕耙松;其翻耕深度应根据当地气候条件确定,一般不小于0.3m。

6.1.3 开挖基坑(槽)或管沟时,必须防止基础下的基土遭受冻结。如基坑(槽)开挖完毕后,有较长的停歇时间,应在基底标高以上预留适当厚度的松土,或用其他保温材料覆盖,地基不得受冻。如遇开挖土方引起邻近建(构)筑物的地基和基础暴露时,应采用防冻措施,以防产生冻结破坏。

6.2 雨季施工

雨季开挖基坑(槽)或管沟时,应注意边坡稳定。必要时可适当放缓边坡或设置支撑、覆盖塑料薄膜。同时应在坑(槽)外侧围以土堤或开挖水沟,防止地面水流入。施工时,应加强对边坡、支撑、土堤等的检查。

7 安全、环保措施

7.1 安全措施

7.1.1 机械挖土应设专人指挥。

7.1.2 严禁挖掘机在电力架空线下挖土。深槽作业必须戴安全帽,上、下沟槽走安全梯。严禁在挖掘机、吊车大臂下作业。

7.1.3 作业现场附近有管线等构筑物时,应在开挖前掌握其位置,并在开挖中对其采取保护措施,使管线等构筑物处于安全状态。

7.1.4 人工挖土作业人员之间的距离,横向不得小于2m,纵向不得小于3m。

7.1.5 严禁掏洞和在路堑底部边缘休息。

7.1.6 沟槽边需悬挂警示标志,夜间沟槽边需设反光装置或设置串灯加以警示。

7.1.7 沟槽边必须设置围栏,围栏应用密目网封死。围栏高度不应低于1.2m,且立杆间距不得大于2m。密目网底端应用铁丝固定在立杆上。

7.1.8 上下沟槽需设置马道,马道的立、横杆间距不得超过1.5m。

7.1.9 沟槽边缘1m之内严禁堆料、走车,并应派专人看管。

7.2　环保措施

7.2.1 土方施工时,为防止遗洒,车辆不得超载、应拍实或加布覆盖。在驶出现场前的一段道路上,铺垫草袋或麻袋;出口设冲洗平台,专人冲洗轮胎,防止将泥土带入道路上。

7.2.2 为防止施工机械噪声扰民,尽可能选用低噪声施工机具,并尽量在白天施工,避免夜间施工噪声扰民。

8　主要应用标准和规范

8.0.1 中华人民共和国国家标准《建筑地基基础工程施工质量验收规范》(GB 50202—2002)

8.0.2 中华人民共和国国家标准《工程测量规范》(GB 50026—2007)

8.0.3 中华人民共和国国家标准《给水排水管道工程施工及验收规范》(GB 50268—2008)

编、校:周锦中　黄晔

308 沟槽回填

（Q/JZM – SZ308 – 2012）

1 适用范围

本施工工艺标准适用于市政工程施工中一般给水排水管道沟槽或其他专业管道沟槽的回填土施工。

2 施工准备

2.1 技术准备

2.1.1 施工前应根据工程特点、回填土料种类、密实度要求、施工条件等，合理地确定回填土料含水率控制范围、虚铺厚度和压实遍数等参数；重要回填土方工程，其参数应通过压实试验来确定。

2.1.2 沟槽回填应在给水排水管道施工完毕并经检验合格后进行，同时满足下列条件：

（1）预制管铺设管道的现场浇筑混凝土基础已达到强度要求；接口抹带或预制构件现场装配的接缝水泥砂浆强度不应小于 $5N/mm^2$。

（2）现场浇筑混凝土管渠的强度应达到设计要求。

（3）混合结构的矩形管渠或拱形管渠，其砖石砌体水泥砂浆强度应达到设计规定；当管渠顶板为预制盖板时，应装好盖板。

（4）现场浇筑或预制构件现场装配的钢筋混凝土拱形管渠或其他拱形管渠应采取措施，防止回填时发生位移或损伤。

（5）压力管道沟槽回填前应符合：水压试验前除接口外，管道两侧及管顶以上回填高度不应小于 0.5m；水压试验合格后，应及时回填其余部分；无压管道的沟槽应在闭水试验合格后应及时回填。

2.2 材料准备

2.2.1 土宜优先利用基槽中挖出的土，但不得含有有机杂质。使用前应过筛，其粒径不大于 50mm，含水率应符合规定。

2.2.2 石灰、砂或沙砾。

2.3 施工机具与设备

2.3.1 运输机械：铲土机、自卸汽车、推土机、铲运机及翻斗车。

2.3.2 主要机具有：蛙式或柴油打夯机、手推车、筛子（孔径 40～60mm）、木耙、铁锹（尖头与平头）、2m 靠尺、胶皮管、小线和木折尺等。

2.4 作业条件

2.4.1 填土前应对填方基底和已完工程进行检查和中间验收，合格后要做好隐蔽检查和验收手续。

2.4.2 施工前,应做好水平高程标志布置。如大型基坑或沟边上每隔1m钉上水平桩或在邻近的固定建筑物上抄上标准高程点。大面积场地上或地坪每隔一定距离钉上水平桩。

2.4.3 土方机械、车辆的行走路线应事先经过检查,必要时要进行加固加宽等准备工作,同时要编好施工方案。

3　操作工艺

3.1　工艺流程

基坑(槽)底清理→检验土质→分层铺土、耙平→碾压、夯打密实→检验密实度→修整找平验收。

3.2　操作方法

3.2.1 填土前,应将基坑上的洞穴或基底表面上的树根、垃圾等杂物都处理完毕,清除干净。

3.2.2 检验土质:检验回填土料的种类、粒径,有无杂物,是否符合规定以及土料的含水率是否在控制范围内;如含水率偏高,可采用翻松、晾晒或均匀掺入干土等措施;如遇填料含水率偏低,可采用预先洒水润湿等措施。

3.2.3 填土应分层摊铺,每层铺土的厚度应根据土质、密实度要求和机具性能确定,或按表3.2.3选用:

表3.2.3　回填土每层松铺厚度

序　号	压实工具		序　号	松铺厚度（cm）
1	木夯、铁夯	≤20	3	压路机	20～30
2	蛙式夯、火力夯	20～25	4	振动压路机	≤400

3.2.4 碾压时,轮(夯)迹应相互搭接,防止漏压或漏夯。长宽比较大时,填土应分段进行。每层接缝处应作成斜坡形,碾迹重叠,重叠0.5～1.0m左右,上下层错缝距离不应小于1m。管道回填应分层对称进行,其高差不得大于30cm。

3.2.5 填土超出基底表面时,应保证边缘部位的压实质量。填土后,如设计不要求边坡修整,宜将填方边缘宽填0.5m;如设计要求边坡修平拍实,宽填可为0.2m。

3.2.6 回填土方每层压实后,应按规范规定进行压实度检测,测出填土的质量密度,达到要求后,再进行上面一层的铺土。

3.2.7 填土全部完成后,表面应进行拉线找平,凡超过标准高程的地方,应及时依线铲平,凡低于标准高程的地方,应补土找平夯实。

3.2.8 柔性管道回填时要保证管道内支撑有效,管基有效支撑角范围内应采用中粗砂填充密实并与管壁紧密接触,不得用土或其他材料填充。

4　质量标准

4.0.1　主控项目

所用回填材料及压实度必须符合设计或规范要求。管道沟槽位于路基范围内时,管顶以上25cm范围内回填土表层的压实度不应小于87%,其他部位回填土的压实度应符合相关的规定。

4.0.2　一般项目

(1)槽底至管顶以上500mm之内,不得回填含有机物、冻土及大于50mm的砖、石等硬块。柔性(塑料)管道及抹带刚性接口周围应采用细粒土或者粗砂回填,如图4.0.2所示。

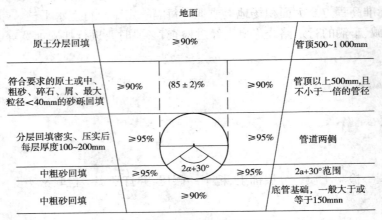

图4.0.2 柔性管道回填示意图

(2)回填时沟槽内不应有积水。

(3)管道承口部位下的安管工作坑应填充沙砾并夯打密实。

(4)回填土压实度标准见表4.0.2-1和表4.0.2-2。

表4.0.2-1 刚性管道沟槽回填土压实度

序号	项 目			最低压实度(%)		检查数量		检查方法
				重型击实标准	轻型击实标准	范围	点数	
1	石灰土垫层			93	95	100m	每层每侧1组(每组3点)	用环刀法检查或采用《土工试验方法标准》(GB/T 50123—1999)中的其他方法
2	沟槽在路基范围外	胸腔部分	管侧	87	90	两井之间或1000m²		
			管顶以上500mm	87±2(轻型)				
		其余部分		≥90(轻型)				
		农田或绿地范围表层500mm范围内		不宜压实,预留沉降量,表面整平				
3	沟槽在路基范围内	胸腔部分	管侧	87	90	两井之间或1000m²		
			管顶以上250mm	87±2				
		由路槽底算起的深度范围	≤800 快速路及主干路	95	98			
			次干路	93	95			
			支路	90	92			
			>800~1 500 快速路及主干路	93	95			
			次干路	90	92			
			支路	87	90			
			>1 500 快速路及主干路	87	90			
			次干路	87	90			
			支路	87	90			

注:表中重型击实标准的压实度和轻型击实标准的压实度,分别以相应的标准击实。试验法求得的最大干密度为100%。

表4.0.2-2 柔性管道沟槽回填土压实度

序号	槽内部位		压实度（％）	回填材料	检查数量		检查方法
					范围	点数	
1	管道基础	管底基础	≥90	中、粗砂	—	—	用环刀法检查或采用《土工试验方法标准》（GB/T 50123—1999）中的其他方法
		管道有效支撑角范围	≥95			每层每侧1组（每组3点）	
2	其余部分		≥95	中粗砂、碎石屑，最大粒径小于40mm的沙砾或符合要求的原土	每100m 两井之间或每1000m²		
3	管顶以上500mm	管道两侧	≥90				
		管道上部	85±2				
4	管顶500~1000mm		≥90	原土回填			

注：回填土的压实度，除设计文件规定采用重型击实标准外，其他皆以轻型击实标准。试验获得最大干密度为100％。

5　质量记录

5.0.1 地基钎探记录。

5.0.2 地基隐蔽验收记录。

5.0.3 回填土的试验报告。

6　冬、雨季施工措施

6.1　冬季施工

6.1.1 回填工程不宜在冬季施工。如必须在冬季施工时，其施工方法需经过技术经济比较后确定。

6.1.2 冬季填土前，应清除基底上的冰雪和保温材料；距离边坡表层1m以内不得用冻土填筑；上层填土应采用未冻、不冻胀或透水性好的土料填筑，其厚度应符合设计要求。

6.1.3 冬季施工室外平均气温在－5℃以上时，填土高度不受限制；平均温度在－5℃以下时，填土高度不宜过高。但用石块和不含冰块的砂土（不包括粉砂）、碎石类土填筑时，可不受填土高度的限制。

6.1.4 冬季回填土方，每层铺筑厚度应比常温施工时减少20％~25％，其中冻土块体积不得超过填方总体积的15％；其粒径不得大于150mm。铺冻土块要均匀分布，逐层压（夯）实。回填土方的工作应连续进行，以防止槽帮或已填土层受冻，并且要及时覆盖保温材料。

6.2　雨季施工

6.2.1 雨季施工的回填工程应连续进行，尽快完成；工作面不宜过大，应分层分段逐片进行。重要或特殊的土方回填，应尽量在雨季前完成。

6.2.2 雨季施工时应有防雨措施或方案，要防止地表水流入基槽内，以免边坡塌方或基土遭到破坏。

7　安全、环保措施

7.1　安全措施

7.1.1 蛙式夯必须是两人操作，一人打夯、一人领线，且应戴绝缘手套、穿绝缘鞋，以防绞线触电伤人。

7.1.2 施工现场卸料时应由专人指挥。卸料时，作业人员应位于安全地区。

7.1.3　人工回填时不得扬撒。

7.1.4　机械回填与机械碾压时,应设专人指挥机械,协调各操作人员之间的相互配合,保证安全作业。

7.1.5　机械运转时,严禁人员上下机械,严禁人员触摸机械的传动机构。

7.1.6　作业后,施工机械应停在平坦坚实的场地,不得停置于临边、低洼、坡度较大处。停放后必须熄火、制动。

7.2　环保措施

7.2.1　回填土方施工时,为防止遗洒,车辆不得超载,表面宜拍实或加布覆盖。在驶出现场前的一段道路上,铺垫草袋或麻袋,出口设冲洗平台,专人冲洗轮胎,防止将泥土带入场外道路上。四级风以上天气应停止土方施工。

7.2.2　为防止施工机械噪声扰民,尽可能选用低噪声施工机具,并尽量在白天施工,避免夜间施工噪声扰民。

8　主要应用标准和规范

8.0.1　中华人民共和国国家标准《建筑地基基础工程施工质量验收规范》(GB 50202—2002)

8.0.2　中华人民共和国国家标准《工程测量规范》(GB 50026—2007)

8.0.3　中华人民共和国国家标准《给水排水管道工程施工及验收规范》(GB 50268—2008)

编、校:张纯安　周锦中

309 板 撑 支 护

（Q/JZM – SZ309 – 2012）

1 适用范围

本施工工艺标准适用于市政工程施工中以下地质条件的沟槽板撑支护的施工作业：

1.0.1 横撑适用于：土质好、地下水量较小的沟槽。当砂质土壤或当槽深为 1.5～5.0m 且地下水量少时，均可采用连续式水平支撑；土质较硬时采用断续式水平支撑。

1.0.2 竖撑：当土质较差时，地下水较多或在散砂中开挖时采用。

1.0.3 板桩撑：常用于地下水严重、有流沙的弱饱和土层。

2 施工准备

2.1 技术准备

2.1.1 掌握沟槽的土质、地下水位、开槽断面、荷载条件等因素并对支撑方法进行设计。合理选择支撑的材料，可选用钢材、木材或钢材与木材混合使用。

2.1.2 熟悉图纸，编写适用性强的技术、安全专项施工方案，并对操作人员进行技术、安全交底。

2.2 材料准备

2.2.1 木板撑：木板、方木、圆木等，撑板厚度不宜小于 50mm，长度不宜大于 4m；横梁或纵梁宜为方木，其断面不宜小于 150mm × 150mm；横撑宜为圆木，其梢径不宜小于 100mm，木板撑支护示意见图 2.2.1。

2.2.2 钢板桩支撑：槽钢、工字钢或定型钢板桩，槽钢长度为 10～20m，定型钢板一般长度为 10m。

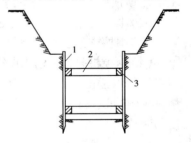

图 2.2.1 木板撑支护示意图
1-挡土板；2-撑木；3-横方木

2.3 施工机具与设备

打桩机械：柴油打桩机、落锤打桩机或静力压桩机等。

2.4 作业条件

施工现场应落实通水、通电、通路，场地表面要清理平整，做好排水坡度；施工场地内不得有地下水，如果地下水位较高需先进行排降水施工。

3 操作工艺

3.1 工艺流程

3.1.1 木板桩打设：槽帮修整→放入方木→打设木板→制作定型框架→继续挖槽或打板桩。

3.1.2 钢板桩打设：钢板桩矫正→安装围檩支架→钢板桩打设。

3.2　操作方法

3.2.1　木板撑操作方法

（1）撑板支撑应随挖土的加深及时安装。根据土质情况,确定开始支撑的沟槽深度,一般槽挖至50~100cm时,进行槽帮修整,不得有明显的凹凸。

（2）将方木放置槽底,使方木与槽帮的间隙恰好为板桩的厚度。方木用撑木顶住,并连接牢固。

（3）将板桩插入方木与槽帮的间隙内,并依次打入土中40~50cm,使板桩直立稳定。

（4）在方木上立立柱,上放横木,钉牢后,上下两撑之间钉剪刀撑形成框架;此结构除用作板桩导轨外还可用作打板桩的脚手架。

（5）若无流沙,同时板桩桩尖入土较深、支撑稳固,则可以省去上述框架的制作,继续进行挖槽或打设板桩作业。

（6）在软土或其他不稳定土层中采用撑板支撑时,开始支撑的开挖沟槽深度不得超过1.0m;以后开挖与支撑交替进行,每次交替的深度宜为0.4~0.8m。

（7）木板撑排列示意见图3.2.1。

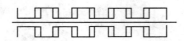

图3.2.1　木板撑排列示意图

3.2.2　钢板撑操作方法

（1）钢板桩矫正:对所要打设的钢板桩外形进行平直检查,对于外形有弯曲变形的钢板桩应采用油压千斤顶顶压或火烘等方法进行矫正。

（2）围檩支架安装:围檩支架的作用是保证钢板桩垂直打入和打入后顺延钢板桩墙面平直。

（3）围檩支架多为钢制和木质,尺寸应准确,连接要牢固。

（4）钢板桩打设:先用吊车将钢板桩吊至插桩点处进行插桩,插桩时锁口对准,每插入一块套上桩冒轻轻加以捶击。打桩过程中,为保证钢板桩垂直度,要用经纬仪同步进行监控。为防止锁口中心线位移,可在打桩进行方向的钢板桩锁口处设卡板,阻止钢板位移,同时在围檩上预先标出每块板桩位置,以便随时检查校正。

3.2.3　钢板撑拆除方法

（1）拆除支撑前,应对沟槽两侧的建筑物、构筑物和槽壁进行检查,并应制定拆除支撑作业方案和安全措施。

（2）拆除撑板应与回填土的填筑高度配合进行,且在拆除后及时回填。

（3）对于设置排水沟的沟槽,应从两座相邻排水井的分水线向两端延伸拆除。

（4）对于多层支撑沟槽,应待下层回填后再拆除其上层槽的支撑。

（5）拆除单层密排撑板支撑时,应先回填至下层横撑底面,再拆除下层横撑;待回填至半槽以上,再拆除上层横撑。一次拆除有危险时,应采取替换拆撑法拆除支撑。

（6）拆除钢板桩应符合下列规定:

①在回填达到规定要求高度后,方可拔除钢板桩;

②钢板桩拔出后应及时回填沟槽;

③回填沟槽时应采取相应措施确保填实。当采用灌砂回填时,非失陷性黄土地区可冲水助沉;有地面沉降控制要求时,宜采取边拔桩边注浆的方式作业。

4　质量标准

4.0.1　主控项目
（1）支撑后,沟槽中心线每侧的净宽不应小于施工设计的规定。
（2）横撑不得妨碍下管和稳管。
（3）安装应牢固,安全可靠。
4.0.2　一般项目
（1）支撑的施工质量应符合:钢板桩的轴线位移不得大于50mm;垂直度不得大于1.5%;撑板的安装与沟槽槽壁紧贴;有空隙时,应填充密实。横排撑板应水平,立排撑板应顺直,密排撑板应对接严密。
（2）横梁、纵梁和横撑的安装应符合:横梁水平,纵梁垂直,且必须与撑板密贴,连接牢固;横撑应与横梁或纵梁垂直,且应支紧,连接牢固。

5　质量记录

沟槽支护记录。

6　冬、雨季施工措施

6.1　冬季施工

冬季施工时,应注意安排流水作业,尽量做到快开挖快支护,防止沟槽坍塌。

6.2　雨季施工

雨季施工时,应在坑(槽)外侧围以土堤或开挖水沟,防止地面水流入。施工时,应加强对边坡、支撑、土堤等的检查。

7　安全、环保措施

7.1　安全措施

上下沟槽应设安全梯,不得攀登支撑。

7.2　环保措施

为防止施工机械噪声扰民,尽可能选用低噪声施工机具,并尽量在白天施工,避免夜间施工噪声扰民。

8　主要应用标准和规范

8.0.1　中华人民共和国国家标准《建筑地基基础工程施工质量验收规范》（GB 50202—2002）
8.0.2　中华人民共和国国家标准《工程测量规范》（GB 50026—2007）
8.0.3　中华人民共和国国家标准《给水排水管道工程施工及验收规范》（GB 50268—2008）

编、校:周锦中　祝强

310 挂网喷锚支护

（Q/JZM – SZ310 – 2012）

1 适用范围

本施工工艺标准适用于市政工程施工中基槽较深、边坡较陡或直槽时采用挂网喷锚的临时性支护施工作业。

2 施工准备

2.1 技术准备

2.1.1 收集工程资料与岩土工程勘察报告，确定挂网喷锚支护的具体施工方法，包括锚杆的形式及施工方法、喷射混凝土厚度等。

2.1.2 在地下水位丰富的地区，需进行工程降水时的降水方案设计。

2.1.3 编制施工方案和施工组织设计并进行技术、安全交底。

2.1.4 调查相邻地下管线及构（建）筑物情况，制定保护措施和监控量测方案。

2.2 材料准备

锚杆、钢筋网片、锚杆用钢筋、喷射混凝土、外加剂等材料满足施工技术要求。

2.3 施工机具与设备

喷射混凝土机、空压机，成孔机具可选用冲击钻机、螺旋钻机、回转钻机、洛阳铲等。

2.4 作业条件

2.4.1 拆除作业面障碍物，清除开挖面的浮石和槽帮的岩渣堆积物。

2.4.2 作业前应对机械设备、风水管路、输料管路和电缆线路等进行全面检查及试运转。

2.4.3 当地下水的流量较大，在支护作业面上难以成孔和形成喷射混凝土面层时，应在施工前降低地下水位并在地下水位以上进行支护施工。

3 操作工艺

3.1 工艺流程

清理坡面→布孔→钻孔→安放锚杆（锚杆制作加工）→注浆→张拉（预应力锚杆）→安装钢筋网→喷射混凝土→养护。

3.2 操作方法

3.2.1 清理坡面、布孔

清除坡面的浮石、危石、岩渣堆积物，并根据设计要求和围岩情况定出孔位，做出标记。

3.2.2 钻孔

钻孔机具应根据施工地质条件、支护要求和锚杆形式进行选择。多为压水钻进法，可把钻进、出渣、清孔等工序一次性完成，并可防止塌孔，不留残土，能适用于各种软硬土层，但施工现场积水较多；当土层无地下水时，亦可采用螺旋钻机干作业法成孔。钻孔到设计深度后，应检查孔位、孔径、孔深是否符合要求，然后用空气压缩机风管冲洗孔穴，将孔内孔壁残留废土清除干净。

3.2.3　安放锚杆

锚杆的安装根据锚杆形式的不同而采取相应的方法。用于基槽边坡支护的锚杆通常采用全长黏接性锚杆，杆体可采用Ⅱ、Ⅲ级或Q235钢筋。插入锚杆前，应先检查锚杆是否平直，并进行除锈、除油。杆体插入孔内长度不应小于设计规定的95%，锚杆安装后不得随意敲击。

3.2.4　注浆

注浆前应先进行浆液配置，一般水泥浆液的水灰比宜为0.38～0.45。砂浆应拌和均匀、随拌随用，一次拌和的砂浆应在初凝前用完并严防石块杂物混入；此外注浆前应将钻孔口封闭，接上压浆管后，即可进行注浆。注浆时注浆管应插至距孔底50～100mm，随砂浆的注入缓慢匀速拔出。杆体插入后若孔口无砂浆溢出应及时补注。

3.2.5　张拉

如果采用预应力锚杆，注浆并达到设计强度后应对预应力筋进行张拉。张拉前应对张拉设备进行检查；正式张拉前应取20%的设计张拉荷载，对其预张拉1～2次，使其各部位接触紧密，钢丝或钢绞线完全平直。预应力筋正式张拉时，应张拉至设计荷载的105%～110%，再按规定值进行锁定。预应力筋锁定后48h内，若发现预应力损失大于锚杆拉力设计值的10%时，应进行补偿张拉。

3.2.6　安装钢筋网

钢筋网的制作可以采用焊接或者绑扎。钢筋网片制作好以后与锚杆连接牢固，钢筋与壁面的距离宜为30mm。采用双层钢筋网时，第二层钢筋网应在第一层钢筋网被喷射混凝土覆盖后再铺设。喷射作业应分段分片依次进行，喷射顺序应自下而上。素喷混凝土一次喷射厚度宜为70～100mm。

4　质量标准

4.0.1　主控项目

按照国家标准《锚杆喷射混凝土支护技术规范》（GB 50086—2001）要求执行。

4.0.2　一般项目

（1）锚杆孔质量要求：

①锚杆孔距的允许偏差为150mm，预应力锚杆孔距的允许偏差为200mm。

②预应力锚杆的钻孔轴线与设计轴线的偏差不应大于3%，其他锚杆的钻孔轴线应符合设计要求。

③水泥砂浆锚杆孔深允许偏差为50mm。

④锚杆孔径应符合要求，水泥砂浆锚杆孔径应大于杆体直径15mm。

（2）锚杆质量：

全长黏接型锚杆应检查砂浆密实度，注浆密实度大于75%时方为合格。

（3）喷射混凝土厚度：

每个断面上的全部检查孔处喷层厚度应60%以上不小于设计厚度，而且最小值不应小于设计厚度的50%，同时检查孔处厚度的平均值不应小于设计厚度。

5　质量记录

5.0.1　各种原材料的出厂合格证及材料试验报告。

5.0.2　工程施工记录。

5.0.3 喷射混凝土强度、厚度、外观尺寸及锚杆抗拔力等检查和试验报告。

5.0.4 支护位移沉降及周围地表地物等各项监测内容的量测记录与观察报告。

6　冬季施工措施

6.0.1 喷射作业区的气温不应低于 +5℃。

6.0.2 混合料进入喷射机的温度不应低于 +5℃。

6.0.3 普通硅酸盐水泥配制的喷射混凝土强度在低于设计强度等级 30% 时不得受冻,应注意保温养护。

7　安全、环保措施

7.1　安全措施

7.1.1 喷射机、水箱、风包、注浆罐等应进行密封性能和耐压试验,合格后方可使用。

7.1.2 喷射混凝土施工作业中要经常检查出料弯头、输料管和管路接头等有无磨薄击穿或松脱现象,发现问题应及时处理。

7.1.3 处理机械故障时必须使设备断电停风,向施工设备送电送风前应通知有关人员。

7.1.4 喷射作业中处理堵管时应将输料管顺直,必须紧按喷头,疏通管路的工作风压不得超过 0.4MPa;喷射混凝土施工用的工作台架应牢固可靠,并应设置安全栏杆。

7.1.5 向锚杆孔注浆时注浆罐内应保持一定数量的砂浆,以防罐体放空,砂浆喷出伤人。处理管路堵塞前应消除罐内压力。

7.1.6 非操作人员不得进入正进行施工的作业区。施工中,喷头和注浆管前方严禁站人。

7.2　环保措施

采用干法喷射混凝土施工时宜采取防尘措施,喷射混凝土作业人员应使用个体防尘用具。

8　主要应用标准和规范

8.0.1 中华人民共和国国家标准《锚杆喷射混凝土支护技术规范》(GB 50086—2001)

8.0.2 中华人民共和国国家标准《建筑地基基础工程施工质量验收规范》(GB 50202—2002)

8.0.3 中华人民共和国国家标准《给水排水管道工程施工及验收规范》(GB 50268—2008)

编、校:王青生　周锦中

311 现浇钢筋混凝土沟渠

（Q/JZM－SZ311－2012）

1 适用范围

本施工工艺标准适用于市政工程施工中现浇钢筋混凝土(管)沟结构的施工作业。

2 施工准备

2.1 技术准备

编制好钢筋混凝土浇筑施工方案并获监理工程师批准,对作业班组进行技术、安全交底。

2.2 材料准备

2.2.1 预拌混凝土:混凝土质量必须符合国家现行规范、设计文件及合同的要求。

2.2.2 混凝土养护:塑料布、麻袋布、保温岩棉等。

2.3 施工机具与设备

2.3.1 机械:泵送设备、插入式振动器等。

2.3.2 工具:混凝土留槽、尖锹、木抹子、铁抹子、串筒、标尺杆、照明灯具、杠尺。

2.3.3 测试工具:试模、温度计、坍落度筒等。

2.4 作业条件

2.4.1 浇筑前应将模板内木屑、泥土等杂物及钢筋上的水泥浆清除干净;检查钢筋保护层及其定位措施的可靠性;施工缝处混凝土已将表面的软弱层剔凿、清理干净。

2.4.2 混凝土浇筑前模板、钢筋、预埋件、止水带、接地极、预留洞等全部安装完毕,经检查符合设计和施工规范要求,并办理完隐、预检手续。

2.4.3 经检查洞口、模板下口及角模处模板拼接严密,端头止水带处加固牢固。

2.4.4 浇筑混凝土用的架子及操作平台已搭设完毕并经检查合格;控制混凝土分层浇筑厚度的标尺杆就位,夜间施工还需配备照明灯具,混凝土振捣器、振捣棒现场调试就位,检验合格。

2.4.5 根据混凝土的浇筑部位、浇筑方式、浇筑时间、强度等级、供应数量、坍落度、水泥品种、集料粒径、外加剂及初凝时间等要求,以及保证连续浇筑的要求,对预拌混凝土供应提出详细的技术要求。

3 操作工艺

3.1 工艺流程

作业准备→混凝土搅拌→混凝土运输→混凝土浇筑与振捣→拆模、养护→质量检查验收。

3.2 操作方法

3.2.1 混凝土搅拌

一般采用预拌混凝土,按有关施工技术规范执行。

3.2.2　混凝土运输

(1)混凝土水平运输宜采用混凝土罐车,垂直运输采用泵车或溜槽。在风雨或炎热天气运输混凝土时,容器上应加遮盖,以防雨水浸入或蒸发。夏季高温时,混凝土砂、石、水应有降温措施。

(2)混凝土拌和物出机温度应不大于30℃,浇筑温度不宜超过35℃。

(3)冬季运输要采取保温措施,确保入模温度。

(4)混凝土自搅拌机中卸出后,应及时运至浇筑地点,并逐车检测其坍落度,所测坍落度值应符合设计和施工要求,其允许偏差值应符合有关标准的规定。若混凝土拌和物出现离析或分层现象,不得使用。

3.2.3　混凝土浇筑与振捣

(1)混凝土沟一般以结构设计变形缝为界,跳仓施工,每仓分两次浇筑完成;第一次浇筑底板,第二次浇筑侧墙和顶板。混凝土管沟有抗渗要求的混凝土结构一般只允许留设水平施工缝,施工缝宜高出底板面以上不小于200mm。

(2)底板浇筑:坍落度应适当减小,以利于侧墙堤坎形成。堤坎必须振捣密实。底板一端向另一端连续推进,一次浇筑至设计高程,同时边浇筑边振捣边找平;振捣采用插入式振捣器,找平采用3m长度大木尺,最后采用铁抹子拍实压光。

(3)底板浇筑完成后,将侧墙伸出钢筋进行整理,用木抹子按高程线将墙上混凝土找平,待终凝后将混凝土表面浮浆清除。墙体浇筑混凝土前,先在底部均匀浇筑约50mm厚与墙体混凝土成分相同的水泥砂浆或同配比小石子混凝土,并用铁锹入模,不应用料斗直接灌入模内。控制浇筑速度分层逐步推进,当先浇筑混凝土初凝前必须浇筑上层混凝土,依次循环至墙顶高程。浇筑墙体混凝土应采取分层连续对称进行,两侧墙必须均匀下灰,高差不大于300mm,防止支撑变形、失稳。

(4)每层最厚不超过振捣器作用部分有效长度的1.25倍,最大不超过500mm。

(5)顶板浇筑:侧墙浇筑完成后0.5~1.0h后开始顶板浇筑。浇筑方法与底板浇筑方法相同,但下灰速度、浇筑速度必须严格控制。下灰后,混凝土要立即摊平、及时振捣,以保证顶板外观质量。

(6)混凝土自料斗口下落的自由倾落高度一般不应超过2m。超过2m时,必须采取相应措施,可采用增设软管或串筒等方法。

(7)浇筑混凝土应连续进行。若必须间歇,其间歇时间应在分层混凝土初凝之前,将上层混凝土浇筑完毕。

(8)使用插入式振捣器应快插慢拔,插点要均匀排列,逐点移动,顺序进行,振捣密实。移动间距不应大于振捣棒作用半径的1.5倍(一般不大于500mm),每一振点的延续时间以表面呈现浮浆为准。振捣上一层时应插入下层50mm左右,以消除两层间的接缝,分层厚度用标尺杆控制。

(9)浇筑混凝土时应设专人观察模板、钢筋、预埋孔洞、预埋件和插筋等有无移动、变形或堵塞情况,发现问题应立即处理并应在已浇筑的混凝土初凝前修整完成。

(10)墙体施工缝位置应按施工方案或设计要求留置。浇筑前,施工缝混凝土表面剔除浮动石子、浮浆等,用水冲洗干净并充分湿润,保证新旧混凝土结合密实。

(11)变形缝部位混凝土施工:变形缝止水带应在混凝土浇灌前固定牢固;变形缝两侧混凝土应间隔施工,不得同时浇筑;在一侧混凝土浇筑完毕,止水带经检查无损伤和位移现象后方可紧密包裹止水带,并避免止水带周边集料集中。

3.2.4　拆模、养护

常温下侧墙、底板混凝土强度大于1.2MPa时方可拆模,并及时对墙面边角采取保护措施。混凝土浇筑完毕后,常温下应在12h以内加以覆盖和浇水养生,浇水次数应能保持混凝土处于湿润状态,养护期一般不少于7昼夜。可采用塑料薄膜覆盖养护,但应保持薄膜内有凝结水。当选用混凝土养护剂养护时,模板拆除后应及时喷刷。

3.2.5 混凝土试块留置

试块应在混凝土浇筑地点随机抽取制作,取样与留置数量应符合现行国家标准《混凝土结构工程施工质量验收规范》GB 50204—2002 的规定,并根据需要留置满足标养、拆模、实体检测等用的试块。

3.2.6 注意事项

(1)为防止混凝土出现蜂窝、麻面等质量问题,模板支设前应先将表面清理干净,均匀涂刷脱模剂,模板缝隙要密封不漏浆;控制好混凝土振捣时间,即不能过振,也不得欠振,并按规定拆模。

(2)应选择合适的外加剂(引气剂),混凝土浇筑要分层振捣。振捣时采用高频振捣棒,每层振捣至气泡排除为止,应防止墙面出现气孔集中现象。

(3)钢筋垫块应放置正确、牢固、间距合理,振捣混凝土时避免直接冲击钢筋,并设专人调整钢筋位置,防止浇筑混凝土后还出现露筋等质量问题。

(4)为防止墙体混凝土出现"烂根",应将模板下口找平并对缝隙进行封堵,做到不漏浆。混凝土接槎处要冲洗干净,对水平接槎应先均匀浇筑约 50mm 左右同配比小石子混凝土。

(5)洞口模板应直接与墙体模板固定,模板穿墙螺栓应紧固可靠,浇筑混凝土时不得冲击洞口模板;侧墙应对称下灰,均匀进行振捣,防止洞口移位变形。

4 质量标准

4.0.1 主控项目

(1)混凝土的抗压强度应按现行国家标准《混凝土强度检验评定标准》(GB/T 50107—2010)进行评定;抗渗、抗冻试块应按国家现行有关标准评定,并且不得低于设计规定。

(2)混凝土、钢筋混凝土所用原材料应符合国家现行有关标准规定,并且符合设计要求。

4.0.2 一般项目

(1)现浇混凝土结构底板、墙面、顶板表面应光洁,不得有蜂窝、漏筋、漏振等现象。侧墙和顶板的变形缝应与底板的变形缝对正、垂直贯通。止水带安装位置正确、牢固、闭合,且浇筑混凝土过程中保持止水带不变位、不垂、不浮,止水带附近的混凝土应插捣密实。现浇混凝土结构允许偏差见表 4.0.2。

表 4.0.2　现浇混凝土结构允许偏差表

序号	项　目	允许偏差（mm）	检验频率		检验方法
			范围	点数	
1	轴线位置	15	20m	1	用经纬仪测量
2	沟底高程	±10	20m	1	用水准仪测量
3	断面尺寸	不小于设计规定	20m	2	用尺量,宽、厚各计1点
4	盖板断面尺寸	不小于设计规定	20m	2	用尺量,宽、厚各计1点
5	墙　高	±10	20m	2	用尺量,每侧计1点
6	沟底中线每侧宽度	±10	20m	2	用尺量,每侧计1点
7	墙面垂直度	≤15	20m	2	用垂线检验,每侧计1点
8	墙　厚	0,+10	20m	2	用尺量,每侧计1点

(2)安装现浇结构的模板与支架时,其基础应具有足够的承载能力。应保证模板的结构尺寸和相互位置的准确性。模板应具有足够的稳定性、刚度和强度,模板支设应板缝严密,不得漏浆。

5 质量记录

5.0.1 水泥试验报告。

5.0.2 砂试验报告。

5.0.3 碎(卵)石试验报告。

5.0.4 混凝土配合比申请单、通知单。

5.0.5 混凝土浇筑申请书。

5.0.6 混凝土开盘鉴定。

5.0.7 混凝土浇筑记录。

5.0.8 混凝土抗压强度试验报告。

5.0.9 混凝土试块强度统计、评定记录。

5.0.10 混凝土养护测温记录。

5.0.11 掺和料试验报告。

5.0.12 外加剂试验报告。

5.0.13 混凝土抗压强度试验报告。

5.0.14 混凝土抗折强度试验报告。

5.0.15 混凝土抗渗试验报告。

5.0.16 混凝土抗冻试验报告(冬季施工时)。

6 冬、雨季施工措施

6.1 冬季施工措施

6.1.1 进入冬季,混凝土的搅拌、运输、浇筑和养护等应严格执行冬施方案。

6.1.2 混凝土在浇筑前,应清除模板和钢筋上的冰雪、污垢。运输和浇筑混凝土用的容器应有保温措施。

6.1.3 混凝土养护应按冬施方案进行测温并做好记录。在混凝土强度未达到临界抗冻强度前,不得受冻。

6.1.4 拆除模板和保温层应在混凝土冷却至5℃后;当混凝土与外界温差大于20℃时,拆模后的混凝土应及时覆盖,缓慢冷却。

6.2 雨季施工措施

6.2.1 进入雨季,混凝土施工应编制预案。大面积混凝土浇筑前,要了解2~3d的天气预报,尽量避开雨天。

6.2.2 混凝土浇筑现场要预备防雨材料,以备浇筑时突然遇雨时进行覆盖。如浇筑混凝土时突然遇雨,对已浇筑部位应加以覆盖。

6.2.3 雨季施工时,应加强对混凝土粗、细集料含水率的测定,及时调整用水量,严格控制混凝土坍落度。

7 安全、环保措施

7.1 安全措施

7.1.1 振捣手必须戴绝缘手套、穿绝缘鞋,并设专人配合。

7.1.2 浇筑侧墙混凝土时,设专人看护,防止边坡塌方和高空坠物伤人。

7.1.3 浇注应搭设操作平台及护栏,跳板应满铺。严禁直接站在模板或支撑上操作,也不得踩在钢筋上浇筑。

7.1.4 采用泵送混凝土进行浇筑时,输送管道的接头应紧密可靠、不漏浆,安全阀必须完好,管道的架子要牢固。

7.1.5 雨季施工应对电气设备采取防雨、防潮、防漏电措施。

7.1.6 夜间施工时电闸箱不得放在墙模平台或顶板钢筋上。夜间施工要有足够照明,照明灯要有防护罩。

7.1.7 混凝土振动器要有可靠的保护接零或保护接地,并必须安设漏电保护开关。

7.1.8 振动器使用前先要试运转,确认无问题后,才能正式使用。使用插入式振动器,应由两人操作,一人掌握振动器、一人掌握电动机和开关。振动器与电动机的连接必须牢固,严禁用电源线、橡胶软管拖着电动机移动。软管弯曲半径不小于500mm,且不能多于2个弯。

7.1.9 用泵车浇筑混凝土时,操作人员不得站在泵管出口处。当采用空压气清洗泵管时必须离开管端5m远的地方,以免残渣和气流喷出伤人。

7.2 环保措施

7.2.1 运输水泥和其他易飞扬的细颗粒散体材料及砂浆、混凝土时,应采取封闭、覆盖措施,防止扬尘、遗撒。

7.2.2 现场所有强噪声机具应尽可能避开夜间施工。如必须夜间施工时,应采取措施,最大限度降低噪声。

7.2.3 近临居民的施工现场设置的混凝土输送泵,应搭设隔音棚。

7.2.4 现场设立排水沟和沉淀池。污水需经二次沉淀后排入市政管网,并经常清淘池内沉淀物。

7.2.5 现场施工垃圾应封闭清运,防止扬尘和遗撒。

7.2.6 施工现场道路有条件的应采用硬化处理,并配备洒水设备,指定专人负责现场洒水降尘工作。

8 主要应用标准和规范

8.0.1 中华人民共和国国家标准《给水排水管道工程施工及验收规范》（GB 50268—2008）

8.0.2 中华人民共和国国家标准《混凝土结构工程施工质量验收规范》（GB 50204—2002）

8.0.3 中华人民共和国国家标准《混凝土结构工程施工规范》（GB 50666—2011）

编、校:王艮洲　周锦中

312 砖 沟 砌 筑

（Q/JZM – SZ312 – 2012）

1 适用范围

本施工工艺标准适用于市政工程施工中砖砌管沟、相关检查井等砌体工程的施工作业。

2 施工准备

2.1 技术准备

2.1.1 完成底板结构边线、高程控制线的测放与复测工作,并办理相关报批手续。

2.1.2 核对混凝土配合比,编制砌筑方案并进行技术、安全交底。

2.2 材料准备

2.2.1 砖:品种和强度等级必须符合现行技术标准和设计要求;在设计无规定时,应采用不小于 MU10 普通砖,并应有出厂合格证和试验报告。

2.2.2 施工时所用的烧结砖的产品龄期不应少于 28d,也不宜大于 35d。地基基础施工宜用优质烧结砖,优质烧结砖不得用于酸性介质的地基土中。

2.2.3 水泥:品种与强度等级应根据设计要求选择,并应有出厂合格证和复试报告。一般宜采用 32.5 级的普通硅酸盐水泥或矿渣硅酸盐水泥。

2.2.4 砂:宜选用中砂,应洁净、坚硬;含泥量符合规范要求,并不得超过 5%;使用前应用 5mm 孔径的筛子过筛。

2.2.5 水泥砂浆:一般采用不小于 M7.5 水泥砂浆。

2.2.6 其他材料:止水带、预埋件、木丝板等符合设计要求。

2.3 施工机具与设备

2.3.1 搅拌机械:搅拌机。

2.3.2 计量器具:磅秤、皮数杆、水平尺、2m 靠尺、卷尺、楔形塞尺、线坠。

2.3.3 工具:大铲、刨镐、瓦刀、扁子、托线板、小白线、筛子、小水桶、灰槽、砖夹子、扫帚等。

2.4 作业条件

2.4.1 底板均已完成,且混凝土强度不低于 1.2MPa,并办好相关检收工作。

2.4.2 试验确定了砂浆配合比。

3 操作工艺

3.1 工艺流程

确定砌筑方法→砖浇水→排砖撂底→砖墙砌筑→变形缝施工→抹面→验收。

3.2　操作方法

3.2.1　确定砌筑方法:砖墙一般采用一顺一丁(满丁,满条)、梅花丁或三顺一丁的砌法。每仓砌体应同时砌筑;如同时砌筑有困难,停歇时必须留斜槎,且上下层应错缝。

3.2.2　砖浇水:砖应在砌筑的前一天浇水湿润,一般以水进入砖面15mm为宜,含水率为10% ～ 15%。常温施工不得使用含水率达饱和状态的砖砌墙。

3.2.3　砂浆搅拌:砂浆配合比应采用重量比,计量精度:水泥为±2%,砂控制在±5%以内;水泥砂浆应采用机械搅拌,先倒沙子、水泥、掺和料,最后倒水,搅拌时间不少于2min。掺用外加剂的砂浆搅拌时间不得少于3min,掺用有机塑化剂的砂浆,应为3～5min;砂浆应随拌随用,水泥砂浆必须在拌成后3～4h内使用完毕。当施工期间最高温度超过30℃时,应分别在拌成后2～3h内使用完毕。超过上述时间的砂浆不得使用,并不应再次拌和后使用;砂浆强度等级或配比变更时,还应制作试块。每台搅拌机至少应抽检一次。

3.2.4　排砖撂底:根据弹好的位置线,认真核对砖沟尺寸。撂底尺寸及收退方法必须符合设计要求。

3.2.5　砖墙砌筑:

(1)选砖:砌清水墙应选择棱角整齐,无弯曲、裂纹,颜色均匀,规格基本一致的砖,敲击时声音响亮。焙烧过火变色、变形的砖可用在不影响外观的内墙上。

(2)挂线:砌筑砖墙厚度超过一砖厚时,应双面挂线;超过10m的长墙,中间应设支线点。小线要拉紧,每皮砖要穿线看平,使水平缝均匀一致,平直顺通;砌一砖厚混水墙时宜采用外手挂线,可照顾砖墙两面平整,为下一道工序控制抹灰厚度奠定基础。

(3)砌砖:砌砖应采用一铲灰、一块砖、一挤揉的"三一"砌砖法,即满铺、满挤操作法。砌砖时砖要放平,要跟线,做到"上跟线,下跟棱,左右相邻要对平"。水平灰缝和竖向灰缝宽度一般为10mm,但不应小于8mm,也不应大于12mm。为保证清水墙面逐缝垂直,不游丁走缝,当砌完一步架高时,宜每隔2m水平间距,在丁砖立楞位置弹两道垂直立线,以分段控制游丁走缝。

(4)在操作过程中,要认真进行自检,如出现有偏差,应随时纠正,严禁事后砸墙。砌筑砂浆应随搅拌随使用。

(5)清水墙应边砌、边划缝,划缝深度为8～10mm,深浅一致,墙面应清扫干净。混水墙应边砌边将"舌头灰"刮尽。240mm厚承重墙的每层墙最上一层砖,应整砖平砌。

(6)留槎:砖砌体的转角处和交接处应同时砌筑,对不能同时砌筑而又必须留置的临时间断处应砌成斜槎,斜槎水平投影长度不应小于高度的2/3。

(7)各种预留洞、预埋件必须按设计要求留置,避免事后剔凿,影响砌体质量。对预埋件均应事先做好镀锌等防腐处理。

3.2.6　变形缝在砌筑过程中,应按设计要求安装止水带;止水带位置要正确,并与地沟垂直。

3.2.7　水泥砂浆抹面:

(1)基层清理湿润:抹灰打底前应对基层进行清理。砖墙墙面黏接的残余砂浆应清除干净,已勾缝的砌体应将勾缝的砂浆剔除;将砖墙面洒水湿润。

(2)水泥砂浆抹面应分层分遍抹平,一般分2道抹成。抹底层砂浆:采用1:3水泥砂浆,厚度5～7mm,抹成后用杠尺刮平找直,木抹子搓毛,将表面划出纹道,完成后间隔48h进行第二道抹面。抹面层砂浆:一般采用1:2.5水泥砂浆,分2遍压实擀光完成。先薄薄地刮一层,使其与底灰黏牢,紧跟抹第二道灰,并用杠横竖刮平,木抹子搓平,铁抹子溜光压实。

(3)抹面的施工接槎应留阶梯形槎,上下层接槎应错开,留槎的位置应离开交角处150mm以上。接槎时,应先将留槎均匀地涂刷水泥浆一道,然后按照层次操作顺序层层搭接,接槎应严密。

(4)墙角加细修整:墙底交接处,抹八字灰,防止该处漏水。

（5）养护：抹面砂浆终凝后，应保持表面湿润，宜每隔4h洒水一次。潮湿、通风不良的地下管沟墙体，当抹面表面出现大量冷凝水时，应减少洒水养护。管沟受阳光照射的部位及易风干的入口部位，应覆盖后浇水养护。养护时间一般为14d。

3.2.8 应注意的质量问题，如下：

（1）严格控制砂浆配合比：水泥和砂都要过磅，计量要准确，搅拌时间要到达规定的要求。外掺剂要计量准确。

（2）确保砖墙平面位置准确：墙体砌筑时，要拉线找正墙的轴线和边线，砌筑时必须保证墙身垂直。

（3）墙面不平：一砖半墙必须双面挂线，一砖墙反手挂线，"舌头灰"要边砌边刮平。

（4）皮数杆不平：抄平放线时，要细致认真；顶皮数杆的木杆要牢固，防止碰撞松动。皮数杆立完后，要复验，确保皮数杆高程一致。

（5）清水墙游丁走缝：排砖时必须把立缝排匀，砌完一步架高度，每隔2m间距在丁砖立棱处用托线板吊直弹线，二步架往上继续吊直弹线。

（6）灰缝大小不匀：立皮数杆要保证高程一致，盘角时灰缝要掌握均匀；砌砖时，小线要拉紧，防止一层线松、一层线紧。

4 质量标准

4.0.1 主控项目

（1）砖的品种：强度等级必须符合设计要求。

（2）砂浆品种及强度等级应符合设计要求。砌筑砂浆的验收批：同一类型、强度等级的砂浆试块应不少于3组；同一验收批次的砂浆试块抗压强度平均值必须大于或等于设计强度等级所对应的立方体抗压强度；同一验收批次的砂浆试块抗压强度的最小一组平均值必须大于或等于设计强度等级所对应的立方体抗压强度的0.75倍。当同一验收批次少于3组试块，每组试块抗压强度平均值必须大于或等于设计强度等级所对应的立方体抗压强度。

（3）砌体砂浆必须密实饱满，砌体水平灰缝的砂浆饱满度不得小于98%。

（4）预埋件的数量、长度（外露长度、埋置深度）等均应符合设计要求和施工规范的规定，留置间距偏差不超过设计规定。

（5）砖墙的位置及垂直度允许偏差见表4.0.1。

表4.0.1 砖墙的位置及垂直度允许偏差

序号	项 目	允许偏差（mm）	检 验 方 法
1	轴线位置偏移	10	用经纬仪、拉线和尺量检查
2	垂直度	5	用2m托线板检查

4.0.2 一般项目

（1）砌体砌筑方法要正确，灰缝整齐均匀，缝宽符合要求、上下错缝；不允许出现竖向通缝。

（2）砖砌体砂浆饱满，缝、砖平直。

（3）清水墙砌筑正确，竖缝通顺，勾缝深度适宜、一致，棱角整齐、墙面洁净美观。

（4）砖砌沟允许偏差项目见表4.0.2-1。

表4.0.2-1 砖砌沟允许偏差表

项次	项 目	允许偏差（mm）	检 验 方 法
1	砂浆抗压强度	必须符合规范要求	按规范规定
2	沟底高程	±10	用水准仪测量
3	砌体顶面高程	±15	用水准仪和尺量检查

项次	项 目		允许偏差（mm）	检 验 方 法
4	表面平整度	清水墙	5	用2m靠尺和楔形塞尺检查
		混水墙	8	
5	中线每侧宽度		0～+5	用尺量
6	墙厚		不小于设计规定	用尺量
7	水平灰缝平直度	清水墙	7	拉10m线的尺量检查
		混水墙	10	
8	清水墙游丁走缝		20	吊线和尺量检查，以每层第一皮砖为准

　　（5）墙体和拱圈的伸缩缝与底板伸缩缝对正，缝宽应符合设计要求，墙体不得有通缝。止水带安装位置正确、牢固、闭合，且浇筑混凝土过程中保证止水带不变位、不垂、不浮，止水带附近的混凝土振捣密实。墙体施工缝斜槎水平投影不得小于墙高度的2/3。砌筑方法正确，砂浆饱满，灰缝整齐均匀，缝宽符合设计要求。抹面应压光，不得有空鼓、裂缝等现象。沟底要清理干净、平整、坚实。砖砌筑渠道允许偏差见表4.0.2-2。

表 4.0.2-2　砖砌筑渠道允许偏差表

序号	项 目	允许偏差（mm）	检验频率		检 验 方 法
			范围	点数	
1	渠内底高程	±10	20m	1	用水准仪测量
2	墙厚、拱圈及盖板断面尺寸	不小于设计规定	20m	2	用尺量，宽、厚各计一点
3	墙高	±10	20m	2	用尺量每侧各一点
4	渠底中心线每侧宽	±10	20m	2	用尺量每侧各一点
5	墙面垂直度	≤15	20m	2	用垂线检测，每侧计一点
6	墙面平整度	≤5	20m	2	用2m靠尺和楔型塞尺检查取较大值，每侧计1点
7	盖板压墙尺寸	±10	20m	2	用尺量，每侧计1点
8	相邻板底错台	≤10	20m	2	用尺量，每侧计1点

　　注：①砂浆强度检验：砂浆强度应以标准养护，龄期为28d的试块抗压试验结果为准；抽检数量：每50m³砌体应制作试块一组，不足50m³按每一砌筑段计；砂浆有抗渗抗冻要求时应在配合比中予以保证。
　　　　②抹面与勾缝要求参照现行国家标准《建筑装饰装修工程质量验收规范》（GB 50210—2001）执行。
　　　　③砂浆材料及拌制要求可参照国家标准《砌体结构工程施工质量验收规范》（GB 50203—2011）执行。

5　质量记录

5.0.1　砌筑块（砖）试验报告。

5.0.2　砌筑砂浆抗压强度试验报告。

5.0.3　砌筑砂浆试块强度统计、评定记录。

6　冬、雨季施工措施

6.1　冬季施工措施

6.1.1　承重墙不宜在冬季施工；必须在冬季施工时，应采取防冻措施。

6.1.2　在连续 5d 平均气温低于 5℃ 或当日最低气温低于 0℃ 时即进入冬季施工，应采取冬季施工措施。

6.1.3　冬季施工使用的砖，要求在砌筑前清除冰霜。

6.1.4　冬季施工的砂浆宜采用普通硅酸盐水泥拌制，砂中不得含有大于 10mm 的冰块。

6.1.5　冬季施工对材料加热时，水加热不超过 80℃，砂加热不超过 40℃。应采用两步投料法，即先拌和水泥和砂，再加水拌和。

6.1.6　冬季施工的砂浆使用温度不应低于 +5℃。砌筑完成后，应及时覆盖保温。

6.2　雨季施工措施

雨季施工时，应防止雨水冲刷砂浆，砂浆的稠度应适当减小。每日砌筑高度不宜大于 1.2m。收工时应覆盖砌体表面。

7　安全、环保措施

7.1　安全措施

7.1.1　砌块码放高度不得超过 1.5m，基坑、沟槽边缘 1m 内不得堆放或运输砌筑材料。

7.1.2　砌筑过程中，不得在砌体上使用大锤锤击石料。

7.1.3　采用分段砌筑时，相邻高差不得大于 1.2m，分段位置应设在变形缝处。

7.1.4　作业人员不得在墙顶上作业、行走。

7.2　环保措施

7.2.1　严禁路拌砂浆，避免砂浆污染路面及其他构筑物；如施工有掉落的水泥砂浆应及时清理。

7.2.2　每天施工段落收工，应及时清理工作现场的垃圾，并按要求处理。

8　主要应用标准和规范

8.0.1　中华人民共和国国家标准《建筑装饰装修工程质量验收规范》（GB 50210—2001）

8.0.2　中华人民共和国国家标准《砌体结构工程施工质量验收规范》（GB 50203—2011）

8.0.3　中华人民共和国国家标准《给水排水管道工程施工及验收规范》（GB 50268—2008）

编、校：祝强　周锦中

313 顶 管 施 工

(Q/JZM－SZ313－2012)

1 适用范围

本施工工艺标准适用于市政工程施工中,采用普通人工掘进的钢筋混凝土顶管施工作业。

2 施工准备

2.1 技术准备

2.1.1 施工方案编制完成,施工准备工作完成(地下管线及构筑物情况调查及方案准备),并进行了方案的技术及安全交底。

2.1.2 完成工作竖井测量放线。

2.2 材料准备

2.2.1 钢筋混凝土管材:分为钢筋混凝土双插口及企口管,其品种、规格、外观质量、强度等级均应符合设计要求;混凝土强度等级不宜低于 C50,抗渗等级不应低于 P8,并具有出厂合格证。

2.2.2 橡胶圈、橡胶垫、钢套环应符合设计要求,具有出厂合格证。

2.2.3 方木、型钢、钢板、棚架等满足施工要求。

2.2.4 其他材料:密封胶、油麻、石棉、膨胀剂、水泥(少量)等,其质量应符合有关规定与要求,水泥、膨胀剂应有产品合格证和出厂检验报告,进场后应取样试验合格。

2.3 施工机具与设备

2.3.1 顶进设备:液压泵、液压油缸、液压管路及液压控制系统等;

2.3.2 后背、导轨、中继间、顶铁、小推车、工具管等;

2.3.3 顶管工作坑平台、照明设备、排水设备、通风设备、测量仪器。

2.4 作业条件

2.4.1 全部设备已经过检查,并经试运行确认正常。

2.4.2 首节管在导轨上的中心线、坡度、高程应符合导轨设备安装规定。

3 操作工艺

3.1 工艺流程

测量放线→首节管空顶就位→初始顶进→管道顶进(顶进测量控制)→回填注浆→检查验收。

3.2 操作方法

3.2.1 首节管空顶就位后,采用钢木支架、立板密撑时,应采取措施保持洞口上方支撑稳固。采用锚喷护壁时,应先拆除洞口护壁结构;拆除时注意洞门尺寸,保持混凝土完整。在不稳定土层中顶管时,封门拆除前,应先对封门背后土体进行注浆加固,封门拆除后应将工具管立即顶入土层内。

3.2.2　初始顶进施工:封门拆除后,初始顶进 5～10m 范围内,应增加测量密度。首节管允许偏差为:轴线位置 3mm;高程 0～+3mm。当接近允许偏差时,应采取措施纠偏。

3.2.3　人工挖土顶管:

(1)管前挖土长度:土质良好时,在正常顶管地段可超越管端 30～50cm;在土质不良地段,开挖超越管端距离不得大于 30cm。

(2)在正常顶管地段:管顶部位最大超挖量宜控制在 1.5cm 左右;管底部位 135°范围内不得超挖。在不允许土层下沉的顶管地段,管体周围不得超挖。管前挖土人员应在管内操作。

(3)土质不良地段:管前应加工具管,严禁挖土人员在工具管外进行作业。人工挖土前,应先将工具管刃口部分切入周边土体中。挖土应根据地层条件,辅以必要的降水或注浆加固等措施。

(4)铁路道轨下不得超越管端以外 10cm,并随挖随顶;在道轨以外不得超过 30cm;同时应符合管理单位对挖掘、顶进的有关规定。

3.2.4　顶进测量控制:

(1)顶管施工测量应建立平面与地下测量控制系统,控制点应设在不易扰动、视线清楚、方便校核且易于保护处。

(2)应严格执行测量放样复核制度。每次测量前,要先检查测量标志点是否移动。在顶首节管及校正偏差过程中,应按顶进及纠偏方案,及时对中心线及高程进行测量。

(3)在正常顶进中,每顶进 50～100cm 需测量一次。顶距在 60m 范围内,中心线测量宜根据工作坑内设置的中心桩挂设中心线,利用特制的中心尺,测量首节管前端的中心偏差。

(4)顶距超过 60m 时,宜使用经纬仪测量中心线或采用激光经纬仪和光栅靶测量。

(5)高程测量应使用水准仪和特制的高程尺进行,除测量首节管前端管底高程,还应测量首节管后端管底高程,以掌握首节管的坡度;工作坑内应设置稳固的水准点 2 点,供测量高程时互相闭合。

(6)一个顶管段完成后,应测量一次管道中心线和高程;每个接口应测 1 点,有错口时测 2 点,并形成文件。应在顶进中依据测量结果进行纠偏;纠偏应遵循小角度渐近方式,使顶进管段逐渐复位;工具管产生转角时的复位也应遵循渐近原则。

(7)人工挖土顶管时,当测量结果反映管道顶进中出现偏差趋势,即应进行纠偏;纠偏过程中应增加测量密度,每 10～20cm 测量一次。不得硬行纠正调整,应根据土质及偏差数值,可采用挖土法、支顶法等纠偏方式。

(8)顶铁与管口之间应采用缓冲材料衬垫。顶力作用下,管节承压面的应力接近其设计抗压强度时,应采用 U 形或环形顶铁等措施,以减少管节承压面的应力。在顶进过程中,如发生塌方或遇到障碍、后背倾斜或严重变形、顶铁发现扭曲迹象、管位偏差过大等情况,且校正无效、顶力较预计增大,已接近管节端面许可承受的顶力时,应立即停止顶进并及时查明原因,采取相应处治措施;待处理完善后,再继续顶进。液压油缸及出土运输机械的操作人员,应听从挖土指挥人员的指挥。

(9)顶钢筋混凝土管时,两管接口处应加衬垫。采用 T 形钢套环形橡胶圈防水接口时,水泥混凝土管节表面应光洁、平整、无砂眼和气泡,接口尺寸符合规定。钢套环尺寸应符合设计规定,接口无瑕疵点,焊接接缝平整,肋部与钢板平面垂直,且应按设计规定进行防腐处理;橡胶圈应符合有关规程规定;安装前应保持清洁,无油污,且不得在阳光下直晒。

(10)在软土层中顶进混凝土管时,为增加导向性,可将前 3～5 节管与工具管联成一体。

(11)顶进作业时,应禁止进行工作坑内的垂直运输;需要进行垂直运输时,则应禁止顶进作业。

(12)对顶施工且两管端相距约 2m 时,宜从两端中心掏挖小洞,使两管能通视和校核两管中心线及高程,以利进行纠偏、对口。

3.2.5　顶管终止顶进后,应对管外壁与土层间形成的空隙或触变泥浆层进行充填、置换,确保被穿越的地面构筑物安全。充填时应由管内均匀分布的注浆孔向外侧空隙压注浆液。

3.2.6 顶进过程中顶铁应无歪斜扭曲现象,安装应顺直;每次退回液压油缸活塞换放顶铁时,应换用可能安放的最长顶铁。在顶进过程中,顶铁上方及侧面不得站人,并随时加强观察。顶铁如有错位、扭曲迹象时,应采取有效措施,以防止崩铁。顶进应昼夜三班连续施工,除不可抗拒情况外,不得中途停止作业。

4 质量标准

4.0.1 主控项目
（1）管内清洁,管节无破损
（2）管道外壁与土体的空隙应进行注浆充填密实。

4.0.2 一般项目
（1）接口应严密、平顺。
（2）管内不得有泥土、石子、砂浆、砖块、木块等杂物。
（3）顶进管道允许偏差见表4.0.2。

表4.0.2 顶进管道允许偏差表

序号	项 目		允许偏差（mm）	检验频率		检验方法
				范围	点数	
1	中线位移	$D < 1500$	≤30	每节管	1	测量并查阅测量记录
2		$D \geq 1500$	≤50			有错口时,测2点
3	管内底高程	$D < 1500$	+10,-20	每节管	1	用水准仪测量 有错口时测2点
4		$D \geq 1500$	+20,-40			
5	相邻管间错口	$D < 1500$	≤10	每个接口	1	用尺量
6		$D \geq 1500$	≤20			
7		钢管	≤2			
8	对顶时管节错口		≤30	对顶接口	1	用尺量

注:①表内 D 为管径(mm)。
②管内底高程:如管径小于1 500mm的最大超差超过100mm、管径不小于1 500mm的最大超差超过150mm时,均应返工重做。

5 质量记录

5.0.1 顶管施工测量记录。
5.0.2 顶管施工日志。

6 冬、雨季施工措施

6.1 冬季施工措施
冬季施工工作平台需要有防滑措施。

6.2 雨季施工措施
雨季施工工作坑内应设积水坑,并搭设防雨棚;在工作坑四周应设临时围堰,采取有效措施,以防止雨水流入工作坑。

7　安全、环保措施

7.1　安全措施

7.1.1　顶进时,顶铁上方及侧面不得站人,并应随时观察有无异常迹象。

7.1.2　进入现场应戴安全帽和使用相应的防护用品。

7.1.3　在出土和吊运材料时,设备下严禁站人。

7.2　环保措施

7.2.1　采取措施使机械噪声量控制在规定范围之内,防止噪声扰民。

7.2.2　渣土分类堆放,并及时处理。

7.2.3　在现场出入口应设立清洗设备,对运土车辆进行冲洗和覆盖,避免运土车辆污染场外道路及扬尘。

8　主要应用标准和规范

8.0.1　中华人民共和国国家标准《环境空气质量标准》(GB 3095—2012)

8.0.2　中华人民共和国国家标准《给水排水管道工程施工及验收规范》(GB 50268—2008)

编、校:李琳丽　王艮洲

314 给水钢管安装

（Q/JZM – SZ314 – 2012）

1 适用范围

本施工工艺标准适用于市政管道工程中输水管道及大口径埋地钢质给水管道、室内管道及各种工艺管道的施工作业。

2 施工准备

2.1 技术准备

2.1.1 施工技术方案已完成审批手续。

2.1.2 施工测量已完成复测、检验合格。

2.1.3 完成对原材料和半成品的检验试验工作。

2.1.4 熟悉施工现场的作业环境和条件，已向有关人员进行施工技术和安全交底工作。

2.2 材料准备

2.2.1 钢管质量

（1）钢管应有出厂合格证明书，钢管的材质、规格、压力等级、加工质量应符合国家现行标准和设计规定。

（2）钢管表面应无显著锈蚀、裂纹、斑疤、重皮和压延等缺陷，不得有超过壁厚负偏差的凹陷和机械损伤。

（3）卷焊钢管不得有扭曲、损伤等缺陷，也不得有焊缝根部未焊透的现象；直焊缝卷管管节几何尺寸允许偏差应符合施工技术规范的规定。

（4）检查管体的椭圆度可用一块弧长为管体周长 1/6 ~ 1/4 的样板，它与管内壁不贴合的间隙应符合下列规定：对接纵缝处为壁厚的 10% 处加 2mm，且不大于 3mm；离管端 200mm 的对接纵缝处为 2mm；其他部位为 1mm。

（5）卷管端面与中心线的垂直偏差不应大于管体外径的 1%，且不大于 3mm；平直度偏差不应大于 1mm/m。卷焊钢管的管身不得扭曲、损伤，否则，需对钢管进行调直，并应符合有关施工技术规范要求。

（6）同一管节允许有 2 条纵缝，管径大于或等于 600mm 时，纵向焊缝的间距应大于 300mm；管径小于 600mm 时，其间距应大于 100mm。

（7）管道安装前，管节应逐根测量、编号进行配管，应选用管径相差最小的管节组对对接。

2.2.2 钢管件

（1）弯头、异径管、三通、法兰及紧固件等应有产品合格证明，其尺寸偏差应符合现行标准，材质应符合设计要求。

（2）法兰密封面应平整光洁，无伤痕、毛刺等缺陷。螺栓与螺母应配合良好，无松动或卡涩现象。

（3）石棉橡胶、橡胶、塑料等作金属垫片时应质地柔韧，不得使用再生橡胶，无老化变质或分层现象，表面不得有折损、皱纹等缺陷。

（4）金属垫片的加工尺寸、精度、粗糙度及硬度应符合要求；表面无裂纹、毛刺、凹槽等缺陷。

2.2.3 给水阀门

（1）阀门必须配有产品合格证书,其规格、型号、材质应与设计要求一致,阀杆转动灵活,无卡、涩现象。经外观检查,阀体、零件应无裂纹、重皮等缺陷。

（2）新阀门应符合设计质量标准,根据需要进行抽样做解体检查。重新使用的旧阀门,应进行水压试验,合格后方可安装。

2.2.4　防腐层

（1）钢管的内外防腐层应符合设计规定,经现场检验合格后方可下管。

（2）钢管下入沟槽后如有碰撞损伤,要标出记号,并按要求修补完整。

2.2.5　焊条

（1）焊条应有出厂质量合格证,焊条的化学成分、机械强度应与母材相匹配,兼顾工作条件和工艺性。

（2）焊条质量应符合现行国家标准《碳钢焊条》（GB/T 5117—1995）、《低合金钢焊条》（GB/T 5118—1995）的规定。

（3）焊条应处于干燥状态。

2.3　施工机具与设备

2.3.1　主要施工机械

（1）机械:起重机、运输车辆、切管机、发电机、电焊机、对口器具、千斤顶、电动除锈机、内防腐机等。

（2）工具:千斤顶、吊具、盒尺、角尺、水平尺、线坠、铅笔、扳手、钳子、螺丝刀、手锤、气焊、焊缝检测尺、钢刷等。

2.3.2　检测仪器、工具:电火花检测仪、无损探伤仪、全站仪、水准仪等。

2.4　作业条件

2.4.1　地上、地下管线和障碍物经物探和坑探调查清楚,并应已拆迁或加固;施工期交通疏导方案、施工便桥等已经有关主管部门批准。

2.4.2　现场三通一平已完成,满足施工机械作业要求。夜间施工需准备好照明设施。

2.4.3　沟槽地基、管基质量检验合格,管道中心线及高程桩的高程已检测完成。

2.4.4　根据管线的长短、管径的大小、焊接的方法与施工环境等,已配备适当的焊接工具。

3　操作工艺

3.1　工艺流程

砂垫层铺设→下管→对口→管口焊接→焊缝检查→管件安装→试压→固定口外防腐→管道内支撑（大口径管）→土方回填、井室砌筑→管道内防腐→冲洗消毒→竣工验收。

3.2　操作方法

3.2.1　砂垫层铺设

回填砂垫层,并将沙子找平后用平板振动夯夯实;砂垫层的平整度、高程、厚度、宽度、压实度应符合设计要求,经验收合格后方可下管。设计无规定时,砂垫层厚度应符合表3.2.1的规定。

表3.2.1　砂垫层厚度

序号	管道种类	管　径（mm）		
		≤500	>500且≤1 000	>1 000
1	柔性管道	≥100	≥150	≥200
2	柔性接口的刚性管道	150～200		

3.2.2　下管

采用吊车配合下管时,严禁将管体沿槽帮滚放;使用尼龙吊带或专用吊具等下管时,不得损坏接口及钢管的内外防腐层。钢管要均匀地铺放在砂垫层上,接口处要自然形成对齐,严禁采用加垫块或吊车掀起等方法。垂直方向发生错位时,应调整砂垫层,使之接口对齐。

3.2.3　对口

（1）管道对口前应先修口、清根,管端面的坡口角度、钝边、间隙等应符合表3.2.3-1的规定;不得在对口间隙夹焊帮条或用加热法缩小间隙施焊。

表3.2.3-1　电弧焊管端修口各部尺寸

序号	壁厚 t（mm）	间隙 b（mm）	钝边 p（mm）	坡口角度 α（°）
1	4～9	1.5～3.0	1.0～1.5	60～70
2	10～26	2.0～4.0	1.0～2.0	60±5

（2）管道对口根据管径的大小,选择合适的专用对口器具,不得强力对口。

（3）钢管对口错口规定:对口时应使内壁齐平,采用400mm的直尺在接口内壁周围顺序贴靠,错口的允许偏差应符合表3.2.3-2的规定。

表3.2.3-2　钢管对口时错口允许偏差

壁厚（mm）	3.5～5	6～10	12～14	≥16
错口允许偏差（mm）	0.5	1.0	1.5	2

（4）对口时纵、环向焊缝位置的确定:钢管定位时,钢管的纵向焊缝应位于中心垂线上半圆45°左右;纵向焊缝应错开;当管径小于600mm时,错开的环向间距不得小于100mm;当管径大于或等于600mm时,错开的环向间距不得小于300mm;有加固环的钢管,加固环的对焊焊缝应与管节纵向焊缝错开,其间距不宜小于100mm;加固环距管节的环向焊缝不宜小于50mm;环向焊缝距支架净距不宜小于100mm;直管管段两相邻环向焊缝的间距不宜小于200mm;管道任何位置不得有十字形焊缝;

（5）不同壁厚管节的对口:不同壁厚的管节对口时,管壁厚度相差不宜大于3mm。不同管径的管节相连时,当两管径相差大于小管管径的15%时,可用渐缩管连接。渐缩管的长度不应小于两管径差值的2倍,且不宜小于200mm。

（6）在直线管段上加设短节时,短节的长度不宜小于800mm。

3.2.4　管口焊接

（1）焊条:焊条使用前进行外观检查,受潮、掉皮、有显著裂纹的焊条不得使用。焊条在使用前应按出厂说明书的规定进行烘干,烘干后装入保温筒进行保温贮存。

（2）现场施焊应由经过培训考核、取得所施焊范围操作合格证的人员施焊。焊件经试验合格方能进行施焊。焊工在施焊完成后在其焊口附近标明焊工的代号。

（3）点焊:钢管对口检查合格后,方可进行点焊,点焊时应对称施焊,其厚度应与第一层焊接厚度一致;钢管的纵向焊缝及螺旋焊缝处不得点焊;点焊焊条应采用与接口相同的焊条;点焊长度与间距可参照表3.2.4-1规定。

表3.2.4-1　点焊长度与间距

序号	管径（mm）	点焊长度（mm）	环向点焊点（处）
1	80～150	15～30	3
2	200～300	40～50	4
3	350～500	50～60	5
4	600～700	60～70	6
5	≥800	80～100	点焊间距不宜大于400mm

（4）管道焊接：管道接口的焊接应制定焊接部位顺序和施焊方法，防止产生的温度应力集中。平焊电流宜采用下式进行计算，立焊和横焊电流应比平焊小 5% ～ 10%，仰焊电流应比平焊小 10% ～ 15%。

$$I = kd \tag{3.2.4}$$

式中：I——电流（A）；

　　　d——焊条直径（mm）；

　　　k——系数，根据焊条决定，宜为 35 ～ 50。

（5）焊接层数的确定：焊缝的焊接层数、焊条直径和电流强度，应根据被焊钢板的厚度、坡口形式和焊口位置确定，可参照表 3.2.4-2 至表 3.2.4-4 选用。但横、立焊时，焊条直径不应超过 5mm；仰焊时，焊条直径不应超过 4mm。管径大于 800mm 时，采用双面焊；当管壁厚 18mm 时，外三内二共五遍；壁厚 20mm 时外四内二共六遍。双面焊接时，一面焊完后，焊接另一面时，应将表面熔渣铲除并刷净后再焊接。手工电弧焊焊接钢管及附件时，厚度 6mm 且带坡口的接口，焊接层数不得少于 2 层，见表 3.2.4-2 至表 3.2.4-4。

表 3.2.4-2　不开坡口对接电弧焊接的焊接层数、焊条直径和电流强度

序号	钢板厚度（mm）	焊缝型式	间隙（mm）	焊条直径（mm）	电流强度平均值（A）		备注
					平焊	立、仰焊	
1	3 ～ 5	单面	1	3	120	110	如焊不透时应开坡口
2	5 ～ 6	双面	1 ～ 1.5	4 ～ 5	180 ～ 260	160 ～ 230	

表 3.2.4-3　V 形坡口和 X 形坡口对接电弧焊接的焊接层数、焊条直径和电流强度

序号	钢板厚度（mm）	层数	焊条直径（mm）		电流强度平均值（A）	
			第一层	以后各层	平焊	立、横、仰焊
1	6 ～ 8	2 ～ 3	3	4	120 ～ 180	90 ～ 160
2	10	2 ～ 3	3 ～ 4	5	140 ～ 260	120 ～ 160
3	12	3 ～ 4	4	6	140 ～ 260	120 ～ 160
4	14	4	4	5 ～ 6	140 ～ 260	120 ～ 160
5	16 ～ 18	4 ～ 6	4	5 ～ 6	140 ～ 260	120 ～ 160

表 3.2.4-4　搭接与角焊电弧焊接的焊接层数、焊条直径和电流强度

序号	钢板厚度（mm）	焊接层数	焊条直径（mm）		电流强度平均值（A）		
			第一层	以后各层	平焊	立焊	仰焊
1	4 ～ 6	1 ～ 2	3 ～ 4		120 ～ 180	100 ～ 160	90 ～ 160
2	8 ～ 12	2 ～ 3	4 ～ 5	5	160 ～ 180	120 ～ 230	120 ～ 160
3	14 ～ 16	3 ～ 4	4 ～ 5	5 ～ 6	160 ～ 320	120 ～ 230	120 ～ 160
4	18 ～ 20	4 ～ 5	4 ～ 5	5 ～ 6	160 ～ 320	120 ～ 230	120 ～ 160

注：搭接或角接的两块钢板厚度不同时，应以薄的计。

（6）多层焊接时，第一层焊缝根部应焊透，且不得烧穿；焊接之后各层应将前一层的熔渣飞溅物清除干净。每层焊缝厚度宜为焊条直径的 0.8 ～ 1.2 倍。各层引弧点和熄弧点应错开；管径不小于 800mm 时，应逐口进行油渗检验，不合格的焊缝应铲除重焊。

（7）钢管及管件的焊缝除进行外观检查外，对现场施焊的环形焊缝要进行 X 射线探伤。取样数量与要求等级应按设计规定执行；设计无规定时，环型焊缝探伤比例为 2.5%，T 形焊缝连接部位均进行 X 射线探伤。不合格的焊缝应返修，返修次数不得超过 3 次。

（8）钢管的闭合口施工：夏季应在夜间且管内温度为 20℃ ±3℃；冬季宜在中午温度较高，且管内温度在 10℃ ±3℃ 的时候进行。必要时，可设伸缩节代替闭合焊接。

3.2.5　管道开孔

（1）不得在干管的纵向、环向焊缝处开孔；如必须开孔时，开孔应按设计要求并有可靠的补强措施。

（2）管道上任何位置不得开方孔。

（3）严禁在短节上或管件上开孔。

3.2.6　管道附件安装

（1）各类阀门、消火栓、排气门、测流计等安装前，应核对产品规格、型号；检查产品外观质量。符合设计要求、具有产品合格证书的方可使用。

（2）阀门安装的位置及安装方向应符合设计规定，阀杆方向应便于检修和操作；水平管道上阀门的阀杆宜垂直向上或装于上半圆。阀门安装前应检查阀杆转动是否灵活，清除阀内污物。各类闸阀安装前应检查管道中心线、高程与管端法兰盘垂直度，符合要求方可进行安装。

（3）止回阀的安装位置及方向应符合设计规定；水锤消除器应在管道水压试验合格后安装，其安装位置应符合设计要求。

（4）消火栓应在管道水压试验合格后安装，其安装位置应符合设计规定。

（5）安装伸缩节时，伸缩节的构造、规格、尺寸与材质应符合设计规定；应根据安装时的大气温度预调好伸缩节的可伸缩量，其值应符合设计要求。

（6）法兰：法兰盘密封面及密封垫片，应进行外观检查，不得有影响密封性能的缺陷存在；法兰盘端面应保持平整，两法兰之间的间隙误差不应大于2mm，不得用强紧螺栓方法消除歪斜；法兰盘连接要保持同轴，螺栓孔中心偏差不超过孔径的5%，并保证螺栓的自由穿入；螺栓应使用相同的规格，安装方向一致，螺栓应对称紧固，紧固好的螺栓应露出螺母之外2～3扣；严禁采用先拧紧法兰螺栓，再焊接法兰盘焊口的方法。

（7）制作钢管件的母材应符合设计要求；弯头的弯曲半径应符合设计规定，且不得小于1.5倍的管外径。在管道直线段安装弯头、三通等管件，管件坡度应与管道坡度一致；管件的中心线应与连接管道的中心线在同一直线上。

3.2.7　固定口外防腐

（1）钢管的外防腐应在管道焊接、试压合格后进行，先将固定口两侧的防腐层接槎表面清除干净，再按规范和设计要求进行固定口防腐处理。

（2）钢管的内防腐应在水压试验、管道土方回填验收合格，且管道变形基本稳定后进行。

3.2.8　管道内支撑

（1）为防止钢管在回填时出现较大变形，当钢管直径不小于900mm的管道回填土前，在管内采取临时竖向支撑。

（2）在管道内竖向上、下用50mm×200mm的大板紧贴管壁，再用直径大于100mm的圆木，或100mm×100mm、100mm×120mm的方木支顶，并在撑木和大板之间用木楔子背紧，每管节2～3道。支撑后的管道，竖向管径比水平管径略大1%～20%DN。

（3）回填前先检查管道内的竖向变形或椭圆度是否符合要求，不合格者可用千斤顶预顶合适再支撑方可回填。

3.2.9　钢管道内外防腐

（1）使用工厂预制的内外防腐层的钢管道，管节质量与内外防腐层质量均应符合设计要求，并具有产品出厂合格证。钢管在使用前，应检查管节及内外防腐层的质量，符合设计要求方可使用。

（2）钢管除锈：涂底漆前管节表面应彻底清除油垢、灰渣、铁锈、氧化铁皮；采用人工除锈时，其质量标准应达到国家现行标准《涂装前钢材表面预处理规范》（SY/T 0407—1997）规定的St3级；喷砂或化学除锈时，其质量标准应达到Sa2.5级。

（3）钢管采用石油沥青涂料外防腐：钢管外防腐层的构造应符合设计规定，当设计无规定时其构造应符合国家现行标准《给水排水管道工程施工及验收规范》（GB 50268—2008）的有关规定施工；钢管除锈后与涂底漆的间隔时间不得超过8h。应涂均匀、饱满，不得有凝块、起泡现象；底漆厚度宜为0.1～

0.2mm,管两端150～250mm范围内不得涂刷;沥青涂料应涂刷在洁净、干燥的底漆上,常温下刷沥青涂料时,应在涂底漆后24h内实施沥青涂料涂刷,温度不低于180℃;沥青涂料熬制温度宜在230℃左右,最高熬制温度不得超过250℃,熬制时间不大于5h。每锅料应抽样检查,性能符合《建筑石油沥青》GB 494的规定;涂沥青后应立即缠绕玻璃布,玻璃布的压边宽度应为30～40mm;接头搭接长度不应小于100mm,各层搭接接头应相互错开。玻璃布的油浸透率应达95%以上,不得出现大于50mm×50mm的空白;管端或施工中断处应留出长度150～250mm的阶梯形搭槎,阶梯宽度应为50mm;沥青涂料温度低于100℃时,需包扎聚氯乙烯工业薄膜保护层;包扎时不得有褶皱、脱壳现象,压边宽度为30～40mm,搭接长度为100～150mm。

(4)钢管管节外防腐施工:管节表面喷砂除锈应符合本条款(2)的规定。涂料配制应按产品说明书的规定操作;底漆应在表面除锈后8h之内涂刷,涂刷应均匀,不得漏涂,管两端150～250mm范围内不得涂刷;面漆涂刷和包扎玻璃布,应在底漆干后进行,底漆与第一道面漆涂刷的间隔时间不得超过24h。

(5)固定口防腐:应在焊接、试压合格后进行。先将固定口两侧的防腐层接茬表面清除干净,再按要求进行防腐处理。

(6)钢管内防腐:管道内壁的浮锈、氧化铁皮、焊渣、油污等应彻底清除干净;焊缝突起高度不得大于防腐层设计厚度的1/3。管道土方回填验收合格,且管道变形基本稳定后进行内防腐。管道竖向变形不得大于设计规定,且不应大于管道内径的2%。水泥砂浆抗压强度标准不应小于30kPa。钢管道水泥砂浆衬里,采用机械喷涂、人工抹压、拖筒或用离心预制法进行施工。采用人工抹压法施工时,应自下而上分层抹压,且应符合表3.2.9的规定,其厚度为15mm。机械喷涂时,对弯头、三通等管件和邻近闸阀附近管段,可采用人工抹压,并与机械喷涂接顺。水泥砂浆内防腐形成后,应立即将管道封堵,不得形成空气对流;水泥砂浆终凝后应进行潮湿养护;养护期间普通硅酸盐水泥不得少于7天,矿渣硅酸盐水泥不得少于14天;通水前应继续封堵,保持湿润。管道端点或施工中断时,应预留阶梯形接槎。

表3.2.9　水泥砂浆内防腐层人工抹压施工要点

序号	名　称	操作要点
1	素浆层	纯水泥浆水灰比0.4,稠糊状均匀涂刮厚约1mm
2	过渡层	1:1水泥砂浆厚4～5mm从两侧向上压实找平不必压光,24h后再做找平层
3	找平层	1:1.5水泥砂浆5～6mm抹的厚度稍大于规定值,再用大抹子压实找平,最后用1000mm杆尺进行环向弧面找平
4	面层	1:1水泥砂浆5～6mm抹完后用钢抹子压光,表面应光滑、平整;面层抹面、压光,应在10h内完成

4　质量标准

4.0.1　主控项目

(1)原材料、规格、压力等级、加工质量应符合设计规定;管材和管件必须属于配套产品。

(2)无压管道坡度必须符合设计要求;严禁无坡或倒坡。

(3)接口材料质量应符合现行国家标准规定和设计要求。

4.0.2　一般项目

(1)钢管管道接口外观质量应符合规范要求。

(2)安管前应检查管内外防腐是否合格;在施工过程中,防腐层不得被破坏。

(3)钢管焊缝外观质量应符合表4.0.2-1的规定。

(4)钢管防腐层厚度允许偏差及表面缺陷的允许深度应符合表4.0.2-2的规定。

(5)钢管道外防腐层质量标准应符合表4.0.2-3的规定。

(6)钢管道铺设允许偏差应符合表4.0.2-4的规定。

表4.0.2-1 钢管焊缝外观质量

序号	项 目	技 术 要 求
1	外观	不得有熔化金属流到焊缝外未熔化的母材上。焊缝和热影响区表面不得有裂纹、气孔、弧坑和灰渣等缺陷。表面光顺、均匀,焊道与母材应平缓过渡
2	宽度	应焊出坡口边缘2～3mm
3	表面余高	应小于或等于1 +0.2倍坡口边缘宽度,且不应大于4mm
4	咬边	深度应小于或等于0.5mm,焊缝两侧咬边总长不得超过焊缝长度的10%,且连续长不应大于100mm
5	错边	应小于或等于0.2t,且不应大于2mm
6	未焊满	不允许

注:t为壁厚(mm)。

表4.0.2-2 钢管防腐层厚度允许偏差及表面缺陷的允许深度

序号	管径(mm)	防腐层厚度允许偏差	表面缺陷允许深度
1	≤1 000	±2	≤2
2	>1 000,且≤1 800	±3	≤3
3	>1 800	+4, −3	≤4

注:本表中钢管防腐层质量,属抽查项目,不计点数。

表4.0.2-3 钢管道外防腐层质量标准

材料准备	构 造	检 查 项 目			
		厚度	外观	电火花试验	黏附性
石油沥青涂料	三油二布	≥4.0	外观均匀无褶皱、空泡、凝块	16kV	以夹角为45°～60°、边长40～50mm的切口,从角尖端撕开防腐层;首层沥青应100%地黏附在管道的外表面
	四油三布	≥5.5		18kV	
	五油四布	≥7.0		20kV	
环氧煤沥青涂料	三油	≥0.3		2kV	以小刀割开一舌形切口,用力撕开切口处的防腐层,管道表面仍为漆皮所覆盖,不得露出金属表面
	四油一布	≥0.4		2.5kV	
	六油二布	≥0.6		3kV	
环氧树脂玻璃钢	加强级	≥3	外观平整、光滑、色泽均匀,无脱层、起壳和固化不完全等缺陷	3～5kV	以小刀割开一舌形切口,用力撕开切口处的防腐层,管道表面仍为漆皮所覆盖,不得露出金属表面

表4.0.2-4 钢管道铺设允许偏差表

序号	项 目		允许偏差(mm)	检验频率		检验方法
				范围	点数	
1	轴线位置	无压管道	≤15	节点之间	2	挂中心线用尺量
		压力管道	≤30			用水准仪量
2	高程	无压管道	±10	节点之间	2	挂中心线用尺量
		压力管道	±20			用水准仪量
3	钢管焊缝外观		见表4.0.2-1	每口	每项1点	观察及用尺量
4	钢管对口错口		0.2倍壁厚且不大于2	每口	1	用3m直尺贴管壁量

(7)无损检测:

①无损检测的取样规定:当设计要求进行无损探伤检验时,取样数量与要求等级按设计规定执行。若设计无要求时,在工厂焊接:T形焊缝X射线探伤为100%,其余为超声波探伤,长度不小于总长的20%;现场固定口焊接:T形焊缝X射线探伤为100%,环型焊缝探伤比例为2.5%;穿越障碍物的管段

接口,T形焊缝拍片为100%,每环向焊缝拍一张片做X射线探伤检查。

②评片规定:X射线探伤按《金属熔化焊焊接接头射线照相》(GB 3323—2005)的规定,焊缝Ⅲ级为合格;超声波探伤按《钢焊缝手工超声波探伤方法和探伤结果分级》(GB 11345—1989)规定Ⅱ级片为合格。拍片在专业人员评定的基础上,请有关单位专职人员共同核定;如有一张不合格,除此处需返修合格外,还应在不合格处附近加拍两张,若此两张之一还不合格,需在该焊缝加拍四张,其一还不合格则需全部返工。

(8)水泥砂浆内防腐层质量规定:裂缝宽度不得大于0.8mm,沿管道纵向长度小于管道的周长,且不大于2.0m。防腐层平整度:以300mm长的直尺,沿管道纵轴方向贴靠管壁量测防腐层表面和直尺间的间隙小于2mm。

(9)管道竖向变形:

①管道的竖向变形,在回填土完成后不得超过计算直径的±2%。

②竖向变形=(计算直径-实测直径)/计算直径×100%≤2%。

③竖向变形在1.5%以内为优良工程,每根管检测一点。

5 质量记录

5.0.1 技术交底记录。

5.0.2 工程物资选样送审表。

5.0.3 主要设备、原材料、构配件质量证明文件及复试报告。

5.0.4 产品合格证。

5.0.5 设备、配(备)件开箱检查记录。

5.0.6 设备、材料现场检验及复测记录。

5.0.7 管材进场抽检记录。

5.0.8 阀门试验记录。

5.0.9 焊工资格备案表。

5.0.10 焊缝综合质量记录。

5.0.11 焊缝排位记录及示意图。

5.0.12 测量复核记录。

5.0.13 隐蔽工程检查记录。

5.0.14 中间检查交接记录。

5.0.15 防腐层施工质量检查记录。

5.0.16 射线检测报告(底片评定记录)。

5.0.17 超声波检测报告。

5.0.18 钢管变形检查记录。

5.0.19 工程部位质量评定表。

5.0.20 工序质量评定表。

5.0.21 工程质量事故及事故调查处理记录。

6 冬、雨季施工措施

6.1 冬季施工

6.1.1 冬季焊接时,根据环境温度进行预热处理,可参照表6.1.1进行。

表6.1.1　钢管焊接时气温与管材预热表

钢 材 材 质	环境温度（℃）	预热温度（℃）
含碳量≤0.2%碳素钢	低于 - 20	100 ~ 200
含碳量0.20% ~ 0.28%的碳素钢	低于 - 10	100 ~ 200
含碳量0.28% ~ 0.33%的碳素钢和16Mn(16M)钼钢	低于 - 10	250 ~ 400

注：焊口预热区宽度为200 ~ 250mm；宜用气焊烤热。

6.1.2 在焊接前先清除管道上的冰、雪、霜等，刚焊接完的焊口未冷却前严禁接触冰雪。

6.1.3 当工作环境的风力大于五级、雪天或相对湿度大于90%，需要进行电焊作业时，应采取防风防雪的保护措施方能施焊。

6.1.4 焊条使用前，必须放在烘箱内烘干后，放到干燥筒或保温筒中随时取用。

6.1.5 焊接时，应使焊缝自由伸缩，并使焊口缓慢降温。

6.1.6 当环境温度低于5℃时，不宜采取环氧煤沥青涂料进行外防腐。当采用石油沥青涂料时，温度低于 - 15℃或相对湿度大于85%时，未采取相应措施不得进行施工。

6.1.7 不得在雨、雾、雪或五级以上大风中露天施工。

6.2　雨季施工

6.2.1 管道安装后应及时回填部分填土，以稳定管体。做好基槽内排水，必要时向管道内灌水防止漂管。

6.2.2 分段施工以缩短开槽长度，对暂时中断安装的管道、管口应临时封堵，已安装的管道验收合格后及时回填土。

6.2.3 基坑（槽）周围应设置排水沟和挡水埝，对开挖基坑（槽）应封闭，防止雨水流入基坑内。

6.2.4 沟槽开挖后若不立即铺管，应暂留沟底设计高程以上200mm的原土不挖，待到下管时再挖至设计高程。

6.2.5 安装管道时，应采取措施封闭管口，防止泥沙进入管内。

6.2.6 电焊施工时，应采取防雨设施。

6.2.7 雨天不宜进行石油煤沥青或环氧煤沥青涂料外防腐的施工。

7　安全、环保措施

7.1　安全措施

7.1.1 操作人员个人防护用品符合规定，如安全帽、反光背心、护目镜等根据施工需要进行配备。

7.1.2 电工、焊工必须持证上岗。电焊机及电动机具必须安装漏电保护装置。

7.1.3 沟槽外围搭设不低于1.2m的护栏，交通道路上施工要设警示牌和警示灯。

7.1.4 在高压线、变压器附近堆土及挖掘机吊装设备等大型施工机具应符合有关安全规定。

7.1.5 易燃易爆材料、器材应严格管理，氧气、乙炔使用完毕后按要求分开进行存放。

7.1.6 现状管线拆除、改移，现场必须有专人进行指挥，严禁非施工人员进入现场。

7.1.7 电焊施工时，焊工在雨天必须穿绝缘胶鞋、戴绝缘手套，以防触电。

7.1.8 吊装管道时，必须有专人指挥，严禁人员在已吊起的构件下停留或穿行。

7.1.9 在高压线或裸线附近工作时，应根据具体情况停电或采取其他可靠防护措施后，方准进行吊装作业。

7.1.10 钢管焊接应遵守下列规定：

（1）使用电动工具找磨坡口时，必须了解电动工具的性能，掌握安全操作知识。

（2）稳管对口点焊固定时，管道工必须戴护目镜，应背向施焊部位，并与焊工保持一定距离。

7.1.11　法兰接口,在窜动管体对口时,动作应协调,手不得放在法兰接口处。

7.2　环保措施

7.2.1　在施工过程中随时对场区和周边道路进行洒水降尘,降低粉尘污染。

7.2.2　沥青油的熬制应远离居民区和施工生活区,尽可能采用冷沥青油膏。采用沥青油外防腐施工时,应防止沥青油污染环境,沥青防腐的工具和剩余沥青油应集中处理。

8　主要应用标准和规范

8.0.1　中华人民共和国国家标准《碳钢焊条》(GB/T 5117—1995)

8.0.2　中华人民共和国国家标准《低合金钢焊条》(GB/T 5118—1995)

8.0.3　中华人民共和国行业标准《涂装前钢材表面处理规范》(SY/T 0407—1997)

8.0.4　中华人民共和国国家标准《给水排水管道工程施工及验收规范》(GB 50268—2008)

8.0.5　中华人民共和国国家标准《金属熔化焊焊接接头射线照相》(GB 3323—2005)

8.0.6　中华人民共和国国家标准《钢焊缝手工超声波探伤方法和探伤结果分级》(GB 11345—1989)

编、校:张明锋　张纯安

315 给水预应力混凝土管安装

（Q/JZM – SZ315 – 2012）

1 适用范围

本施工工艺标准适用于市政管道工程中工作压力在 0.1 ~ 0.5MPa、试验压力不大于 1.0MPa 的预应力、自应力混凝土给水管道的安装作业。

2 施工准备

2.1 技术准备

2.1.1 施工技术方案已完成审批手续。

2.1.2 完成对原材料和半成品的检验试验工作。

2.1.3 已向有关人员进行施工技术和安全交底工作。

2.1.4 施工测量已完成复测,检验合格。

2.2 材料准备

2.2.1 预应力混凝土管应有出厂合格证,并符合现行国家有关质量标准规定。敷设前应进行外观检查,符合设计要求方可使用。

2.2.2 管体内外表面不允许有环向、纵向裂纹,不应有露筋、蜂窝、脱皮、空鼓等缺陷(用重力 250g 的轻锤检查保护层空鼓情况)。

2.2.3 预应力混凝土管的承口和插口密封工作面应平整光滑,不应有蜂窝、灰渣、刻痕和脱皮等现象。局部凹凸度用尺量不得超过 2mm;单个缺陷面积不应超过 30mm²。

2.2.4 管端外露纵向钢筋必须烧剪掉,并剪入混凝土中 5mm;其凹坑应用砂浆等无毒性防腐材料填补。

2.2.5 安装前应逐根测量承口内径、插口外径及其椭圆度,作好记录。承插口配合的球形间隙,应能满足选配胶圈的要求,并由厂家配套供应胶圈。

2.2.6 对出厂时间过长(跨季),质量有所降低的管体应经水压试验合格,方可使用。

2.3 施工机具与设备

2.3.1 设备:根据埋设管线直径大小,选择适宜的汽车吊、运输车辆、发电机、手动葫芦、千斤顶、卷扬机、空气压缩机等。

2.3.2 工具:浆筒、刷子、铁抹子、弧形抹子、盒尺、角尺、水平尺、线坠、铅笔、扳手、钳子、螺丝刀、錾子、手锤、普通压力表等。

2.4 作业条件

2.4.1 地下管线和其他设施经物探和坑探调查清楚;地上、地下管线设施拆迁或加固措施已完成;施工期交通导行方案、施工便桥需有关部门批准。

2.4.2 现场三通一平已完成,符合施工机械作业要求。夜间施工准备好照明设施。

2.4.3　沟槽地基检验合格,管道中心线及高程桩的高程已校测完成。

3　操作工艺

3.1　工艺流程

施工准备→管体的现场检验与修补→下管→挖接口工作坑→清理管膛、管口→清理胶圈→插口上套胶圈→顶装接口→检查中线、高程→用探尺检查胶圈位置→锁管。

3.2　操作方法

3.2.1　管体的现场检验与修补:对出厂时间过长(跨季),质量有所降低的管体应经水压试验合格,方可使用。如果发现存在缺陷,应进行修补。

(1)水泥砂浆修补:对于蜂窝麻面、缺角、保护层脱皮以及小面积空鼓等缺陷,可用水泥砂浆或自应力水泥砂浆修补。操作程序如下:待修部位朝上→凿毛→清洗并保持湿润→刷一道素水泥浆→填入水泥砂浆→用钢抹子反复赶压平整→撒少量干水泥砂→停数分钟→用钢抹子赶压一遍→养护。进行上述操作时,在刷完素水泥浆后应立即填入水泥砂浆反复赶压,水泥砂浆的配比为水泥:细砂 = 1:1～1:2(体积比)。

(2)环氧树脂水泥砂浆修补:适用于管口有蜂窝、缺角、掉边及合缝漏浆、小面积空鼓、脱皮、露筋等情况。修补裂缝时,应将裂缝剔成燕尾槽,槽深1.5～2cm,槽宽上口2～3cm,下口3～4cm,槽长应超出缝端10～20cm,将槽内碎屑除净后,即可进行修补。修补的操作程序为:使待修部位朝上→凿毛(露出钢筋)→清洗晾干→刷底胶→填补环氧树脂砂浆→钢抹子反复压实压光→达到厚度要求。调配环氧树脂砂浆时,先将水泥、沙子按比例拌匀,倒入已拌和好的环氧树脂胶液中,搅拌均匀。所用沙子应淘洗、过筛并晾干。环氧树脂砂浆的操作温度要保持在15℃以上。环氧树脂水泥砂浆硬化后,应进行质量检查。检查时,可用刮刀刮削表面,刮削时表面呈粉末状或片状而不黏滞,即为合格。

(3)环氧玻璃布修补:环氧玻璃布是用环氧树脂底胶和玻璃纤维布交替黏接数层而成,适用于装运碰撞产生的裂缝。环氧树脂底胶的配比应符合相关规定,玻璃布为厚度0.2mm、0.5mm的无捻方格玻璃纤维布。修补前应顺缝剔成燕尾槽,槽深2～2.5cm,宜露出钢筋,上口槽宽3cm左右,槽长应超出缝端10～20cm。先用环氧树脂水泥砂浆修补的方法,填满裂缝,然后刷一层环氧底胶,贴上并压紧玻璃布,依次贴3层～6层(根据管道口径、压力和渗漏程度而定)环氧树脂底胶和玻璃布。刷底胶的速度要快,要刷薄刷匀,不能有结块现象。铺贴玻璃布时,应从中央向两边用毛刷赶气泡,压紧时,可用直径3～5cm的圆木棍或塑料管滚压。玻璃布应紧贴管体表面,不得留有气泡。环氧玻璃布固化后,在铺管前应补做抗渗抗裂水压试验。

3.2.2　接口工作坑

为了把管体稳平和检查修找胶圈就位状况,管体安装前应先挖工作坑,其尺寸视管径大小、安装工具而定,满足安装要求。一般按:承口前不小于60cm,承口后超过斜面长,左右大于管径,深度不小于20cm。

3.2.3　安装方法

预应力和自应力钢筋混凝土管安装一般采用顶推与拉入的方法,可根据施工条件、管径和顶推力的大小以及机具设备情况确定。常用的安装方法有:撬杠顶入法、千斤顶拉杆法、手动葫芦拉入法、牵引机拉入法等。

(1)撬杠顶入法:将撬杠插入已对口待连接管承口端工作坑的土层中,在撬杠与承口端面间垫以木块,扳动撬杠使插口进入已连接管的承口,该法适用于小口径管道安装。

(2)千斤顶拉杆法:先在管沟两侧各挖一竖槽,每槽内埋1根方木作为后背,用钢丝绳、滑轮和符合管节模数的钢拉杆与千斤顶连接。启动千斤顶,将插口顶入承口,每顶进1根管体,加1根钢拉杆,一般安装10根管体移动一次方木。也可用特制的弧形卡具固定在已经安装好的管体上,将后背工字钢、千斤顶、顶铁(纵、横铁)、垫木等组成的一套顶推设备安放在1辆平板小车上,用钢拉杆把卡具和后背工字钢拉起来,使小车与卡具、拉杆形成一个自索推拉系统。系统安装好后,启动千斤顶,将插口顶入承口。

(3)手动葫芦拉入法:在已安装稳固的管体上拴住钢丝绳,在待拉入管体承口处放好后背横梁,用钢丝绳和手动葫芦绷紧对正,拉动手动葫芦,即将插口拉入承口中。每接1根管体,将钢拉杆加长1节,安装数根管体后,移动一次栓管位置。

(4)牵引机拉入法

在待连接管的承口处,横放一根后背方木,将方木、滑轮(或滑轮组)和钢丝绳连接好,启动牵引机械(如卷扬机、绞磨)将对好胶圈的插口拉入承口中。

(5)锁管:安管后,为防止新安装的几节管体管口移动,可用钢丝绳和捌链锁在后面的管体上。

(6)接口转角:预应力钢筋混凝土管安装应平直,无凸起、突弯现象。沿曲线安装时,纵向间隙最小处不得大于5mm,接口转角应符合表3.2.3的规定。

表3.2.3　沿曲线安装接口允许转角

序号	管材种类	管径(mm)	转角(°)
1	预应力钢筋混凝土管	400~700	1.5
		800~1 400	1.0
		1 600~3 000	0.5
2	自应力钢筋混凝土管	100~800	1.5

3.2.4 施工要点和注意事项

(1)安管时,管口和橡胶圈应清洗干净,套在插口上的胶圈应平直、无扭曲,安装后的胶圈应均匀流动到位。

(2)顶、拉的着力点应在管体的重心上,通常在管体的1/3高度处。管体插入时要平行沟槽吊起,以使插口胶圈准确地对入承口内;吊起时,稍离槽底即可。

(3)管体吊起可用起重机、手动葫芦等。安装接口时,顶、拉速度应缓慢,随时检查胶圈滚入是否均匀;若不均匀,可用錾子调整均匀后,再继续顶、拉,使胶圈均匀进入承口内。

(4)预应力和自应力钢筋混凝土管不宜截断使用。预应力和自应力钢筋混凝土管采用金属管件连接时,管件应进行防腐处理。安装后的管身底部应与基础均匀接触,防止产生应力集中现象。

(5)钢丝绳与管体接触处,应垫以木板、橡胶板等柔性材料,以保护管体不被钢丝绳损坏。胶圈柔性接口完成后,一般可不作封口处理,但遇到以下几种情况时,常对接口进行封口:

①铺管地区对橡胶圈有侵蚀性地下水或其他侵蚀性介质时,为了保护胶圈进行封口;明装管道为防止日晒造成老化现象而进行封口。

②在管道接口附近,若有树根、昆虫的侵袭,可能破坏接口而进行封口。

(6)橡胶圈柔性接口的封口,所用填料应能起到保护胶圈的作用,同时又不致改变接口柔性。一般用油麻丝、石棉水泥(1:4)搓条填入等方式封口。这种封口方式不应嵌填过实,以免影响接口的柔性。

4　质量标准

4.0.1 主控项目

(1)管材应符合现行国家有关标准;管材不得有裂缝、管口不得有残缺。

(2)管道坡度必须符合设计要求,严禁无坡或倒坡。

(3)接口材料质量应符合现行国家标准规定和设计要求。

4.0.2 一般项目

（1）土弧包角应符合设计规定，并应与管体均匀接触；承口工作坑内回填沙砾应密实，并与承口外壁均匀接触。

（2）管体应垫稳，管口间隙应均匀，管道内不得有泥土、砖石、砂浆、木块等杂物。

（3）管道铺设允许偏差应符合表4.0.2的规定。

表4.0.2　管道铺设允许偏差表

序号	项　目	允许偏差（mm）		检　验　频　率		检 验 方 法
		刚性接口	柔性接口	范围	点数	
1	中心位移	≤10	≤10	两井之间	2	挂中心线用尺量
2	管内底高程	±10	$D \leqslant 1\,000\ \pm10$ $D > 1\,000\ \pm15$	两井之间	2	用水准仪测量
3	相邻管内底错口	≤3	$D \leqslant 1\,000\ \leqslant3$ $D > 1\,000\ \leqslant5$	两井之间	3	用尺量

注：①$D \leqslant 700$mm 时，其相邻管内底错口在施工中控制，不计点数。

②表中 D 为管道内径（mm）。

（4）插口插入承口的长度允许偏差 ±5mm，胶圈贴靠插口平台，就位于承、插口工作面上。

5　质量记录

5.0.1　技术交底记录。

5.0.2　工程物资选样送审表。

5.0.3　主要设备、原材料、构配件质量证明文件及复试报告。

5.0.4　产品合格证。

5.0.5　设备、配（备）件开箱检查记录。

5.0.6　设备、材料现场检验及复测记录。

5.0.7　管材进场抽检记录。

5.0.8　阀门试验记录。

5.0.9　测量复核记录。

5.0.10　隐蔽工程检查记录。

5.0.11　中间检查交接记录。

5.0.12　防腐层施工质量检查记录。

5.0.13　工程部位质量评定表。

5.0.14　工序质量评定表。

5.0.15　工程质量事故及事故调查处理记录。

6　冬、雨季施工措施

6.1　冬季施工

6.1.1　挖槽见底及砂垫层冬季施工时，下班前应根据气温情况及时覆盖保温材料，覆盖要严密，边角要压实。

6.1.2　为了保证管口具有良好的润滑条件，最好在正温度时施工，以减少在低温下涂润滑剂的难度。在管道安装后，管口工作坑及管道两侧应及时覆盖保温，避免基础受冻。

6.1.3 冬季施工不得使用冻硬的橡胶圈。

6.1.4 施工人员在管上进行安装作业时,应采取有效的防滑措施。

6.2 雨季施工

6.2.1 雨季施工应严防雨水泡槽,以免造成漂管事故。对已铺设的管道两侧除接口部位外,应及时进行回填土。

6.2.2 雨天不宜进行接口施工。如需要施工时,应采取防雨措施,确保管口及接口材料不被雨淋。

6.2.3 沟槽两侧的堆土缺口,如运料口、下管马道、便桥桥头等均应堆叠土埂,使其闭合,防止雨水流入沟槽。

6.2.4 采用井点降水的沟槽段,特别是过河段在雨季施工时,要备好发电机,防止因停电造成水位上升出现漂管现象。

6.2.5 应在基槽底两侧挖排水沟,每40m设一个集水坑,及时排除槽内积水。

7　安全、环保措施

7.1　安全措施

7.1.1 操作人员应根据工作性质,配备必要的防护用品。

7.1.2 电工必须持证上岗。配电系统及电动机具按规定采用接零或接地保护。

7.1.3 机械操作人员必须持证上岗。机械设备的维修、保养要及时,使设备处于良好的状态。

7.1.4 沟槽外围搭设不低于1.2m的护栏,道路上要设警示牌和警示灯。

7.1.5 在高压线、变压器附近堆土及吊装设备等应符合有关安全规定。

7.1.6 现状管线拆除、改移,必须有专人进行指挥,严禁非施工人员进入现场。

7.1.7 吊装下管时,必须有专人指挥,严禁任何人在已吊起的构件下停留或穿行;对已吊起的管道不准长时间停在空中;禁止酒后操作吊车。

7.1.8 在高压线或裸线附近吊装作业时,应根据具体情况采取停电或其他可靠防护措施后,方可进行吊装作业。

7.2　环保措施

7.2.1 如需破除旧路,应配备专用洒水车,及时洒水降尘。

7.2.2 施工过程中随时对场区和周边道路进行洒水降尘,以降低粉尘污染。

7.2.3 在居民区施工时,应采取隔声降噪措施,并尽可能避开夜间施工。

8　主要应用标准和规范

8.0.1 中华人民共和国国家标准《给水排水管道工程施工及验收规范》(GB 50268—2008)

8.0.2 中华人民共和国行业标准《预应力和自应力混凝土管用橡胶密封圈试验方法》(JC/T 749—2010)

编、校:刘中存　刘宙

316　给水化工建材管安装

(Q/JZM – SZ316 – 2012)

1　适用范围

本施工工艺标准适用于市政管道工程或工业区的硬聚氯乙烯管、玻璃钢夹砂管、高密度聚乙烯（HDPE）管等化学建材室外给水管道的安装作业。

2　施工准备

2.1　技术准备

2.1.1　施工前做好施工图纸的会审，编制的施工组织设计已完成审批手续。

2.1.2　完成施工交接桩、复测工作，并进行护桩及加密桩点布置。

2.1.3　对管材检验、试验工作已完成。

2.1.4　施工技术交底和安全交底工作已完成。

2.2　材料准备

2.2.1　各种化工建材给水管管材、管件质量应符合现行国家有关标准的规定，管材公称压力和规格尺寸必须达到设计要求。

2.2.2　各种规格型号的管材已按照施工技术规范的要求进行了检验。

2.2.3　各种管材和配件的数量满足施工进度要求。

2.3　施工机具与设备

2.3.1　设备：根据埋设管道直径大小，选择适宜的汽车吊、运输车辆、捌链、电熔焊机、便携式切割锯、平板振动夯、蛙夯、夹钳、扣带、水平垫木或砂袋、清洁布等。

2.3.2　机具：小线、线坠、角尺、水平尺、卷尺、扳手等。

2.3.3　检测设备：经纬仪、水准仪。

2.4　作业条件

2.4.1　现场三通一平已完成，符合施工机械作业要求，夜间施工准备好照明设施。

2.4.2　地下管线和其他设施经物探和坑探调查清楚，地上、地下管线设施拆迁或加固措施已完成；施工期交通导行方案、施工便桥须有关部门批准。

2.4.3　沟槽地基检验合格，管道中心线及高程桩的高程已校测完成，地下水位降至槽底 0.5m 以下。

3　操作工艺

3.1　工艺流程

3.1.1　硬聚氯乙烯管安装工艺流程：

管材现场检验→柔性基础→下管→管道铺设与连接→检查中线、高程→密闭性检验→管道回填→管道变形检验。

3.1.2 玻璃钢夹砂管安装工艺流程：

砂垫层基础→下管、排管→管道接口→管件安装→附件井砌筑→水压试验→回填土。

3.1.3 高密度聚乙烯（HDPE）管安装工艺流程：

砂垫层基础→下管、排管→管道接口→管件安装→附件井砌筑→水压试验→回填土。

3.2 操作方法

3.2.1 硬聚氯乙烯管安装操作方法：

（1）开槽时，沟底宽度一般为管外径加0.5m。当沟槽在2m以内及3m以内且有支撑时，沟底宽度分别另加0.1m及0.2m；深度超过3m的沟槽，每加深1m，沟底宽度应另加0.2m。当沟槽为板桩支撑时，沟深2m以内及3m以内时，其沟底宽度应分别加0.4m及0.6m。

（2）柔性基础：在沟槽内铺设硬聚氯乙烯给水管道时，如设计未规定采用其他材料的基础，应铺设在未经扰动的原土上。如基底为岩石、半岩石、块石或砾石时，应挖除至设计高程以下0.15~0.2m，然后铺上砂土整平夯实。管道安装后，铺设管道时所用的垫块应及时拆除。管道不得铺设在冻土上；铺设管道和管道试压过程中，应防止沟底冻结。

（3）下管：管材在吊运及放入沟内时，应采用可靠的软带吊具，平稳下沟，不得与沟壁或沟底激烈碰撞。

（4）支墩：在安装法兰接口的阀门和管件时，应采取防止造成外加拉应力的措施。口径大于100mm的阀门下应设支墩，管道的支墩不应设置在松土上，其后背应紧靠原状土。如无条件，应采取措施保护支墩的稳定；支墩与管道之间应设橡胶垫片，以防止管道的破坏。在无设计规定的情况下，管径小于100mm的弯头、三通可不设支墩。

（5）弯曲：管道转弯处应设弯头，靠管材的弯曲转弯时，其幅度不能过大，而且管径愈大则允许弯曲半径愈大。管道的允许弯曲半径及幅度见下表3.2.1。为保证弯曲的均匀性不变，在弯曲处应采用支墩方式固定。

表3.2.1 管道允许弯曲半径及幅度表

序号	管外径（mm）	允许弯曲半径 R（m）	6m长管材允许转移幅度 α（m）	序号	管外径（mm）	允许弯曲半径 R（m）	6m长管材允许转移幅度 α（m）
1	63	18.9	0.94	4	225	67.5	0.27
2	110	33.0	0.54	5	280	82.5	0.21
3	160	48.0	0.38	6	315	94.5	0.19

（6）管道穿墙：在硬聚氯乙烯管道穿墙处，应设预留孔或安装套管，在套管范围内管道不得有接口。硬聚氯乙烯管与套管间应用油麻填塞。

（7）管道穿越铁路、公路时，应设钢筋混凝土套管，套管的最小直径为硬聚氯乙烯管道管径加60mm。

（8）管道的临时封堵：管道安装和铺设工程中断时，应用木塞或其他口盖将管口封闭，防止杂物进入。

（9）沟槽回填：随着管道铺设的同时，宜用砂土或符合要求的原土分多次回填管道的两肋，一次回填高度宜为0.1~0.15m，捣实后再回填第二层，直至回填到管顶以上至少0.1m处。在回填过程中，管道下部与槽底间的空隙处应先填实；管道接口前后0.2m范围内不得回填，以便观察试压时的渗漏情况。管道试压合格后的大面积回填，宜在管道内充满水的情况下进行。管顶0.5m以上部分，可回填原土并夯实。采用机械回填时，要从管的两侧同时回填，机械不得在管道上行驶。

（10）井室：硬聚氯乙烯管道上设置的井室、井壁应勾缝抹面，井底应作防水处理，井壁与管道连接处采用密封措施防止地下水的渗入。

（11）硬聚氯乙烯管道连接方法：

①硬聚氯乙烯给水管道可以采用橡胶圈接口、黏接接口、法兰连接等形式。最常用的是橡胶圈和黏接连接，橡胶圈接口适用于管径为 63～315mm 的管道连接；黏接接口只适用于管外径小于 160mm 管道的连接；法兰连接一般用于硬聚氯乙烯管与铸铁管等其他管材阀件的连接。黏接接口的施工环境温度为 +5℃以上，橡胶圈接口的施工环境温度为 –10℃以上。

②当管道采用橡胶圈接口（R-R 连接）时，所用的橡胶圈不应有气孔、裂缝、重皮和接缝等，其性能应符合下列要求：邵氏硬度为 45°～55°；伸长率≥500%；拉断强度≥16MPa；永久变形 <20%；老化系数 >0.8（在 70℃温度情况下，历时 144h）。

③连接程序：准备→清理工作面及胶圈→上胶圈→刷润滑剂→对口、插入→检查。

3.2.2　玻璃钢夹砂管操作方法：

（1）玻璃钢夹砂管管材特点：玻璃钢夹砂管是一种柔性的非金属复合材料管道，其全称是玻璃纤维热固性树脂夹砂管道。玻璃钢夹砂管材是一种树脂基复合材料，根据生产工艺的不同分为两种，一种是玻璃纤维缠绕成型，另一种是玻璃纤维离心浇筑成型（后者称为 HOBAS 管），管道具有重量轻、刚度高、阻力小及抗腐蚀性强等特点。

（2）安装要点：当沟槽深度和宽度达到设计要求后，在基础相对应的管道接口位置下挖个长约 50cm、深约 20cm 的接口工作坑。下管前进行外观检查，并清理管内壁杂物和泥土，特别是要注意将管内壁的一层塑料薄膜撕干净，以防供水时随水流剥落堵塞水表。准确测量已安装就位管道承口上的试压孔到承口端的距离，之后在待安装的管道插口上划限位线。在承口内表面均匀涂上润滑剂，然后把两个"O"形橡胶圈分别套装在插口上。用纤维带吊起管道，将承口与插口对好，采用手拉葫芦或顶推葫芦方法将管道插口送入，直至限位线到达承口端为止。校核管道高程，使其达到设计要求。管道安装完毕，在试压孔上安装试压接头，进行打压试验；一般试验时间为 3～5min，压降为 0 即表示合格。

（3）注意事项：每根玻璃钢管的承口端均有试压孔，安装时一定要将试压孔摆放在上部并使其处于两胶圈之间。由于管道质量轻、易漂浮，故开槽时应加强沟槽排水，尤其是雨季施工。管道与检查井的连接处，增加基础的处理范围与垫层厚度。回填时，管道两侧沟槽必须对称均匀回填，达到规定的密实度。

（4）不同材质管道柔性连接参考方法：不同材质管道的连接方法是根据不同材质的管道内外径各不相同，按照玻璃钢管承口和插口分别设计一种钢制承口和插口，使整个管线均采用胶圈柔性接口，安装方法与一般玻璃钢管的安装方法相同，接口方便，可提高安装速度。

（5）钢制承插口的设计制造：钢制承口尺寸基本按照玻璃钢管承口的尺寸进行设计，但其内径要比玻璃钢管承口的内径加大 2mm 左右，这是因为钢制承口要进行防腐处理，且加大 2mm 后既便于安装，又不会造成渗漏。这种焊制的承口必须用精工车床进行精加工（只要能加工相应尺寸法兰的厂家均可加工），确保承、插口圆度和精确的配合尺寸。加工完毕后在承口端同样要钻一个试压孔，其位置应在插口插入后的两胶圈之间。加工插口的要求与承口相同，但其须与玻璃钢管或球墨铸铁管（T 形）插口的外形和尺寸一致。

（6）玻璃钢管与钢管的连接安装方法：如果玻璃钢管插口与钢管相连接，则可直接将钢制承口焊接在钢管上，再将玻璃钢管的插口插入钢制承口即可；如果是玻璃钢承口与钢管连接，则采用焊接在钢管上的钢制插口插入，也可采用玻璃钢双插口短管，改变方向后插入焊接在钢管上的钢制承口进行连接，这种连接方法可以节约一些资金。

（7）玻璃钢管与球墨铸铁管的连接：玻璃钢管承口与球墨铸铁管插口的连接，采用与玻璃钢插口外形尺寸相一致的钢制插口与球墨铸铁管外形尺寸相一致的钢制插口相焊接；在球墨铸铁管插口上先安装上一只球墨铸铁管套筒，然后将焊接好的插口安装连接即可。玻璃钢管插口与球墨铸铁管承口的连接，用与玻璃钢管承口相一致的钢制承口和与球墨铸铁管插口外形尺寸相一致的钢制插口相焊接，然后直接安装。其他的接口形式亦可参照以上方法进行。但是必须强调,不同玻璃钢厂家生产的玻璃钢管的承口与插口的外表形状看似一样,其尺寸却不相同。因此,在加工钢制承、插口时一定要按照供货厂家提供的设计图纸进行加工,不可互用。

3.2.3 高密度聚乙烯(HDPE)给水管操作方法:

(1)砂垫层铺设:管道基础应按设计要求铺设,基础垫层厚度,应不小于设计规定。基础垫层应夯实紧密,表面平整,超挖回填部分亦应夯实。管道基础的接口部位,应挖预留凹槽以便接口操作,凹槽宽约为0.4~0.6m,槽深约为0.05~0.10m,槽长约为管道直径的1.1倍。凹槽在接口完成后,随即用砂填实。

(2)下管铺管:在下管前,应根据设计要求,对管材及胶圈类型、规格、数量进行验证,并按要求进行外观检查,不合格者严禁使用。搬运管材一般可用人工搬运,必须轻抬、轻放;禁止在地面拖拉、滚动或用铲车、叉车、拖拉机牵引等方法搬运管材。下管时,严禁将管体从沟槽由上而下自由滚放,并应防止块石等重物撞击管道。DN600mm以下的管材一般均可采用人工下管,由人抬管的两端传给槽底施工人员。明开槽、槽深大于3m或管径大于D400mm的管材,可用非金属绳索溜管,用非金属绳索系住管身两侧,保持管身平衡匀速溜放,使管材平稳地放在沟槽线位上。禁止用绳索钩住两端管口或将管材自槽边翻滚抛入槽中。混合开槽或支撑开槽,因支撑影响宜采用从槽的一端集中下管,在槽底将管材运至安装位置进行安装作业。下管安装作业中,必须保证沟槽排水畅通,严禁泡沟槽。雨季施工时,应注意防止管材漂浮,管线安装完毕尚未填土时,一旦遭到水泡,应进行中心线和管顶高程复测和外观检查;如发生位移、漂浮、错口现象,应做返工处理。敷设管道时应将承口对准水流方向,从下游向上游依次布放。

(3)管道电熔接口:管道长度调整,可用手锯切割,端口断面应与管轴线垂直,并且修平整,不应有损坏。管道采用电熔(承插或套管式)连接时,应首先检查焊线是否完好,对接时先用卡具在承口外压紧,然后根据不同型号的管道按表3.2.3设定电流及通电时间。电熔连接时,电熔连接机具与电熔接头或管件应正确连通。电熔连接机具接通电源期间,不得移动管件或在连接件上施加任何外力。

表3.2.3　不同型号的管道设定电流及通电时间

序号	管径 DN(mm)	通电时间(s)	通电电压(V)
1	300~500	700~900	15~20
2	600~800	900~1000	23~38

(4)管道热熔连接:管道采用热熔连接(承插连接、对接连接、坡口连接)时,通电时连接电缆线不能受力。通电完成后,取走电熔设备,让管体连接处自然冷却。自然冷却期间,保留夹紧带和支撑环,并不得移动管道。

(5)管道采用带有密封胶圈的套管或承插口连接形式时,宜采用便携式的专用连接机具;连接处应视需要设置满足安装要求的工作坑。胶圈安装位置应正确,不得扭曲、翻边;经确认无误后,将连接的管端套上连接机具,操作机具使管段正确就位,严禁使用施工机械强行推顶就位。

(6)管道连接完成就位后,应采用有效方法对管道进行定位,防止管道中心、高程发生位移变化。管道连接就位后应按设计高程及设计中心线复测,管道位置偏差应控制在允许的误差范围内,方可进行回填作业。

(7)管道敷设后,因意外原因发生局部破损时,必须进行修补或更换。当管外壁局部破损时,可由厂家提供专用焊枪进行补焊;当管内壁破损时,应切除破损管段,更换合格管材并做好接口。

(8)管道与附件井连接:管道与检查井连接,应根据检查井结构形式按设计要求施工。管道与检查井连接时,为保证管道与检查井的井壁结合良好,不发生泄露,除要求管道与井壁连接处砂浆饱满密实外,沿管道中心的井壁外一侧必须浇筑不少于1.5倍管道内径的C10混凝土或砖砌保护体,检查井井底基础也应相应延伸。管材承口部位不可直接砌筑在井壁中,宜在检查井两端各设置长2m的短管,管材插入检查井内壁应大于30mm,置于混凝土底板上。采用管件连接管道与检查井时,应使用与管道同一生产企业提供的配套管件。

4 质量标准

4.0.1 主控项目:

(1)管材、管件及接口材料质量必须符合现行国家标准。

(2)无压管道坡度应符合设计要求。

(3)管道的施工变形不得超过6%或满足设计要求。

4.0.2 一般项目:

(1)管材、管件外观不得有损伤、变形、变质。

(2)管材端部应切割平整并与轴线垂直。

(3)接口应平整、严密、垂直、不漏水,接口位置应符合设计规定。

(4)管道铺设允许偏差应符合表4.0.2的规定。

表 4.0.2 管道铺设允许偏差表

序号	项　　目	允许偏差（mm）	检 验 频 率		检 验 方 法
			范围	点数	
1	水平轴线	30	每节管	1	经纬仪测量或挂中线用钢尺量
2	管底高程	±30	每节管	1	用水准仪测量

5 质量记录

5.0.1 技术交底记录。

5.0.2 工程物资选样送审表。

5.0.3 主要设备、原材料、构配件质量证明文件及复试报告。

5.0.4 产品合格证。

5.0.5 设备、配(备)件开箱检查记录。

5.0.6 设备、材料现场检验及复测记录。

5.0.7 管材进场抽检记录。

5.0.8 阀门试验记录。

5.0.9 测量复核记录。

5.0.10 隐蔽工程检查记录。

5.0.11 中间检查交接记录。

5.0.12 聚乙烯管道连接记录。

5.0.13 聚乙烯管道焊接工作汇总表。

5.0.14 工程部位质量评定表。

5.0.15 工序质量评定表。

5.0.16 工程质量事故及事故调查处理记录。

6 冬、雨季施工措施

6.1 冬季施工

6.1.1 基坑开挖后及时安管、回填,否则应采取覆盖等措施防止地基受冻。

6.1.2 在管道铺设前先清除管道上的冰雪霜。

6.1.3 在昼夜温差变化较大的地区,采用橡胶圈柔性接口的管道不宜在 -10℃以下施工。

6.1.4 在昼夜温差变化较大的地区，黏接接口不宜在5℃以下施工。

6.2 雨季施工

6.2.1 雨季施工应在沟槽两侧堆叠土埂使其闭合，防止雨水流入沟槽。可在基槽底两侧挖排水沟，设临时排水井及时排除积水。

6.2.2 雨天不宜进行管道接口施工，如需施工，必须采取防雨措施，确保管口及接口材料不被雨淋。

6.2.3 雨季施工时，应采取有效措施防止连接好的管段漂浮。可在水压检验前，除接口部位以外先回填土至管顶1倍管径以上的高度；水压检验合格后，应及时回填其余部分。管道安装完毕未回填时，如遭到水泡，应进行管中心线和管底高程复测和外观检查；如发生位移、漂浮、拔口现象，应返工处理。

7 安全、环保措施

7.1 安全措施

7.1.1 对原有管线、设施应采取加固和保护措施，防止施工中损坏造成安全事故。

7.1.2 槽深度超过1.5m时，除马道外，应配备安全梯子，上下沟槽必须走马道，安全梯子应由沟底搭到地面上，同时要稳定可靠。梯子小横杆间距不得大于400mm，马道、安全梯间距不宜大于50m。

7.1.3 管道吊装、下料设专人指挥，并采取安全防护措施，如果机械吊运下料，应严格检查钢丝绳及卡子的完好情况，重量不明物体严禁起吊。

7.1.4 基坑沟槽周围1m以内不得堆土、堆料、停置机具，施工现场的坑、洞、沟槽等危险地段，应有可靠的安全防护措施和明显标志，夜间设红色标志灯。

7.1.5 在配管过程中与现状地下构筑物应保持300mm以上距离。

7.1.6 施工现场配电除总配电箱有空气开关外，各分电箱、小配电箱一律安装漏电保护器；同时配电箱应有门、有锁、有标志，外观完整、牢固、防雨、防尘，统一编号，箱内无杂物。

7.1.7 施工机具、车辆及人员应与电线保持安全距离，达不到规范的最小安全距离时，必须采用可靠的防护措施。

7.1.8 给水管道的接口密封圈、胶黏剂、润滑剂、清洗剂等，不得有碍水质卫生，影响人体健康。

7.1.9 胶圈接口作业应遵守下列规定：

（1）接口安装前应检查捌链、钢丝绳、索具等工具，确认合格，方可作业。

（2）撞口时，手必须离开管口位置。

7.2 环保措施

在城区施工时必须搭设围挡，将施工现场与周边道路及社区隔离，以减少噪声扰民。在施工过程中随时对场区和周边道路进行洒水降尘。

8 主要应用标准和规范

8.0.1 中华人民共和国国家标准《给水排水管道工程施工及验收规范》（GB 50268—2008）

8.0.2 中华人民共和国国家标准《给水用硬聚氯乙烯（PVC-U）管材》（GB 10002.1—2006）

8.0.3 中华人民共和国国家标准《食品用橡胶制品卫生标准》（GB 4806.1—1994）

8.0.4 中华人民共和国国家标准《玻璃纤维增强塑料夹砂管》（GB/T 21238—2007）

编、校：俞宽坤　蔡文宇

317 排水管道"四合一"施工

（Q/JZM – SZ317 – 2012）

1 适用范围

本施工工艺标准适用于市政管道工程中小口径抹带接口排水管道的施工作业。

2 施工准备

2.1 技术准备

施工图纸已完成会审和技术交底，操作人员已获得技术、环保、安全交底。

2.2 材料准备

2.2.1 模板材料应采用 15cm × 15cm 的方木，制作时便于分层浇筑支搭；接缝处理应严密，防止漏浆。

2.2.2 现场拌制混凝土时，水泥、砂石、外加剂、掺合剂及水等经检验合格，其数量应满足施工需要，质量应达到混凝土拌制的各项要求。

2.3 施工机具与设备

挖土机、推土机、铲运机、自卸汽车、平头铁锹、手锤、手推车、梯子、铁镐、撬棍、钢尺、坡度尺、小线或 20 号铁丝等。

2.4 作业条件

2.4.1 管材经验收合格后运至现场存放，其数量应符合要求。

2.4.2 现场道路畅通，清理平整，满足施工作业条件。

2.4.3 基槽经验收合格。

3 操作工艺

3.1 工艺流程

验槽→支模→下管→排管→浇筑平基混凝土→稳管→做管座→抹带→养护。

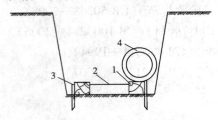

图3.2 "四合一"稳管示意图
1-15cm×15cm 方木底模；2-临时撑杆；3-铁钎；4-管体

3.2 操作方法（见图3.2）

3.2.1 "四合一"施工法：要在模板上滚动和放置管体，故模板安装应特别牢固。模板材料一般采用 15cm × 15cm 的方木。模板内部可用支杆临时支撑，外侧用铁钎支撑。当管道为 90°管座时，可一次支设模板，支设高度应略高于 90°基础高度；如果是 135°及 180°管座基础，模板宜分两次支设，上部模板应待管体铺设合格后再安装。

3.2.2 浇筑平基混凝土应振捣密实,混凝土面应作成弧形并高出平基面2～4cm(视管径大小而定)。混凝土坍落度应控制在2～4cm,并应按管径大小和地基吸水程度适当调整。稳管前,在管口部位应铺适量的抹带砂浆以增加接口的严密性。

3.2.3 将管体从模板上移至混凝土面,轻轻揉动至设计高程(一般可掌握高出设计高程1～2mm,已被安装好的管体自沉)。如果管体下沉过多,可将管体撬起,在管身用大绳往上提;在下部填补混凝土或砂浆,重新揉至设计高程。

3.2.4 当平基混凝土和管座混凝土为一次支模浇筑,管体稳好后,直接将管座的两肩抹平。对于分两次支设模板的,管体稳好后,支搭管座模板,浇筑两侧管座混凝土,补填接口砂浆,认真捣固密实,抹平管座两肩,同时用麻袋球或其他工具在管内来回拖动,拉平砂浆。

3.2.5 管座混凝土浇筑完成立即进行抹带,使抹带和管座连成一体。抹带与稳管至少相隔2～3节管体,以免稳管时碰撞管体影响接口质量,抹带完成后随即勾捻内缝。

4 质量标准

4.0.1 主控项目

(1)混凝土配合比及抗压强度必须符合设计及相关规范规定。

(2)管材应符合现行有关国家标准:管材不得有裂缝、管口不得有残缺。

(3)管道坡度必须符合设计要求,严禁无坡或倒坡。

4.0.2 一般项目

(1)混凝土表面应平整、直顺。

(2)混凝土应密实,与管结合牢固,不得有空洞。

(3)管体应垫稳,管口间隙应均匀,管道内不得有泥土、砖石、砂浆、木块等杂物。

(4)混凝土基础允许偏差见表4.0.2-1。

(5)管道铺设允许偏差见表4.0.2-2。

表4.0.2-1 混凝土基础允许偏差表

序号	项 目		允许偏差（mm）	检验频率		检验方法
				范围	点数	
1	垫层	中线每侧宽度	不小于设计规定	每个验收批	每10m测1点,且不少于3点	挂中心线用尺量每侧一点
		高程	0,－15			用水准仪测量
2	平基	中线每侧宽度	＋10,0			挂中心线钢尺量测每侧一点
		高程	0,－15			水准仪测量
		厚度	不小于设计要求			钢尺量测
3	管座	肩宽	＋10,－5			钢尺量测,挂高程线钢尺量测,每侧一点
		肩高	±20			

注:①对混凝土的强度,应制取试件检验其在标准养护条件下28d龄期的抗压极限强度。试件不同强度及不同配比的混凝土应分别制取试块,试件应在浇筑地点或混凝土拌制地点随机制取。

②当一次连续浇筑超过1 000m³时,每200m³或每一工作班应制取两组。

③每一施工段,同一配合比的混凝土,应制取两组。

④每次取样应至少留置一组标准养护试件,并应根据实际需要确定同条件养护的试件留置组数。

表4.0.2-2 管道铺设允许偏差表

序号	项 目		允许偏差(mm)	检验频率		检验方法
				范围	点数	
1	水平轴线	无压管道	15	每节管	1点	经纬仪测量或挂中线用钢尺量测
2		压力管道	30			
3	管底高程	$D \leqslant 1000$ 无压管道	±10			水准仪测量
		压力管道	±30			
4		$D > 1000$ 无压管道	±15			
5		压力管道	±30			

注:表中 D 为管道内径(mm)。

5 质量记录

5.0.1 预制混凝土构件、管材进场抽检记录。

5.0.2 钢筋、水泥、砂石、外加剂、掺和料等材料的产品合格证及试验报告。

5.0.3 隐蔽工程检查记录。

5.0.4 砂浆、混凝土配合比申请单及试验报告或商品混凝土合格证。

5.0.5 砂浆、混凝土试块抗压强度试验报告。

5.0.6 砌筑砂浆试块、混凝土试块强度统计、评定记录。

5.0.7 分项(检验批)工程质量检验记录。

6 冬、雨季施工措施

6.1 冬季施工

6.1.1 冬季施工的混凝土,为缩短养护时间应优先选用硅酸盐水泥或普通硅酸盐水泥,水泥强度等级不应低于 C35,每立方米混凝土中水泥用量不宜少于 300kg,水灰比不应大于 0.6。

6.1.2 泵送混凝土的坍落度控制在 12~20cm,普通混凝土的坍落度控制在 2~4cm 的范围内;

6.1.3 加入引气型减水剂,含气量控制在 3%~5% 范围内。

6.1.4 加入防冻剂应根据一些地区的经验,如气温在 -5℃ 以上,且温度处于正负交变时可选择早强减水剂。

6.1.5 温度处于 -5℃ 以下时则应选用防冻剂,工地使用防冻剂可参考表 6.1.5 进行配制。

6.1.6 蓄热养护:将混凝土的组成材料进行加热,然后搅拌、浇筑、振捣,养护时在混凝土周围用保温材料严密覆盖,延长混凝土的冷却时间。

6.1.7 对材料进行加热时,水泥不得直接加热,使用前应先运入暖棚内存放,且水泥不得与 80℃ 以上的水接触。拌和水和集料的加热最高温度:当水泥的强度等级小于 C42.5 的普通硅酸盐水泥、矿渣硅酸盐水泥时分别为 80℃ 和 60℃;当水泥的强度等级不小于 C42.5 级的硅酸盐水泥、普通硅酸盐水泥时分别为 60℃ 和 40℃。当集料不加热时,水可加热到 100℃,拌和时可先使用高温水与砂石混合搅拌后,再掺入水泥。

6.1.8 冬季混凝土的搅拌时间应比常温的搅拌时间延长 50%~100%。冬季水泥砂浆接口用热拌砂浆,采用热水拌和时水温不应超过 80℃;必要时也可将石子加热,砂温不应超过 40℃;对有防冻要求的水泥砂浆,拌和时应参入氯盐,掺量可参照表 6.1.5。拌制水泥砂浆的砂料中,应去除含有冰块及大于 10mm 的冻块,不得使用加热水的方法融化已冻的砂浆;

表 6.1.5 防冻外加剂参考配方

序号	规定温度（℃）	配方（占水泥重%）	序号	规定温度（℃）	配方（占水泥重%）
1	0	工业盐 + 硫酸钠 2 + 木钙 0.25 尿素 3 + 硫酸钠 2 + 木钙 0.25 硝酸钠 3 + 硫酸钠 2 + 木钙 0.25 亚硝酸钠 2 + 硫酸钠 2 + 木钙 0.25 碳酸钾 3 + 硫酸钠 2 + 木钙 0.25	3	-5	亚硝酸钠 2 + 硝酸钠 3 + 硫酸钠 2 + 木钙 0.25 碳酸钾 6 + 硫酸钠 2 + 木钙 0.25 尿素 2 + 硝酸钠 4 + 硫酸钠 2 + 木钙 0.25
2	-5	食盐 5 + 硫酸钠 2 + 木钙 0.25 硝酸钠 6 + 硫酸钠 2 + 木钙 0.25 亚硝酸钠 4 + 硫酸钠 2 + 木钙 0.25	4	10	亚硝酸钠 7 十硫酸钠 2 + 木钙 0.25 乙酸钠 2 + 硝酸钠 6 + 硫酸钠 2 + 木钙 0.25 亚硝酸钠 3 + 硝酸钠 5 + 硫酸钠 2 + 木钙 0.25 尿素 3 + 硝酸钠 5 + 硫酸钠 2 + 木钙 0.25

注：①规定温度即混凝±硬化养护的温度。

②掺食盐配方仅适用于无筋混凝土。

6.1.9 冬季施工水泥砂浆抹带接口完成后,应用预制木架架于管带上或先盖松散稻草 10cm 厚,然后再盖草帘 1～3 层(随气温选定),要保持密封防风,当强度达到 50% 以上改为填土覆盖避免受冻。

6.2 雨季施工

6.2.1 安装管道时,地面应做好防滑处理,运输道路应加宽,并应铺设草袋或钉防滑条。

6.2.2 在运管和往沟槽内下管过程中,应采取必要的措施封闭管口防止泥沙进入管内。

6.2.3 配合管道铺设应及时砌筑检查井和连接井;对铺设暂时中断或未能及时砌筑检查井的管口及暂时不接支线的预留管口应临时堵严。

6.2.4 在接口施工时,均应防止雨水滴溅在接口处;接口做好后应用泥抹住缝隙,再适当堆些泥土,防止雨水冲刷接口。

6.2.5 对已做好的雨水口应暂时封闭,防止进水。

7 安全、环保措施

7.0.1 在沟槽中浇筑混凝土前应检查槽帮,确认安全后方可作业施工。当沟槽深大于 3m 时应设置混凝土流槽,设置时作业人员应协调配合。

7.0.2 振动设备必须经电工检查,确认无漏电后方可使用。

7.0.3 采用泵送混凝土时,应设 2 名以上人员牵引布料杆,泵送管口必须安装牢固。

7.0.4 采用覆盖物养护材料使用完毕后,应及时清理并存放到指定地点。

7.0.5 施工中排管、下管应使用起重机具进行,并应符合相关运输规定,严禁将管体直接推入沟槽内。当管体吊下至距槽底 50cm 时,作业人员方可在管道两侧辅助作业,管体落稳后方可松绳、摘钩。

7.0.6 人工下管应符合:下管必须由作业组长统一指挥、统一信号、分工明确、协调作业;下管前严禁站人;管径小于或等于 500mm 的管体应采用溜绳法下管,管径大于或等于 600mm 的管体应采用压绳法下管,大绳兜管的位置与管段距离不得小于 30cm;地桩埋设、坡道位置、下管操作应符合施工技术规范的有关规定。

7.0.7 用手动葫芦吊装下管应符合:跨越沟槽架设管体的排木或钢梁应据管体的质量、沟槽的宽度经计算确定,梁在槽边与土基的搭接长度应视土质和沟槽边坡确定且不得小于 80cm,排木或钢梁安设后应检查确认合格。跨越沟槽的作业平台临边设防护栏杆,操作人员不得站在管上操作,管下严禁有人。将管体放在梁上时,两边应用木楔楔紧。

7.0.8 稳管作业时应采取防止管体滚动的措施,手脚不得伸入管体端部和底部;管体稳定后,必须挡掩牢固。当管体两侧作业人员不通视时,应设专人指挥。

7.0.9　管道接口中需断管或管端边缘凿毛时,锤柄必需安牢,錾子无飞刺,握錾子的手必须戴手套,打锤应稳,用力不得过猛。

8　主要应用标准和规范

8.0.1　中华人民共和国国家标准《给水排水管道工程施工及验收规范》(GB 50268—2008)

编、校:王青生　蒋新生

318 排水 PVC-U 管道

（Q/JZM – SZ318 – 2012）

1 适用范围

本施工工艺标准适用于市政管道工程中管径小、造价较低的排水 PVC-U 管道的施工作业。

2 施工准备

2.1 技术准备

2.1.1 施工操作人员已获得技术、安全、文明施工和环保交底，管线回填及试压方案已审批完成。

2.1.2 施工图纸已会审完成。

2.2 材料准备

2.2.1 施工中所使用的硬聚氯乙烯（PVC-U）排水管材、管件应分别符合现行国家标准的要求；如发现有损坏、变形、变质迹象或存放超过规定期限时，使用前应进行抽样鉴定。

2.2.2 管材与插口的工作面，必须表面平整，尺寸准确，既要保证安装时插入容易，又要保证接口的密闭性能。

2.2.3 硬聚氯乙烯管在安装前应进行承口与插口的管径量测，并编号记录进行公差配合，以便安装时插口容易并保证接口的严密性。

2.3 施工机具与设备

管材吊运及运输设备的数量及能力应满足施工需要，软带吊具应符合规范要求。

2.4 作业条件

2.4.1 硬聚氯乙烯管材、管件的现场检验及运输、堆放符合有关规范要求。

2.4.2 现场道路畅通，清理平整，满足施工条件。

2.4.3 基槽经检验验收合格。

3 操作工艺

3.1 工艺流程

施工准备→沟槽、管线检验合格→下管→对口连接→部分回填。

3.2 操作方法

3.2.1 施工准备：
管道铺设应在槽底质量验收合格后进行，所使用管材、管件、橡胶圈符合有关规程规范要求。

3.2.2 管材在吊运放入沟内时，应采用可靠的软带吊具，平稳下沟，不得与沟壁或沟底剧烈碰撞。

3.2.3 对口连接：

（1）橡胶圈连接（R-R 连接）：准备→清理工作面及胶圈→上胶圈→刷润滑剂→对口、插入→检查。

①检查管材、管件及胶圈的质量，并根据作业项目参考表 3.2.3-1 准备工具。当连接的管体需要切断时，需在插口另端另行倒角，并应划出插入长度标线，然后再进行连接，其最小插入长度应符合表 3.2.3-2 的规定。切断管材时，应保证端口平正且垂直管轴线。

表 3.2.3-1 各作业项目的施工工具表

序号	作业项目	工具种类
1	锯管及坡口	细齿锯或割管机、倒角器或中号板锉、万能笔、量尺
2	清理工作面	棉纱或干布
3	涂润滑剂	毛刷、润滑剂
4	连接	手动葫芦或插入机、绳
5	安装检查	塞尺

表 3.2.3-2 管体接头最小插入长度

公称外径（mm）	63	75	90	110	125	140	160	180	200	225	280	315
插入长度（mm）	64	67	70	75	78	81	88	90	94	100	112	113

②将承口内的橡胶圈沟槽、插口端工作面及橡胶圈清理干净，不得有土或其他杂物。将橡胶圈正确安装在橡胶圈沟槽中，不得装反或扭曲。安装时可用水浸湿胶圈，但不得在橡胶圈上涂润滑剂安装。

③用毛刷将润滑剂均匀地涂在装嵌在承口处的橡胶圈和管体插口端外表面上，但不得将润滑剂涂到承口的橡胶圈沟槽内，润滑剂可采用 V 形脂肪酸盐，严禁用黄油或其他油类作润滑剂。

④将连接管道的插口对准承口，保持插入管端的平直，用手动葫芦或其他拉力机械将管一次插入至标线。若插入阻力过大，切勿强行插入，以防橡胶圈扭曲。用塞尺顺承插口间隙插入，沿管圆周检查橡胶圈的安装是否正确。

（2）胶黏剂连接（T-S）：准备→清理工作面→试插→刷胶黏剂→黏接→养护。

①检查管材、管件数量。连接的管体需要切断时，必须将插口处做成坡口后再进行连接，切断管体时，应保证断口平整且垂直管轴线。加工成的坡口应满足：坡口长度应不小于 3mm，坡口厚度约为管壁厚度的 1/3～1/2；坡口加工完成后应将残屑清除干净。

②管材或管件在黏合前，应用棉纱或干布将承口内侧和插口外侧擦拭干净，使被黏接面保持清洁，无尘砂与水迹。当表面黏有油污时，须用棉纱蘸丙酮等清洁剂擦拭干净。黏接前应将两管试插一次，检查插入深度及配合情况是否符合要求，并在插入端表面划出插入承口深度的标线；管端插入承口深度应不小于 3.2.3-3。用毛刷将胶黏剂迅速涂刷在插口外侧及承口内侧结合面上时，宜先涂承口，后涂插口，应轴向涂刷均匀适量，每个接口胶黏剂用量参见表 3.2.3-4。承插口涂刷胶黏剂后，应立即找正方向将管端插入承口，用力挤压，使管端插入的深度至所划标线，并保证承插接口的直度和接口位置正确。管端插入承口黏接后，用手动葫芦或其他拉力器拉紧，并保持一段时间：DN＜63 时，保持时间大于 10s；DN＝63～160 时，保持时间大于 60s；然后才能松开拉力器，以防止接口滑脱。承插接口连接完毕后，应及时将挤出的胶黏剂擦拭干净；应避免受力或强行加载，其静止固化时间不应少于表 3.2.3-5 规定。

表 3.2.3-3 黏接连接管材插入深度

管道公称外径（mm）	20	25	32	40	50	63	75	90	110	125	140	160
插入长度（mm）	16	18.5	22	26	31	37.5	43.5	51	61	68.5	76	86

表 3.2.3-4 胶黏剂标准用量

公称外径（mm）	20	25	32	40	50	63	75	90	110	125	140	160
用量（g/个）	0.4	0.58	0.88	1.31	1.94	2.97	4.1	5.73	8.43	10.75	13.37	17.28

表 3.2.3-5　黏接后的静止固化时间

序号	管道公称外径（mm）	管材表面温度	
		18℃~40℃	5℃~18℃
1	≥50	20	30
2	63~90	45	60

4　质量标准

4.0.1　主控项目

(1)管材、管件及接口材料质量必须符合国家现行标准。

(2)无压管道坡度应符合设计要求。

(3)管道的施工变形不得超过 6% 或满足设计要求。

4.0.2　一般项目

(1)管材、管件外观不得有损伤、变形、变质。

(2)管材端部应切割严整并与轴线垂直。

(3)接口应平整、严密、垂直、不漏水,接口位置应符合设计规定。

(4)硬聚氯乙烯(PVC-U)管道铺设允许偏差见表 4.0.2。

表 4.0.2　硬聚氯乙烯(PVC—U)管道铺设允许偏差

序号	项目	允许偏差（mm）	检验频率		检验方法
			范围	点数	
1	轴线	30	20m	1	挂中心线用尺量
2	高程	±20	20m	1	用水准仪测量

5　质量记录

5.0.1　预制混凝土构件、管材进场抽检记录。

5.0.2　隐蔽工程检查记录。

5.0.3　聚乙烯管道连接记录。

5.0.4　聚乙烯管道焊接工程汇总表。

5.0.5　工序(分项)质量评定表。

6　冬雨季施工措施

6.1　冬季施工

6.1.1　冬季温差变化较大时,施工刚性接口管道应采取防止温差产生的应力而破坏管道及接口的措施。黏接接口不宜在 5℃ 以下施工,橡胶圈接口不宜在 –10℃ 以下施工。

6.1.2　冬季施工不得使用冻硬的橡胶圈。

6.2　雨季施工

6.2.1　雨季施工应防止雨水进入沟槽,对已铺设的管道两侧除接口部位外应及时进行回填。当管道安装时发生塌方现象,应及时清除,避免过大的突发荷载造成管体变形。

6.2.2　雨天不宜进行接口施工,如果要施工时,应采取防雨措施,确保管口及接口材料不被雨淋。

7　安全、环保措施

7.0.1　切管作业应按使用说明操作,切管时进刀应平稳、匀速,不得过快,工作台应安置稳固。检查加工质量时必须停机、断电。

7.0.2　采用黏接接口时,胶黏剂、丙酮等易燃物必须存放在危险品仓库中,运输、使用时必须远离火源,严禁明火。

7.0.3　黏接接口作业工作人员应佩戴防护用品,严禁明火及用电炉加热胶黏剂。

7.0.4　现场应设专人管理胶黏剂、丙酮等易燃物,施工完毕或暂停后应及时清理回收,并妥善保管。

8　主要应用标准和规范

8.0.1　中华人民共和国国家标准《给水排水管道工程施工及验收规范》(GB 50268—2008)

8.0.2　中华人民共和国国家标准《给水用硬聚氯乙烯(PVC-U)管材》(GB/T 10002.1—2006)

编、校:蒋新生　李琳丽

319 排水管道闭水试验

（Q/JZM－SZ319－2012）

1 适用范围

本施工工艺标准适用于市政管道工程中污水、雨污水合流排水管道的闭水试验作业，湿陷土、膨胀土地区的雨水管道、倒虹吸管或设计要求闭水试验的其他排水管道可参照使用。

2 试验准备

2.1 技术准备

试验操作人员已获得技术、安全及环境交底。

2.2 材料准备

现场水源满足闭水需求，且不得影响其他用水。

2.3 施工机具与设备

砌体堵管施工所用到的常用工具。

2.4 作业条件

2.4.1 管道及检查井外观质量已检查合格。

2.4.2 管道未回填土且沟槽内无积水。

2.4.3 全部预留孔洞应封堵，不得漏水。

2.4.4 管道两端堵板承载力经核算并能安全承受试验水压的合力；除预留进出水管外，应封堵坚固不得漏水。

2.4.5 现场水源应满足闭水需求，不得影响其他用水，并选好排放水的沟渠，不得影响附近环境。

3 操作工艺

3.1 工艺流程

施工准备→试验分段（从上游往下游进行）→试验水头→试验步骤→渗水量计算。

3.2 操作方法

3.2.1 全部预留孔洞已封堵完毕，管道两端堵板承载力经核算能够安全承受试验的压力受力。现场水源满足闭水需要，排水出路已确定，见图3.2.1。

3.2.2 试验管段应按井距分段，长度不应大于3～4个井段，带井试验。

3.2.3 试验段上游设计水头不超过管顶内壁时，试验水头从试验段上游管底内壁加2m计；试验段上游设计水头超过管顶内壁时，试验水头从试验段上游设计水头加2m计；当计算出的试验水头超过上游检查井井口时，试验水头以上游检查井井口高度为限。

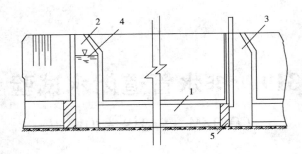

图3.2.1　排水管道闭水试验示意图

1-试验管段;2-下游检查井;3-上游检查井;4-规定闭水水位;5-砖堵

3.2.4　将试验段管道两端的管口封堵,管堵如采用砌体,必须养护3~4d达到一定强度后,再向闭水井段的检查井内注水;试验管段灌满水后浸泡时间不少于24h,使管道充分浸透;当试验水头达规定水头后,开始计时,观察管道渗水量;直至观测结束时,应不断向试验管段内补水,以保持试验水头恒定。渗水量观测时间不得小于30min。

3.2.5　实测渗水量按以下公式计算:

$$q = (W/T) \times L \tag{3.2.5}$$

式中:q——实测渗水量$[L/(min \cdot m)]$;

　　　W——补水量(L);

　　　T——实测渗水量观测时间(min);

　　　L——试验管段长度(m)。

4　质量标准

4.0.1　主控项目

(1)污水管(渠)、雨污水合流管(渠)、倒虹吸管和设计有闭水要求的其他排水管(渠)道,必须进行闭水试验。

(2)闭水试验的管(渠)段应按井距分隔并带井试验。管(渠)道外观不得有漏水现象。实测渗水量必须小于或等于标准试验水头的允许渗水量。

4.0.2　一般项目

(1)闭水试验必须在管(渠)回填土前且沟槽内无积水时进行。

(2)排水管(渠)闭水试验频率见表4.0.2-1。

(3)排水管(渠)标准试验水头/闭水试验允许渗水量见表4.0.2-2。

表4.0.2-1　排水管(渠)闭水试验频率表

序号	项目		允许差值	检验频率		检验方法
				范围	点数	
1	倒虹吸管		渗水量不大于表4.0.2-2的规定	每道	1	灌水计算渗水量
2	管径(mm)	$D < 700$		每个井段	1	
3		$D = 700 \sim 2400$		每三个井段抽查一段	1	
4		$D = 2500 \sim 3000$		每三个井段抽查一段	1	

注:①管径700~2400mm,检验频率按表4.0.2-1规定,如工程不足三井段时,可抽查1个井段,不合格者全线进行闭水检验。

②管径2500~3000mm,检验频率按表4.0.2-1规定,不合格者,加倍抽取井段再做检验,如仍不合格者,则全线进行闭水检验。

③如现场缺少试验用水时,当管径小于700mm,可按井段数量的1/3抽检进行闭水试验,但必须经建设、设计、监理单位确认。

当现场水源确有困难时,可采用单口试压方法,但是须确认管材符合设计要求后,才能进行单口试压。(单口试压标准参见相关标准)。

表 4.0.2-2　无压力排水管（渠）标准试验水头闭水试验允许渗水量

序号	管径（mm）	排水管（渠）允许渗[m³/（24h·km）]	序号	管径（mm）	排水管（渠）允许渗[m³/（24h·km）]
1	200	17.6	11	1200	43.30
2	300	21.62	12	1300	45.00
3	400	25.00	13	1400	46.70
4	500	27.95	14	1500	48.40
5	600	30.60	15	1600	50.00
6	700	33.00	16	1700	51.50
7	800	35.35	17	1800	53.00
8	900	37.50	18	1900	54.48
9	1000	39.52	19	2000	55.90
10	1100	41.45			

注：①当管道工作压力小于 0.1MPa，应按设计要求进行闭水试验。当管道工作压力不小于 0.1MPa，应按压力管道试验方法进行水压试验。

②试验段上游设计水头不超过管顶内壁时，试验水头以试验段上游管顶内壁加 2m 作为标准试验水头。

③试验段上游设计水头超过顶管内壁时，试验水头以试验段上游设计水头加 2m。

④当计算出的试验水头小于 10m，但超过上游检查井井口时，试验水头以上游检查井井口高度为准，但不得小于 0.5m。

5　质量记录

管道闭水试验记录。

6　冬、雨季施工措施

6.1　冬季施工

冬季闭水试验时应对所闭水井段采取相应的保温措施，闭水试验完成后及时将管道内的水排空，同时进行土方回填。

6.2　雨季施工

雨季闭水试验完成后应及时进行土方回填，以防漂管。

7　安全、环保措施

7.1　安全措施

7.1.1　管道结构达到设计强度，外观验收合格后，在沟槽尚未回填土的情况下及时进行闭水试验。

7.1.2　管端封堵前和向管段内放水前，必须检查管道内状况，确认管道内无人后方可封堵或放水。

7.1.3　试验管段两端的堵板应经验算并符合要求；能承受闭水试验内水压力的堵板上应设置进出水闸阀。

7.1.4　试验管段的检查井和危险部位，夜间均应设置警示灯。

7.1.5　试验人员由沟槽至检查井观测渗水量时，应站在架设的临时便桥上操作，不得站在井壁上双侧。闭水试验期间，无关人员不得进入临时便桥和接近检查井。

7.2　环保措施

7.2.1　闭水试验合格后,应将试验管段的水及时排到规定排水口,不得污染周边环境及水源,并拆除堵板。

7.2.2　闭水试验合格并排出管、井内的水后,要及时盖牢检查井盖,并进行管道回填土。

8　主要应用标准和规范

8.0.1　中华人民共和国国家标准《给水排水管道工程施工及验收规范》(GB 50268—2008)

编、校:廖军云　蒋新生

320　排水管道闭气试验

（Q/JZM – SZ320 – 2012）

1　适用范围

本施工工艺标准适用于市政管道工程中排水管道在回填土之前、地下水位低于管外底 150mm、直径 300 ~ 1200mm 混凝土排水管道（承插口、企口、平口）的闭气试验作业；试验环境温度为 – 15℃ ~ 50℃；在下雨时，不得进行闭气试验。

2　试验准备

2.1　技术准备

试验操作人员已获得技术、安全交底，掌握闭气试验的步骤及方法、顺序。

2.2　材料与试验设备

材料与试验设备见表2.2。

表 2.2　管道闭气试验材料工具设备表

序号	名　　称	规　　格	数　　量
1	管道密封管堵	φ300 ~ φ1200mm	各2个
2	空气压缩机	ZV-0.1 ~ 0.3/7 型	1台
3	打气筒		1个
4	膜盒压力表	0 ~ 4000Pa	1个
5	普通压力表	0 ~ 0.4MPa	2个
6	喷雾器	工农16型	1个
7	秒　表	·	1块
8	砂轮、扳手、刷子等	—	适当配备
9	发泡液	—	按需配备

2.3　作业条件

2.3.1　管道闭气试验材料及工具设备已到场，经检验合格，数量及能力满足试验需要。

2.3.2　试验管段外观、质量已检验合格。

2.3.3　管道密封管堵板已到场，经检验符合技术要求，其承载力核算能安全承受试验气压力的合力。

3　操作工艺

3.1　工艺流程

管体外观检查→管端内壁处理→安装管堵→连接导管→管堵充气→管堵漏气检查与处理→管道充

气→管道与管堵接触面漏气检查与处理→闭气检验测定→管道漏气检查与标记→排放管道气体→排放堵管气体→拆除设备。

3.2　操作方法

3.2.1　管堵安装

对闭气试验的排水管道两端与管堵接触部分的内壁应进行处理,使其清洁光滑。分别将管堵安装在管道两端,每端接上压力表和充气嘴。用打气筒给管堵充气,加压至 0.15～0.20MPa 后将管道密封,再用喷雾器喷洒发泡液检查管堵对管口的密封情况或经处理后确保密封。

3.2.2　管道充气

先用空气压缩机向管道内充气 3 000Pa,关闭气阀,使气压趋于稳定;再用喷雾器喷洒发泡液检查管堵对管口的密封情况,管堵对管口完全密封后,观察管体内的气压;管体内气压从 3 000Pa 降至 2 000Pa,历时不少于 5min;即可认为稳定。气压下降较快时,可适当补气。下降太慢时,可适当放气。

3.2.3

试验应根据不同管径的规定闭气时间,测定并记录管道内气压从 2 000Pa 下降后的压力表读数,其下降到 1 500Pa 的时间不得少于表 4.0.2-3 的规定。闭气试验不合格时,应进行漏气检查、修补、复检。

3.2.4　卸堵

管道闭气试验完毕,首先排除管道内的气体,再排除管堵内的气体,最后卸下管堵。

4　质量标准

4.0.1　主控项目

(1)污水管(渠)、雨污水合流管(渠)、倒吸虹管和设计有闭气要求的其他排水管(渠)道,必须进行闭气试验。

(2)闭气管充气必须达到规定压力值(0.15～0.20MPa),2min 后应无压降,并保持压力稳定。

(3)管道内充气至规定之预升压力(3 000Pa),稳定压力为由预升压力下降到试验压力(2 000Pa)的压降时间应不少于 5min,方可进行闭气试验。

4.0.2　一般项目

(1)管道内气压趋于稳定过程中,用喷雾器喷洒发泡液,检查管堵对管口的密封、不得出现气泡。发泡液配合比参考表见表 4.0.2-1。

(2)当管接口及管壁漏气部位较多、管内压力下降过快时,应及时进行补气,以便作详细检查。

(3)排水管道闭气试验允许偏差见表 4.0.2-2。

(4)排水管道闭气试验标准见表 4.0.2-3。

表 4.0.2-1　发泡液配合比参考表

序号	温度(℃)	水(kg)	TIF-表面活性剂(kg)	M3-防冻剂(kg)
1	0 以上	100	0.4	—
2	−5～0	100	4.9	17.5
3	−5～−10	100	5.9	42.4
4	−10～−15	100	7.1	71.4

表 4.0.2-2　排水管道闭气试验允许偏差

项　目	允许偏差(s)	检验频率		检验方法
		范围	点数	
管径 300～1200mm	符合表 4.0.2-3 规定	井段	1	参见闭水试验

注:DN1200mm 以下的排水管道如采用闭气试验时,其检查井应进行闭水试验,允许渗水量可参照式 $Q_P = 6.366p + 12$[m³/(d·km)]计算;p 为断面周长(m)。

表 4.0.2-3　排水管道闭气试验标准

序号	管道 DN（mm）	管内气体压力（Pa）		规定标准闭气时间 S（′″）
		起点压力	终点压力	
1	300	—	—	1′45″
2	400			2′30″
3	500			3′15″
4	600			4′45″
5	700			6′15″
6	800			7′15″
7	900			8′30″
8	1 000			10′30″
9	1 100			12′15″
10	1 200			15′00″
11	1 300			16′45″
12	1 400	2 000	≥1 500	19′00″
13	1 500			20′45″
14	1 600			22′30″
15	1 700			24′00″
16	1 800			25′45″
17	1 900			28′00″
18	2 000			30′00″
19	2 100			32′30″
20	2 200			35′00″

注：时间单位为 s。

5　质量记录

管道闭气试验记录表见表 5.0.1。

表 5.0.1　管道闭气试验记录表

工程名称				
施工单位				
起止井号	号井段至___号井段___共___m			
管径	φ___mm___管		接口种类	
	试验次数	第___次 共___次	环境温度	℃
标准闭气时间（s）	起始温度 T_1（s）	终止温度 T_2（s）	标准闭气时间时的管内压力值 P（Pa）	修正后管内气体压降值 △P（Pa）
≥1600mm 管道的内压修正				
检查结果				

施工单位：　　　　　　　　　　试验负责人：
监理单位：　　　　　　　　　　设计单位：
建设单位：　　　　　　　　　　记录员：

6　冬、雨季施工措施

6.1　冬季施工

冬季施工应对所闭气试验管端、使用设备及材料等采取相应保温措施。

6.2　雨季施工

雨季施工需采取相应的防雨措施,下雨时不得进行管道闭气试验。

7　安全、环保措施

7.0.1　闭气试验前,管道试验段必须划定作业区,并设置围挡或护栏和安全标志,非施工人员不得入内。

7.0.2　闭气试验装置及试验方法应符合《给水排水管道工程施工及验收规范》GB 50268—2008 的规定。

7.0.3　安装堵板时止推器必须撑紧,确保堵板能承受试验气压和气体膨胀产生的组合压力。

7.0.4　向管道内充气与试验过程中,作业人员严禁位于堵板的正前方。

7.0.5　试验人员由沟槽至检查井观测渗水量时,应站在架设的临时便桥上操作,不得站在井壁上双侧。闭水试验期间,无关人员不得进入临时便桥和接近检查井。

8　主要应用标准和规范

8.0.1　中华人民共和国国家标准《给水排水管道工程施工及验收规范》(GB 50268—2008)

编、校:李琳丽　廖军云

321　给水管道总试压

（Q/JZM － SZ321 － 2012）

1　适用范围

本施工工艺标准适用于市政管道工程中给水管道铺设完毕后,采用水压试验法进行管道强度试验和严密性试验作业。当管道工作压力大于或等于 0.1MPa 时,应进行压力管道的强度及严密性试验;管道工作压力小于 0.1MPa 时,进行无压力管道的严密性试验。

2　施工准备

2.1　技术准备

2.1.1　编制水压试验方案,并经过总工及监理工程师审批。

2.1.2　进行水压试验的分段划分:给水管道水压试验的分段长度不得大于 1.0km。硬聚氯乙烯给水管道的试压分段,对于无阀门等中间连接的管道,试压管段长度不宜大于 1.0km;对有中间连接件的管道,可根据其位置分段进行试压。

2.1.3　进行了试压前的各项技术工作检查。

2.1.4　试压管段后背的设置:

(1)后背应设在原状土或入土后背上,土质松软时,应采用砖墙、混凝土、板桩或换土夯实等加固方法,以保证后背的稳定性。后背墙面必须平直且与管道轴线垂直。用天然土壁做管道试压后背,一般需留 7～10m 沟槽原状土不开挖。

(2)铸铁管试压时,若试验压力较大,靠近管道端部的接口有两种遭到破坏的可能:一是盖堵和短管间的螺栓被拉断;其次是短管和管体之间的接口被拉坏。所以,必须在两端加设支撑。

(3)当 DN≤400,试验压力不大于 1.0MPa,管道两端的短管为石棉水泥、膨胀水泥砂浆接口时,可不必在堵盖外设支撑。当管径较大或试验压力也较大时,则会使已设支撑的后座墙发生弹性压缩变形,仍有导致接口破坏的危险。因此,可增大后座墙的受力面积,或者在管端支撑中设千斤顶,借此抵消后座墙的位移。

(4)常用的后背支撑形式有如下几种:一是用方木纵横交错排列紧贴于土壁上,用千斤顶支撑在堵头上。对于大型管道可用厚钢板或型钢作后背撑板。二是千斤顶的数量可根据堵头外推力的大小,选用一个或多个千斤顶支撑。三是用已铺好的管道作后背,一般适用于 500mm 以下的承插式刚性接口的管道。但长度不宜少于 30m,并必须将土夯实。当后背土壤松软时,可采取加大后背受力面积,砌砖墙或浇筑混凝土及钢筋混凝土墙、板桩、换土夯实的方法进行加固。如遇浅槽或后背受力面积不够时,可采取措施增加后背的支撑级数,或在后背撑板后侧加一道或两道撑板,也可采用钢板桩及辅助钢板桩的支撑方式。

2.1.5　试压各种装置进行了调试和检查。

2.1.6　试压堵板符合技术规范的要求。

2.2　材料准备

2.2.1　根据试验压力,管材种类、管径大小、接口种类等要求,试压后背及堵板的设计与加工制作。

2.2.2 进水管路,排气管及排气孔的加工制作。

2.2.3 排水管路,放水口、量水箱的加工制作。

2.2.4 已落实合格水源。

2.3 施工机具与设备

2.3.1 闸阀、压力表、试压泵、排气阀、止回阀、试压堵板、千斤顶、水泵、撬棒、扳手、供电与照明设备等按照工艺要求配置。

2.3.2 进水管路、排水管路安装管径较大时,应配备汽车吊与运输车辆。

2.4 作业条件

2.4.1 现场交通疏导方案、交通安全设施、标识已完成,施工安全措施落实,夜间施工准备好照明设施。

2.4.2 已落实合格水源和排水出路。

2.4.3 确定试验顺序,应设专人指挥。

3 操作工艺

3.1 工艺流程

管道充水→管道浸泡→管道升压→水压强度试验→水压严密性试验。

3.2 操作方法

3.2.1 管道充水:

(1)管道试压前2d～3d,向试压管道内充水。水自管道低端注入,此时应打开排气阀排气,当充水至排出的水流中不带气泡、水流连续时,即可关闭排气阀门,停止充水。

(2)水充满后为使管道内壁及接口材料充分吸水,宜在不大于工作压力条件下充分浸泡后再进行试压。

(3)对所有支墩、接口、后背、试压设备和管路进行检查修整。

3.2.2 管道浸泡:管道浸泡时间应符合表3.2.2的规定。

表3.2.2 水压试验的管段浸泡时间

序号	管 材	衬 里	管径(mm)	浸泡时间
1	铸铁管、球墨铸铁管、钢管	无水泥砂浆衬里	—	不少于24h
		有水泥砂浆衬里	—	不少于48h
2	预应力、自应力钢筋混凝土管及现浇或预制钢筋混凝土管渠	—	≤1000	不少于48h
		—	>1000	不少于72h
3	硬聚氯乙烯管道	—	—	不少于12h
4	玻璃夹砂管	—	—	不少于24h
5	高密度聚乙烯管	—	—	不少于24h

3.2.3 管道升压

(1)管道升压时,管道内的气体应排净;升压过程中,当发现弹簧压力计表针摆动、不稳且升压较慢时,应重新排气后再升压。正式升压时,应分级升压,每次升压以0.2MPa为宜,且每升一级应检查后背、支墩、管身及接口的状况;当无异常现象时,再继续升压。

(2)升压接近试验压力时,先稳定一段时间来进行检查排气是否已彻底干净,确认干净后再升至试验压力。

3.2.4 水压强度试验

（1）管道强度试验应在水压升至试验压力后，保持恒压 10min，经对接口、管身检查无破损及漏水现象，则管道强度试验确认合格。

（2）对于管径小于或等于 400mm 的铸铁管，且试验管段长度不大于 1km 的管道，在试验压力下，10min 降压不大于 0.05MPa，且无漏水现象，可视为严密性合格。

（3）对于大口径的球墨铸铁管水压试验用水量大，为节约用水可采用专用设备单口试压方法进行管道的测试。

3.2.5 放水法水压严密性试验

放水法试验是根据在同一管道内，压力相同、压力降相同时，其漏水量也相同的原理检查管道漏水情况，用放水法进行严密性试验应按下列程序进行：

（1）按照试验压力要求，每次升压 0.2MPa，然后检查有无问题，若无问题可继续升压。将水压升至试验压力，关闭水泵阀门，记录降压 0.1MPa 所需的时间 T_1。

（2）打开水泵进水阀门，再将管道压力升高至试验压力后，关闭水泵进水阀门；打开连通管道的放水阀门往量水箱内放水，记录降压 0.1MPa 的时间 T_2，并测量在 T_2 时间内，从放水阀门放出的水量 W。

（3）按式（3.2.5）计算实测渗透水量：

$$q = W / [(T_1 - T_2)L] \qquad (3.2.5)$$

式中：q——实测渗水量［L/(min·m)］；

W——T_2 时间内放出的水量（L）；

T_1——从试验压力降压 0.1MPa 所经过的时间（min）；

T_2——放水时，从试验压力降压 0.1MPa 所经过的时间（min）；

L——试验管段的长度（m）。

3.2.6 注水法水压严密性试验

（1）注水法的原则是为使管道保持恒压向管道内注入的水量即为管道渗出的水量。注水法的试验方法为：将水压升至试验压力后开始计时，每当压力下降，及时向管道内补水，但压降不得大于 0.03MPa，使管道试验压力始终保持恒定，延续时间不少于 2h，并计量恒压时间内补入试验管段的水量。

（2）注水法试验按式（3.2.6）计算渗水量：

$$q = W / (T \times L) \qquad (3.2.6)$$

式中：q——实测渗水量［L/(min·m)］；

W——恒压时间内补入管道的水量（L）；

T——从开始计时至保持恒压结束的时间（min）；

L——试验管段的长度（m）。

3.2.7 压力管道严密性试验渗水量标准

（1）管道严密性试验时，不得有漏水现象，且实测渗水量应符合表 3.2.7-1 规定（实测渗水量应不大于表中所规定的允许渗水量），认为严密性试验合格。

表 3.2.7-1 压力管道严密性试验允许渗水量［L/(min·km)］

序号	管径(mm)	钢管	铸铁管球墨铸铁管	预应力、自应力钢筋混凝土管
1	100	0.28	0.70	1.40
2	120	0.35	0.90	1.56
3	150	0.42	1.05	1.72
4	200	0.56	1.40	1.98
5	250	0.70	1.55	2.22
6	300	0.85	1.70	2.42

序号	管径(mm)	钢管	铸铁管球墨铸铁管	预应力、自应力钢筋混凝土管
7	350	0.90	1.80	2.62
8	400	1.00	1.95	2.80
9	450	1.05	2.10	2.96
10	500	1.10	2.20	3.14
11	600	1.20	2.40	3.44
12	700	1.30	2.55	3.70
13	800	1.35	2.70	3.96
14	900	1.45	2.90	4.20
15	1000	1.50	3.00	4.42
16	1100	1.55	3.10	4.60
17	1200	1.65	3.30	4.70
18	1300	1.75	—	4.90
19	1400	1.75	—	5.00

注：试验管段长度不足 1km，可按表中规定渗水量按比例折算。

（2）当管径大于表 3.2.2 中所列规格时，实测渗水量应小于或等于按式（3.2.6）至式（3.2.7-3）计算的允许渗水量。

钢管：
$$Q = 0.05 \sqrt{D} \qquad (3.2.7\text{-}1)$$

铸铁管、球墨铸铁管：
$$Q = 0.1 \sqrt{D} \qquad (3.2.7\text{-}2)$$

预应力、自应力钢筋混凝土管：
$$p = 0.14 \sqrt{D} \qquad (3.2.7\text{-}3)$$

式中：Q——允许渗水量[L/(min·km)]；

　　　D——管道内径(mm)。

（3）管径不大于 400mm，且长度不大于 1km 的管道，在试验压力下，10min 压降不大于 0.05MPa 时，可认为严密性试验合格。

（4）现浇或预制装配式钢筋混凝土管渠实测渗水量应不大于按下式计算的允许渗水量，$Q = 0.014D$，式中 Q 和 D 的意义同上。

（5）玻璃钢夹砂管和高密度聚乙烯给水管允许渗水量参照钢管的标准采用。

3.2.8　水压试验时的注意事项

（1）试压时管内不应有空气，否则在试压管道发生漏水时，不易从压力表上反映出来。若管道水密性能尚好，气密性能较差时，如未排净空气，试压过程中容易导致表压下降。

（2）在试压管段起伏的顶点应设排气孔排气。灌水排气时，要使排出的水流中不带气泡，水流连续、速度不变，作为排气较彻底的标志。

（3）管端敞口应事先用管堵或管帽堵严，并加临时支撑，不得用闸阀代替。

（4）管道中的固定支撑，试压时应达到设计强度。

（5）试压前应将管段内的闸阀打开。

（6）当管道内有压力时，严禁修整管道缺陷和紧固螺栓；检查管道时不得用缺锤敲打管壁和接口。

（7）管道灌水后必须让其充分浸泡，才能保证管道试压的准确性。

（8）试压的堵头通常采用的是钢制塞头、帽头或法兰堵板。堵头的接口形式一般同管道的接口形式。刚性接口必须先用千斤顶把堵头撑稳在后背上，否则堵头接口容易漏水。对于大中型管道的试压堵头，采用柔性接口是保证试压顺利进行的较好措施。

（9）试压泵通常安装在管段的低端，试压系统的阀门都必须启闭灵活，严密性好。

（10）压力表应在管道每端装一支，靠表处用一阀门控制，安装表时应把支管内的空气排净。装表的支管应同灌水和升压设备分离，否则升压时压力表指针流动频繁易损坏压力表。

（11）冬季进行水压试验，应采取有效的防冻措施；水压试验完毕，应立即排空管和沟槽内的积水。管道回填土厚度在管顶上不少于0.5m，敞露的接口和管段用草帘或其他保温材料覆盖。

3.2.9　硬聚氯乙烯管道强度试验和严密性试验

（1）硬聚氯乙烯管道工程的试压工作除了参照1、2节的有关内容进行外，还应按照以下规定进行。

（2）管道充水：管道灌水应从低点缓慢灌入，灌入时在试验管段的高点管顶及管段中的凸起点设排气阀排除管道内的气体，管道充水时应缓慢地进行，管道充满水后，宜在不大于工作压力条件下浸泡不少于12h后进行试压。

（3）管道升压：管道升压时，管道内气体应排除。升压过程中，如发现弹簧压力计表针摆动、不稳且升压较慢，应重新排气后再升压。采用分级升压，每升一级应检查后背、支墩、管身及接口，当无异常现象时再继续升压。水压试验时，严禁对管身、接头进行敲打或修补缺陷。遇有缺陷时，应做出标记，卸压后修补。

（4）强度试验：升压达到设计压力值时，应进行管道强度试验。在保持恒压1h条件下检查管道各部位及所有接头、附配件等是否有渗漏或其他不正常现象。为保持管道内的压力可向管内补水。若无上述情况，可判定为合格。

（5）严密性试验：强度试验合格后，应停止进行加压，并将全部排气、排水阀门关闭，在保持恒压2h内进行渗水量测定的严密性试验。如在保持恒压的前1h内出现压力下降，应向管道内补水，使其保持规定的试验压力；在恒压后的1h内应测定压降及补水量，该补水量为管道的实际渗水量。

（6）允许渗水量计算：硬聚氯乙烯管道测定的补水量不得大于按式（3.2.9）计算的允许渗水量：

$$Q = 3 \times \frac{d_i}{25} \times \frac{P_{wd}}{0.3} \qquad\qquad (3.2.9)$$

式中：Q——每公里每日（24h）管道的允许补水量（L）；

d_i——管内径（mm）；

P_{wd}——试验内压，采用设计内压（MPa）。

注：式中3为每25mm管内径、每0.3MPa内压时，每公里每天的允许渗水量；单位为升（L）。

（7）在严密性试验时，对公称外径DN不小于110mm、管道总长度小于100m和公称外径DN不大于90mm的管道，在恒压的2个1h内，如压降不超过0.05MPa，可判定为合格。

（8）不同管径每公里管段允许漏水量应符合表3.2.9的规定。

表3.2.9　不同管径每公里管段允许漏水量

序号	管外径（mm）	每公里长管段允许漏水量（L/min）		序号	管外径（mm）	每公里长管段允许漏水量（L/min）	
		黏接连接	橡胶圈连接			黏接连接	橡胶圈连接
1	63~75	0.2~0.24	0.3~0.5	5	200	0.56	1.4
2	90~110	0.26~0.28	0.6~0.7	6	225~250	0.7	1.55
3	125~140	0.35~0.38	0.9~0.95	7	280	0.8	1.6
4	160~180	0.42~0.5	1.05~1.2	8	315	0.85	1.7

（9）试压时的注意事项：对于黏接连接的管道须在安装完毕48h后才能进行试压。试压管段上的三通、弯头，特别是管端的盖堵的支撑要有足够的稳定性。若采用混凝土结构的止推块，试验前要有充分的凝固时间，使其达到额定的抗压强度。试压时，向管道充水的同时排除管内空气，进水应缓慢，以防发生气锤或水锤现象。

3.2.10　试验注意事项

（1）后背必须紧贴后座墙，如有空隙要用沙子填实。

（2）如管道为刚性接口，试压堵板与管道的连接也是刚性连接，则堵板与管道连接的接口应在后背支设完毕后再行打口。

（3）试验管段不得采用闸阀做堵板，不得含有消火栓、安全阀、水锤消除器、自动排气阀等附件，在管道的这些附件处应设堵板，将所有敞口堵严，不得有渗透漏水现象。

3.2.11　试验压力：管道水压试验的试验压力应符合表 3.2.11 的规定。

表 3.2.11　管道水压试验的试验压力

管材种类	工作压力 P（MPa）	试验压力（MPa）
钢管	P	$P+0.5$ 且不小于 0.9
铸铁及球墨铸铁管	≤0.5	$2P$
	0.5	$P+0.5$
预应力、自应力钢筋混凝土管	≤0.6	$1.5P$
	>0.6	$P+0.3$
现浇或预制钢筋混凝土管渠	≥0.1	$1.5P$
硬聚氯乙烯管		$1.5P$
玻璃夹砂管		试验压力按设计压力
高密度聚乙烯管		试验压力按设计压力

4　质量标准

4.0.1　主控项目

（1）给水管道强度试验应符合国家标准规定并达到设计要求。

（2）给水管道严密性试验应符合国家标准规定并达到设计要求。

4.0.2　一般项目

（1）管道接口完好，防腐层不得被破坏，管道支墩牢固。

（2）管道内水体放空，管道灌水、试压临时管线、设备拆除不得污染新建管道。

5　质量记录

5.0.1　技术交底记录。

5.0.2　给水管道水压试验记录。

5.0.3　给水管道严密性试验记录。

5.0.4　隐蔽工程检查记录。

5.0.5　中间检查交接记录。

5.0.6　工程部位质量评定表。

5.0.7　工序质量评定表。

5.0.8　工程质量事故及事故调查处理记录。

6　冬雨季施工措施

6.1　冬季施工

6.1.1　管身应填土至管顶以上约 0.5m，暴露的接口及管段应用保温材料覆盖。

6.1.2　灌水及试压的临时管线应采用保温措施。

6.1.3　水压试验应在管内正温度时进行，试压合格后，应及时将水放空以防止受冻。

6.1.4 管径较小、气温较低，采取以上措施仍不能保证不结冻时，水中宜加食盐防冻。

6.2　雨季施工

6.2.1 制定雨季施工技术方案，考虑有效地排除施工场地雨水的措施，严防雨水泡槽。

6.2.2 做好临时防雨设施的储备，如棚布、草袋、防滑跳板等。

6.2.3 排水系统畅通，排水备用泵的工作状态良好。

6.2.4 检查加固临时电路、电线、闸箱安全，有防雨措施。

6.2.5 保证现状道路和施工道路的畅通。

7　安全、环保措施

7.1　安全措施

7.1.1 对原有管线、闸井等设施应采取加固和保护措施，防止施工中损坏造成安全事故。

7.1.2 水压试验的临时管道设置在道路上时，应对临时管道采取保护措施，并与道路顺接，满足车辆、行人的安全要求；试验前应划定作业区，设围挡或护栏、安全标志；夜间和阴暗时，现场应设充足的照明和警示灯。

7.1.3 给水管道水压试验严禁以气压法代替水压试验。引接水源需打开检查井盖时，必须在检查井周围设置围挡或护栏，并设安全标志。

7.2　环境保护

试验管段端部堵板拆除前应先确认管段内已无压力，方可实施。试验完成后，应及时排除管内的水并拆除临时管道恢复原貌。

8　主要应用标准和规范

8.0.1 中华人民共和国国家标准《给水排水管道工程施工及验收规范》（GB 50268—2008）

编、校：廖军云　祝强

322　给水管道冲洗与消毒

（Q/JZM－SZ322－2012）

1　适用范围

本施工工艺标准适用于市政管道工程中给水管道在试压合格后，进行通水冲洗和消毒的作业。管道冲洗消毒及与已建管道接通前应与建设、管理单位制定实施方案；当管理单位授权施工单位实施时，应在建设、管理单位人员配合下进行。

2　施工准备

2.1　技术准备

2.1.1　编制管道冲洗消毒方案，并已完成审批手续，方案主要内容包括：

（1）冲洗水的水源：管道冲洗要耗用大量的水，水源必须充足。一种情况是被冲洗的管线可直接与水源厂（水源地）的预接管道连通，开泵冲洗；另一种情况是与现有的供水管网的管道用临时管接通冲洗。必须选好接管的位置，设计临时来水管线。

（2）冲洗流速：冲洗水的流速应为 $1 \sim 1.5 \text{m/s}$，一般不小于 1.0m/s，否则不易将管道内的杂物冲洗掉。应连续冲洗，直至出水口处的浊度、色度与入水口处冲洗水的浊度、色度相同为止。

（3）冲洗时间：对于主要输水干管的冲洗，由于冲洗水量过大，管网降压严重，因此管道冲洗应避开用水高峰，安排在管网用水量较小、水压偏高的夜间进行，并在冲洗过程中严格控制水压变化。

（4）放水口：放水路线不得影响交通及附近建（构）筑物的安全，并与有关单位取得联系，以确保放水安全、畅通。安装放水口管时，与被冲洗管的连接应严密、牢固；管上应装有阀门、排气管和放水取样龙头。放水管可比被冲洗管小，但截面不应小于其 1/2，放水管的弯头处必须进行临时加固，以确保安全工作。

（5）排水路线：由于冲洗水量大且集中，应选好排放地点；如排至河道或下水道时要考虑其承受能力，不能影响其正常泄水。设计临时排水管道时，其截面不得小于被冲洗管的 1/2。

（6）人员组织：管道进行冲洗应设专人指挥，严格按照冲洗方案实施。要派专人巡线、专人负责阀门的开启、关闭，并和有关协作单位密切配合与联系。

（7）制定安全措施：放水口处应设置围栏，派专人看管，夜间应设置照明灯具等。

（8）通信联络：配备通信设备，确定联络方式，冲洗全线做到情况明确，指挥得当。

（9）拆除冲洗设备：冲洗消毒进行完毕，及时拆除临时设施，检查现场，恢复原有设施。

2.1.2　施工操作的工人已经过培训，熟悉现场条件、作业环境和施工顺序。

2.1.3　施工操作的工人已进行技术交底和安全交底，明确管道冲洗程序和安全要求。

2.2　材料准备

2.2.1　一般采用钢管、法兰盘制作放水管路，引接冲洗水源，并与被冲洗消毒的管段接通。

2.2.2　采用钢管、法兰盘、制作放水口和临时排水管道，其截面不得小于被冲洗管道的 1/2。

2.2.3　临时闸阀、弯头、排气管、放水取样龙头等。

2.3　施工机具与设备

2.3.1　水泵、管钳、扳手、切管机、步话机、供电与照明设备、安全标志设施等。

2.3.2　放水管路、排水管路；安装管径较大时，配备吊车与运输车辆。

2.4　作业条件

2.4.1　管道系统水压试验已验收合格，冲洗水源、排水出路已落实。

2.4.2　根据需要做好支撑、围栏、标灯、照明及其他安全设施。

2.4.3　与建设、管理单位联系冲洗用水量、放水时间，取样化验时间已确定。

3　操作工艺

3.1　工艺流程

准备工作→开闸冲洗→检查→合格关闸→取样化验。

3.2　操作方法

3.2.1　准备工作

（1）放水冲洗前与管理单位联系，共同商定放水时间、用水流量、如何计算用水量及取水化验时间等事宜。冲洗水流速应不小于 1.0m/s；放水时间以放水量大于管道总体积的 3 倍，且水质外观澄清、化验合格为度。试验宜安排在城市用水量较小、管网水压偏高的时间内进行。

（2）放水口应有明显标志或栏杆，夜间应加设标灯等安全措施。

（3）放水前，应仔细检查放水路线，保证安全、畅通。

3.2.2　开闸冲洗

（1）放水时，应先开出水闸门，再开放水闸门。

（2）注意冲洗管段、特别是出水口的工作情况；做好排气工作，并派人监护放水路线，有问题及时处理。

（3）支管亦应放水冲洗。

3.2.3　检查

检查沿线有无异常声响、冒水或设备故障等现象，检查放水口水质外观。

3.2.4　关闸

放水后应尽量使放水闸门、出水闸门同时关闭；如做不到同时关闭，可先关出水闸门，但留 1～2 扣先不关死，待放水闸门关闭后，再将出水闸门全部关闭。

3.2.5　取样化验

（1）冲洗生活饮用给水管道，放水完结后，管内应存水 24h 以上再化验。

（2）取水化验由管理单位进行。

3.2.6　管道冲洗注意事项

（1）冲洗前应拟定冲洗方案，事前通告有关的主要用水户。

（2）冲洗前应检查排水口、排水道或河道能否正常排泄冲洗的水量，冲洗水流是否会影响排水道、河床、船只等的安全。

（3）在冲洗过程中应派专人进行安全监护。

3.2.7　管道消毒

（1）管道冲洗后经水质检查达不到生活饮用水水质标准时，则需要进行管道消毒工作。管道消毒的目的是杀灭新铺设管道内的细菌，使管道通水后不致污染水质。

（2）消毒方法：管道消毒一般采用含氯水浸泡。含氯水通常是将漂白粉溶解后，取上层清液随同清水注入管内而得。含氯水应充满整个管道,氯离子浓度不低于 25～50mg/L。管道灌注含氯水后,关闭所有阀门,浸泡 24h,再次冲洗,直至水质管理部门取样化验合格为止。

(3)漂白粉耗用量的计算:

漂白粉耗用量可按式(3.2.7)计算:

$$W = \frac{\frac{\pi}{4}D^2La}{1000b_1b_2} \tag{3.2.7}$$

式中:W——漂白粉耗用量(kg);

　　　D——管道内径(m);

　　　L——管道长度(m);

　　　a——管道水中氯离水浓度(mg/L);

　　　b_1——漂白粉的含氯量(%);

　　　b_2——漂白粉的溶解率(%)。

3.2.8　管道消毒程序和注意事项

水管消毒程序和注意事项应符合表 3.2.8 的规定。

表 3.2.8　水管消毒程序和注意事项

序号	程　序	注　意　事　项
1	一、准备工作	1. 在消毒前两天,与管理单位联系,取得配合; 2. 制备漂白粉溶液
2	二、泵入漂白粉溶液	打开放水口和进水处闸门,根据漂白粉溶液浓度、泵入速度、调节闸门开启程度控制管内流速,以保证水中游离氯含量 25～50mg/L
3	三、关闸	应在放水口放出上游离氯含量为 25mg/L 以上时,方可关闸
4	四、泡管消毒	24h 以上
5	五、放净氯水,放入自来水	关闸并存水 24h
6	六、取水化验	由管理单位进行,符合标准才算完毕

3.2.9　与旧管勾头:施工完毕的给水管道与使用的旧管线接通(勾头),其程序和施工应符合表 3.2.9的规定。

表 3.2.9　给水管道接通(勾头)程序和施工要点

序号	工作程序	施工要点
1	勾头前的准备工作	1. 必须事先与管理单位联系,取得配合,确定勾头位置、施工安排,需要停水接管,必须事前商定准确停水时间,并严格按照执行; 2. 挖工作坑、集水坑应有安全措施,根据需要作好支撑、防护栏杆和标灯;根据旧管预计放出的水量,配备并检查好水泵,清理好排水路线; 3. 夜间接管,必须装好照明设备,并作好预防停电准备; 4. 检查管件、闸门、接口材料和工具,其规格、质量、品种、数量必须符合需要; 5. 支、吊好准备拆除的管节、管件,切管前应事先划出锯口位置,将所切管节垫好或吊好,以防骤然将堵冲开; 6. 检查并准备好电源,使用时要方便、可靠
2	做好施工组织	接通旧管的工作应紧张而有秩序,明确分工,统一指挥,并与管理单位派至现场的人员密切配合。关闸、开闸均由管理单位人员负责操作,施工单位派人配合
3	关闸断水	关闸后如仍有水压,应查清原因,采取措施
4	临时支墩拆除	对预留三通、闸门等侧向设置的临时支墩,应在停水后拆除,永久支墩按设计图另行施工。如不停水拆除闸门等支墩时,必须事先会同管理单位研究好防止闸门走动的安全措施

续上表

序号	工作程序	施　工　要　点
5	勾头	1. 接管时，应防止外水面超高污染通水管道；旧管中的存水流入集水坑应随即排除，调节已吊好切管管节的错口位置或管端间隙控制流出水量，可使水面与管底保持适当距离； 2. 消毒措施：接管时，新装闸门与旧管之间的各项管件，除清除污物并冲洗干净外，还必须用1%~2%的漂白粉溶液洗刷两遍进行消毒方可安装，在安装过程中还应注意防止再受污染；接口用的油麻应经蒸气消毒，接口用的胶圈和接口工作，也应用漂白粉溶液消毒
6	支墩设置	勾头时所装的管件，应及时按设计或管理单位的要求，做好支墩
7	开闸通水	1. 注意排气，采取必要措施； 2. 检查接口漏水，对管径大于或等于400mm的干管，观察应不少于0.5h； 3. 支墩强度须达到要求

4　质量标准

4.0.1　主控项目

（1）给水管道冲洗应符合国家标准规定，取样化验必须达到国家生活饮用水的水质标准的规定。

（2）停水接管应在停水期限内完成接管工作，新装闸门与已建管道之间的管件进行消毒后方可安装。在安装过程中，应防止再受污染。

4.0.2　一般项目

（1）管道冲洗后，应按规定进行消毒，经验收确认合格，形成文件。

（2）切管后，新装的管件应按设计或管理单位要求砌筑支墩。

（3）新建与已建管道连通后，开闸放水时应采取排气措施。

5　质量记录

5.0.1　技术交底记录。

5.0.2　给水管道冲洗记录。

5.0.3　给水管道水质化验记录。

5.0.4　工程质量事故及事故调查处理记录。

6　冬、雨季施工措施

6.1　冬季施工

6.1.1　冬季应对施工现场外露和冻土层内的输水管道等应采取防冻保护措施。

6.1.2　排水施工机具、设备应配备防冻、防寒设施，水泵停止作业时，应将管路系统各部位放水闸打开放空水泵和水管中的积水。

6.1.3　施工中应对现场运输道路、作业现场、作业平台、攀登设施等采取防滑措施，并在雪、霜后及时清扫积雪和结冰。

6.2　雨季施工

6.2.1　雨季施工应采取以防汛、防触电、防雷击、防坍塌等为重点的安全技术措施。

6.2.2　雨季前应检查、完善原有排水设施，确认畅通，并结合工程情况，在现场建立完整有效的排水系统。水泵等排水设备应安装就位,并经试运转,以确认正常。应急物资应到现场。

6.2.3　汛期需打开排水管道检查井和雨水口的井盖(算)紧急排水时,必须在其周围设护栏和安全标志,并设专人监护,遇夜间和阴暗时须设警示灯。排水结束后,必须立即将井盖(算)盖牢,并及时拆除护栏等防护设施。

7　安全、环保措施

7.1　安全措施

7.1.1　给水管道冲洗前,建设单位应约请管理、施工单位研究冲洗、消毒方案及其配合事宜,并成立指挥机构,明确各方分工,责任到人,并检查、确认落实。

7.1.2　冲洗方案应规定冲洗水源位置、临时管道的走向和管径、相应的安全技术措施,并经给水管道管理单位签认后实施。

7.1.3　放水口应采取防冲刷措施。冲洗口和放水口周围均应设围挡和安全标志。

7.1.4　引接水源需打开检查井时,必须在检查井周围设围挡或护栏,并设安全标志。

7.1.5　冲洗用的临时管道设置在道路上时,应对临时管道采取保护措施,并与道路顺接,满足车辆、行人的安全要求;夜间和阴暗时,现场应设充足的照明的警示灯。

7.1.6　冲洗、消毒中应由管道的管理单位设专人负责水源的阀门开启与关闭作业。作业人员不得擅自离开岗位。

7.1.7　作业中各岗位人员应配备通信联络工具进行联系,并设专人巡逻检查,确认正常,遇异常情况应及时处理。

7.1.8　管道冲洗后,应按规定进行消毒,经验收确认合格,形成文件。

7.1.9　消毒液必须存放在库房内,指派专人管理,发放时应履行领料手续,余料收回。使用时,消毒液操作人员必须佩戴口罩、手套等防护用品。

7.2　环保措施

冲洗消毒完成后,应及时拆除进、出口的临时管道,恢复原况。

8　主要应用标准和规范

8.0.1　中华人民共和国国家标准《给水排水管道工程施工及验收规范》(GB 50268—2008)

编、校:蒋新生　廖军云

第四篇　市政给水排水构筑物工程

401　石灰土基础

（Q/JZM – SZ401 – 2012）

1　适用范围

本施工工艺标准适用于市政给水排水构筑物工程中灰土地基的施工作业,其他一般工业与民用建筑的基坑、基槽、室内地坪、管沟、室外台阶和散水等灰土地基(垫层)可参照使用。

2　施工准备

2.1　技术准备

施工前已对施工人员进行了施工技术交底和施工安全交底。

2.2　材料准备

2.2.1　土:宜优先采用基槽中挖出的土,但不得含有有机杂物;使用前应先过筛,其粒径不大于15mm;含水率应符合规定。

2.2.2　石灰:应用块灰或生石灰粉;使用前应充分熟化过筛,不得含有粒径大于5mm的生石灰块,也不得含有过多的水分。

2.3　施工机具与设备

2.3.1　一般应备有木夯、蛙式或柴油打夯机、手推车、筛子(孔径6～10mm和16～20mm两种)、标准斗、靠尺、耙子、平头铁锹、胶皮管、小线和木折尺等。

2.3.2　检测仪器:水准仪、2米直尺、含水率检测仪器、环刀、贯入度仪等。

2.4　作业条件

2.4.1　基坑(槽)在铺灰土前必须先行钎探验槽,并按设计和勘探部门的要求处理完地基,办完验槽手续。

2.4.2　基础外侧铺灰土,必须先对基础、地下室墙和地下防水层、保护层进行检查,发现损坏时应及时修补处理,办完隐检手续。

2.4.3　当地下水位高于基坑(槽)底时,施工前应采取排水或降低地下水位的措施,使地下水位经常保持在施工面以下0.5m左右,在3d内不得受水浸泡。

2.4.4　施工前应根据工程特点、设计压实系数、填料种类、施工条件等,合理确定土料含水率控制范围、铺灰土的厚度和夯打遍数等参数;重要的灰土填方其参数应通过压实试验来确定。

2.4.5　管沟铺灰土,应先完成上下水管道的安装或管沟墙间加固等措施后再进行,并且先将管沟、槽内、地坪上的积水或杂物、垃圾等有机物清除干净。

2.4.6　施工前应作好水平高程的标志,如在基坑(槽)或管沟的边坡上每隔3m钉上灰土上平的木撅,在室内和散水的边墙上弹上水平线或在地坪上钉好高程控制的标准木桩。

3　操作工艺

3.1　工艺流程

检验土料和石灰粉的质量并过筛→灰土拌和→槽底清理→分层铺灰土→夯打密实→找平验收。

3.2　操作方法

3.2.1　首先检查土料种类和质量以及石灰材料的质量是否符合标准的要求;然后分别过筛。如果是块灰闷制的熟石灰,要用6~10mm的筛子过筛,是生石灰粉可直接使用;土料要用16~20mm筛子过筛,均应确保粒径的要求。

3.2.2　灰土拌和

灰土的配合比应采用体积比,除设计有特殊要求外,一般为2∶8或3∶7。基础垫层灰土必须过标准斗,严格控制配合比。拌和时要求均匀一致,至少翻拌两次以上,拌和好的灰土颜色应一致。

3.2.3　铺灰土施工时,应适当控制含水率。工地检验方法是:用手将灰土紧握成团,两指轻捏即碎为宜。如土料水分过大或不足时,应晾干或洒水润湿。

3.2.4　基坑(槽)底或基土表面应清理干净,特别是槽边掉下的虚土、风吹入的树叶、木屑纸片、塑料袋等垃圾杂物。

3.2.5　分层铺灰土

每层灰土的摊铺厚度,可根据不同的施工方法,按表3.2.5选用。各层铺摊后均应用木耙找平,与坑(槽)边壁上的木撅或地坪上的标准木桩对应检查。

表3.2.5　灰土最大分层厚度

序号	夯实机具	质量(t)	厚度(mm)	备　　注
1	石夯、木夯	0.04~0.08	200~250	人力送夯,落锤400mm~500mm,每夯搭接半夯
2	轻型夯实机械	-	200~250	蛙式或柴油打夯机
3	压路机	机重6~10	200~300	双轮

3.2.6　夯打密实:夯打(压)的遍数应根据设计要求的干土质量密度或现场试验确定,一般不少于三遍。人工打夯应一夯压半夯,夯夯相接,行行相接,纵横交叉。

3.2.7　灰土分段施工时,不得在墙角、柱基及承重窗间墙下接槎,上下两层灰土的接槎距离不得小于500mm。当灰土基础高程不同时,应做成阶梯形。接槎时应将槎子垂直切齐。

3.2.8　找平和验收:灰土最上一层完成后,应拉线或用靠尺检查高程和平整度。高的地方用铁锹铲平;低的地方补打灰土,然后请质量检查人员验收。

3.2.9　每层灰土回填夯(压)实后,应根据规范规定进行环刀取样,测出灰土的质量密度;当达到设计要求后,才能进行上一层灰土的摊铺。采用贯入度仪检查灰土质量时,应先进行现场试验以确定贯入度的具体要求。环刀取土的压实系数用dy鉴定,一般为0.93~0.95。

4　质量标准

4.0.1　主控项目

(1)基底的土质必须符合设计要求。

(2)灰土的干土质量密度或贯入度必须符合设计要求和施工规范的规定。

4.0.2　一般项目

(1)配料正确,拌和均匀,分层虚铺厚度符合规定,夯压密实,表面无松散、起皮。

(2)留槎和接槎:分层留接槎的位置、方法正确,接槎密实、平整。

(3)灰土地基允许偏差项目,见表4.0.2

表4.0.2　灰土地基允许偏差

项次	项　目	允许偏差(mm)	检验方法
1	顶面标高	+15,-15	用水平仪或拉线和尺量
2	表面平整度	15	用2m靠尺和楔形塞尺量

5　质量记录

5.0.1　施工区域内建筑场地的工程地质勘察报告。

5.0.2　地基钎探记录。

5.0.3　地基隐蔽验收记录。

5.0.4　灰土的试验报告。

6　冬、雨季施工措施

冬、雨季不宜做灰土地基工程,否则应编好分项施工方案;施工时应严格执行技术措施,避免造成灰土水泡、冻胀等返工事故。

6.0.1　灰土地基层应在第一次重冰冻(-3～-5℃)到来前一个月停止施工,以保证其在达到设计强度前不受冻。

6.0.2　必要时可采取提高早期强度的措施,防止其受冻:

(1)在混合料中掺加2%～5%的水泥代替部分石灰。

(2)采用在最低含水率的情况下碾压成型,最低含水率宜小于最佳含水率1%～2%。

6.0.3　根据天气预报合理安排施工,做到雨天不施工。

7　安全、环保措施

7.1　安全措施

7.1.1　施工现场卸料时应由专人指挥,并且要求卸料时,作业人员应位于安全地区。

7.1.2　需要消解的生石灰应堆放于远离居民、庄稼和易燃物的空旷场地,周围应设置护栏,不得堆放在道路上。

7.1.3　现场拌和石灰土应选在较坚硬的场地上进行,摊铺、拌和石灰应轻拌、轻翻,严禁扬撒,五级以上风力不得施工。

7.1.4　人工摊铺作业人员应保持1m以上安全距离,人工摊铺时不得扬撒。

7.2　环保措施

7.2.1　施工时,为防止遗洒,车辆不得超载,顶面宜拍实或加布覆盖,在驶出现场前的一段道路上,铺垫草袋或麻袋;出口处设置冲洗平台,专人负责冲洗轮胎,以防止将泥土带入场外道路。

7.2.2　为防止施工机械噪声扰民,尽可能选用低噪声施工机具,并尽量安排在白天施工,避免夜间施工噪声扰民。

8　主要应用标准和规范

8.0.1　中华人民共和国国家标准《给排水构筑物工程施工及验收规范》(GB 50141—2008)

编、校:周兆峰　胡莹

402   素混凝土基础

（Q/JZM－SZ402－2012）

1   范围

本施工工艺标准适用于市政给排水构筑物工程中素混凝土基础施工作业,其他一般工业与民用建筑中的素混凝土基础可参照使用。

2   施工准备

2.1   技术准备

2.1.1   熟悉施工图纸,编制施工技术方案,对施工操作人员进行技术、安全交底。

2.1.2   基坑经测量检测符合设计要求。

2.2   材料准备

2.2.1   水泥:宜用32.5～42.5硅酸盐水泥、矿渣硅酸盐水泥和普通硅酸盐水泥。

2.2.2   砂:中砂或粗砂,含泥量不大于5%。

2.2.3   石子:卵石或碎石,粒径5～32mm,含泥量不大于2%,且无杂物。

2.2.4   水:应用自来水或不含有害物质的洁净水。

2.2.5   外加剂、掺和料:其品种及掺量,应根据需要通过试验确定。

2.3   主要施工机具与设备

搅拌机、磅秤、手推车或翻斗车、铁锹(平头和尖头)、振捣器(插入式和平板式)、刮杠、木抹子、胶皮管、串桶或溜槽等。

2.4   作业条件

2.4.1   基础轴线尺寸、基底标高和地质情况均经过检查,并应办完隐检手续。

2.4.2   安装的模板已经过检查,符合设计要求,并办完预检。

2.4.3   在槽帮、墙面或模板上做好混凝土上平的标志,大面积浇筑的基础每隔3m左右钉上水平桩。

2.4.4   埋在垫层中的暖卫、电气等各种管线均已安装完毕,并经过有关方面验收。

2.4.5   校核混凝土配合比,检查后台磅秤,进行技术交底,准备好混凝土试模。

3   操作工艺

3.1   工艺流程

槽底或模板内清理→混凝土拌制→混凝土浇筑→混凝土振捣→混凝土养护。

3.2　操作方法

3.2.1　清理

在地基或基土上清除淤泥和杂物,并应有防水和排水措施。对于干燥土应用水润湿,表面不得留有积水。在支模的板内清除垃圾、泥土等杂物,并浇水润湿木模板,堵塞板缝和孔洞。

3.2.2　混凝土拌制

后台要认真按混凝土的配合比投料:每盘投料顺序为石子→水泥→砂子(掺和料)→水(外加剂)。严格控制用水量,搅拌要均匀,最短时间不少于90s。

3.2.3　混凝土的浇筑

(1)混凝土的下料口距离所浇筑的混凝土表面高度不得超过2m。如自由倾落高度超过2m时,应采用串桶或溜槽。

(2)混凝土的浇筑应分层连续进行,一般分层厚度为振捣器作用部分长度的1.25倍,最大不超过50cm。

3.2.4
用插入式振捣器应快插慢拔,插点应均匀排列,逐点移动,顺序进行,不得遗漏,做到振捣密实。移动间距不大于振捣棒作用半径的1.5倍。振捣上一层时应插入下层5cm,以清除两层间的接缝。平板振捣器的移动间距,应能保证振动器的平板覆盖到已振捣部分的边缘。

3.2.5
混凝土如不能连续浇筑时,当间隔时间超过2h,应按施工缝进行处理。

3.2.6
浇筑混凝土时,应经常注意观察模板、支架、管道和预留孔、预埋件有无松动情况。当发现有变形、位移时,应立即停止浇筑,并及时处理好再继续浇筑。

3.2.7
混凝土振捣密实后,表面应用木抹子搓平。

3.2.8　混凝土的养护

混凝土浇筑完毕后,应在12h内加以覆盖和浇水养护,浇水次数应能保持混凝土有足够的润湿状态。养护期一般不少于7昼夜。

3.2.9
冬、雨季施工时,露天浇筑混凝土应编制专项施工方案,并采取有效措施,确保混凝土的质量。

4　质量标准

4.0.1　主控项目

(1)混凝土所用的水泥、水、骨料、外加剂等必须符合施工规范和有关标准的规定。

(2)混凝土的配合比、原材料计量、搅拌、养护和施工缝处理,必须符合施工规范的规定。

(3)评定混凝土强度的试块,必须按《混凝土强度检验评定标准》(GB/T 50107—2010)的规定取样、制作、养护和试验,其强度必须符合施工规范的规定。

(4)对设计不允许有裂缝的结构,应严禁出现裂缝;设计允许出现裂缝的结构,其裂缝宽度必须符合设计要求。

4.0.2　一般项目

(1)混凝土应振捣密实,蜂窝面积一处不大于$200cm^2$,累计不大于$400cm^2$,且无孔洞。

(2)基础应无缝隙、无夹渣层。

(3)素混凝土基础允许偏差,见表4.0.2。

表4.0.2　素混凝土基础允许偏差

序号	项　目	允许偏差(mm)	检验方法
1	高　程	±10	用水准仪或拉线尺量检查
2	表面平整度	8	用2m靠尺和楔形塞尺检查

序号	项　　目	允许偏差（mm）	检 验 方 法
3	基础轴线位移	15	用经纬仪或拉线尺量检查
4	基础截面尺寸	+15　　−10	尺量检查
5	预留洞中心线位移	5	尺量检查

5　质量记录

5.0.1　水泥的出厂证明及复验证明。

5.0.2　模板的高程、轴线、尺寸的预检记录。

5.0.3　结构用混凝土应有试配申请单和试验室签发的配合比通知单。

5.0.4　混凝土试块 28d 标养抗压强度试验报告。

5.0.5　商品混凝土应有出厂合格证。

6　冬、雨季施工措施

6.1　冬季施工

冬季施工混凝土表面应覆盖保温材料，防止混凝土受冻。

6.2　雨季施工

6.2.1　雨季施工时，基坑周围上部应挖好截水沟，防止雨水流入基坑。

6.2.2　雨季施工应做好地下水位监测工作，防止地下水位突变，影响施工。

7　安全、环保措施

7.1　安全措施

作业前必须检查机械、设备、作业环境、电气、照明设施等，并确认安全后再作业，作业人员必须经安全培训考核合格，方可上岗作业。

7.2　环保措施

7.2.1　施工中洗刷机具的废水、废浆等应定点处理后方可排放。

7.2.2　施工中应采取降噪措施，减少扰民。

8　主要应用标准和规范

8.0.1　中华人民共和国国家标准《混凝土强度检验评定标准》（GB/T 50107—2010）

8.0.2　中华人民共和国国家标准《给水排水构筑物工程施工及验收规范》（GB 50141—2008）

编、校：江志峰　张海辉

403 现浇钢筋混凝土水池

（Q/JZM－SZ403－2012）

1 适用范围

本施工工艺标准适用于市政工程中净水、污水处理构筑物的现浇钢筋混凝土水池施工作业。

2 施工准备

2.1 技术准备

2.1.1 图纸会审已完成，并进行了设计技术交底。

2.1.2 编制详细的施工组织设计及施工方案，上报监理并已审批。

2.1.3 施工人员已获得施工技术和安全交底，明确施工井位编号、模板支撑、钢管安装、混凝土浇筑的施工方法，以及混凝土强度等级、坍落度等质量要求。

2.2 材料准备

2.2.1 现场拌制混凝土时，水泥、砂、石、外加剂、掺合剂及水等经检验合格，其数量应满足施工需要，质量要满足混凝土拌制的各项要求。商品混凝土要符合相关规格、规范、标准的要求，并有出厂合格证明。

2.2.2 钢筋的品种、规格、数量应符合设计要求，并有出厂合格证并经复验，见证取样检验合格。

2.2.3 模板应具有足够的稳定性、刚度和强度，能够可靠地承受灌注混凝土的重量和侧压力以及施工过程中所产生的荷载，便于安装、拆卸，且表面必须平整，接缝严密，不得漏浆。

2.3 施工机具与设备

混凝土拌制设备、模板安装吊装设备、运输设备及振动设备等。

2.4 作业条件

2.4.1 根据设计图纸确定水池位置，若先施作检查井时，应根据井底高程和接入管道尺寸、位置确定预留口尺寸与位置。

2.4.2 现场水电接通，用电负荷满足施工需要，并准备好夜间施工照明设施。

2.4.3 钢筋加工完成，验收合格后已运至现场存放，数量满足施工需要。

3 操作工艺

3.1 工艺流程

测量放线→基坑开挖→混凝土垫层→钢筋绑扎→支模→混凝土浇筑→养生→土方回填。

3.2 操作方法

3.2.1 测量放线

放线前应复核设计控制点的坐标和高程,然后放出构筑物基坑开挖施工线。

3.2.2　基坑开挖

定位放线完毕后,构筑物基坑开挖应根据规范要求放坡。雨季施工时基坑开挖必须采取防止坑外雨水流入基坑措施,坑内雨水及时排出。如基坑开挖至地下水位以下时,应在基坑四周设置排水明沟和集水井。明沟底应比基底低 0.3m,并做成一定的排水坡度;集水井底应比排水沟底低 0.5m。地下水经排水沟汇集于集水井内,再用抽水泵排出坑外。挖到设计高程时,不得超挖、扰动,并及时组织验槽和准备下一道工序的施工,做好基础垫层。

3.2.3　混凝土垫层

参照本施工工艺标准"素混凝土基础(Q/JZM-SZ402—2012)"的有关规定进行施工。

3.2.4　钢筋绑扎

施工现场设钢筋加工棚,钢筋进场后要严格按照国家有关规范及标准进行检验,合格后方可进行加工使用。盘圆钢筋采用冷拉调直,钢筋采用绑轧搭接,钢筋接头位置应严格按照设计要求;在设计无要求的情况下,须满足施工规范要求。为保证钢筋位置准确,均预先弹线,必要时采用焊接方法固定钢筋。钢筋混凝土底板、池壁、梁、板等的钢筋保护层厚度控制可采用水泥砂浆垫块来实施。

3.2.5　支模

要注意预留洞、预埋件的坐标及数量,并经专业技术人员核实无误后才可支模;支撑加固可采用钢管脚手架。拆模时间应按同期养护的试块强度来确定,并取得监理同意后,凭技术负责人签发的拆模通知书来实施。

3.2.6　浇注混凝土

当混凝土采用现场搅拌时,要严格控制原材料质量,准确执行施工配合比,严格计量。在浇筑混凝土前,应对高程和轴线进行复核,核实无误后方可浇筑。混凝土浇筑顺序与施工缝留置必须符合有关规范要求;施工缝要做好凿毛处理,并清理冲洗干净。混凝土浇筑前做好隐蔽验收记录,经监理工程师签字认可后方可施工,并按规定留好试块。混凝土浇筑应保证连续施工,尽量不形成冷缝。振捣要密实,严防漏振、过振、跑模等现象。混凝土浇筑完后,应根据气温情况及时进行养护。在已浇筑的混凝土强度未达到 1.2N/mm² 以前,不得在其上踩踏或安装模板及支架。

3.2.7　混凝土的养生

混凝土浇筑完毕后,应在 12h 内加以覆盖和浇水养生,浇水次数应能保持混凝土有足够的润湿状态。养护期一般不少于 7 昼夜。

3.2.8　土方回填:

水池建成后应进行满水试验,满水试验合格后可以进行池壁外和池顶的土方回填施工。回填土方应保证土方压实度符合规范要求,回填时应尽量使构筑物受力均匀。

4　质量标准

4.0.1　主控项目

(1)地基承载力必须符合设计要求。

(2)水池周边回填土必须符合设计要求。

4.0.2　一般项目

(1)水池位置及预留孔、预埋件符合设计要求。

(2)水池底板及池壁的混凝土应振捣密实,表面平整、光滑,不得有裂缝、蜂窝、麻面、漏振现象。

5　质量记录

5.0.1　图纸审查记录。

5.0.2　设计交底记录。

5.0.3　施工技术交底记录。

5.0.4　预拌混凝土出厂合格证。

5.0.5　水泥试验报告。

5.0.6　砂试验报告。

5.0.7　碎(卵)石试验报告。

5.0.8　钢材试验报告。

5.0.9　隐蔽工程检查记录。

5.0.10　混凝土开盘鉴定。

5.0.11　混凝土浇筑记录。

5.0.12　混凝土养护测温记录。

5.0.13　土壤压实度试验记录。

5.0.14　混凝土抗压强度试验报告。

5.0.15　钢筋连接试验报告。

5.0.16　工序(分项)质量评定表。

6　冬雨季施工措施

6.1　冬季施工

6.1.1　当环境日平均温度低于5℃，环境最低温度低于－3℃时，室外日平均气温连续五天低于5℃，开始养护前混凝土温度低于2℃时，视为进入冬季施工。

6.1.2　冬季条件下养护的混凝土，在冻结以前混凝土的强度不应低于设计等级的40%，且不得低于5.0N/mm²。

6.1.3　为保证混凝土达到要求的强度，应根据热工计算及技术经济比较，选择混凝土集料加热、拌制、运输、浇筑、养护的方法以及施工的其他措施，水泥不得直接加热，拌和水及集料最高加热温度应符合表6.1.3规定。

表6.1.3　拌和水及集料最高加热温度

项　目	拌　和　水	集　料
强度等级＜42.5级矿渣硅酸盐水泥	80℃	60℃
强度等级≥42.5级的普通硅酸盐水泥，矿渣硅酸盐水泥	60℃	40℃

注：当集料不加热时，水可加热到100℃，但水泥不应与80℃以上的水直接接触，投料顺序为先投入集料和已加热的水，然后再投入水泥。

6.1.4　混凝土的出盘温度应控制在10℃左右，且不高于30℃，入模温度应控制在5℃左右。采用蓄热法养护时，在养护期间混凝土温度的检查次数每昼夜不少于4次。

6.1.5　拆除模板应根据试块的试验证明混凝土已达到规范要求的强度后，方可拆除，拆模应在模板与混凝土相互冻结前进行。

6.1.6　混凝土与外界空气温度相差大于20℃时，拆除模板后的混凝土的外露表面应加以覆盖，使混凝土外露表面冷却过程缓慢进行。

6.2　雨季施工

6.2.1　掌握气候情况，制定雨季施工方案。

6.2.2　经常测定砂、石含水率，严格控制混凝土的水灰比。

6.2.3　搅拌站及水泥库应设置防雨棚。

6.2.4　浇筑混凝土前应备好防水棚。

6.2.5　混凝土运输与浇筑过程中不得淋雨,浇筑完成后应及时覆盖防雨;雨后及时检查混凝土表面并及时修补。

7　安全、环保措施

7.1　安全措施

7.1.1　基础混凝土浇筑完成 12h 内开始覆盖养护,12h 后注水养护,24h 后设专人浇水养护,养护时间不少于 7d。

7.1.2　施工作业现场应设置护栏和安全标志。

7.1.3　满水试验合格后,应及时回填土,清理现场;当日回填不能完成时,必须设置围挡或护栏,并加设安全标志。

7.2　环保措施

7.2.1　施工中产生的泥浆和其他混浊废弃物不得直接排放,产生的垃圾不得倒入河道和居民生活垃圾容器,不得随意抛掷建筑材料、残土、旧料和其他杂物等。

7.2.2　运输建筑材料、垃圾和工程渣土的车辆,应采取有效措施,防止建筑材料、垃圾和工程渣土飞扬,洒落或流溢,保证行驶途中不污染沿线道路和环境。

8　主要应用标准和规范

8.0.1　中华人民共和国国家标准《混凝土强度检验评定标准》(GB/T 50107—2010)

8.0.2　中华人民共和国国家标准《给水排水构筑物工程施工及验收规范》(GB 50141—2008)

编、校:张诚　宋毅

404　装配式钢筋混凝土圆形水池

（Q/JZM－SZ404－2012）

1　适用范围

本施工工艺标准适用于市政工程中预制安装钢筋混凝土圆形水池等水处理构筑物的施工作业。

2　施工准备

2.1　技术准备

2.1.1　根据设计图纸规定,已对水池桩号、池底高程、砂砾石垫层、顶面高程、池口高程、配管中心高程等参数进行核对确认,并符合设计要求。

2.1.2　对施工操作人员进行了施工技术、安全交底。

2.2　材料准备

2.2.1　现场拌制混凝土、砂浆时,水泥、砂、石、外加剂、掺合料及水等经检验合格,其数量满足施工需要,质量达到混凝土、砂浆等拌制的各项要求。

2.2.2　构件连接材料的防腐质量达到有关规范要求。

2.3　施工机具与设备

构件的吊装及运输设备、专用吊具等。

2.4　作业条件

现场道路畅通、平整,作业范围内场地已清理干净,符合要求。

3　操作工艺

3.1　工艺流程

垫层→底板施工→预制件安装→预埋连接件连接→现浇灌缝混凝土→接缝养生。

3.2　操作方法

3.2.1　垫层

垫层施工参照本施工工艺标准"素混凝土基础"的有关规定执行

3.2.2　底板混凝土施工

(1)弹线:在垫层混凝土强度达到 1.2MPa 后,先核对水池中心位置,弹出十字线;再校对集水坑、排污管、进水管位置后,分别弹出基础外圈线、池壁环槽杯口的里外弧线、控制杯口吊斗位置、杯口里侧吊绑弧线及加筋区域弧线等。

(2)钢筋绑扎:按加筋区域弹线布置,先布弧线筋,再布放射筋,并分别垫起 35mm 保护层,然后绑扎成整体。

(3)模板安装:模板可采用木模,应以保证水工构筑物拼装接头的严密。

(4)浇筑混凝土:为了不留施工缝,宜采用连续作业,接槎时间控制在 2h 以内,浇筑混凝土由中心向四周扩张,池壁环槽杯口部分,两个槎口可交替施工,并可由两个作业组相背连续操作、一次完成,不留施工缝。

3.2.3　预制构件的制作

(1)壁板:一般采用木模制作,模板表面涂刷无机油脱模剂。

(2)曲梁:根据曲梁的型号、尺寸,可准备一套或几套模板周转使用。

(3)扇形板:可用木材做成定型模板,在混凝土地坪上进行无底支模,并可以在涂刷隔离剂后进行重叠生产。

3.2.4　吊装

(1)壁槽拆模后,在壁槽两侧将混凝土凿毛,并清除干净,测好杯底高程,将不平地方凿掉。

(2)根据设计要求及已知壁板尺寸的排列,在壁槽上口弹出壁板安放线。

(3)将每块壁板两侧凿毛。

(4)吊装顺序:

池内:柱子→灌杯口→曲梁→内部三圈扇形板。

池壁:壁板→灌环槽杯口→最外一圈扇形板。

(5)吊装就位固定:柱子吊装后杯口灌缝混凝土可采用早强混凝土,这样 3d 即可进行上部结构吊装。壁板安装时下部外环槽杯口应用楔块固定,上部则与外圈扇形板焊接;内环槽杯口浇筑 C30 细石混凝土。

3.2.5　预埋件连接

壁板吊装校正固定后,将两块壁板之间的钢筋按设计要求进行连接,然后进行灌缝施工。

3.2.6　灌缝

(1)池壁环槽杯口灌缝:应根据预先制定的施工方案,对于非预应力水池可先灌外口混凝土,后灌内杯口混凝土。在环槽杯口填灌细石混凝土时,必须先将环槽清洗干净,在充分湿润状态下填灌杯口细石混凝土,并必须在保持湿度的情况下养护一周以上。

(2)壁板接头灌缝:壁板间竖缝是水池容易产生渗漏的要害处,因此,其灌缝质量是决定水池能否达到抗渗要求的关键。为此,必须一次性连续浇筑不留施工缝,并且应按设计要求预埋止水带以防止水池接头渗漏。

3.2.7　养生

接头混凝土的养生参照本施工工艺标准的有关规定执行。

4　质量标准

4.0.1　主控项目

(1)水池底板与壁板采用杯槽连接时,在安装杯槽模板前,应复测杯槽中心线位置。杯槽模板必须安装牢固。

(2)预制构件的允许偏差应符合表 4.0.1 的规定;合格的构件,应有证明书及合格的印记。

表 4.0.1　预制构件的允许偏差

序号	项 目		允许偏差（mm）		检 查 数 量	检 查 方 法
			板	梁、柱		
1	长度		±5	−10	每构件	用钢尺量测
2	截面尺寸	宽	−8	±5	2	
		高	±5	±5		
		肋宽	+4，−2	—		
		厚	+4，−2			
3	板对角线差		10	—	2	用尺量
4	直顺度或曲梁的曲度		L/1000 且不大于 20	L/750 且不大于 20	2	用小线（弧形板）钢尺量
5	表面平整度		5	—	2	用 2m 直尺、塞尺量测
6	预埋件	中心线位置	5	5	每处	用钢尺量
		螺栓位置	5	5	1	
		螺栓明露长度	+10，−5	+10，−5		
7	预留孔洞中心线位置		5	5	1	
8	手里钢筋的保护层		+5，−3	+10，−5	每构件	4

（3）水池周边回填土必须符合设计要求。

4.0.2　一般项目

（1）构件运输及吊装的混凝土强度,应符合设计规定;当设计无规定时,应有证明书及合格的印记。

（2）构件安装前,应经复查合格后方可使用。

5　质量记录

5.0.1　图纸审查记录。

5.0.2　设计交底记录。

5.0.3　技术交底记录。

5.0.4　预拌混凝土出厂合格证。

5.0.5　水泥试验报告。

5.0.6　砂试验报告。

5.0.7　构件安装施工记录。

5.0.8　工序(分项)质量评定表。

6　冬雨季施工措施

6.1　冬季施工

冬季装配式钢筋混凝土圆形水池施工应有覆盖等防寒措施,现浇接头混凝土应满足冬季施工要求。

6.2　雨季施工

掌握气象情况,制定雨季施工方案。混凝土运输与浇筑过程中不得淋雨,浇筑完成后应及时覆盖防雨,雨后及时检查混凝土表面并及时修补。

7　安全、环保措施

7.1　安全措施

7.1.1　施工作业现场应设置护栏和安全标志。

7.1.2　加强工地检查,发现隐患立即整改,达到安全质量标准后方可继续施工。

7.2　环保措施

7.2.1　采取各种措施,防止施工过程中产生噪声。对发电机等施工产生噪声大的设备,必要时设置专用密闭间,用隔音瓦技术降低噪声。

7.2.2　运输建筑材料、垃圾和工程渣土的车辆,应采取有效措施,防止建筑材料、垃圾和工程渣土飞扬、洒落或流溢,保证行驶途中不污染沿线道路和环境。

8　主要应用标准和规范

8.0.1　中华人民共和国国家标准《混凝土强度检验评定标准》(GB/T 50107—2010)

8.0.2　中华人民共和国国家标准《给水排水构筑物工程施工及验收规范》(GB 50141—2008)

编、校:张海辉　江志峰

405　地表水固定式取水构筑物

（Q/JZM – SZ405 –2012）

1　适用范围

本施工工艺标准适用于市政工程中地表水固定式取水构筑物取水头部的施工作业,取水头部构件采用现场预制,基坑采用围堰施工。

2　施工准备

2.1　技术准备

2.1.1　做好施工现场调查研究工作,熟悉设计图纸,拟定好施工方案,编制详细的施工组织设计。

2.1.2　对施工操作人员进行了技术、安全交底。

2.1.3　测量技术人员对施工控制基点进行了复核测量,测量精度满足规范和设计要求。

2.2　材料准备

2.2.1　原材料:钢筋、水泥、碎石、砂等由试验人员按规定进行了检验,确保原材料质量符合相应技术标准。

2.2.2　混凝土配合比设计及试验:按混凝土设计强度要求,做好混凝土的试验室配合比和施工配合比,满足混凝土泵送的要求。

2.3　施工机具与设备

2.3.1　主要施工设备

(1)运输设备:方驳、交通船、拖船、混凝土运输搅拌车、平板车、混凝土泵车等。

(2)起重吊装设备:起重船、吊车、卷扬机等。

(3)钢筋、模板等加工设备。

2.3.2　测量检测仪器:全站仪、经纬仪、水准仪、钢卷尺等。

2.4　作业条件

2.4.1　施工现场应落实通水、通电、通路和整平场地,并应满足设备、设施就位和进出场地条件。

2.4.2　生产、生活、工作用的临时设施已搭建完毕,构件预制场地满足施工进度要求。

3　操作工艺

3.1　工艺流程

施工准备→围堰→取水头部土方开挖→取水头部构件预制→构件运输→取水头部构件安装→端(隔)墙混凝土浇筑→拆除围堰。

3.2　操作方法

3.2.1　围堰

(1)在施工进度允许的条件下,围堰施工一般安排在枯水季节进行,以减少围堰施工难度和工程造价。因根据施工图纸、水文地质条件、设备等,合理选择围堰施工方法、设计围堰尺寸。

(2)围堰施工时,应派潜水员下水检查围堰施工质量情况,必要时要用潜水员下水码堆。

(3)围堰堆筑可按其长度方向由上游至下游方向进行,至下游短边合龙。围堰合龙后,为防围堰基底块石不密漏水,可对围堰进行灌浆处理。

3.2.2　土方开挖

(1)在取水头部围堰合龙并抽排干净围堰内水后,即进行取水头部的土石方开挖,堰内土石方可用固定于方驳船上的抓斗式挖掘机开挖方法进行,方驳船用艏锚和艉锚固定,也可在岸上设置锚桩。

(2)挖出围堰内的土石方尽量堆放于围堰的下游方向,并随时观测围堰情况。

(3)堰内土石方遇岩石地层时,可用风镐松动,必要时也可辅以爆破施工,爆破作业必须进行计算和试验。

3.2.3　取水头部构件预制

(1)构件预制时,按取水头部构件安装的先后顺序、依次编号进行施工,即先预制的先安装、后预制的后安装。

(2)取水头部构件预制的底模宜采用20mm厚、C20混凝土地模,侧模采用组合钢模。

(3)预制构件钢筋由现场钢筋加工厂加工,板车水平运输及人工抬运入仓,人工绑扎。预制钢筋进场时必须按规范要求有出厂质量证明书和进行抽检试验合格。

(4)钢筋混凝土构件可采用商品混凝土浇筑,但混凝土必须分层浇筑,每层厚为20~30cm。混凝土应采用插入式振捣器或结合平板振动器振捣密实,并按规范要求做好混凝土试块。

(5)在混凝土浇筑完毕12h内开始养护,并用饱水物覆盖,经常洒水养护。

3.2.4　构件运输

(1)取水头部钢筋混凝土构件的运输分陆上运输和水上运输。陆上运输主要采用绞车拖曳法进行,即用钢丝索一头捆绑固定于预制构件上,穿过导向及省力滑轮组,另一头固定绞车上,通过开动绞车收紧钢丝索,使构件向前移动,直至岸边。

(2)钢筋混凝土构件移到岸边后,用四连杆式全回转起重船把构件下吊至运输方驳上并运至取水头部施工地点。

(3)构件吊卸时,构件起重船和运输方驳要求抛锚固定,也可在岸上用锚桩固定,防止船体发生移动。

3.2.5　取水头部构件安装

(1)取水头部构件吊、安作业尽量安排在高水位或洪水位时施工,可利用大型驳船吊装。

(2)运输构件方驳船驶至施工地点后,起重船和运输方驳用抛锚和岸上锚桩固定,抛锚艏锚用15kN、10kN海军锚各4只,艉锚为5kN、3kN海军锚各4只。

(3)运输方驳和起重船完全固定好后,即进行构件吊卸、安装作业,并安排专人指挥。

3.2.6　端(隔)墙混凝土浇筑

(1)钢筋在现场加工厂集中加工成型,平板车陆上水平运输,运输方驳水上运输至施工现场,起重船装卸,人工绑扎施工。

(2)为保证混凝土保护层的厚度,在钢筋与模板之间设垫C30的混凝土预制小块,尺寸为50mm×50mm×35mm,垫块预埋铁丝,与钢筋网扎紧,垫块梅花型布置,两排钢筋之间用短钢筋支撑以保证位置精确,钢筋的交叉点用铁丝绑扎。钢筋的接头要保证足够的搭接长度,接头可采用闪光对头焊接。架立完毕后的钢筋网要保证不变形、稳定性好。

（3）混凝土浇筑：可采用商品混凝土和搅拌车运输至岸边；混凝土浇筑可采用水上泵送混凝土浇筑；混凝土输送泵水上段应固定于方驳船上。

（4）泵送混凝土浇筑时，应注意：①混凝土泵机应设置在作业棚内，安装应稳定、牢固。作业前应检查方驳浮船上的混凝土输送泵是否牢固，电气设备是否正常、灵敏、可靠。②泵送前应检查管路、管节、管卡及密封圈的完好程度，不得使用有破损、裂缝、变形和密封不合格的管件。③管路布设要平顺；在高处、转角处应架设牢固，防止串动、移位。

3.2.7 拆除围堰

取水头部施工全部结束后，向取水头部墩腔和堰内平衡充水，以保证取水头部及围堰内外侧受力均匀。围堰拆除可采用水上抓斗挖掘机进行清除，清除出土可堆放于下游侧，多余土用船运至监理工程师指定地点堆放。

4　质量标准

4.0.1　主控项目

（1）预制件混凝土强度符合设计要求。

检查方法：现场制作的试块组抗压试验。

（2）预制件外观尺寸应满足表4.0.1要求。

表4.0.1　预制钢筋混凝土取水头部构件允许偏差

序号	项　目		允许偏差（mm）
1	长、宽（直径）、高度		±20
2	厚　度		+10 −5
3	表面平整度（用2m直尺检查）		10
4	中心位置	预埋件、预埋管	5
		预留孔	10

4.0.2　一般项目

取水头部定位的允许偏差详见表4.0.2的规定。

表4.0.2　取水头部定位的允许偏差

序号	项　目	允许偏差
1	轴线位置	150mm
2	顶面高程	±100mm
3	扭转	1°

5　质量记录

5.0.1　主要材料和制品的合格证或试验记录。

5.0.2　施工测量记录。

5.0.3　预制构件施工记录。

5.0.4　构件吊装记录。

5.0.5　混凝土、砂浆、钢筋焊接等检测记录。

5.0.6　工程质量检验评定记录。

6　冬、雨季施工措施

6.1　冬季施工

冬季浇筑混凝土时,混凝土浇筑温度不得低于5℃,并做好混凝土的防冻保温工作;必要时可采取加热砂石料、热水等方法提高混凝土出仓温度。

6.2　雨季施工

6.2.1　雨季应加强施工现场内外排水、防洪工作,并做好防雷、防电击工作。

6.2.2　雨季施工期间,应对现场供电线路、设备进行全面检查,以预防漏电、触电事故的发生。

7　安全、环保措施

7.1　安全措施

7.1.1　坚持"安全第一,预防为主"的原则,每天上班前进行安全技术交底,针对每天的工作提出安全质量措施。

7.1.2　严格执行潜水作业、起重吊装、安全用电和船舶航行等专门安全规定。

7.1.3　运输船、交通船的船体上都应配置足够数量的救生设备,并配齐必要的安全和消防设备,设置安全警告标志。

7.1.4　围堰拆除时应先向取水头部和堰内施工,堰内放水与取水头部放水要同步进行,并保持平衡和受力均匀。

7.2　环保措施

7.2.1　采取各种保护措施,防止施工过程中产生噪声;对发电机等产生噪声大的设备,必要时设置专用密闭间,用隔音瓦技术降低噪声。

7.2.2　施工中产生的泥浆和其他混浊废弃物不得直接排放;产生的垃圾不得倒入河道和居民生活垃圾容器;不得随意抛掷建筑材料、残土、旧料和其他杂物。

7.2.3　运输建筑材料、垃圾和工程渣土的车辆,应采取有效措施,防止建筑材料、垃圾和工程渣土飞扬、洒落或流溢,保证行驶途中不污染沿线道路和环境。

8　主要应用标准和规范

8.0.1　中华人民共和国国家标准《给水排水构筑物工程施工及验收规范》(GB 50141—2008)

编、校:胡莹　龙坤

406 地下水取水管井

（Q/JZM – SZ406 – 2012）

1 适用范围

本施工工艺标准适用于市政工程中含水层厚度大于 5m、抽水设备能力条件不受限制的地下取水构筑物管井的施工作业。

2 施工准备

2.1 技术准备

2.1.1 收集和熟悉地质勘察资料,研究施工方案,编制详细的施工组织设计。

2.1.2 进行施工技术、安全交底。

2.2 材料准备

2.2.1 井身结构材料满足设计和技术规范的要求。

2.2.2 过滤器制作材料应根据地下水水质、受力条件、经济合理等因素确定,并符合规范和设计要求。

2.2.3 回填砾料、封闭材料满足设计和技术规范要求,并经检验合格。

2.3 施工机具与设备

潜水钻机(或冲击钻机)、泥浆泵、清水泵、试压泵、空压泵。

2.4 作业条件

施工现场应落实通水、通电、通路和整平场地,并应满足设备、设施就位和进出场地条件。

3 操作工艺

3.1 工艺流程

施工准备→钻进、护壁→岩土样的采取及地层编录→冲孔换浆→井管安装→回填滤料→封闭→洗井→抽水试验→管井验收。

3.2 操作方法

3.2.1 施工准备:
施工前做好钻井场地的平整,完善临时用电、排水等设施。

3.2.2 钻进、护壁:

(1)管井施工采用的钻进设备和工艺,应根据地层岩性、水文地质条件和井身结构等因素确定。钻孔直径应根据井管外径和主要含水层的种类确定:在粗砂层中,孔径应比井管径外径大 150mm;在中、细、粉砂层中,应大于 200mm。

（2）松散层钻进过程中,当遇漂石、块石等钻进困难时,可进行井内爆破。爆破前应进行爆破设计,并应保证地面建筑物的安全。

（3）护壁方法选择应根据地层岩性、钻进方法及施工用水情况等确定:①在松散层中冲击钻进,如钻进用水的水源充足,并能使井内水位保持比静水位高3m至5m时,应采用水压护壁;②在松散破碎或水敏性地层中钻进,一般采用泥浆护壁,泥浆的性能应根据地层的稳定情况、含水层的富水程度及水头高低、钻井的深浅以及施工周期等因素确定;③在松散层覆盖的基岩中,钻进上部松散层及下部易坍塌岩层,可采用管材护壁,护壁管需要起拔时每套护壁管与地层的接触长度宜小于40m。

3.2.3　岩土样的采取与地层编录:在钻探过程中应对水位、水温、泥浆消耗量、漏水位置、自流水的水头和自流量、井壁坍塌、涌砂和气体逸出的情况、岩层变层深度、含水构造和溶洞的起止深度等进行观测和记录。对采取的土样、岩样、岩芯,应及时描述和编录,妥善保管并至少保存至管井验收时为止。

3.2.4　冲孔换浆:为了在井管安装前将井孔中的泥浆及沉淀物排出井孔外,应进行冲孔换浆。即用钻机将不带钻头的钻杆放入井底,用泥浆泵吸取清水打入井中,将泥浆换出,直至井孔全为清水为止。

3.2.5　井管安装

（1）井管安装前,应先清理井底沉淀物并适当稀释泥浆;检查井管的质量,不符合要求的井管不得下入井内。

（2）下管方法:应根据下管深度、管材强度及钻探设备等因素选择。井管自重浮重不超过井管允许抗拉力或钻探设备安全负荷时,宜用直接提吊下管法;井管自重(浮重)超过井管允许抗拉力或钻机安全负荷时,宜用托盘下管法或浮板下管法;井身结构复杂或下管深度过大时宜用多级下管法。

3.2.6　回填砾料

一般可采用静水填砾法或循环水填砾法,必要时可下填砾管将砾石送入井内。填砾时砾石应沿井管四周均匀连续地填入,填砾的速度应适当边填边测填砾深度,发现砾石中途堵塞应及时排除。

3.2.7　封闭

封闭用的黏土球或黏土块,应选用优质黏土。黏土球块的大小一般为20mm～30mm,半干时投入,投入速度应适当。封闭用的水泥浆,一般采用泥浆泵泵入或提筒注入。在钻探过程中使用水泥浆封闭,应待水泥凝固后,进行封闭效果检查,不符合要求时应重新进行封闭。

3.2.8　洗井:洗井必须及时,可采用活塞、空气压缩机、水泵、复磷酸、盐酸、二氧化碳等交替或联合的方法进行。

3.2.9　抽水试验:为了确定管井的实际出水量,洗井后必须进行抽水试验。抽水试验的水位和水量的稳定延续时间基岩地区为8h～24h,松散层地区为4h～8h。抽水试验结束前,应根据分析项目,在出水管口采取足够数量的水样,及时送交有关单位化验。

3.2.10　管井验收:管井竣工后,应由设计、施工、监理及使用单位的代表在现场按照国家及行业质量标准进行验收。

4　质量标准

4.0.1　主控项目
（1）出水量应基本符合设计出水量要求。
（2）井水的含砂量,应符合验收规范要求。

4.0.2　一般项目
（1）井的倾斜角度应符合规范的规定。
（2）井内沉淀物的高度应小于井深的0.5%。

5 质量记录

5.0.1 井的结构地质柱状图。

5.0.2 岩土样及填砾的颗粒分析成果表。

5.0.3 抽水试验资料。

5.0.4 水质分析资料。

5.0.5 管井施工记录及说明书。

6 冬、雨季施工措施

6.1 冬季施工

冬季施工应注意对施工设备和材料进行保护,防止冰冻破坏。

6.2 雨季施工

加强施工现场排水,根据管井施工地形,加强雨季施工的预防工作,防止设备、材料被洪水冲毁。

7 安全、环保措施

7.1 安全措施

7.1.1 专职安全员应对施工人员进行安全技术交底。

7.1.2 设置安全标志。在施工现场周围应配备、架立下列标志:警告与危险标志、指路标志和道路标志。

7.1.3 管好火源,备好防火用水及消防器材。

7.1.4 施工用电应由专人管理,制定高压电下作业的安全制度。

7.1.5 加强现场管理,做到文明施工。

7.2 环保措施

7.2.1 含泥砂的污水,应在污水出口处设置沉淀池或用泥浆车及时运出场外。泥浆车及车轮携带物应及时进行清洗,洗车污水应经沉淀后排出。

7.2.2 施工期间应加强环境噪声的监测,对产生噪声超标的有关因素及时进行调整,采取纠正与预防措施,并做好记录。

7.2.3 所有驻地用地,平整后铺石屑进行表处,防止灰尘飞扬。

7.2.4 在取水构筑物的周围,根据地下水开采影响范围设置水源保护区,并禁止建设各种对地下水有污染的设施。

8 主要应用标准和规范

8.0.1 中华人民共和国国家标准《供水管井技术规范》(GB 50296—1999)

8.0.2 中华人民共和国国家标准《给水排水构筑物工程施工及验收规范》(GB 50141—2008)

编、校:江志峰 凌代平

407 泵房沉井基础

（Q/JZM－SZ407－2012）

1 适用范围

本施工工艺标准适用于市政给水排水构筑物工程中泵房的沉井基础施工作业。

2 施工准备

2.1 技术准备

2.1.1 编制施工方案：根据工程结构特点、地质水文情况、施工设备条件、技术的可能性，编制切实可行的施工方案或施工技术措施，以指导施工。

2.1.2 布设测量控制网：按设计总图和沉井平面布置要求设置测量控制网和水准基点，进行定位放线，定出沉井中心轴线和基坑轮廓线，作为沉井制作和下沉定位的依据。

2.1.3 对施工人员进行施工技术、安全交底。

2.2 材料准备

制作沉井所使用的混凝土、钢筋、砖、石等半成品与原材料进行了检验，并且质量符合设计要求。

2.3 施工机具与设备

2.3.1 主要施工机械：混凝土搅拌机、砂浆搅拌机、钢筋加工机械、小型反铲挖土机、抓斗挖土机、井点降水系统、水力冲射器、空气吸泥机、水泵、风镐或风铲、塔式、门式起重机或履带式起重机、卷扬机及土方运输车辆等。

2.3.2 主要测量仪器：全站仪、水准仪、锤球、两米直尺、钢卷尺等。

2.4 作业条件

2.4.1 已编制切实可行的施工方案或施工技术措施并得到审批。

2.4.2 施工人员及队伍具有专业施工经验并得到必要的安全及技术交底。

2.4.3 施工场地已经平整，各种临时设施已完成。

3 操作工艺

3.1 工艺流程

施工准备→沉井制作→布设降水井点或挖排水沟、集水井→抽出垫木→沉井下沉→沉井封底。

3.2 操作方法

3.2.1 施工准备

（1）沉井制作的地表平整，并应设置好排水系统，保证地下水位低于基坑底面不小于0.5m。

（2）采用承垫木方法制作沉井时，应根据沉井的重力、地基土的承载力等因素，分析计算砂砾垫层的厚度、承垫木的数量、尺寸等。

（3）在较好的均质土层上制作沉井，可采用无承垫木方法，铺垫适当厚度的素混凝土或砂垫层。

3.2.2　沉井制作

泵房沉井基础可采用两次制作、一次下沉的施工方法。

（1）刃脚支设：刃脚施工可采用砖模土胎，刃脚落在混凝土垫层或承垫木上。破除刃脚下混凝土垫层或沉垫木应在井筒混凝土达到设计强度100%以上方可进行。

（2）沉井井壁制作：①施工前根据泵房沉井基础的深度，一般采用两次制作、一次下沉的施工方法。泵房沉井井壁一般分两次浇注，井壁模板采用组合式定型钢模板、钢管支撑，内外模板用$\varphi14$对拉螺栓拉槽钢圈固定，在螺栓中间设一条厚4mm止水钢板。第一节沉井筒壁应按设计尺寸周边加大10mm～15mm，第二节相应缩小一些，以减少下沉时的摩阻力。如果井壁钢筋较密，施工时需纵、横向各2 000mm预留浇注混凝土的下料口，以保证混凝土浇注质量。②沉井井壁的施工缝采用凹槽式接法，并设置一条厚3mm钢板止水带，结合面应尽量粗糙。第二次浇注前应将施工缝凿毛，用水冲洗干净，并在施工缝结合面涂刷水泥浆二遍（水灰比0.3～0.4），再浇一层减半石子的混凝土，然后浇注混凝土。③沉井钢筋采用预先在沉井近旁绑扎钢筋骨架或网片，用吊车进行大块安装。竖筋一次绑扎好，水平筋分段绑扎，与前一节井壁连接处伸出的插筋采用焊接连接方法，接头错开1/4。沉井环向钢筋采用焊接接头。④沉井混凝土采用混凝土输送泵车沿井周围对称均匀分层浇筑，每层厚30cm，以免造成地基不均匀下沉或产生倾斜。浇注的混凝土应振捣密实，不得残留缝隙。⑤所有穿墙套管、预留空洞、预埋铁件等都必须在浇筑混凝土之前按图预留好，不得事后开凿。沉井预留洞在下沉之前应用砖封堵，并抹以水泥砂浆，待安装管道时再将其拆除。⑥钢筋遇洞口、预埋管处应尽量绕过不要切断。当必须切断时，被切断的钢筋必须与加强筋焊牢。⑦沉井中由于施工及下沉的原因不能与沉井同时浇注的部分，应按构件设计的钢筋规格及数量预留插筋，二次浇注时钢筋采用焊接。⑧养生：混凝土前期4～5d应进行洒水养生，后期可采用自然养护；分节制作的沉井，在第一节混凝土达到设计强度的75%以后，方可浇筑其上一节混凝土。

3.2.3　沉井下沉

（1）沉井下沉准备工作：①了解地下土质：沉井下沉前应详细了解地质情况，主要了解地下土的内摩擦角、地下水位、水量的分布情况。②刃脚垫层拆除：沉井井壁模板在混凝土强度达到75%即可拆除，刃脚垫架在混凝土达到100%强度始可拆除破土下沉。在破碎混凝土垫层之前，应对封底及底板接缝部位混凝土进行处理。破碎混凝土垫层应在专人指挥下分区、依次、对称、同步地进行。拆除方法是先将混凝土垫层底部的砂挖去，利用机械或人工破碎，刃脚下随即用砂或沙砾回填夯实，在刃脚内外侧应夯实筑成小土堤，以承担部分井筒重量；接着破碎另一段，如此逐段进行。破除垫层时要加强观测，注意下沉是否均匀，如发现倾斜，应及时处理。③沉井下沉前井壁外涂热沥青两遍，并用砖砌体将井壁预留空洞临时封堵。

（2）沉井下沉：沉井下沉过程中应采用明沟、集水井等降排水措施，以防止沉井上浮。集水井深度应随沉井下沉挖土而不断加深，在井内或井底设水泵，将水抽出井外排走。根据不同土质情况，需要采取不同的挖土顺序。挖土总的原则：分层开挖，使挖土对称均匀、刃脚均匀受力；沉井应均匀、竖直、平稳下沉；沉井内挖出的土严禁堆放在沉井四周。

①普通土层沉井下沉：从沉井中间开始逐渐向四周开挖，每层开挖厚度0.30～0.50m，在刃脚处留1.0～1.50m宽的台阶，然后沿沉井井壁每2.0～3.0m一段向刃脚方向逐层全面、对称、均匀的削薄土层，每次削10～15cm；当土层经不住刃脚的挤压而破裂，沉井便在自重作用均匀破土下沉。当沉井下沉很少或不下沉时，可再从中间向下挖0.40～0.50m，并继续按上述要求向四周均匀掏挖，使沉井平稳下沉。

②土质不均匀情况沉井下沉：沉井在下沉过程中，如遇土质不均匀时，即土质出现一边硬土、一边软土的情况，为了使沉井均匀下沉，应先施工硬土一侧，后挖软土的一侧。在软土的一侧如沉井发生倾斜

时，要即时在土质硬的地段进行堆土，使沉井本体处于平衡状态。沉井下沉时，井壁与周边土间200mm缝隙必须填入粉煤灰或细砂以减小摩擦力。

3.2.4　测量控制与观测

（1）沉井位置的控制：在井外地面设置纵横十字控制桩和水准基点。下沉时，在井壁上设十字控制线，并在四侧设水平点；井壁外侧用红油漆画出标尺，以观测沉降。

（2）井内中心线与垂直度的观测系在井筒内壁纵横四或八等分标出垂直轴线，各吊垂球一个并对准下部标板来控制。挖土时观测垂直度，当垂球离墨线边达50mm即应纠正。

（3）沉井下沉过程，每班至少观测两次，并应在每次下沉后进行检查，做好记录。当发现倾斜、位移、扭转时，应及时通知值班队长，指挥操作工人纠正，使偏差在允许范围以内。当沉至离设计高程2m时，更应加强观测下沉与挖土情况。

3.2.5　沉井封底

当沉井下沉到设计标高后经2d～3d观测确认下沉已稳定，或经观测在8h内累计下沉量不大于10mm时，即可进行沉井封底。封底可根据地下水位情况采用干封底和水下混凝土封底两种方法。

（1）干封底：即排水封底，地下水位控制在沉井刃脚以下，沉井到位后随即做封底垫层及底板。方法是先进行土形整理，使之呈锅底形，自刃脚向中心挖放射形排水沟，填以石子做成滤水暗沟，在中部设2～4个集水井，井深1～2m，插入直径0.6～0.8m、周围有孔的混凝土或钢套管，四周填以卵石，使井中的水都汇集到集水井中，用潜水泵排出，使地下水位保持低于井底面30～50cm，并将刃脚混凝土凿毛处洗刷干净。封底前将沉井预留凹槽处及底板梁分界面打毛洗净，并在结合面刷纯水泥浆两道，下部挖空部分用C10毛石混凝土填实。待其强度达到50%后，绑扎底板钢筋，两端伸入刃脚或凹槽内，浇注底板混凝土。浇筑应在整个沉井面积上分层由四周向中央进行，每层厚30～40cm，并捣固密实。井内有隔墙时应前后左右对称逐孔浇注。

混凝土采用自然养护，养护期间封底的集水井中应不间断地抽水，待底板混凝土达到70%设计强度后，对集水井逐个停止抽水，逐个进行封堵。方法是在抽除井筒水后，立即向滤水井管中灌入C30早强干硬性混凝土捣实，装上法兰，用螺栓拧紧或焊牢，再在上面浇筑一层混凝土，使之与底板平齐。

（2）水下混凝土封底：井底基面、周边接缝及止水等应进行清理，导管底离基面0.1m为宜，并应按混凝土能相互覆盖的原则确定导管的数量和间距；混凝土浇筑必须连续进行，混凝土强度达到设计强度后，方可从井内抽水。

4　质量标准

4.0.1　主控项目

（1）混凝土强度满足设计要求（下沉前必须达到100%设计强度）。

检测方法：查试件记录或抽样送检。

（2）封底前沉井下沉稳定：<10mm/8h。

检测方法：水准仪。

（3）封底结束后的位置：刃脚平均高程（与设计高程相比）、刃脚平面中心线位移四角中任何两角的底面高差不能超过允许值，详见表4.0.1。

检测方法：水准仪、经纬仪测。

4.0.2　一般项目

（1）钢材、对接钢筋、水泥、骨料等原材料检查符合设计要求。

检测方法：查出厂质保书或抽样送检。

（2）结构体外观无裂缝，无蜂窝、空洞，不露筋。

检测方法：目测直观。

（3）平面尺寸:长与宽曲线部分半径两对角线差符合规范要求。

检测方法:钢尺量。

（4）下沉过程中的偏差符合规范要求。

检测方法:水准仪测。

（5）封底混凝土坍落度符合规范要求。

检测方法:坍落度测定器测定。

表 4.0.1　泵站沉井允许偏差

序号	项　目	允许偏差（mm）		检验频率		检验方法
		小型	大型	范围	点数	
1	轴线位置	≤1%H			4	用经纬仪测量
2	底板高程	±40	+40,-60	每座	4	用水准仪测量
3	垂直度	≤0.7%H	≤1%H		2	用水准仪测量

注:①表中 H 为沉井下沉深度（m）。

　　②沉井的外壁平面面积不小于 250m², 且下沉深度 $H \geqslant 10$m, 按大型检验;不具备以上两个条件,按小型检验。

5　质量记录

5.0.1　沉井施工过程记录。

5.0.2　穿过土（岩）层和基底的检验报告。

5.0.3　沉井竣工后的测量施工记录。

5.0.4　混凝土试块的试验报告。

5.0.5　工程质量事故及其处理情况。

5.0.6　工序（分项）质量评定表。

6　冬雨季施工措施

6.1　冬季施工

6.1.1　当环境日平均温度低于 5℃, 环境最低温度低于-3℃时,室外日平均气温连续五天低于 5℃,开始养护前混凝土温度低于 2℃时,视为进入冬季施工。

6.1.2　冬季条件下养护的混凝土,在冻结以前混凝土的强度不应低于设计等级的 40%, 且不得低于 5.0N/mm²。

6.1.3　拆除模板应根据试块的试验,证明混凝土已达到规范要求的强度后方可拆除,拆模应在模板与混凝土相互冻结前进行。

6.1.4　混凝土与外界空气温度相差大于 20℃时,拆除模板后的混凝土外露表面应加以覆盖,使混凝土外露表面冷却过程缓慢进行。

6.2　雨季施工

6.2.1　掌握气候情况,制订雨季施工方案。

6.2.2　经常测定砂、石含水率,严格控制混凝土的水灰比。

6.2.3　搅拌站及水泥库应设置防雨棚。

6.2.4　浇筑混凝土前应备好防水棚。

6.2.5　混凝土运输与浇筑过程中不得淋雨,浇筑完成后应及时覆盖防雨,雨后及时检查混凝土表面并及时修补。

7　安全、环保措施

7.1　安全措施

7.1.1　沉井侧面应在混凝土达到设计强度的 25% 时方可拆模,刃脚侧模板应在混凝土达到设计强度的 25% 时方可拆除。

7.1.2　沉井下沉过程中,作业平台、起重架、安全梯等设施不得固定在井壁上,并应随时观测沉井的倾斜度和结构变形,以确认合格。作业中应根据土质、入土深度和偏差情况,及时调整挖土位置、方法,保持偏差在允许范围内。

7.1.3　沉井下沉后,应及时清除浮渣,平整基底,潜水检查或清理不排水沉井的基底时,应采取防止沉井突然下沉或歪斜的措施。

7.1.4　沉井基底经检查验收合格后应及时封底。封底前应在沉井顶部设作业平台,作业平台结构应依跨度、荷载经计算确定;支搭必须牢固,临边必须设置防护栏杆,作业前应进行检查,经验收确认合格并形成文件。

7.2　环保措施

7.2.1　场区罐车行走道路应定时洒水,防止扬尘。混凝土输送泵处搭设棚架并进行密闭围挡,降低噪声扰民。混凝土罐车出场前在现场洗车处进行彻底清洗,避免对场外环境造成污染。

7.2.2　现场所有强噪声机具应避免夜间施工。如必须夜间施工时,应采取隔声措施,最大限度降低噪声。近邻居民区的施工现场设置的混凝土输送泵,应搭设隔音棚。

7.2.3　施工现场道路采用硬化路面,配备洒水设备,指定专人负责现场洒水降尘工作。

7.2.4　被废弃或多余的混凝土应确定处理方法和消纳场所,及时进行妥善处理,避免污染周围环境。

8　主要应用标准和规范

8.0.1　中华人民共和国国家标准《混凝土强度检验评定标准》(GB/T 50107—2010)

8.0.2　中华人民共和国国家标准《给水排水构筑物工程施工及验收规范》(GB 50141—2008)

编、校:邓东林　凌代平

408　满 水 试 验

（Q/JZM – S408 – 2012）

1　适用范围

本施工工艺标准适用于市政工程中给水排水构筑物施工完毕后必须按照规范要求进行满水试验的操作。

2　试验准备

2.1　技术准备

试验操作人员已获得技术、安全交底。

2.2　材料准备

水：一般的生活用水。

2.3　试验仪器及设备

2.3.1　潜水泵、胶管：用于满水试验时抽水使用。

2.3.2　标尺：主要用于观察充水时水位变化情况。

2.3.3　刻度尺。

2.3.4　水位测针。

2.4　作业条件

2.4.1　池体的混凝土达到100%设计强度。

2.4.2　现浇钢筋混凝土水池的防水层、防腐层施工以及回填土以前进行满水试验。

2.4.3　构筑物内清理完毕，无杂物和积水现象。

3　操作工艺

3.1　工艺流程

试验准备→清理检查内壁→封堵预留洞口→注水浸泡→水位观察→蒸发量测定→渗水量计算。

3.2　操作方法

3.2.1　满水试验前的准备

（1）将池内清理干净，修补池内外的缺陷，临时封堵预留孔洞，预埋管口及进出水口等，并检查充水反排水闸门，不得渗漏；满足设计图纸中的其它特殊要求；

（2）设置水位测标尺；

（3）标定水位测针；

（4）准备现场测定蒸发量设备；

（5）充水的水源应采用清水并做好充水和放水系统的设施准备工作。

3.2.2　充水

向水池内充水宜分三次进行；第一次充水为设计水深的1/3；第二次充水为设计水深的2/3；第三次充水至设计水深。考虑池壁底部有施工缝，可先充水至池壁底板的施工缝上，检查底板的混凝土质量，当无明显渗漏时，再继续充水至第一次注水深度。注水水位上升速度不宜超过2m/24h，注水间隔不少于24h。每次注水后宜测读24h的水位下降值。同时应仔细检查池体外部结构混凝土和穿墙管道的填塞质量情况。

3.2.3　水位观测

（1）池内注水至设计水位深度24h后，开始测读水位测针的读数。

（2）测读水位的初读数与本读数之间的间隔时间，应不小于24h，测定时间必须连续。

（3）水池水位降的测读时间，可根据实际情况而定。如水池外观无渗漏，且渗水量符合标准，可继续测读一天；如前次渗水量超过允许渗水量标准，可继续测读水位降，并记录其延长的读数时间，延长观测的时间应在渗水量符合标准时为止。

3.2.4　蒸发量的测定

（1）有盖水池的满水试验，对蒸发量可忽略不计。

（2）无盖水池的满水试验在测定水池中水位的同时，测定蒸发水箱中的水位。

3.2.5　渗水量计算

水池的渗水量按下式计算：

$$q = \frac{A_1}{A_2}\left[(E_1 - E_2) - (e_1 - e_2)\right] \tag{3.2.5}$$

式中：q——渗水量（L=/m². d）；

A_1——水池的水面积（m²）；

A_2——水池的浸湿面积（m²）；

E_1——水池中水位测计的初读数，即初读数（mm）；

E_2——测读 E1 后 24h 水池中水位测计的末读数，即末读数（mm）；

e_1——测读 E1 时水箱中水位测计的读数（mm）；

e_2——测读 E2 时水箱中水位测计的读数（mm）。

注：①雨天时，不做满水试验渗水量的测定；

②按上式计算结果，渗水量如超过规定标准，应经检查、处理后重新进行测定。

4　质量标准

主控项目。水池渗水量满足规范要求：钢筋混凝土水池渗水量不得超过2L/（m²·d），砌体结构水池渗水量不得超过3L/（m²·d）。

5　质量记录

5.0.1　水位测量记录表。

5.0.2　蒸发量测量记录表。

5.0.3　满水试验记录表。

6　冬、雨季施工（试验）措施

6.1　冬季施工（试验）

冬季满水时应对所闭水井段采取相应的保温措施，满水完成后及时将管道内的水排空，同时进行土方回填。

6.2　雨季施工（试验）

雨季满水试验完成后应及时进行土方回填，以防漂管。

7　安全、环保措施

7.1　安全措施

7.1.1　给排水构筑物达到设计强度，外观验收合格后，未进行回填土方的条件下及时进行满水试验。

7.1.2　试验前应制定试验安全保障措施，并进行安全技术交底。

7.1.3　试验范围内设置安全警示标志和围栏，夜间应设警示灯，无关人员不得进入。

7.2　环保措施

7.2.1　满水试验合格后，应将实验水池的水及时排到规定排水池，不得污染周边环境及水源，并拆除堵板。

7.2.2　满水试验合格并排出水池内的水后，必须盖牢检查井盖，并进行管道回填土。

8　主要应用标准和规范

8.0.1　中华人民共和国国家标准《给水排水构筑物工程施工及验收规范》（GB 50141—2008）

编、校：江志峰　刘兵

409 气密性试验

（Q/JZM - SZ409 - 2012）

1 适用范围

本施工工艺标准适用于市政工程中消化池等排水构筑物进行气密性试验的操作,气密性试验应在满水试验合格后进行。

2 施工（试验）准备

2.1 技术准备

试验操作人员已获得技术、安全交底,掌握气密性试验的步骤、方法及技术标准。

2.2 材料与实验设备

压力计、大气压力计、气体压缩机、温度计。

2.3 作业条件

2.3.1 气密性试验应在满水试验合格后进行。

2.3.2 工艺测温孔的加堵封闭、池顶盖板的封闭、安装测温仪、测压仪及充气截门等均已完成。

2.3.3 所需的空气压缩机等设备已准备就绪。

3 操作工艺

3.1 工艺流程

试验准备→充气→检漏→试验读数→排放气压。

3.2 操作方法

3.2.1 充气

试验时压力应缓慢上升到试验压力,试验压力宜为消化池工作压力的 1.5 倍。

3.2.2 检漏

压力升至试验压力时,先进行预观测,检查压力下降情况,可通过对附件的密封部位涂刷肥皂水等方法检测泄漏点。泄漏点排除后开始升压,进行气密性试验。

3.2.3 试验读数

测读池内气压值的初读数与末读数之间的时间间隔应不小于24h;每次测读池内气压的同时测读池内气温和池外大气压力,并换算成同于池内气压的单位。

3.2.4 排放

气密性试验完成后应排放池内气压,卸压时应缓慢进行。

4　质量标准

4.0.1　主控项目

(1)气密性试验压力要求达到消化池工作压力的 1.5 倍。

(2)24h 的气压降不超过试验压力的 20% ,池内气压降应按式 4.0.1 计算:

$$P = (P_{d1} + P_{a1}) - (P_{d2} + P_{a2}) \times \frac{273 + t_1}{273 + t_2} \qquad (4.0.1)$$

式中:P——池内气压降(Pa);

　　　P_{d1}——池内气压初读数(Pa);

　　　P_{d2}——池内气压末读数(Pa);

　　　P_{a1}——测量 P_{d1} 时的相应大气压力(Pa);

　　　P_{a2}——测量 P_{d2} 时的相应大气压力(Pa);

　　　t_1——测量 P_{d1} 时的相应池内温度(Pa);

　　　t_2——测量 P_{d2} 时的相应池内温度(Pa)。

4.0.2　一般项目

(1)试验时,升压应分级、分步缓慢进行,逐步达到试验压力。

(2)气密性试验合格标准应符合《给水排水构筑物工程施工及验收规范》(GB 50141—2008)的规定。

5　质量记录

5.0.1　气密性试验报告。

5.0.2　温度测量记录。

5.0.3　气压测量记录。

6　冬、雨季施工(试验)措施

6.1　冬季施工(试验)

冬季施工使用设备及材料应采取相应保温措施。

6.2　雨季施工(试验)

雨季施工需采取相应的防雨措施。

7　安全、环保措施

7.1　安全措施

7.1.1　试验前,必须在危险区的周围设置围挡、安全标志,试验时必须派人警戒,禁止非作业人员入内。

7.1.2　升压降压时必须缓慢进行,杜绝跳跃式增压和急骤降压,以免伤人和损坏设备。

7.1.3　气密试验过程中必须密切观察由于气温、太阳直射等因素引起的池内压力骤升现象,必要时应采取降压措施。

7.2 环保措施

严格按照技术规范要求,控制试验产生的噪声、污水、废气对周围环境造成的影响。

8 主要应用标准和规范

8.0.1 中华人民共和国国家标准《给水排水构筑物工程施工及验收规范》(GB 50141—2008)

编、校:陈亮华 张海辉

410 砖砌雨、污水检查井

（Q/JZM－SZ410－2012）

1 适用范围

本施工工艺标准适用于市政工程中地基承载力较好、地下水位较低的砖砌雨、污水管道检查井的施工作业。

2 施工准备

2.1 技术准备

2.1.1 图纸会审已完成并进行了设计交底。

2.1.2 施工人员获得了技术交底和安全交底，明确施工井位、砂浆等级等质量要求。

2.2 材料准备

2.2.1 水泥、砂、砖、掺和料及水等经检验合格，其数量应满足施工需要，质量要满足砂浆拌制的各项要求。

2.2.2 砖、砂浆、盖板混凝土抗压强度应符合设计要求。

2.2.3 井圈、井盖、踏步的选用符合设计要求。

2.3 施工机具与设备

砂浆拌制设备、数量、能力应满足现场搅拌和施工需要。

2.4 作业条件

2.4.1 排水管道检查井基础强度应满足设计要求，表面清理干净整洁。

2.4.2 测设井位轴线位置并标示井底高程（流水面高程）。

2.4.3 所用材料已运至施工现场，数量满足施工需要。

2.4.4 施工用砂浆配合比已完成并满足施工需要。

2.4.5 井室内未接通的备用支线管口已封堵完成。

3 操作工艺

3.1 工艺流程

井底基础→砌筑井室及井内流槽，表面用砂浆分层压实抹光→井室收口及井内壁原浆勾缝，踏步安装→预留支管的安装与井壁衔接处理→井身二次接高至规定高程→浇筑或安装井圈→井盖就位。

3.2 操作方法

3.2.1 井底基础应与管道基础同时浇筑。

3.2.2 砌筑井室时，先用水冲净基础顶面后，再铺一层砂浆，然后压砖砌筑；必须做到满铺满挤，砖与砖间灰缝保持1cm。

3.2.3 排水管道检查井内的流槽应与井壁同时砌筑。当采用石砌时，表面应用砂浆分层压实抹光。流槽应与上下游管道接顺，管内底高程应符合本工艺质量标准的要求。

3.2.4 砖砌圆形检查井时，应随时检测直径尺寸，当需要收口时，如为四面收进，则每次收进不应大于30mm；如为三面收进，则每次收进不应大于50mm；砌筑检查井的内壁应采用原浆勾缝，在有抹面要求时，内壁抹面应分层压实，外壁用砂浆搓缝并应压实。

3.2.5 砖砌检查井的踏步应随砌随安，位置准确；踏步安装后在砌筑砂浆或混凝土未达到规定抗压强度前不得踩踏。

3.2.6 砖砌检查井的预留管应随砌随安，预留管的管径、方向、高程应符合设计要求，管与井壁衔接处应严密不得漏水，预留支管口应用低强度等级砂浆砌筑封口抹平。

3.2.7 当砖砌井身不能一次砌完，在二次接高时，应将原砖面的泥土杂物清理干净，再用水清洗砖面并浸透。

3.2.8 砖砌检查井接入圆管的管口应与井内壁平齐，当接入管径大于300mm时，应砌砖圈加固。管体穿越井室壁或井底时，应留有30~50mm的环缝，用油麻、水泥砂浆或黏土等填塞并捣实。

3.2.9 砖砌检查井砌筑至规定高程后，应及时浇筑或安装井圈，并盖好井盖。

4 质量标准

4.0.1 主控项目

(1)地基承载力必须符合设计要求。

(2)砖与砂浆强度等级必须符合设计要求。

(3)井盖选用符合设计要求，标志明显。

(4)井周边回填土必须符合设计要求。

4.0.2 一般项目

(1)井壁砌筑应位置明确，灰浆饱满，灰缝平整；不得有通缝、瞎缝；抹面压光不得有空鼓、裂缝等现象。

(2)井内流槽应平顺圆滑，不得有建筑垃圾等杂物。

(3)井室盖板尺寸及预留位置应准确，压浆尺寸符合设计要求，勾缝整齐。

(4)井圈、井盖应完整无损，安装稳固，位置准确。

(5)井室内未接通的备用支线管口应封堵。

(6)踏步应安装牢固，位置正确。

(7)砌筑检查井质量要求允许偏差见表4.0.2。

表4.0.2 检查井质量要求允许偏差

序号	项 目		允许偏差(mm)	检 查 频 率		检 查 方 法
				范围	点数	
1	井室尺寸	长、宽	±20	每座	2	用尺量长宽各计一点
2		直径		每座	2	
3	井筒直径		±20	每座	1	用尺量
4	井口高程	农田或绿地	+20	每座	1	用水准仪测量
5		路面	与道路规定一致	每座	1	用水准仪测量

续上表

序号	项　目			允许偏差（mm）	检查频率		检查方法
					范围	点数	
6	井底高程	开槽法管道铺设	$D \leq 1000$	±10	每座	1	用水准仪测量
7			$D > 1000$	±10	每座	1	
8		不开槽法管道铺设	$D < 1500$	±15	每座	1	用水准仪测量
9			$D \geq 1500$	+10，-20	每座	1	
10	踏步安装	水平及垂直间距、外露长度		+20，-40	每座	1	用尺量取偏差较大者
				±10			
11	脚窝	高、宽、深		±10	每座	1	
12	流槽宽度			±10	每座	1	

注：①表中 D 为管径（mm）。
　　②接入检查井的支管管口露出井内壁不大于2cm。
　　③农地、绿地中的井口应按有关规范要求高出地面。

5　质量记录

5.0.1　预制混凝土构件，管材进场抽检记录。

5.0.2　水泥试验报告。

5.0.3　砌筑块（砖）试验报告。

5.0.4　砂石验报告表。

5.0.5　地基钎探记录。

5.0.6　砌筑砂浆抗压强度实验报告。

5.0.7　工序（分项）质量评定表。

6　冬雨季施工措施

6.1　冬季施工

冬季砖砌检查井应有覆盖等防寒措施，并应在两端管头加设风挡，必要时可采用抗冻砂浆砌筑。对于特殊严寒地区，管道施工应在解冻后砌筑。

6.2　雨季施工

雨季砌筑检查井时，应在管道铺设后一次砌起井身。为了防止漂管，必要时可在检查井的井室底部预留进水孔，但回填土前必须砌堵严实。

7　安全、环保措施

7.1　安全措施

7.1.1　在基础强度达到设计或规范规定的强度，并经验收合格后及时施工井室结构。

7.1.2　井室施工作业现场应设置护栏和安全标志。

7.1.3　井室的踏步材料规格、安置位置应符合设计规定，作业中应随砌随安，不得砌筑完成后，再凿孔后安装。

7.1.4　井室完成后,应及时安装井盖。如遇施工中断而未安井盖的井室,必须临时加盖或设置围挡、护栏,并加设安全标志。

7.1.5　位于道路上的井室井盖安装应符合相关标准规定。

7.1.6　井室完成后,应及时回填土,清理现场;当日回填土不能完成时,必须设置围挡或护栏,并加设安全标志。

7.2　环境保护

7.2.1　施工场地整洁,无渣土洒落、泥浆废水漫溢现象。

7.2.2　施工中有防扬尘的措施,且现场无尘土飞扬现象。除去地表灰尘时,宜采用吸入式设备施工。

7.2.3　工程范围内采取切实可行的施工临时排水措施,确保施工现场和周边地区无渍水、无积水;施工临时排水不得向邻近路面和通道上排放;未经处理的泥浆、水泥浆,严禁直接向城市排水系统和河流、湖泊排放。

8　主要应用标准和规范

8.0.1　中华人民共和国国家标准《给水排水管道工程施工及验收规范》(GB 50268—2008)

8.0.2　中华人民共和国国家标准《砌体结构工程施工质量验收规范》(GB 50203—2011)

编、校:秦俭　李琳丽

411　现浇雨、污水检查井

（Q/JZM－SZ411－2012）

1　适用范围

本施工工艺标准适用于市政工程中地基承载力较差、地下水位较高地区的雨、污水管线现浇钢筋混凝土检查井的施工作业。

2　施工准备

2.1　技术准备

2.1.1　图纸会审（或标准图集）已完成并进行了设计交底。

2.1.2　根据工程施工组织设计已编制详细施工方案，上报监理并已审批。

2.1.3　施工人员已获得技术和安全交底，明确施工井位编号、模板支撑、钢管安装、混凝土浇筑的施工方法、混凝土等级、坍落度及质量要求。

2.2　材料准备

2.2.1　现场拌制混凝土时，水泥、砂、石、外加剂、掺和剂及水等经检验合格，其数量应满足施工需要，质量要满足混凝土拌制的各项要求。如采用商品混凝土应符合相关规格、规范、标准的要求。

2.2.2　钢筋的品种、规格、数量等应符合设计要求，有出厂合格证并经复验合格；见证取样检验合格。

2.2.3　模板应具有足够的稳定性、刚度和强度，能够可靠地承受灌注混凝土的重量和侧压力以及施工过程中所产生的荷载，便于安装、拆卸，且表面必须平整，接缝严密，不得漏浆。

2.3　施工机具与设备

混凝土拌制设备、起重设备、运输设备及振动设备等，其数量应根据设备能力、工程量、施工程序、工期等要求确定。

2.4　作业条件

2.4.1　根据设计图纸确定检查井位置，若先施作检查井时，应根据井底高程和接入管道尺寸、位置等确定预留口尺寸与位置。

2.4.2　现场水电接通，用电负荷满足施工需要，并准备好夜间施工照明设施。

2.4.3　井壁钢筋加工完成，验收合格后已运至现场存放，数量满足施工需要。

3　操作工艺

3.1　工艺流程

井基础垫层混凝土→井室模板支搭→井室钢筋绑扎安装→井室混凝土浇筑→井室模板拆除→井室

现浇混凝土养护。

3.2　操作方法

3.2.1　检查井垫层混凝土经验收合格后,方可进行井室模板支搭。

3.2.2　井室模板支搭

(1)在底板侧模安装前,必须在清洗后的素混凝土垫层面上,根据井壁边线样桩,准确划出模板内侧位置的墨线,再根据混凝土浇筑高度立模,并支撑固定。

(2)井部直墙侧模如不采取螺栓固定时,其两侧模板间应加支撑杆,且在浇筑时,应在混凝土顶面接近撑杆时,及时将撑杆拆除。

(3)井室顶板的底模,当跨度不小于 4m 时,其底模应支起适当的预拱度;当设计无规定时,其起拱度宜为全跨的 0.2% ~ 0.3%。

(4)安装井壁(墙)模板,应先立内模,待钢筋安装、焊接绑扎及各种预埋件、预留孔(洞)验收合格后再立外模。

(5)模板接缝应紧密吻合,如有缝隙应用嵌缝料嵌密;如缝隙较大时,应进行修理或补加封条。

(6)固定模板的支撑不得与脚手架直接联系。侧墙模板与顶板模板的支设应自成体系,不得因井墙拆模而影响井室顶板混凝土强度的正常增长。

3.2.3　井室钢筋绑扎安装

(1)钢筋加工、接头应符合相关技术标准和规范要求,加工成型后的钢筋应挂牌注明所用部位、类别,分别堆放,以防差错。

(2)钢筋绑扎和安装前,应严格按照施工图先做钢筋排列间距的各种样尺,作为钢筋排列的依据,绑扎钢筋时,应在主筋上划好标记。

(3)受力钢筋的绑扎接头位置应相互错开,在受力钢筋直径 30 倍且不小于 500mm 的区段内,绑扎接头的受力钢筋截面面积占受力钢筋的总面积的百分率:受压区不得超过 50%,受拉区不得超过 25%。

(4)钢筋在相交点应用火烧丝扎结,钢筋的交叉点可以每隔一根相互成梅花状扎牢,但在周边上的交叉点,每处都应绑扎。

(5)箍筋的转角与钢筋的相交点均应扎牢,箍筋的末端应向内弯曲。

(6)绑扎丝头应向内弯曲,不得伸向保护层内,已绑好的钢筋上不得践踏或放置重物。

3.2.4　井室混凝土浇筑

(1)混凝土浇筑前,应对井室施工部位的模板、钢筋及运输混凝土的脚手架道板进行严格检查,发现问题及时纠正。

(2)井室混凝土的浇筑应连续进行,当需要间歇时,间歇时间应在前层混凝土终凝之前,将次层混凝土浇筑完毕。混凝土从搅拌机卸出到次层混凝土浇筑压槎的时间不应超过表 3.2.4 的规定:

表 3.2.4　混凝土浇筑的间歇时间

序号	气温(℃)	间歇时间	序号	气温(℃)	间歇时间
1	<25	<3h	2	≥25	<2.5h

(3)混凝土浇筑不得发生离析现象,井室侧墙应对称浇筑,高差不应大于 30cm。严防单侧浇入量过大,推动钢筋骨架和内模产生弯曲变形和位移。

(4)从高处倾倒混凝土时,其垂直高度不应超过 2m,否则应采用溜槽串管或导管,以防混凝土离析。

(5)现浇混凝土井室的施工缝应留在底角加腋的上皮以上不小于 20cm 处;井墙与顶板宜一次浇筑,但应在浇至墙顶并间歇 1 ~ 1.5h 后,再继续浇筑顶板。施工缝处在继续浇筑混凝土前,应将接槎处混凝土表面的水泥砂浆或松散层清理,并用水冲洗干净,充分湿润,但不得积水;然后均匀铺上 15 ~ 25mm 厚的与混凝土同级配的水泥砂浆,再正式浇筑混凝土并仔细捣实,使结合紧密。

3.2.5 井室模板拆除

（1）侧墙模板应在混凝土强度能保证其表面及棱角不因拆除而受损伤时，方可拆除；

（2）井室顶板的底模应在与结构同条件养护的混凝土试块达到表3.2.5规定的强度时，方可拆除；

（3）现浇井室内模应待混凝土达到设计强度标准的75%以上，方可拆除。在混凝土强度能保证预埋件和预留孔洞表面不发生坍塌和裂缝时，即可拆除。

表3.2.5 现浇混凝土底模拆除时所需的强度

结 构 类 型	结构跨度（m）	达到设计强度标准值（%）
顶板	≤2	≥50
	2~8	≥75

3.2.6 井室混凝土浇筑完毕后的12h以内，应覆盖和洒水进行养护。

4 质量标准

4.0.1 主控项目

（1）地基承载力必须符合设计要求。

（2）井室盖板混凝土抗压强度必须符合设计要求。

（3）井盖选用符合设计要求，标志明显。

（4）井周边回填土必须符合设计要求。

4.0.2 一般项目

（1）井室位置及预留孔、预埋件符合设计要求。

（2）底板、墙面、顶板的混凝土应振捣密实，表面平整、光滑，不得有裂缝、蜂窝、麻面、漏振等现象。

（3）检查井质量要求及允许偏差见表4.0.2。

表4.0.2 检查井质量要求及允许偏差

序号	项 目		允许偏差（mm）	检查频率 范围	点数	检查方法
1	井室尺寸	长、宽	±20	每座	2	用尺量长宽各计一点
2		直径		每座	2	
3	井筒直径		±20	每座	1	用尺量
4	井口高程	农田或绿地	+20	每座	1	用水准仪测量
5		路面	与道路规定一致	每座	1	用水准仪测量
6	井底高程	开槽法管道铺设 D≤1000	±10	每座	1	用水准仪测量
7		开槽法管道铺设 D>1000	±15	每座	1	
8		不开槽法管道铺设 D<1500	+10，-20	每座	1	用水准仪测量
9		不开槽法管道铺设 D≥1500	+20，-40	每座	1	
10	踏步安装	水平及垂直间距、外露长度	±10	每座	1	用尺量取偏差较大者
11	脚窝	高、宽、深	±10	每座	1	
12	流槽宽度		±10	每座	1	

5 质量记录

5.0.1 图纸审查记录。

5.0.2　设计交底记录。

5.0.3　技术交底记录。

5.0.4　预拌混凝土出厂合格证。

5.0.5　水泥试验报告。

5.0.6　砂试验报告。

5.0.7　碎(卵)石试验报告。

5.0.8　钢材试验报告。

5.0.9　隐蔽工程检查记录。

5.0.10　混凝土配合比申请单。

5.0.11　混凝土浇筑记录。

5.0.12　混凝土养护测温记录。

5.0.13　土壤压实度试验记录。

5.0.14　混凝土抗压强度试验报告。

5.0.15　钢筋连接试验报告。

5.0.16　工序(分项)质量评定表。

6　冬、雨季施工措施

6.1　冬季施工

6.1.1　当环境日平均温度低于 5℃,环境最低温度低于-3℃时,室外日平均气温连续五天低于 5℃,开始养护前混凝土温度低于 2℃时,视为进入冬季施工。

6.1.2　冬季条件下养护的混凝土,在冻结以前混凝土的强度不应低于设计等级的 40%,且不得低于 5.0N/mm²。

6.1.3　为保证混凝土达到要求的强度,应根据热工计算及技术经济比较,选择混凝土集料加热、拌制、运输、浇筑、养护的方法以及施工的其他措施;水泥不得直接加热,拌和水及集料最高加热温度应符合表 6.1.3 规定。

表 6.1.3　拌和水及集料最高加热温度

项　目	拌　和　水	集　料
强度等级 <42.5 级矿渣硅酸盐水泥	80℃	60℃
强度等级≥42.5 级的普通硅酸盐水泥,矿渣硅酸盐水泥	60℃	40℃

注:当集料不加热时,水可加热到 100℃,但水泥不应与 80℃以上的水直接接触,投料顺序为先投入集料和已加热的水,然后再投入水泥。

6.1.4　混凝土的出盘温度应控制在 10℃左右,且不高于 30℃,入模温度应控制在 5℃左右。采用蓄热法养护时,在养护期间混凝土温度的检查次数每昼夜不少于 4 次。

6.1.5　拆除模板应根据试块的试验证明混凝土已达到规范要求的强度后,方可拆除,但拆模应在模板与混凝土相互冻结前进行。

6.1.6　混凝土与外界空气温度相差大于 20℃时,拆除模板后的混凝土的外露表面应加以覆盖,使混凝土外露表面冷却过程缓慢进行。

6.2　雨季施工

6.2.1　掌握气候情况,制定雨季施工方案。

6.2.2　经常测定砂、石含水率,严格控制混凝土的水灰比。

6.2.3　搅拌站及水泥库应设防雨棚。

6.2.4 浇筑混凝土前应备好防水棚。

6.2.5 混凝土运输与浇筑过程中不得淋雨,浇筑完成后应及时覆盖防雨,雨后及时检查混凝土表面并及时修补。

7　安全、环保措施

7.1　安全措施

7.1.1 基础强度达到设计或施工技术规范的规定强度,并经验收合格后应及时施工井室结构。

7.1.2 井室施工作业现场应设置护栏和安全标志。

7.1.3 井室模板、支撑、钢管安装、混凝土浇筑等施工应符合技术规范的有关规定。

7.1.4 井室踏步材料的规格、预埋位置,应符合设计规定。

7.1.5 井室完成后,应及时安装井盖;施工中断而未安井盖的井室,必须临时加盖或设置围挡、护栏,并加设安全标志。位于道路上的井室、井盖安装,应与道路齐平。

7.1.6 井室拆模完成后,应及时回填土,清理现场。当日回填不能完成时,必须设置围挡或护栏,并加设安全标志。

7.2　环保措施

7.2.1 施工场地整洁,无渣土洒落、泥浆废水漫溢。

7.2.2 施工中有防止扬尘的措施,且现场无尘土飞扬现象。除去地表灰尘时,宜采用吸入式设备施工。

7.2.3 工程范围内应采取切实可行的施工临时排水措施,确保施工现场和周边地区无渍水、无积水;施工临时排水不得向邻近路面和通道上排放;未经处理的泥浆、水泥浆,严禁直接向城市排水系统和河流、湖泊排放。

8　主要应用标准和规范

8.0.1 中华人民共和国国家标准《给水排水管道工程施工及验收规范》（GB 50268—2008）

8.0.2 中华人民共和国国家标准《混凝土结构工程施工质量验收规范》（GB 50204—2002）

8.0.3 中华人民共和国国家标准《混凝土结构工程施工规范》（GB 50666—2011）

编、校:涂序广　王青生

412 装配式雨、污水检查井

（Q/JZM－SZ412－2012）

1 适用范围

本施工工艺标准适用于市政工程中施工周期短、工程造价低、受季节影响小、机械化程度较高的装配式雨、污水管道检查井的施工作业。

2 施工准备

2.1 技术准备

2.1.1 根据设计图纸规定,已对井位桩号、井内底高程、砂砾石垫层、顶面高程、检查井井口高程、配管中心高程等参数,进行核对确认,符合设计要求。

2.1.2 施工操作人员获得了技术、安全交底。

2.2 材料准备

2.2.1 现场拌制混凝土、砂浆时,水泥、砂、石、外加剂、掺和料及水等经检验合格,其数量满足施工需要,质量达到混凝土、砂浆的拌制的各项要求。

2.2.2 构件连接的防腐材料质量达到有关规范要求、数量满足施工需要。

2.3 施工机具与设备

构件的吊装及运输设备、专用吊具等,其数量和能力应根据工程量、工期确定,质量达到施工要求。

2.4 作业条件

2.4.1 预制检查井各种构件经验收合格后已运至施工现场存放,其类型、编号、规格、数量等应符合设计要求;井壁预留的接口应尺寸、位置准确,工作面光滑、平整。

2.4.2 现场道路畅通、清理平整,满足施工作业条件。

2.4.3 检查井底板、井室、井筒等构件吊装轴线标记的标识工作已完成。

3 操作工艺

3.1 工艺流程

砂砾石垫层→底板安装→井室、井筒安装→预埋连接件连接、防腐→井口吊装→1∶2水泥砂浆勾缝→井室与管道连接→井室内流槽砌筑→开口圈盖板安装。

3.2 操作方法

3.2.1 砂砾石垫层厚度应满足设计要求,垫层长度、宽度尺寸应比预制混凝土井底板的长、宽尺寸各大10cm。垫层夯实后用水平尺校平,垫层顶面高程符合设计要求,垫层应预留沉降量。

3.2.2 采用专用吊具进行底板吊装,底板应水平就位;底板就位后,应对轴线及高程进行测量,底板轴线位置安装允许偏差±20mm,底板高程允许偏差±10mm。

    3.2.3 井室、井筒应在底板安装位置经检验合格后进行安装。安装前应清除底板上的灰尘和杂物;按标示的轴线进行安装时应注意使管道的承口位于检查井的进水方向,插口位于检查井的出水方向。

    3.2.4 井筒、井口吊装前应清除企口上的灰尘和杂物;企口部位湿润后,用1:2水泥砂浆坐浆约厚10mm。吊装时应使铁踏步的位置符合设计规定。

    3.2.5 检查井预制构件全部就位后,用1:2水泥砂浆对所有接缝里外勾平缝。

    3.2.6 检查井和管道采用刚性连接时,管节端面宜与井内壁平齐,不得凸出,回缩量不得大于50mm;井壁预留孔与管节外壁间间隙,应按设计规定填塞;设计未规定时,应采用石棉水泥捻缝,再用水泥砂浆将管节与井内壁接顺,井外壁作45°抹角。

    3.2.7 应按设计要求施作井室内流槽,将上、下游管道接顺。

    3.2.8 根据路面高程及井圈顶高程,确定铸铁井口圈下混凝土垫层厚度,垫层混凝土采用C30;铸铁井圈安装应与四周路面衔接平顺。

4 质量标准

    4.0.1 主控项目

(1)地基承载力必须符合设计要求。

(2)井室盖板混凝土抗压强度必须符合设计要求。

(3)井盖选用符合设计要求,标志明显。

(4)井周边回填土必须符合设计要求。

    4.0.2 一般项目

(1)底板与井室、井室盖板的拼缝应用水泥砂浆填塞严密,抹角光滑、平整。

(2)井室、井筒尺寸符合设计要求。

(3)检查井与管道接口连接的环形间隙应均匀,砂浆填塞密实、饱满。

(4)检查井质量要求及允许偏差,见表4.0.2。

表4.0.2　检查井质量要求及允许偏差

序号	项　　目			允许偏差(mm)	检 查 频 率		检 查 方 法
					范围	点数	
1	井室 尺寸	长、宽		±20	每座	2	用尺量长宽各计一点
2		直径			每座	2	
3	井筒直径			±20	每座	1	用尺量
4	井口 高程	农田或绿地		+20	每座	1	用水准仪测量
5		路面		与道路规定一致	每座	1	用水准仪测量
6	井底 高程	开槽法管道铺设	D≤1000	±10	每座	1	用水准仪测量
7			D>1000	±15	每座	1	
8		不开槽法管道铺设	D<1500	+10,−20	每座	1	用水准仪测量
9			D≥1500	+20,−40	每座	1	
10	踏步 安装	水平及垂直间距、外露长度		±10	每座	1	用尺量取偏差较大者
11	脚窝	高、宽、深		±10	每座	1	
12	流槽宽度			±10	每座	1	

5 质量记录

5.0.1 图纸审查记录。

5.0.2 设计交底记录。

5.0.3 技术交底记录。

5.0.4 砂浆试验报告。

5.0.5 隐蔽工程检查记录。

5.0.6 构件安装施工记录。

5.0.7 工序(分项)质量评定表。

6 冬雨季施工措施

6.1 冬季施工

冬季装配式检查井施工应有覆盖等防寒措施,并应在两端管头加设风挡。

6.2 雨季施工

掌握气象情况,制订雨季施工方案。

7 安全、环保措施

7.1 安全措施

7.1.1 井室施工作业现场应设置护栏和安全标志。

7.1.2 装配式井室预制构件吊装作业时,吊臂下严禁站人,信号工不得违规指挥。

7.1.3 井室吊装施工完成后,应及时安装井盖。施工中断尚未安装井盖的井室,必须临时加盖或设置围挡、护栏并加设安全标志。

7.2 环保措施

7.2.1 施工场地整洁,无渣土洒落、泥浆废水漫溢。

7.2.2 施工中有防止扬尘的措施,且现场无尘土飞扬现象。除去地表灰尘时,宜采用吸入式设备施工。

7.2.3 工程范围内应采取切实可行的施工临时排水措施,确保施工现场和周边地区无渍水、无积水;施工临时排水不得向邻近路面和通道上排放;未经处理的泥浆、水泥浆,严禁直接向城市排水系统和河流、湖泊排放。

8 主要应用标准和规范

8.0.1 中华人民共和国国家标准《给水排水管道工程施工及验收规范》(GB 50268—2008)

8.0.2 中华人民共和国国家标准《混凝土结构工程施工质量验收规范》(GB 50204—2002)

8.0.3 中华人民共和国国家标准《混凝土结构工程施工规范》(GB 50666—2011)

编、校:魏曼 易翔

413　排水管道进出口构筑物

（Q/JZM－SZ413－2012）

1　适用范围

本施工工艺标准适用于市政工程中一字式翼墙、八字式翼墙等排水管道进出口的施工作业。进出口结构材料可采用砖、石(片石、料石、块石等)及混凝土,但有冰冻情况时不可采用砖砌。

2　施工准备

2.1　技术准备

2.1.1　反虑层铺筑应符合设计要求;断面不得小于设计规定。

2.1.2　进出口构筑物施工方案已制定。

2.1.3　施工人员已获得技术、安全交底。

2.2　材料准备

砖、水泥、砂、商品混凝土、预埋件、片石、料石、块石等。

2.3　施工机具与设备

2.3.1　搅拌机械:搅拌机。

2.3.2　计量器具:磅秤、皮数杆、水平尺、2m靠尺、卷尺、楔形塞尺、线坠。

2.3.3　工具:大铲、刨镐、瓦刀、扁子、托线板、小白线、筛子、小水桶、灰槽、砖夹子、扫帚等。

2.4　作业条件

2.4.1　进出水口构筑物宜在枯水期施工。

2.4.2　进出水口构筑物的基础应建在原状土上;当地基松软或被扰动时,可采用砂石回填、块石砌筑或填混凝土;处理后的地基应符合设计要求。

2.4.3　进出水口的泄水孔必须畅通,不得倒流。

2.4.4　翼墙变形缝应位置准确,安设顺直,上下贯通,其宽度允许偏差为0～5mm。

3　操作工艺

3.1　工艺流程

基础开挖→护坦铺砌→翼墙砌筑→灌浆、勾虎皮缝→反滤层铺筑→回填土。

3.2　操作方法

3.2.1　护坦干砌时,嵌缝应严密,不得松动;浆砌时,灰缝砂浆应饱满,缝宽均匀,无裂缝,无起鼓,表面平整。

3.2.2　管道出水口防潮闸门井的混凝土浇筑前,应将防潮闸门框架的预埋铁准确固定,并不得因混凝土的浇捣而产生位移。其预埋件允许偏差应符合现浇钢筋混凝土管渠模板安装允许偏差的规定。

3.2.3　护坡砌筑的施工顺序应自下而上,石块间相互交错,使砌体缝隙严密,砌块稳定,坡面平整,并不得有通缝。

3.2.4　干砌护坡应使砌体边缘封砌整齐、坚固。

3.2.5　翼墙背后回填土应满足下列要求:

(1)在混凝土或砌筑砂浆达到设计抗压强度标准值以后,方可进行回填;当未达到设计抗压强度以前进行回填时,其允许填土高度应与设计单位协商确定;

(2)填土时,墙后不得有积水;

(3)墙后边铺设反滤层边填土,反滤层铺筑断面不得小于设计规定;泄水孔的反滤层应根据设计要求铺设;

(4)回填土应分层压实,其压实度不得小于95%。

4　质量标准

4.0.1　主控项目

(1)构筑物宜建在原状土上。当地基松软或被扰动时,应按设计要求进行地基处理。

(2)泄水孔必须通畅,不得有倒坡。

(3)翼墙变形缝位置应准确、且上下贯通。

(4)混凝土、砂浆抗压强度应符合设计要求。

(5)砌体分层砌筑必须错缝,咬槎紧密,严禁有通缝。

4.0.2　一般项目

(1)干砌块石护坡、护坦,嵌缝严密,不得松动;浆砌护坡、护坦,灰缝砂浆饱满,缝宽均匀、无裂缝、无起鼓、表面平整。

(2)反滤层、预埋件、防水设施等应符合设计与规范要求。

(3)翼墙变形缝设置直顺。

(4)翼墙背后回填土应符合设计要求。

(5)进出水口构筑物允许偏差见表4.0.2。

表4.0.2　进出水口构筑物允许偏差表

序号	项目	允许偏差(mm)			检验方法		检验方法
		浆砌料石、砖、砌块	(干)浆砌块石		范围	点数	
		挡土墙	挡土墙	护底护坡			
1	断面尺寸	±10	+20,−10	不小于设计规定	每个构筑物	3	用尺量长、宽、高各计1点
2	顶面高程	±10	±15	±20(坡脚顶面)		4	用水准仪测量
3	轴线位移	≤10	≤15			2	用经纬仪量,纵横各计1点
4	墙面垂直度	0.5%H且≤20	0.5%H且≤30			3	用垂线检验
5	平整度	≤5	≤30	≤30		3	用2m直尺或小线量取最大值
6	水平缝平直	≤10				4	拉10m小线量取较大值
7	护坡、墙面坡度	不陡于设计规定				4	用坡度尺检验
8	翼墙变形缝宽度	0,+5			每条	1	用尺量取较大值
9	预埋件中心位置	≤3			每件	1	用尺量纵横取较大值

注:H为建筑物高度(mm);

5 质量记录

5.0.1 砌筑块（砖）试验报告。

5.0.2 砌筑砂浆抗压强度试验报告。

5.0.3 砌筑砂浆试块强度统计、评定记录。

6 冬、雨季施工措施

6.1 冬季施工

6.1.1 墙体不宜冬季施工，必须冬季施工时，应采取防冻措施。

6.1.2 冬季使用的砖，要求在砌筑前清除冰霜。

6.1.3 冬季施工时砂浆宜采用普通硅酸盐水泥拌制，砂中不得含有大于 10mm 的冻块。

6.1.4 冬季施工材料加热时，水加热不超过 80℃，砂加热不超过 40℃。应采用两步投料法，即先拌和水泥和砂，再加水拌和。

6.1.5 冬季施工砂浆使用温度不应低于 +5℃。砌筑完成后，应及时覆盖保温。

6.2 雨季施工

雨季施工时，应防止雨水冲刷砂浆，砂浆的稠度应适当减小。每日砌筑高度不宜大于 1.2m。收工时应覆盖砌体表面防雨。

7 安全、环保措施

7.0.1 管道临河道的出水口宜在枯水期施工。

7.0.2 为防止正在施工的管道内进水，施工部位的下游应设挡水坝；挡水坝应高于施工期间的最高水位 70cm 以上，坝体结构应能承受水流的冲刷。

8 主要应用标准和规范

8.0.1 中华人民共和国国家标准《给水排水管道工程施工及验收规范》（GB 50268—2008）

8.0.2 中华人民共和国国家标准《砌体结构工程施工质量验收规范》（GB 50203—2011）

编、校：赵芳 余前明

414　抽　升　泵　站

（Q/JZM – SZ414 – 2012）

1　适用范围

本施工工艺标准适用于市政给水排水工程中埋深较大、但截面尺寸相对不大的沉井式取水构筑物抽升泵站的施工作业。抽升泵站包括三个结构部分:沉井结构、现浇钢筋混凝土结构、砖砌结构。

2　施工准备

2.1　技术准备

2.1.1 图纸会审已完成并进行设计交底。

2.1.2 施工组织设计、单项施工方案,已获得了相关单位审批手续。

2.1.3 施工作业技术培训与技术、安全、环保交底已完成。

2.1.4 工程原材料的复试检验及砂浆、混凝土配合比的选定已完成。

2.2　材料准备

2.2.1 模板应具有足够稳定性、刚度和强度,能可靠的承受灌注混凝土的质量和侧压力以及施工过程中所产生的荷载并便于拆装;模板的接缝不得漏浆并与脚手架不得直接连接。

2.2.2 钢筋的品种、规格、数量应符合设计要求,有出厂合格证并经复验,见证取样检验合格。

2.2.3 止水带及嵌缝材质、规格、型号、数量应符合设计要求。

2.2.4 现场拌制混凝土时,水泥、砂、石、外加剂、掺合剂及水等经检验合格;其数量应满足施工需要,质量达到混凝土拌制的各项要求。

2.2.5 混凝土配合比、抗压强度、抗渗、抗冻等技术指标以及施工和易性、坍落度均应符合设计及有关规范的要求。

2.2.6 砖砌块、砂浆配合比及强度均符合设计要求。

2.3　施工机具与设备

2.3.1 主要施工机械:土方开挖及运输设备,混凝土搅拌及振动设备,施工吊运等其他设备。

2.3.2 测量检测仪器:全站仪、水准仪、两米直尺、钢卷尺等。

2.4　作业条件

2.4.1 施工现场的供水、供电及排水设施应满足施工需要。

2.4.2 施工范围内原有地上地下建(构)筑物及管线的位置、高程、现有形式及工程地质、水文资料已明确。

2.4.3 模板、钢筋已进场并经检验合格,数量满足施工需要且已开始加工。

2.4.4 现场道路畅通,清理平整,满足作业条件。

2.4.5 施工范围内的障碍物已拆改完毕或采取有效的保护措施。

2.4.6 工程测量放线工作已完成,并已设置完成了沉降观测点。

3 操作工艺

3.1 工艺流程

3.1.1 沉井结构

沉井制作现场准备→沉井井筒制造→沉井下沉→沉井观测→沉井纠偏→沉井封底。

3.1.2 现浇钢筋混凝土结构

模板支搭→钢筋加工与安装→现浇混凝土结构。

3.1.3 泵站

泵站结构→预制构件安装→砖砌结构及装饰装修→水泵安装→连通管道安装。

3.2 操作方法

3.2.1 沉井结构施工参阅本施工工艺标准中地下水取水构筑物工程。

3.2.2 现浇钢筋混凝土结构施工参阅《混凝土结构工程施工质量验收规范》（GB 50204—2002）。

3.2.3 构件安装时混凝土强度符合设计规定，当设计无规定时，不应低于设计强度标准的70%。安装前，应经复查合格后方可使用。

3.2.4 构件应按设计位置起吊，吊绳与构件平面夹角应不小于45°，当小于45°时应进行强度验算。构件就位后，应采取保证构件稳定的临时加固措施。安装就位构件必须经校正后，方可焊接或浇筑接头混凝土。

3.2.5 砖砌筑结构参阅本施工工艺标准本篇中砖沟砌筑的相关内容，装饰装修参阅《建筑装饰装修工程质量验收规范》（GB 50210—2001）和《给水排水管道工程施工及验收规范》（GB 50268—2008）相关要求执行。

3.2.6 水泵安装前，应对主要设备及附件进行清点，检查质量是否符合规定，数量是否正确，并准备好安装工具、吊装设备及消耗材料。

3.2.7 水泵安装前，应先确定水泵安装基础的尺寸，采用一次灌浆法和二次灌浆法固定底角螺栓后浇筑基础混凝土，水泵基础应一次浇筑完成。

3.2.8 水泵安装前尚应对基础进行复查，混凝土强度必须符合要求，表面平整，平面尺寸、位置及高程符合设计要求。底脚螺栓的规格、位置、露头应符合设计或水泵机组安装要求，不得有偏差。对于有减振要求的基础，应符合设计要求。

3.2.9 安装底座时应将底座置于基础上，并套上底脚螺栓，调整底座的纵横中心位置与设计位置一致后，即可进行底脚螺栓二次灌浆并养护。

3.2.10 泵体安装视水泵重量大小，采用泵房内设置的永久起重设备或临时设置起重设备，并对水泵安装的中心线、水平和高程进行校正。

3.2.11 连通管支架安装位置应正确，埋设平整牢固，砂浆饱满，但不应突出墙面，与管道接顺应紧密。

3.2.12 钢管安装前，铁锈、污垢应清除干净，油漆颜色和光泽均匀、附着良好；不得有遗漏、脱皮、起折、起泡等现象；水压、气压试验必须符合设计要求。

3.2.13 进水管道安装要保证在任何情况下不能产生气囊。出水管道安装要做到定线准确，坡度符合设计要求；一般采用法兰连接以便装拆和维修。

4 质量标准

4.0.1 主控项目

（1）沉井结构尺寸、混凝土强度均符合设计要求。

（2）沉井结构强度必须在第一节井的混凝土达到设计强度的100%、其上各节达到20%以后方可开始下沉作业。

（3）模板拆除时的混凝土强度应符合设计要求。

（4）受力钢筋的品种、级别、规格、数量必须符合设计要求。

（5）现浇混凝土结构不应有影响结构性能和安装使用功能的尺寸偏差。如出现超过尺寸允许偏差且影响结构性能和安全使用功能的部位应与有关方面研究处理方案并妥善处理好。

（6）现浇混凝土结构的抗压、抗渗、抗冻指标及取样检验必须符合设计要求及相应现行规范规定。

（7）砖、砌块和砂浆强度等级必须符合设计要求。

（8）泵座与基座应接触严密,多台水泵并列时各种高程必须符合设计规定。

4.0.2　一般项目

（1）沉井下沉至设计高程,必须继续观测其沉降量,在8h内下沉量不大于10mm时,方可封底。

（2）结构外观应无裂缝、无蜂窝、无空洞、无露筋等现象。

（3）沉井下沉后内壁不得有渗漏现象;底板表面应平整,并不得有渗漏现象。

（4）泵站沉井允许偏差见表4.0.2-1。

表4.0.2-1　泵站沉井允许偏差

序号	项　目	允许偏差（mm）		检验频率		检验方法
		小型	大型	范围	点数	
1	轴线位置	≤1%H			4	用经纬仪测量
2	底板高程	±40	+40，−60	每座	4	用水准仪测量
3	垂直度	≤0.7%H	≤1%H		2	用水准仪测量

注:①表中H为沉井下沉深度（m）。

　　②沉井的外壁平面面积不小于250m²,且下沉深度H≥10m,按大型检验;不具备以上两个条件,按小型检验。

（5）安装模板与支架时,其基础应具有足够的承载能力。

（6）应保证模板的结构尺寸和相互位置的准确性;模板应具有足够的稳定性、刚性和强度,模板支设应板缝严密,不得漏浆。

（7）预埋件和预留孔洞的允许偏差见表4.0.2-2。

表4.0.2-2　预埋件和预留孔洞的允许偏差表

序号	项　目		允许偏差（mm）	检验频率		检验方法
				范围	点数	
1	预埋钢板中心线位置		≤3			
2	预埋管、预留孔中心线位置		≤3			
3	插筋	中心线位置	≤5			
		外露长度	+10,0	每件（孔）	1	用尺量
4	预埋螺栓	中心线位置	≤2			
		外露长度	+10,0			
5	预留洞	中心线位置	≤			
		尺　寸	+10,0			

注:检查中心线位置时,应沿纵、横两个方向量测,并取其中的较大值。

（8）现浇结构模板安装的允许偏差见表4.0.2-3。

表 4.0.2-3   现浇结构模板安装的允许偏差表

序号	项 目		允许偏差（mm）	检验频率		检验方法
				范围	点数	
1	轴线位置		≤5	每个构筑物	2	用钢尺量
2	底模上表面高程		±5		2	水准仪或吊线；钢尺量
3	截面内部尺寸	基础	±10		3	用钢尺量
		柱、墙、梁	+4，－5			
4	垂直度	高度不大于5m	≤6		2	水准仪或吊线；钢尺量
		高度大于5m	≤8			
5	预留洞		≤2		4	用钢尺量
6	表在平整度		≤5		4	2m靠尺和塞尺

注：检查轴线位置时，应沿纵、横两个方向量测，并取其中较大值。

（9）预制构件模板安装的允许偏差见表4.0.2-4。

表 4.0.2-4   预制构件模板安装的允许偏差表

序号	项 目		允许偏差（mm）	检验频率		检验方法
				范围	点数	
1	长度	板、梁	±5	每件（每一类型构件抽查10%且不小于3件）	1	钢尺量两角边，取其中较大值
		薄腹梁、桁架	±10			
		栓	10			
		墙板	0，－5			
2	宽度	板、墙板	0，－5		2	钢尺量两端及中部，取其中较大值
		梁、薄腹梁、桁架、柱	+2，－5			
3	高（厚）度	基 础	+2，－3		1	钢尺量两端及中部，取其中较大值
		墙 板	0，－5			
		梁、薄腹梁、桁架、柱	+2，－5			
4	侧向弯曲	梁、板、柱	$L/1000$ 且 ≤15		1	拉线，钢尺量，最大弯曲度
		墙板、薄腹梁、桁架	$L/1500$ 且 ≤15			
5	板的表面平整度		≤3		1	2m靠尺和塞尺检查
6	相邻两板表面高低差		≤1			钢尺量
7	对角线差	板	≤7		1	钢尺量两个对角线
		墙 板	≤5			
8	翘曲	板、墙板	$L/1500$		2	调平尺在两端量测
9	设计起拱	梁、薄腹梁、桁架	±3		1	拉线、钢尺量跨中

注：①L 为构件长度（mm）。

②本表只作分项工程检验，不参与分部位及单位工作检验。

（10）受力钢筋的弯钩和弯折应符合《混凝土结构工程施工质量验收规范》（GB 50204—2002）的规定。

（11）除焊接封闭的环式箍筋外，箍筋的末端均应做弯钩，其形式应符合《混凝土结构工程施工质量验收规范》（GB 50204—2002）的规定。

（12）钢筋加工的形状、尺寸应符合设计要求。

（13）钢筋加工的允许偏差见表4.0.2-5。

表4.0.2-5　钢筋加工的允许偏差

序号	项　目	允许偏差 (mm)	检验频率		检验方法
			范围	点数	
1	受力钢筋顺长度方向的长的净尺寸	±10	每根(每工作班,同一类型钢筋,同一加工设备抽检不少于3种)	1	用尺量
2	弯起钢筋的弯折位置	±20		1	
3	箍筋内净尺寸	±5		2	

（14）钢筋安装的允许偏差见表4.0.2-6。

表4.0.2-6　钢筋安装的允许偏差

序号	项　目			允许偏差(mm)	检验频率		检验方法
					范围	点数	
1	绑扎钢筋网		长、宽	±10	每片网或每骨架	2	用钢尺量
			网眼尺寸	±20		3	用钢尺量连续三档取最大值
2	绑扎钢筋网、骨架		长	±10		1	用钢尺量
			宽、高	±5		2	
3	截面内部尺寸		间距	±5		2	用钢尺量两端及中间各一点,取最大值
			排距	±10			
		保护层长度	基础	±10			用钢尺量
			柱、梁	±5			
			板、墙壳	±3			
4	绑扎箍筋,横向钢筋间距			±20	每个构件或构筑物		用钢尺量连续三档取最大值
5	钢筋弯起点位置			±20			用钢尺量
6	预埋件	中心线位置		≤5			用钢尺量
	水平高差			+3,0		1	用钢尺或塞尺量

注：①检查预埋件中心线位置时,应沿纵横两个方向量测,并取其中的较大值。

②表中梁类、板类构件上部纵向受力钢筋保护层厚度的合格点率应达到90%以上且不得有超过表中数值1.5倍尺寸偏差。

（15）预制构件的外观质量不应有一般缺陷。对已经出现的一般缺陷,应按技术方案进行处理,并重新检查验收。

（16）异型预制构件(槽型、梯形、拱形)应符合设计要求。

（17）预制构件应在明显部位标明生产单位、结构型号、生产日期和质量验收标识。构件上的预埋件、插筋和预留孔洞的规格、位置和数量,应符合标准图或设计要求。

（18）在构件和相应的支撑结构上应标有中心线、高程等控制尺寸,并应按标准图或设计文件校核预埋件及连接钢筋等,并标出高程。

（19）构件安装位置准确,外观平顺,嵌缝严密。

（20）预制混凝土构件安装的允许偏差表见表4.0.2-7。

表 4.0.2-7　预制混凝土构件安装的允许偏差表

序号	项目		允许偏差（mm）	检验频率		检验方法
				范围	点数	
1	平面位置		≤10	每个构件	1	用经纬仪测量
2	相邻两构件交点处顶面高程		≤10		2	用尺量
3	焊缝长度		不小于设计规定		1	抽查焊缝10%，每处计一点
4	吊车梁	中线偏差	≤5		1	用垂线或经纬仪测量
5		顶面高程	0，－5		1	用水准仪测量
6		相邻两梁端顶面高程	≤3		1	用尺量

（21）预制混凝土构件尺寸的允许偏差表见表4.0.2-8。

表 4.0.2-8　预制混凝土构件尺寸的允许偏差表

序号	项目		允许偏差（mm）	检验频率		检验方法
				范围	点数	
1	长度	板、梁	＋10，－5	每构件	1	用钢尺量
		柱	＋5，－10			
		墙板	±5			
		薄腹梁、桁架	±15，－10			
2	宽度高（厚）度	板、梁、柱、墙板、薄腹梁、桁架	±5			钢尺量一端及中部取其中较大值
3	侧向弯曲	梁、柱、板	L/750 且≤20			拉线、钢尺量最大侧向弯曲处
		墙板、薄腹梁、桁架	L/1000 且≤20			
4	预埋件	中心线位置	≤10	每件		用钢尺量
		螺栓位置	≤5			
		螺栓外露长度	＋10，－5			
5	预留孔	中心线位置	≤5	每孔		
6	预留洞	中心线位置	≤15	每洞		
7	主筋保护层厚度	板	＋5，－3	每构件	2	钢尺或保护层厚度测定仪
		梁、柱、墙板、薄腹梁、桁架	＋10，－5			
8	对角线差	板、墙板	≤10			用钢尺量两个对角线
9	表面平整度	板、墙板、柱、梁	≤5			2m靠尺和塞尺
10	预应力构件预留孔道位置	梁、墙板、薄腹梁、桁架	≤3	每孔	1	用钢尺量
11	翘曲	板	L/750	每件		调平尺在两端量
		墙板	L/1000			

注：①L 为预制混凝土构件长度（mm）。

②对形状复杂或有特殊要求的附件，其尺寸偏差应符合标准图或设计要求。

（22）砂浆必须饱满，砌筑方法正确，不得有通缝、瞎缝；其饱满度不得小于80%。

（23）清水墙面应保持清洁；勾缝深度应适度、密实，深浅应一致；横竖缝交接处应平整；砌筑留槎水平投影长度不得小于高度的2/3。

（24）砌筑结构允许偏差见表4.0.2-9。

表4.0.2-9　砌筑结构允许偏差表

序号	项　　目			允许偏差（mm）	检 验 频 率		检 验 方 法
					范围	点数	
1	轴线位移			≤10	每个构筑物		用经纬仪和尺量
2	垂直度	每层		≤5		2	用2m拉线板量
		全高	≤10m	≤10			用经纬仪、吊线、尺量
			>10m	≤20			
3	基础顶面和楼面高程			±15		5	用水准仪和尺量
4	表面平整度	清水墙、柱		≤5		2	用2m靠尺和楔形塞尺量
		混水墙、柱		≤8			
5	门窗洞口高、宽（后塞口）			±5	每洞口	1	用尺量
6	外墙上下窗口偏移			≤20		1	以底层窗口为准，用经纬仪或吊线量
7	水平灰缝平直度	清水墙		≤7	每个构筑物	2	拉线用尺量
		混水墙		≤10			

注：建筑地面、装饰装修、屋面、建筑给水排水、电气工程质量检验标准可参照国家现行的《建筑工程施工质量验收统一标准》（GB 50300—2001）和与其配套的有关标准执行。

（25）水泵安装地脚螺栓必须埋设牢固，丝扣外露部分不得锈蚀，水泵轴不得有弯曲，电动机应与水泵轴相符。

（26）水泵安装允许偏差见表4.0.2-10。

表4.0.2-10　水泵安装允许偏差表

序号	项　　目			允许偏差（mm）	检 验 频 率		检 验 方 法
					范围	点数	
1	基座水平度			≤2	每台	4	用水准仪测量
2	地脚螺栓位置			≤2	每只	1	用尺量
3	泵体水平度			每m0.1	每只	2	用水准仪测量
4	联轴器同心度	轴向倾斜		每m0.8			在联轴器互相垂直四个位置上用水平仪、百分表测微螺钉和塞尺检查
5		径向倾斜		每m0.1			
6	皮带传动	轮宽中心位移	平皮带	≤1.5			在主、从动皮带轮端面拉线用尺量
7			三角皮带	≤1.0			

5　质量记录

5.0.1　图纸会审记录。

5.0.2　设计交底记录。

5.0.3　技术交底记录。

5.0.4　预拌混凝土构件、管材进场抽验记录。

5.0.5　水泥试验报告。

5.0.6　砌筑块（砖）试验报告。

5.0.7　砂试验报告。

5.0.8　碎石试验报告。

5.0.9　钢材试验报告。

5.0.10　隐蔽工程检查记录。

5.0.11　沉井(泵站)工程施工记录。

5.0.12　砂浆配合比申请表。

5.0.13　混凝土配合比申请单。

5.0.14　构件吊装施工记录。

5.0.15　焊缝综合质量记录。

5.0.16　设备基础检查验收记录。

5.0.17　设备安装检查通用记录。

5.0.18　砌筑砂浆抗压强度试验报告。

5.0.19　混凝土抗压强度试验报告。

5.0.20　混凝土抗渗强度试验报告。

5.0.21　钢筋连接试验报告。

5.0.22　设备单机试运转记录(通用)。

5.0.23　设备强度/严密性试验报告。

5.0.24　工序(分项)质量评定表。

6　冬、雨季施工措施

钢筋混凝土结构施工、砌体结构施工等冬雨季施工措施,参照本施工工艺标准中"现浇混凝土沟渠"及"砖沟砌筑"的相关内容。

7　安全、环保措施

7.1　安全措施

7.1.1　沉井侧面应在混凝土达到设计强度的75%时方可拆模;刃脚侧模板也应在混凝土达到设计强度的75%时方可拆除。

7.1.2　沉井下沉过程中,作业平台、起重架、安全梯等设施不得固定在井壁上。应随时观测沉井的斜度和结构变形,确认合格。作业中应根据土质、入土深度和偏差情况及时调整挖土位置、方法,保持偏差在允许范围内。

7.1.3　沉井下沉后,应及时清除浮渣,平整基底。潜水检查或清理不排水沉井的基底时,应采取防止沉井突然下沉或歪斜的措施。

7.1.4　沉井基底经检查验收合格后应及时封底。封底前应在沉井顶部设置作业平台,作业平台结构应依跨度、荷载经计算确定;支搭必须牢固,临边必须设置防护栏杆,作业前应进行检查,经验收确认合格并形成文件。

7.2　环保措施

钢筋混凝土结构施工、砌体结构施工等环境保护措施,参照本施工工艺标准中"现浇混凝土沟渠"及"砖沟砌筑"的相关内容。

8 主要应用标准和规范

8.0.1 中华人民共和国国家标准《混凝土结构工程施工质量验收规范》(GB 50204—2002)

8.0.2 中华人民共和国国家标准《建筑装饰装修工程质量验收规范》(GB 50210—2001)

8.0.3 中华人民共和国国家标准《给水排水管道工程施工及验收规范》(GB 50268—2008)

8.0.4 中华人民共和国国家标准《建筑工程施工质量验收统一标准》(GB 50300—2001)

编、校:秦俭 涂序广

415 给水管道附属构筑物

（Q/JZM - SZ415 - 2012）

1 适用范围

本施工工艺标准适用于市政工程中给水管道上的检查井、止推墩等附属构筑物施工作业。

2 施工准备

2.1 技术准备

2.1.1 砌筑或现浇检查井及闸井与管道、管件支墩应按设计文件和给水专业标准图集施工。

2.1.2 对施工操作的工人已进行技术交底和安全交底，明确质量要求。

2.1.3 各种附件与井的控制尺寸：给水管道施工时，安装的各种附件（设备）与井的控制尺寸应符合施工技术规范的规定。

2.2 材料准备

2.2.1 砌筑用原材料

（1）砌筑用砖质量应符合现行有关国家标准的规定，并符合设计要求。

（2）砌筑砂浆用砂应符合现行有关国家标准的规定，以中砂、粗砂为宜，含泥量应不大于3%。

（3）水泥应符合现行有关国家标准规定，品种应符合设计要求，无侵蚀性地下水条件下宜用32.5级硅酸盐、普通硅酸盐水泥；受潮、强度等级不明或贮存过久的水泥，应经试验鉴定合格后方可使用。

（4）拌和水应采用饮用水或不含油和有机物质的中性水。用于给水管渠的外加剂不得影响水质及有害人身健康。

（5）混凝土砌块的抗压强度、抗渗、抗冻指标应符合设计要求。

2.2.2 现浇混凝土及构件

（1）现浇混凝土用钢筋的品种、规格应符合设计要求，有出厂合格证并经复验、鉴证取样合格，钢筋的加工与安装应符合施工规范和设计要求。

（2）现浇混凝土及混凝土浇筑应符合现行国家标准并达到设计要求。

（3）钢筋混凝土盖板的外观质量，核对出厂合格证及相应的钢筋、混凝土原材料检测试验资料，符合设计规定，方可使用。

（4）现浇混凝土模板及支架应具有足够的稳定性、刚度和强度，应根据结构形式、施工工艺、设备和材料供应等条件进行模板及支架设计，满足混凝土的浇筑要求。

（5）预制检查井应根据设计文件规定，提前加工预制。

2.2.3 支墩材料

支墩材料可采用砖、石、混凝土或钢筋混凝土，其材质应满足下列要求：

（1）砖的强度等级应不低于 MU7.5。

（2）片石的强度等级应不低于 MU20。

（3）混凝土强度等级应不低于 C10。

(4)砌筑用砂浆强度等级应不低于 M5。

2.2.4　井圈井盖

给水管道井圈井盖应按设计要求和给水专业图集加工订货。

2.3　施工机具与设备

2.3.1　混凝土运输及浇筑设备,混凝土搅拌机、汽车吊、砌筑材料、水平及垂直运输设备,水车。

2.3.2　工具:小推车、灰槽、大铲、瓦刀、抹子、钢卷尺、线坠、小线、直尺、水平尺。

2.4　作业条件

2.4.1　砖砌给水管道检查井(阀门、消火栓等)与止推墩已具备施工条件。

2.4.2　各种检查井结构形式、专业图集、设计要求已明确落实。

2.4.3　施工机械、机具已落实,各种施工材料已检测合格运至现场。

3　操作工艺

3.1　工艺流程

底板→井室砌筑→支墩→盖板→井口→土方回填。

3.2　操作方法

3.2.1　底板

(1)无地下水时,圆形井井底一般为素土夯实不做集水坑;矩形井井底做 C20 混凝土底板,并做集水坑,底板下素土夯实;矩形水表井可用 3∶7 灰土代替混凝土底板。

(2)有地下水时,均做 C20 混凝土底板,底板下铺卵石或碎石厚 100mm,均做集水坑。

3.2.2　井室砌筑

(1)砖砌井用强度等级为 MU7.5 的砖和 M7.5 的水泥砂浆砌筑;

(2)砖砌井内壁用水泥砂浆勾缝,外壁有地下水时用 1∶2 水泥砂浆抹面,厚 20mm,高出最高地下水位 250mm;无地下水时外壁不进行处理。

(3)砌筑井室时,用水冲净基础后,先铺一层砂浆,再压砖砌筑,必须做到满铺满挤,砖与砖间灰缝保持 1cm。

(4)砖砌圆形检查井时,应随时检测直径尺寸,当需要收口时,如为四面收进,则每次收进不应大于 30mm;如为三面收进,则每次收进不应大于 50mm。砌筑检查井的内壁应用原浆勾缝,有抹面要求时,内壁抹面应分层压实,外壁用砂浆搓缝并应严实。

(5)砌筑井内的踏步应随砌随安,位置准确,踏步安装后,在砌筑砂浆或混凝土未达到规定抗压强度前不得踩踏。混凝土井壁的踏步在预制或现浇时安装。

(6)如井身不能一次砌完,在二次接高时,应将原砖面上的泥土杂物清理干净,然后用水清洗砖面并浸透。

(7)管道穿砖墙:当接入管径大于 300mm 时,在管体周圈填浸冷底子麻 20mm 厚,管道上方砌砖拱。穿钢筋混凝土墙:采用钢套管或在管体周圈用 3∶7 石棉灰填实 20mm 厚。

(8)集水坑做法:在混凝土井底坐 500mm 长混凝土管。管道直径 DN≤300,混凝土管直径 DN300;管道直径 DN≥350,混凝土管直径 DN500。具体施工时按设计要求和专用图集。

3.2.3　支墩

(1)管道附件下应设支墩。凡设计图中绘有支墩且未注支墩尺寸者应由设计人员确定。

(2)支墩与管道附件底面之间填 M7.5 水泥砂浆抹八字托紧。

3.2.4　盖板

（1）制作盖板前应校对到货闸阀尺寸，注意人孔中心应对准闸阀方头或手轮中心，闸阀方头或手轮中心偏离井中心不得大于200mm。

（2）盖板安装时，盖板与井壁结合面满坐水泥砂浆，并抹水泥砂浆三角。

3.2.5 井口

（1）检查井砌筑或安装至规定高程后，应及时浇筑或安装井圈，盖好井盖。

（2）设在铺装路面下时，井口与路面平，井口可不做混凝土圈，充填材料与路面结构材料同。

（3）设在非铺装路面下时，应做混凝土圈，井口应高出地面50mm，且做 $i=2\%$ 坡，坡向四周。

（4）设在农田中可视具体情况处置，且高出地面不小于500mm。

（5）当管道埋深受到地形或管道交叉处理的限制时，井盖座可浇筑在钢筋混凝土盖板内。

（6）双收口井口每皮砖每侧收50mm。

3.2.6 回填土要求

（1）回填土前应按要求先将预制盖板盖好。

（2）回填土应在井壁周围同时分层回填夯实。

（3）有地下水时，填土至地面后方可停止人工降水。

3.2.7 预制检查井安装

（1）根据设计文件规定的井型、井位桩号、井底高程、配管中心高程等参数预制检查井，按设计文件规定核对运至现场的预制检查井构件的类型、编号、数量等，预制检查井质量合格。

（2）预制检查井底板与井室或井壁、井室或井壁与盖板安装就位后，应将预埋连接件连接牢固，做好防腐；边缝均应润湿后，用1:2水泥砂浆填充密实，并做45°抹角。

（3）装配式检查井施工时，全部就位后，企口坐浆与竖缝灌浆应饱满，所有接缝、里外勾平缝，装配后的砂浆凝结硬化期间应加强养护，并不得受外力碰撞或振动。

（4）采用预制检查井施工应由厂家派技术人员负责现场指导安装施工。

3.2.8 现浇钢筋混凝土井

（1）按设计位置设置井位，根据井底设计高程和接入管道尺寸，位置确认预留口尺寸与位置。

（2）现浇检查井模板支设符合规定要求，满足混凝土的浇筑要求。

（3）现浇检查井钢筋加工与安装符合规定和设计要求。

（4）现浇检查井混凝土及混凝土浇筑，符合规定和设计要求。

（5）现浇检查井内外壁应光滑、不渗不漏，施工时注意检查爬梯预埋铁。

3.2.9 混凝土模块式检查井

（1）混凝土砌块的抗压强度、抗渗、抗冻指标，应符合设计要求。

（2）混凝土模块式检查井砌筑施工时，应按照设计要求和标准图集砌筑施工。

3.2.10 蝶阀与蝶阀井

（1）蝶阀井安装的活箍与人孔：DN400～1200所加活箍、DN1400～1800所加人孔均应在蝶阀密封圈压紧螺栓一侧。连接活箍的短管长度为500mm。

（2）蝶阀的改装：为适应地面操作的需要应对现行蝶阀进行改装，具体做法如下：手动蝶阀：将手动传动装置旋转90°，然后卧装手轮面向上。电动蝶阀只需卧装手轮面向上即可。

（3）蝶阀井安装注意事项：手动蝶阀改装时应在地上检查各部件转动灵活，使用正常后方可安装。注意盖板人孔对准手轮。当选用电动蝶阀时应对电机采取防潮措施，或平时将电机拆掉，使用时临时安装。

3.2.11 管道支墩

（1）压力管道为防止管道内水压通过弯头、三通、堵头和叉管等处产生拉力，以致接头产生松动脱节现象，应根据管径大小、转角、管内压力、土质情况及设计设置支墩。

（2）管道及闸件的支墩和锚定结构应位置准确，锚定必须牢固。钢制锚固件必须采取相应的防腐处理。

（3）支墩应在坚固的地基上修筑。无原状土做后备墙时，应采取措施保证支墩在受力情况下，不致破坏管道接口。当采用砌筑支墩时，原状土与支墩间应用砂浆填塞。

（4）管道支墩应在管道接口做完，管道位置固定后修筑。

（5）支墩施工前应将支墩部位的管节、管件表面清理干净。

（6）支墩宜采用混凝土浇筑，其强度等级不应低于C15。采用砌筑结构时，水泥砂浆强度不应低于M7.5。

（7）管道安装过程中的临时固定支架，应在支墩的砌筑砂浆或混凝土达到规定强度后方可拆除。

（8）管道及管件支墩施工完毕，并达到强度要求后方可进行水压试验。

3.2.12　管道附件安装

（1）各类阀门、消火栓、排气门、测流计等安装前，应核对产品规格、型号；检查产品外观质量，符合设计要求，具有产品合格证书方可使用。

（2）阀门安装前应检查阀杆转动是否灵活，清除阀内污物。安装于泵房内的阀门应进行解体检查。反方向转动的阀门应加标志。

（3）阀门安装的位置及安装方向应符合设计规定，阀杆方向应便于检修和操作；水平管道上阀门的阀杆宜垂直向上或装于上半圆。

（4）止回阀的安装位置及方向应符合设计规定，止回阀应安装平整。

（5）水锤消除器应在管道水压试验合格后安装，其安装位置应符合设计要求。

（6）消火栓应在管道水压试验合格后安装，其安装位置应符合设计规定。

（7）各类闸阀安装应符合下列要求：安装前应检查管道中心线、高程与管端法兰盘垂直度，符合要求方可进行安装；将阀体吊装就位，用螺栓对法兰盘进行连接，法兰盘连接的要求见本规程规定。阀门安装后，按设计规定或施工设计完成管道整体连接。应防止阀门、管件等产生拉应力；蝶阀内腔和密封面未清除污物前，不得启闭蝶板；蝶阀密封圈压紧螺栓，应对准阀井入孔一侧；蝶阀手动阀杆应垂直向上。

3.2.13　伸缩节安装应符合下列要求

（1）伸缩节构造、规格、尺寸与材质应符合设计规定。

（2）应根据安装时的大气温度，预调好伸缩节的可伸缩量，其值应符合设计要求。

4　质量标准

4.0.1　主控项目

（1）地基承载力必须符合设计要求。

（2）砖与砂浆强度等级必须符合设计要求。

（3）井室、盖板混凝土抗压强度必须符合设计要求。

（4）井盖选用符合设计要求，标志明显。

（5）井周边回填必须符合设计要求。

（6）闸阀的启闭杆中心应与井口对中。

4.0.2　一般项目

（1）砌筑井：①井壁砌筑应位置准确，灰浆饱满，灰缝平整，不得有通缝、瞎缝，抹面应压光，不得有空鼓、裂缝等现象。②井内应清理干净，不得有建筑垃圾等杂物。③井室盖板尺寸及预留孔位置应准确，压墙尺寸符合设计要求，勾缝整齐。④井圈、井盖应完整无损，安装稳固，位置准确。⑤井室内未接通的备用支线管口应封堵。⑥踏步应安装牢固，位置正确。⑦井室穿墙管应做好防沉降"切管"处理。

（2）预制井：预制井段、构件的接缝及企口灌浆应饱满。

（3）现浇井：①井室位置及预留孔、预埋件符合设计要求。②底板、墙面、顶板的混凝土应振捣密实，表面平整、光滑，不得有裂缝、蜂窝、麻面、漏振现象。

（4）检查井质量要求及允许偏差应符合表4.0.2的规定。

表4.0.2　检查井质量要求及允许偏差表

序号	项　　目			允许偏差（mm）	检查频率		检查方法
					范围	点数	
1	井室尺寸	长、宽		±20	每座	2	用尺量长、宽各计一点
2		直径					
3	井筒直径			±20	每座	1	用尺量
4	井口高程	农田或绿地		+20，-30	每座	1	用水准仪测量
5		路面		与道路规定一致	每座	1	用水准仪测量
6	井底高程	安管	D≤1000	±10	每座	1	用水准仪测量
7			D>1000	±15	每座	1	
8		顶管	D<1500	+10，-20	每座	1	用水准仪测量
9			D≥1500	+20，-40	每座	1	
10	踏步安装	水平及垂直间距、外露长度		±10	每座	1	用尺量取偏差较大者
11	脚窝	高、宽、深		±10	每座	1	用尺量取偏差较大者
12	流槽宽度			±10	每座	1	用尺量

注：①表中 D 为管径（mm）。

　　②接入检查井的支管管口露出井内壁不大于2cm。

　　③农地、绿地中的井口应按有关规范要求高出地面。

5　质量记录

5.0.1　技术交底记录。

5.0.2　工程物资选样送审表。

5.0.3　主要设备、原材料、构配件质量证明文件及复试报告。

5.0.4　产品合格证。

5.0.5　设备、配（备）件开箱检查记录。

5.0.6　设备、材料现场检验及复测记录。

5.0.7　预制混凝土构件抽检记录。

5.0.8　阀门试验记录。

5.0.9　测量复核记录。

5.0.10　砖及钢筋、水泥、砂、石、外加剂、掺合剂等材料的产品合格证及试验报告。

5.0.11　混凝土配合比申请单及试验报告或商品混凝土的合格证。

5.0.12　浇筑混凝土施工记录。

5.0.13　混凝土抗压强度试验报告。

5.0.14　砌筑砂浆抗压强度试验报告。

5.0.15　隐蔽工程检查记录。

5.0.16　中间检查交接记录。

5.0.17　防腐层施工质量检查记录。

5.0.18　工程部位质量评定表。

5.0.19　工序质量评定表。

5.0.20　工程质量事故及事故调查处理记录。

6　冬雨季施工措施

6.1　冬季施工

6.1.1　施工前和施工中,应根据施工方案检查施工现场,落实方案中规定的部署和安全技术措施执行情况,确认符合要求。

6.1.2　施工中,应对现场运输道路、作业现场、作业平台、攀登设施等采取防滑措施,并在雪、霜后及时清扫积雪和结冰。

6.1.3　混凝土施工中需使用外加剂时,外加剂必须集中管理,专人领取,正确使用,余料回库,严防误食。

6.1.4　冬季施工应加强对槽底、基础结构、砌筑砖墙防冻保温养护;春融季节必须检查沟槽边坡的稳定状况,采取防止土方坍塌伤人的措施。

6.1.5　冬季检查井应有覆盖等防寒措施,并应在两端管头加设风挡。特殊严寒地区管道施工应在解冻后砌筑。

6.2　雨季施工

6.2.1　雨季施工应采取与防汛、防触电、防雷击、防坍塌等为重点的安全技术措施。

6.2.2　雨季前应检查、完善原有排水设施,确认畅通,并结合工程情况,在现场建立完整有效的排水系统。水泵等排水设备应安装就位,并经试运转,确认正常。应急物资应到现场。

6.2.3　砌体施工应采取预防雨水冲刷砂浆造成砌体倒塌事故的措施。

6.2.4　雨天必须派人巡视现场,排除沟槽积水,消除安全隐患,检查脚手架、模板支架等基础,确认坚实。

6.2.5　吊桩、运输、土方等施工机械和电动机具作业完毕应停放在较高的坚实地面上,并加覆盖,有防雨措施。

7　安全、环保措施

7.1　安全措施

7.1.1　进入沟槽前,必须检查土壁的稳定性,确认安全后方可进入作业;作业中发现土壁出现裂缝等坍塌征兆时,必须立即撤离危险地段,待处理完毕、确认安全后方可继续作业。

7.1.2　上下沟槽、基坑必须走安全梯或土坡道、斜道。高处作业必须设作业平台或安全梯。

7.1.3　检查井、闸室的井盖、闸室的井盖品种应由有资质的企业生产,具有合格证并经验收,确认合格后方可使用。

7.1.4　井、室施工作业现场应设护栏和安全标志。井、室完成后,应及时安装井盖。施工中断未安井盖的井、室,必须有临时安全防护设施。

7.1.5　采用装配式井室时,构件吊运、构件间采用焊接连接时应遵守安全技术规程有关规定。

7.1.6　管道、管件的止推墩(锚固墩)应符合设计文件的规定。止推墩的强度未达设计规定强度前,不得承受外力振动。

7.1.7　管道、管件的止推墩、锚固墩采用现浇混凝土结构时,混凝土必须浇筑在原状土层上,采用砌筑结构的止推墩,砌筑墙体与原状土层间应用混凝土或砂浆填筑密实。

7.2 环保措施

施工过程中清洁现场,洒水降尘,施工材料码放整齐并做好周边环境的环保工作。

8 主要应用标准和规范

8.0.1 中华人民共和国国家标准《给水排水管道工程施工及验收规范》（GB 50268—2008）

8.0.2 中华人民共和国国家标准《砌体工程施工质量验收规范》（GB 50203—2011）

8.0.3 中华人民共和国国家标准《混凝土结构工程施工规范》（GB 50666—2011）

编、校:涂序广　秦俭